专家技艺传承系列

ELECTRIC POWER COMPUTING NETWORK
TECHNOLOGY-APPLICATION AND DEVELOPMENT

电力算力网络：
技术、应用与发展

国网江苏省电力有限公司信息通信分公司
国家电网有限公司信息通信分公司　组编

中国电力出版社
CHINA ELECTRIC POWER PRESS

内 容 提 要

电力系统算力网络是构建新型电力系统的关键数字化底座，本书站在电力行业垂直应用的视角，提出了电力系统建设算力网络的体系架构，揭示了算力感知、度量、调度和迁移的方法，结合数据中心和人工智能应用场景，阐述了算力网络在电力行业的应用场景，既有理论思考的前瞻性和深度，又兼顾了行业应用的典型场景和实践落地。

本书适用于从事电力信息与通信专业的科研人员，也可作为高等院校电气类、电子信息类等专业学生。

图书在版编目（CIP）数据

电力算力网络：技术、应用与发展 / 国网江苏省电力有限公司
信息通信分公司，国家电网有限公司信息通信分公司组编 . -- 北京：中国
电力出版社，2025. 2. -- ISBN 978-7-5198-9402-3

Ⅰ．TM73

中国国家版本馆 CIP 数据核字第 2024A0F028 号

出版发行：中国电力出版社
地　　址：北京市东城区北京站西街 19 号（邮政编码 100005）
网　　址：http：//www.cepp.sgcc.com.cn
责任编辑：罗晓莉
责任校对：黄　蓓　王小鹏
装帧设计：王红柳
责任印制：吴　迪

印　　刷：三河市万龙印装有限公司
版　　次：2025 年 2 月第一版
印　　次：2025 年 2 月北京第一次印刷
开　　本：710 毫米 ×1000 毫米　16 开本
印　　张：27.5
字　　数：433 千字
定　　价：148.00 元

编 委 会

编 写 组

算力已成为国民经济发展的重要基础设施。加快推动算力建设，将有效激发数据要素创新活力，加速数字产业化和产业数字化进程，催生新技术、新产业、新业态和新模式，支撑经济高质量发展。2022年3月，提请第十三届全国人民代表大会第十五次会议审查的计划报告提出，实施"东数西算"工程。"东数西算"是把东部密集的算力需求有序引导到西部，使数据要素跨域流动。"东数西算"被认为是继南水北调、西气东输、西电东送之后，我国在新时代格局下迎来的最新的基建大工程。

电力行业是国民经济的基础产业，电力工业是关系到国家安全和经济可持续发展的重点工业，新型电力系统、智能电网的建设则是保障我国电力稳定、高效供应的重要举措。随着电网智能化程度不断加深，各类生产、运营及服务信息化系统已成为电力工业的数字化底座，而承载各类信息化系统的电力系统数据中心及电力通信网络已成为关键基础设施。各类信息系统对数据中心的数据处理能力及通信网络的传输性能均有着较高的要求。

新能源消纳、跨省跨区资源调度等关键问题的破解有赖于电网算力的发展。将现有电网基础设施与新型数字基础设施充分融合，打造输出电力、算力的新型融合基础设施是推动"东数西算"工程的关键。未来电网在保障输

送电力的同时，将更充分融合，以满足算力发展需求。不仅电网的算力将大幅提升以满足"东数西算"的需要，电力的分布式生产和消纳、远距离大规模电力输送等功能形态也都可以同步加载算力资源，实现资源复用与时空优化，重构能源基础设施的功能与价值。

数据中心在线负荷和离线负荷皆具备时间和空间转移特性。对数据中心负荷进行转移，有利于西部地区的清洁能源消纳，助力碳达峰和碳中和目标的实现。研究电力系统数据中心负荷、算力的转移方法，可以使数据中心算力均衡分布，提高整体算力的利用率，释放更多电网算力，提高绿色能源在数据中心的使用比例，助力构建以新能源为主体的新型电力系统。

国家电网"3+27"国网云是服务公司运营管理的重要设施，是国网数字化转型的重要基础。国网云三地数据中心云平台目前主要承载国网公司统建及租户业务系统。但随着业务上不断深化，国网云平台业务承载不均衡、支撑全网业务超出数据中心原有运管范围等问题日益突出，给云平台的资源调配、运营支撑以及管理机制带来新的挑战。国网江苏公司等单位已开展相关研究，提出了"迁存储""迁应用""迁计算"的跨地域算力迁移试点方案。在全国网系统范围内，结合东西部时差带来的电力潮汐特性和西部网省公司新能源消纳的需求，研究跨区域、跨时空的算网一体化解决方案，是解决三地数据中心、东西部网省公司算力负载、电力负荷不均衡问题的新思路。

全书共分为九章，第一～三章主要介绍算力网络相关的概念和技术发展情况，结合新型电力系统的典型应用，分析新型电力系统对算力网络的需求；第四章介绍新型电力系统背景下算力网络的基础设施及 FlexE 灵活以太网技术，论述如何建设端到端的高性能通信网络；第五章介绍算力网络的技术架构和体系，包括分层结构和层间接口；第六～八章分别介绍了算力网络感知、调度、仿真及管理和安全相关技术；第九章结合技术发展对算力网络存在的问题和发展趋势进行了讨论。

由于算力网络目前处在蓬勃发展阶段，其技术和标准化建设日新月异，加之编者知识水平有限，不当之处在所难免，恳请读者批评指正。

编者

2024 年 8 月

前　言

第一章

算力网络概述

第一节　泛在计算发展趋势

一　泛在计算服务发展需求

（一）泛在计算的发展背景

在国家"新基建"战略指引下，互联网以新发展理念为引领，技术创新为驱动，数据为核心，信息网络为基础，强调提供数字转型、智能升级、融合创新等服务融合数字化基础设施建设。在算网融合成为必然趋势的背景下，业界为盘活通信网络基础设施和新技术服务基础设施、促进共享新型服务体系和架构演进开展了积极的探索。本书结合新兴信息计算服务的演进驱动，对业界算网融合的演进架构进行了全面分析对比，并介绍了其所涉及的关键技术，以期为现有算网融合体系架构的演进发展提供多种借鉴思路。

纵观人类计算服务架构的演进历史不难发现，集中式计算与分布式计算呈螺旋式交替上升演进。20 世纪六七十年代大型机出现，开始向人类提供集中式计算服务；20 世纪八九十年代消费级 PC 占领用户桌面，使计算服务进入千家万户并广泛分布；2006 年，以虚拟化、云化技术为基础的云计算出现，集中式的超大规模数据中心开始通过网络向千行百业提供敏捷弹性的计算服务；近些年来，随着 5G 与边缘计算加速发展，芯片制程工艺提升，端侧算力也将迎来提升，新兴应用驱动数据处理越来越向边端扩散，以获得更低的时延响应，这一阶段计算服务具备典型的分布式特征。

新型应用的不断涌现对算力精度、强度、时延转发等不同方面都提出了差异化需求，致使云数据中心出现了 CPU、GPU、FPGA 等多种硬件设施平台。与此同时，国内 IT 市场硬软件百花齐放，国产化芯片发展促使云平台资源异构化成为必然。但是，这种趋势也加速了芯片生态封闭、编程工具语言专用、一个应用需要基于多种异构芯片开发不同代码且无法跨芯片移植的局面。对开发者而言，硬件升级、应用迁移都需对代码进行更新，加重了应用开发的负担；对云服务商而言，采购各种异构硬件形成不同的池化环境，也会导致不同异构硬件利用率差异较大、硬件持有成本居高不下。

社会驱动方面，区块链正驱动网络从"信息互联网"到"价值互联网"变迁，作为互联网的第二次革命，区块链给数字世界带来了"价值表示"和"价值转移"两项全新的基础功能。区块链已经不仅仅是一项技术、一种工具，更是一种思维方式。区块链作为一种新型技术组合，其去中心化、难以篡改、不可抵赖、面向场景等特点可为泛在计算服务带来一种全新的信用模式，使其数字服务更具竞争力。在共享经济繁荣的社会背景下，区块链技术的使用可以激发算力服务提供方提供算力共享服务的积极性，并对算力消费者提供交易结算公开透明的账单，甚至还可以基于区块链的记块信息进行算力追溯和服务保障，并进一步提供可信的泛在计算服务。

产业驱动方面，在新基建背景下数字经济的发展驱动数字算力需求的指数级增长。截至 2022 年年底，中国数据中心总规模已超过 650 万标准机架，近 5 年年均增速超过 30%。"东数西算"工程从系统布局进入全面建设阶段。2022 年，京津冀、长三角、粤港澳大湾区、成渝、内蒙古、贵州、甘肃、宁夏等 8 个地区的国家算力枢纽建设进入深化实施阶段，新开工数据中心项目超 60 个，新建数据中心规模超 130 万标准机架。可见，数据中心服务商已经成为未来新基建市场投资的主体，运营商更多将资金用于 5G 建设和云服务转型，数据中心上下游企业，以及能源、制造、房地产类跨界新进入者纷纷布局数据中心领域。

因此，未来融合基础设施的提供者可以是云服务商、运营商甚至是中小企业的第三方数据中心服务者和设备商。随着泛在计算的云网边端架构融合，云服务商（如 AWS、阿里云、腾讯云等）正在寻求 5G 网络服务的增强和加持，运营商也在依托强大的网络积极布局云计算服务向信息化服务商转型，而设备商（如华为、浪潮、Xilinx 等）则正在依托各自的硬件技术栈和生态积极拓展服务化的平台能力。这个过程给一些中小企业算力提供者提供了机会，使之通过加入泛在共享算力交易服务提升自己的价值和售卖市场。因此，产业生态中不同产业角色的切入也在加速算网一体融合、促进可持续发展。

另外，随着日渐发达的通信技术、信息技术、射频识别技术等新技术的发展，一种能够实现人与人、人与机器、人与物、物与物直接沟通的泛在网络架构正日渐清晰。

（二）泛在计算的概念

泛在计算已经演化为以互联网云脑、信息物理系统（CPS）为典型代表的综合性信息交互、环境感知、行为控制的系统架构理念，以泛在接入、泛在感知、泛在控制为发展特征。

1. 互联网云脑的概念

互联网发展到 3.0 阶段呈现出与人脑相似的云脑架构，以"全方位互动、泛在需求、数据增值"为主要特征，用云脑服务解决智慧不对称的问题。云脑架构通过通信网络、虚拟化等技术实现万物互联、状态感知与控制，通过智能算法赋能控制网络与物联终端，通过混合人机交互方式实现人机高度融合，最终形成类脑巨系统。云脑架构具备不断成熟的类脑视觉、听觉、感觉、运动、记忆、中枢、自主等神经系统，通过类脑神经元网络将互联网各神经系统和世界各元素关联起来，形成泛在的大社交网络（Big SNS），在群体智慧和人工智能的驱动下，通过云反射弧（Cloud Reflex Arcs）实现对世界的认知、判断、决策和反馈。

2. 信息物理系统（CPS）

CPS 是通过集成先进的感知、计算、通信、控制等信息技术和自动控制技术，构建物理空间与信息空间中人、机、物、环境、信息等要素相互映射、适时交互、高效协同的复杂系统，实现系统内资源配置和运行的按需响应、快速迭代、动态优化。CPS 的本质是构建一套信息空间与物理空间之间基于数据自动流动的状态感知、实时分析、科学决策、精准执行的闭环赋能体系，解决应用中的复杂性和不确定问题，提高资源配置效率，实现资源优化。

泛在连接的通信网络支持各单元按需接入组网，为指挥信息系统提供灵活、可靠的网络通信服务。随着无线宽带、信息传感、网络业务等信息通信技术的发展，网络通信将更加全面深入地融合信息空间与物理空间，表现出明显的泛在连接特征，实现在任何时间、任何地点、任何人、任何物都能顺畅通信。全域连接、安全可靠、异构灵活的通信基础网为指挥信息系统提供无处不在的接入服务，支持跨网络、跨部门、跨域的互联互通。

通过泛在感知获取物理空间数据，以分析挖掘数据潜在价值为中心，为信息系统的各类应用提供知识基础。通过无处不在的传感器网络，收集各领域的状态数据，将数据从物理空间的隐性形态转化为信息空间的显性形态，挖掘其内在关联、关键特征等，不断迭代优化形成知识库，从而构建"状态感知、实时分析、科学决策"的数据获取和增值过程，支持信息系统的态势研判、联合筹划等应用。

过虚实融合控制技术，实现物理空间的泛在控制，提升指挥信息系统应对复杂环境的适变能力。基于泛在感知和虚拟化技术，将物理实体映射到信息空间，分析实体状态和环境特征，进行基于知识的自适应控制决策，并以虚控实的方式作用到物理实体，从而建立"感知－分析－决策－执行"循环的虚实融合控制过程，为指挥信息系统在任务、环境变化下的适应性响应提供技术基础。

二　人工智能社会将到来

（一）人类器官智能技术发展

"未来，计算机能靠人脑细胞运行吗？"这一问题看似"脑洞大开"，但美国约翰斯·霍普金斯大学的研究人员正在摸索答案，并公布了相关计划。他们认为人类器官智能技术（OI）具有实际的应用前景，甚至有望比人工智能更强大。不过，这项研究仍处于起步阶段，预计还需要数十年才可进入动物试验阶段，此外还需应对伦理挑战。人工智能技术不是一个陌生的名词，它早已来到了我们身边，我们时常接触的 Siri 和 Android 设备上的语音助手就是最好的两个例子。作为研究、开发用于模拟、延伸和扩展人的智能的理论、方法、技术及应用系统的一门新的技术科学，人工智能技术的商业前景和未来市场正在不断被挖掘出来，许多科技行业的巨头纷纷加入这个新兴领域，也激起了人工智能技术巨大的浪潮。

最近大火的 ChatGPT 让人们切身意识到，机器可以表现出与人类相似的智能行为。在一些领域，机器甚至已经超越人类。例如在 2016 年，电子计算机程序 AlphaGo 击败了围棋世界冠军李世石。但不可否认的是，在许多领域，人工智能仍远远比不上人类智能。例如，人类可以立即分辨出猫和狗，但机器却不行。一些网站由此采用"图灵测试"来验证用户是人类还是机器。在情感认知等方面，人类大脑具有难以比拟的能力，这与大脑在进化时形成的大量神经元有关。因此，能否复制这种能力，成了科研人员关心的话题。美国约翰斯·霍普金斯大学的托马斯·哈通教授认为，计算和人工智能一直在推动技术革命，但也正在到达极限，而生物计算在提升效率等方面具有不俗潜力。哈通和同事构想以类脑器官为"硬件"开发出"生物计算机"。他们将这项研究计划发表在《科学前沿》期刊上，涉及生物工程和机器学习等领域。

所谓"类器官"是在实验室内培育的、与某种器官功能类似的组织，通常源于干细胞。多年来，科学家以此作为肾脏、肺和其他器官的替代品进行实验，从而避免对人体或动物造成伤害。"类脑器官"指的便是一种笔尖大小的细胞培养物，其中存在具有类器官功能的神经元。之所以能够提取这种细胞，得益于干细胞研究先驱约翰·戈登和山中伸弥的一项开创性研究成果—从皮肤等发育完全的组织中提取细胞的能力。

在此基础上，可将"类脑智能"定义为在实验室内培养的人脑模型中再现认知功能，如学习和感觉处理。"类脑智能"也被称为"实验器皿中的智能"。这项研究还需解决的一个问题，是如何与"类脑器官"沟通，以便向它们发送信息，并接收其正在"思考"的读数。"我们开发了一种脑机接口设备。"哈通说，相当于利用这个密集覆盖微小电极的设备给"类脑器官"描绘脑电图。

此外，这种"生物计算机"有望比目前的超级计算机更节能。例如，美国橡树岭国家实验室造价 6 亿美元的超级计算机"前沿"重达 3629kg。这台机器的计算能力已超越单个人脑的计算能力，但它消耗的能量是人脑的 100 万倍。

不过，类器官智能技术要落地仍面临不少挑战。一方面，相关研究仍处于起步阶段。哈通认为要想利用老鼠的脑力研发出可与计算机媲美的类器官智能技术可能需要几十年的时间。

研究范围也有待扩大。据悉，目前每个"类脑器官"中的细胞数量仅与果蝇神经系统的细胞数量相当。哈通表示，目前，每个器官大约包含 5 万个细胞，规模仍然太小。"我们需要将这个数字增加到 1000 万。"另一方面，当计算机跨越人类与技术的界限，道德伦理问题随之而来。例如，"类脑器官"能否感知外部环境，会否产生意识、实现思考，以及细胞捐赠者具有哪些权利等。他表示，伦理因素已被纳入考量。美国哥伦比亚大学的教授加里·米勒表示，鉴于类器官智能技术在感知等方面的潜力，需及时对这项技术可能产生的社会影响进行评估，并采取应对措施。

（二）通用人工智能技术发展

人工智能技术将提升信息系统处理与态势感知的数据容量、多样性和准确性等。国外在智能融合和态势感知领域开展了重点研究，采用智能化传感器、机器学习等技术，实现多源情报、监视和感知系统传感器数据的智能融合，以提供基于大数据、深度学习的智能战场态势感知与分析能力；人工智能技术将逐步提升信息系统基于人机融合的智能决策能力。通过综合运用认知计算、强化学习等技术，实现未来态势的预测与建议生成、基于人机协作的方案推演评估、基于学习的知识汇聚与推荐等，为海量数据源、复杂态势环境下的人员提供主动建议、高级分析及自然人机交互能力，从而支持工作人员快速制定战术决策；人工智能技术将加快行业装备的智能化，逐步实现行业装备编组的自适应协同能力。深度学习、强化学习是支持智能化装备发挥作战效能的核心技术。启动了一系列有人 / 无人集群协同项目，采用先进的人工智能算法，以支撑无人平台的快速感

知、敏捷决策，提升平台自主决策和行动能力，实现有人 / 无人编组、无
人编组的自适应协同能力。

机器人时代，人工智能的蓝海机器人，广义上来说，就是自动执行工
作的机器装置。它既是高端制造业的基础装备，也是人类社会的生活服务
设施，随着人工智能技术和以物联网、大数据、云计算为代表的新一代信
息技术与机器人的深度融合，机器人产业正在进入技术爆发期。机器人未
来将越来越智能化，应用范围也将拓展到工业之外的服务领域，将给机器
人产业带来更大的想象空间，作为人工智能技术的一片蓝海，机器人产业
将在未来的几年中引发更多的科技创新企业涌入这片市场，而那些在技术
创新上取得丰硕成果的企业，也将在这片蓝海大战中建立起庞大的人工智
能帝国。机器人产业在中国也受到了许多关注，曾在 2014 年达到一个洪
峰，埃夫特智能装备公司副总经理张帷表示，就像到了一个临界点，一般
制造业的需求突然涌现出来。埃夫特是国内工业机器人公司中的佼佼者，
前身是奇瑞汽车下属的汽车设备部，改制后引入美的集团，奇瑞股份降低
至 1.5%，成为美的、埃夫特管理层及芜湖国资委三方共同持股的混合所
有制企业。在技术能力构建上，埃夫特倾向于通过收购来加快节奏。2014
年 11 月，埃夫特收购意大利 CMA 喷涂机器人公司，为自己的产品库增
添了喷涂机器人品类，之后，埃夫特又收购意大利 EVOLUT 公司，完善
自己在金属加工领域的系统集成能力，从而不断挖掘机器人这个新人工智
能技术领域的未来商业市场。许多科技行业的巨头纷纷加入这个新兴领
域，也激起了人工智能技术巨大的浪潮。

人工智能时代到来，将掀起巨大的浪潮。无独有偶，作为在消费类电
子产品、移动通信产品和家用电器领域内的全球领先者和技术创新者的韩
国 LG 电子也曾表示，将会积极投资机器人行业，希望充分利用不断进步
的人工智能技术，甚至有望在有朝一日开发出复杂的机器设备，完成人类
的日常任务。其家电部门将负责筹备机器人项目，计划开发各种与冰箱、
洗碗机、空调等家电配合使用的机器人设备。

技术驱动，人工智能的变革从技术和功能角度来说，绝大部分人工
智能系统都相对比较狭隘，预先编程完毕的媒介只能处理特定领域的任
务，对其他领域则并不擅长。最好的例子就是，尽管 IBM 公司的"深

蓝"（Deep Blue）能够在围棋上胜过世界冠军加里·卡斯帕罗夫（Gary Kasparov），但它在"三子棋"游戏中却不能打败一个三岁的小孩。许多人认为，人工智能因其单一性，所以最适合被用于更具专业性的科研项目，但作为人工智能技术天才的哈撒比斯却计划从人类的大脑中获取灵感，期望打造出第一款面向多种用途而且可以自主学习的人工智能机器。这款机器所使用的算法非常灵活，足以适应周边的环境，这意味着它完全可以像生物系统一样进行学习——只需接触到原声数据，它就可以从零开始学习技能。这项技术被称为"人工通用智能技术"，重点在于"通用"二字。哈撒比斯认为，在将来具备超高智能的机器人将会和人类的专家联手解决所有的难题。"不论是癌症、气候变化、能源、染色体、宏观经济、财务系统还是物理范畴，我们需要掌握的系统正变得越来越复杂。"他表示，"面对无穷无尽的信息，即便是最聪明的天才穷尽一生也很难处理完毕。在这种情况下，我们应该如何在信息的汪洋中筛选出有用的信息，以帮助我们解决问题呢？所谓的人工通用智能技术，其中一个用途就是将没被结构化的数据转化为可用信息。我们所研究的是面向所有问题的元解决方案。"而哈撒比斯对于人工智能技术的规划只是人工智能技术前行的一个脚印，许多行业巨头对于人工智能也有着美好的期盼，在 Google 向人工智能技术迈出一大步的当下，不甘落后的 Facebook、Microsoft、Apple 等科技巨头也在大肆吸纳人工智能领域的人才，这些公司已经在该领域投入了数十亿美元。可见，人工智能的技术在未来有广阔的前景。

最近，阿里云研究中心发布了《人工智能：未来致胜之道》的报告，对于人工智能的特定内涵、应用、未来趋势、格局都做了详尽的分析，其中就指出：未来 3~5 年，仍以服务智能为主。在人工智能及现有技术的基础上，技术取得边际进步，机器始终作为人的辅助；在应用层面，人工智能拓展、整合多个垂直行业应用，丰富实用场景。随着数据和场景的增加，人工智能创造的价值呈现指数增长。而在中长期，人工智能技术将出现显著科技突破，如自然语言处理技术可以及时完全理解人类对话，甚至预测出"潜台词"。在技术创新的领域，现有的应用向纵深拓展，价值创造限制在技术取得突破的领域。

（三）人工智能发展中的盲点

当人工智能技术在充斥了大街小巷，成为科技峰会中的常用名词时，它也存在着研究上的盲点。2016 年白宫发布了一份报告，阐述了他们对未来人工智能（AI）的看法。这份报告由来自西雅图、匹兹堡、华盛顿和纽约的 4 个研究小组耗费 3 个月时间撰写而成。报告强调了眼下在 AI 研究上存在的主要盲点：自主智能系统在许多社会机构早已司空见惯，但我们却无法找到真正能评估其持续性影响的方法。人工智能是否仅停留在"人工＋智能"的主题上，而一旦脱离人工后，机器人是否会拥有自主思考的能力，渐渐地取代人类在地球上统治者的地位？

德鲁·摩尔是人工智能领域领先的美国卡内基—梅隆大学计算机学院院长。他曾撰文指出，美国国家科学院已召集技术专家、经济学家和社会学家研究人工智能取代人工的问题。目前的关注重点，不是人工智能取代蓝领工人的生产工作，而是传统认为它们不能取代、需要人与人互动的白领工作。比如脸书公司的人工智能发展目标就是在未来 5~10 年，实现由机器完成某些需要"理性思维"的任务。许多人认为，人工智能在做预测和指导性决策时没有人类明智，但工程师却认为人工智能能找出人类在决策时存在的偏见和傲慢。不过，它也不是万能良药。至少在当下，人工智能与人类一样，在种族、性别和社会经济背景方面这些因素的影响下容易犯错，而这正是人工智能在步入社会时不可忽视的一个问题。

人工智能技术是一个时代的技术分水岭，它在被快速研发的同时，也快速被社会认知与接受，而我们需要保证的是，在这项技术逐渐渗透进日常生活的基础设施之前，人工智能技术所带来的影响将对构建未来是有正面作用的，而在未来，随着互联网与其他技术的共同作用，人工智能也会渐渐确立自己的定位，让人们的生活更智能化、更便捷化、更和睦化。

第二节 算力网络的产生

一 网络的云-边-端融合

数字化转型的过程可以划分为四个阶段：数字化、信息化、数据化、智能化。在这"四化"的过程中，大数据其实一直起着关键作用。其中，智能化阶段更是要求大数据与 AI 深度融合，发挥数据的深层价值。现今，数据已经成为企业和社会的重要资产，是新世纪的"矿产"与"石油"，带来了全新的创新方式、商业模式和投资机会。数据就是生产资料，AI 是生产力，区块链是生产关系。其中，数据的处理发挥着非常重要的基础性作用，但现在数据处理面临着以下 3 个方面的挑战。

（1）业务方面的挑战。在 IT 系统或者数字系统的建设中，烟囱系统、数据孤岛及数据与业务的割裂等问题是各个行业的痛点。

（2）数据应用方面的挑战。对数据的应用过于依赖专家经验，缺乏创新点。

（3）架构方面的挑战。在架构向云上迁移的过程中，会出现传输负载过高、实时响应较差、安全程度较低等方面的问题。

面对前两个挑战，需引入 AI 相关的技术手段来破局。面对第三个挑战，则采用云边端协同的架构去解决。那么，该如何采用云边端协同的架构呢？

第一，发挥云化的数据中心作为中心大脑的作用，配合边缘节点、终端用户做相应的数据管理，开发融合开放的数据管理技术。

第二，建立跨云数据中心、跨边缘节点、跨终端用户的数据安全体系。边缘节点和用户终端算力是非常有限的，必须与轻量化、高效率的云端配合，才能够实现对完整体系的安全防护。

第三，进行相应的协同计算。要想把一部分 AI 推理做成轻量化的推理引擎，并放置在边缘节点或终端节点，就要进行协同计算，建立跨云边端的体系框架，形成一站式的智能平台。关于大数据 AI 融合解决方案，其核心理念可概括为 4 个关键词。

第一个关键词是跨云边端的一栈智能平台。它有 2 个重要的特征：多技术融合和多样灵活的部署形态。多技术融合也可以说是多生态融合。现在，众多不同开源生态之间存在着割裂的情况，需要打通这种割裂的状态，实现多生态的融合。多样灵活的部署形态覆盖了容器、单机、小规模、大规模甚至是多集群的场景，支持弹性伸缩，可进行灵活多样的动态部署。

第二个关键词是融合开放的数据管理技术。它包含全链路工具保障和统一数据服务。全链路的工具保障指的是在从数据模型到数据处理任务的动态转换过程中，使用全链路的工具把定制化的代码研发流程串联起来。统一的数据服务指的是完全符合标准规范的、面向用户的统一服务端口。统一的数据服务能够划分用户的角色和权限，通过对数据进行分类，明确相应的技术接口，提供完善的接口审批流程，来实现更开放、更安全的技术管理。

第三个关键词是高效可靠的数据安全技术。数据安全技术的发展要重点关注细粒度安全管控。在数据保护策略以及数据的存储周期上做细粒度分析，优化数据加密存储和数据脱密存储，对数据进行全方位的安全管控和精细化控制。数据安全技术的技术要点之一是基于策略下沉的大数据脱敏，传统的解决方案是采用中间件对关键字段进行替代和脱敏，但这种方案并不适用于数据量较大的情况，会造成性能下降的问题。现在采用的方案是将云端的算法和策略下沉至边缘侧甚至终端侧。

第四个关键词是协同扩展的数据计算技术。在云端、边端、终端，运营环境和资源配置不尽相同，采用基于 Adlik 的云边端协同 AI 模型部署，以适应不同运营和资源配置环境。

可视化的模型探索工作台是数据计算技术发展的另一个关键点。工作台具有强可视化的特点，以数据为驱动，融合机器学习、深度学习、强化学习、开放互联等特质，并集成了多种深度学习框架，可以帮助用户摒弃编码和底层维护工作，把业务专家从对 IT 的探索中解放出来，使之聚焦业务问题和应用本身。

云边端协同的技术发展趋势之一是能力下沉。大数据前期的发展是云化，是数据向云端的集中。但全盘云化会产生很多问题，需要通过云边端的协同来解决这些问题。云边端协同的整体设计策略及其管理仍在云端，但是能力（例如 AI 推理能力）会下沉，即在边缘侧部署更多服务。

云边端协同的技术发展趋势之二是生态融合。大数据 AI 融合的云边端协同包含 4 个方向：一是极大极小弹性环境，二是容器 / 裸金属的一体化，三是异构跨集群数据协同，四是计算存储分离。

二　算力网络的形成

随着人工智能（Artificial Intelligence，AI）、5G/B5G 的空前发展，大量智能应用正在极大地影响和促进经济社会和人类文明的进步。算力既是 AI 的基础，也是 AI 发展的主要驱动力。高效算力作为人工智能发展的三个基本要素之一，在数据处理、算法优化、高精度快速交互等方面起着催化作用。以计算和联接技术的快速蓬勃发展，使得智能世界万物互联成为了不可逆转的趋势。

算力是关键性因素，在 5G 时代来临之前，超大规模的算力通常集中单点设备。然而许多特定的应用场景对数据中心的网络吞吐量、并发计算与存储提出了特定的需求。另一方面，5G/B5G 等新兴技术的出现为网络边缘带来了海量的数据，从而加速了算力从少数数据中心向网络边缘，甚至终端设备扩散，因此算力网络的概念被提出，边云、端边云、端边云超（云 + 超算，即高性能云数据中心）等多层次计算架构进而形成。因此，要支持 5G/B5G 的机器智能时代，端边云超三体协同的算力网络成为最佳计算解决方案。端边云超将分散计算节点的算力资源通过网络连接起来，以全网算力资源池的形态为多样化应用提供灵活优质的算力服务，协同考虑网络和计算融合演进的需求，共建新一代算力网络架构。目前的算力网络架构模型将算力、能耗、延时、部署数量、开放性、便利度等作为全面量化算力的规模与质量的评价指标。但是针对算力网络的架构设计一般不能同时考虑算力、能耗、延时等因素，较为受限。因此，新型的算力架构需要进一步对不同设备种类的算力、能耗、模型规模、可训练性以及成本进行算力网络架构设计，使得算力网络在多个维度上得到融合和均衡地发展。具体来说，新型的算力网络需要考虑以下不同算网成员的多样化需求。

1. 用户侧

算网用户提出多种服务需求，希望在适应性满足业务需求的同时，获得更大的效用。

2. 算力提供者侧

算力提供者决定如何弹性分配计算资源，以最大化算力网络的价值激励。

3. 组网侧

组网侧致力于捕获用户的业务需求，在数据和服务之间动态地按需建立弹性网络连接。因此，算力网络中算力的管理和分配至关重要，尤其对于端边云超等多模式、多层次的计算架构是非常困难的，包括：

（1）如何为用户提供适应性的计算服务，以满足用户多样化的需求。

（2）如何保证算力提供者的效益，从而实现算力网络的价值激励。

（3）如何支持弹性的组网服务和算力资源调度，从而实现快速响应。

因此，适应性、价值和弹性是基于端边云超算力网络架构下的三个主要指标。本书旨在基于端边云多层次模式构建适应性、价值、弹性的多方算力网络架构，推动节能型"绿色算力"发展，为实现智能化社会的可持续发展提供助力。

第三节　算力网络概念

一　算力的概念

广义上，算力是计算机设备或计算 / 数据中心处理信息的能力，是计算机硬件和软件配合共同执行某种计算需求的能力。在某些场景的狭义上，也可以定义为计算机设备或计算 / 数据中心信息处理的计算"实时出力"。请注意本书后续章节所阐述的算力编排调度等部分是基于狭义上的算力实时出力的概念。在广义上，计算力就是生产力，算力作为数字时代的一种核心资源，与数据、算法等共同构成了计算资源的三要素，是云网融合新型数字信息基础设施的重要组成部分。我国非常重视算力基础设施的建设，相继出台了一系列围绕算力基础设施的政策文件，并提出加快实施"东数西算"等工程。算力发展目标为绿色、安全和智能。

（1）绿色算力是支撑可持续通信及信息化的基础。在国家"双碳"目标积极推进的大背景下，各行各业普遍关注在降低数据中心的电源使用效率的同时，如何合理分配计算资源、大规模提高算力效率。采用绿色算力、云边端智能计算、智慧化节能技术等建设绿色数据中心，可以助力企业实现自身"双碳"目标、践行绿色可持续发展。

（2）安全算力即建立云网内生的安全体系和能力，以应对网络和信息安全挑战。随着云边端多级算力体系的逐渐形成，安全边界模糊化、网络暴露面增加、复杂隐蔽攻击快速传播、终端信任建立困难等问题日益凸显。只有运用网络内生安全、云原生安全和数据安全等技术，构建一种"防御、检测、响应、预测"的自感知、自适应、自生长的内生安全体系，才能保障算力基础设施的全领域、全方位、全流程安全。

（3）智能算力要实现云网运营的自动化和智能化，云网要主动适配上层应用。智能化技术已经发展成各行各业提高生产力的关键手段，层出不穷的新技术和多样化应用场景催生了海量非结构化数据，结合愈加复杂的算法模型，以 CPU（Central Processing Unit，中央处理器）为核心的基础算力难以满足纷繁多样的计算任务，计算方式开始向搭载 GPU（Graphics Processing Unit，图形处理器）、FPGA（Field Programmable Gate Array，现场可编程门阵列）等加速芯片的智能算力转型。具有高并发、高弹性、高精度的智能算力已成为人工智能应用的标配。行业预测从现在开始到2050 年，算力的发展正在并且将长期呈现三个趋势，可谓之为"算力三定律"。

算力第一定律（时代定律），算力就是生产力。生产力即社会生产力，也称"物质生产力"，是人类利用自然、改造自然的能力。纵观历史，不难得出这样的结论：技术的发展和人类对美好生活的需求共同推动生产力向前加速发展，而人类社会生产力的发展过程其实是从简单以人力为核心向以技术为核心的演进过程。因此从技术角度来看，人类生产力的发展历史可用"四力"来划分：原始经济以人力为主；农业经济以畜力为主；工业经济以动力（电力）为主；数字经济时代，算力即计算能力，成为当前最具活力和创新力的新型生产力。算力不仅改变人类的生产方式、生活模式和科研范式，也成为科技进步和经济社会发展的底座，代表着人类智慧的发展水平。总之，算力已成为数字经济时代的核心生产力。

算力第二定律（增长定律），算力每 12 个月增长 1 倍。底层技术融合发展及加速成熟，尤其是 5G 以及物联网的大规模部署使得算力应用的范围大幅度扩展，基于人工智能算法的智能业务正在从互联网行业开始向交通、工业、金融、政务等传统行业加速渗透，应用场景也从通用场景进一步拓展到行业场景，特别是在数字经济、数字社会和数字政府领域中得到了广泛的应用。在此过程中，算力资源增长显著，尤其是智能算力增速迅猛，已经打破"每隔 18 个月芯片性能可提升 1 倍"的摩尔定律，而由英伟达首席执行官黄仁勋提出的"黄氏定律"则预测，GPU 将推动 AI 性能实现逐年翻倍；赛迪研究院也预测 2025 年 AI 算力将成为绝对的主流。此外，随着元宇宙的技术成熟与应用场景拓展，算力资源的需求将进一步增大，将推动算力规模呈现爆发式增长态势。因此，综合当前发展态势与未来趋势分析，预计算力每 12 个月增长 1 倍成为新的规律。

算力第三定律（经济定律），算力每投入 1 元，带动 3~4 元 GDP 增长。全球各国算力规模与经济发展水平呈现出显著的正相关关系，算力规模越大，经济发展水平越高。算力在驱动社会和产业发生深刻变革的同时，也将产生显著的经济价值。据中国信通院测算，2016—2020 年，我国算力规模平均每增长 1 个百分点，带动数字经济增长 0.4 个百分点、GDP 增长 0.2 个百分点。从投入产出看，2020 年我国算力产业规模达 2 万亿元，直接带动经济产出 1.7 万亿元，间接带动经济产出 6.3 万亿元，尤其是对制造、交通、零售、能源、农业等领域的经济产出带动作用较为明显。平均来看，算力每投入 1 元，将带动 3~4 元 GDP 增长，算力对经济产出的带动作用日益明显。

二　算力网络化

（一）算力网络化技术背景

物联网概念自 21 世纪初提出以来，在全球范围内迅速得到认可，并成为新一轮科技革命与产业变革的关键驱动力。物联网产业被称为继计算机、互联网之后世界信息产业发展的第三次浪潮，深刻改变着传统产业形态和人们的生活方式，催生了大量新技术、新产品、新模式，引发了全球数字经济浪潮。当前全球经济新格局面临重塑，物联网作为新的经济增长点，其产业发展提升到前所未有的高度。伴随连接数、带宽的日益扩大，以及多元算力和 AI（人工智能）技术的融合，物联网也被赋予新的内涵和发展范式，物联网产业发展将迎来爆发的战略机遇期，从传统制造到工业互联网，从普通住宅到智能家居，从监控安防到智慧城市，物联网推动智能化的触角延伸到各行各业，万物智联成为可预见的必然趋势。

然而，在价值链聚合成形的过程中，物联网也面临着诸多"逆风因素"，其中最具代表性的便是数据处理和安全防护。新摩尔定律指出，每 18 个月全球新增信息量是计算机有史以来全部信息量的总和。日渐增长的数据规模对处理效率提出更高要求，没有强大的算力，物联网在行业中的落地应用就会失去关键支撑。同时，行业属性是把双刃剑，一方面为物联网的蓬勃发展注入原动力，另一方面又需要技术本身具备安全屏障功能，避免因为安全问题引发业务系统瘫痪。以无人驾驶汽车为例，一旦车载系统被恶意入侵或出现故障，就可能造成严重的交通事故。因此，万物智联的边缘系统和网络在保障安全中扮演着至关重要的角色。边缘计算与物联网的结合备受瞩目，通过在靠近用户侧部署边缘计算节点，将原本上传到云端的计算卸载到本地闭环处理，不仅有利于减轻网络负荷，还能有效控制业务时延，降低遭受安全攻击的风险。

基于云边端多级架构的算力设施建设已开始从"计算机一元计算"

与"'人机'二元计算"向"'人机物'三元计算"拓展，人、机、物将成为计算过程的执行主体和对象客体。如何整合泛在算力资源提供随取随用的网络化算力服务，如何强化信息技术赋能行业数字化转型，如何立足既有优势构建支撑物联网产业与生态双循环，如何在天地一体的 6G 网络中实现通感算融合，如何打造更高等级的算力生态，是业界普遍关注的热点和难点。正是在这样的行业技术背景之下，算力网络产业应运而生。

（二）算力网络化面临的问题

由于算力资源节点的多样性（集中的大型云计算节点、分散的边缘计算节点，以及无处不在的端计算节点等）、资源归属的多样性（云服务商的资源池、电信运营商的资源池、区域性供应商的资源池、行业用户自身的资源池等），以及业务需求的多样性（成本优先、时延优先、安全优先等），算力网络化面临一系列的问题。

（1）算力空闲与算力短缺并存。总体来说，算力与业务的发展均呈现正向增长，彼此呼应、欣欣向荣。然而在实际应用中也存在算力资源浪费与算力资源短缺并存的现象，根据 IDC 的一项统计，各类算力资源，包括数据中心、物理服务器、个人电脑以及消费终端的利用率普遍低于 15%，造成这种现象的一部分原因在于算力资源与算力业务的分布不均，如"东数西算"表明，超大型数据中心多位于贵州、内蒙古、甘肃、宁夏等算力需求较低的西部地区，而在"北上广"等新兴业务迅速发展的东部城市，由于其高昂的土地价格，算力增速渐渐落后于算力需求的增长。

资源的分布不均衡以及供需关系的不对等，导致了宝贵的算力资源被浪费，造成市面上算力价格高昂、高质量算力紧张等现状。因此，我们亟待寻找新的解决方案和技术体系来实现算力资源共享，同时，打通算力资源之间、算力资源与算力需求者之间的通道成为算力时代发展的新诉求。

（2）日益增长的算力需求，需要多级算力协同。以"云、边、端"为主的泛在多样化算力载体的单点计算性能日趋强大，但其孤岛的形态决定了它功能单一、位置固定、计算能力有限，无法满足业务多样化的需求，限制新兴产业的发展，因此需要通过多级资源节点协同来满足业务多样性需求。以人工智能产业为例，AI算法在各个行业的大规模应用需要大量的算力资源。在云计算时代，倾向于建立一个集中的算力资源池来解决这个问题。但是在一些新兴场景中，集中式的方案并不能满足要求，而是需要根据业务特点、价格、网络情况选择合适的算力节点，甚至需要多节点的协同。

基于人脸识别的门禁系统，如图 1.3-1 所示，解释了为什么多级节点之间需要进行协同。在这种情况下，人工智能训练部分需要部署在集中的算力资源中，例如云计算中心，离线进行算法训练等复杂的计算过程。而在推理阶段，例如识别人脸开门时，对时延有一定要求，此时如果图像或视频信息仍然发送到云计算中心进行处理，等待时间过长，会降低用户的使用感受。因此完全中心化的算力资源池，不能满足所有需求，需要综合使用多级算力资源，比如将图像训练的能力部署在云端，而人脸识别能力部署在边缘端，即将终端采集的图像实时传送到云计算中心进行模型训练，将更新后的模型推送给边缘端进行人脸识别，从而在保证识别准确度的同时保证用户体验。

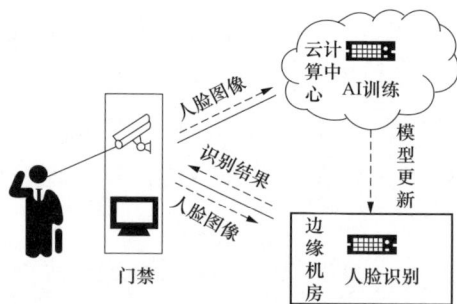

图 1.3-1 基于人脸识别的门禁系统

因此，获取全网算力资源的信息以及屏蔽异构算力资源的差异化，让用户从全局视角了解整网资源，减轻用户使用算力资源的难度，提供统一的算力服务，即算力网络化，成为未来发展的趋势。

要定义算力网络，先从基于"云边端"多级架构的算力设施建设开始，从"计算机一元计算"与"'人机'二元计算"向"'人机物'三元计算"拓展，人、机、物成为计算过程的执行主体和对象客体。如何整合泛在算力资源提供随取随用的网络化算力服务，如何强化信息技术赋能行业数字化转型，如何立足既有优势构建支撑物联网产业与生态双循环，如何在天地一体的 6G 网络中实现通感算融合，如何打造更高等级的算力生态，是定义算力网络需要普遍关注的问题，正是在这样的行业技术背景之下，算力网络的概念应运而生。

算力网络概念首次是由中国人提出，华为在国际 ICN2019 发表的论文 "Compute first networking：distributed computing meets ICN" 中首次提出。算力网络概念：算力网络旨在将分布式计算节点打通互联、统筹调度，通过对网络架构和协议的改进，实现网络和计算资源的调度、优化和高效利用。

中国通信企业积极承担算力基础设施的建设，把算力网络视为实现云网融合的重要技术路径，且在业界率先提出了算力网络的理念，并在国际电信联盟（The International Telecommunication Union，ITU）率先牵头制定了算力网络标准框架，未来还将进一步完善算力网络等技术，深化算力加连接的新型应用，基于算力网络打造绿色、安全、智能的算力连接，充分发挥云网融合基础设施的效力。通过近几年的发展，算力网络的概念也在不断地丰富，即算力网络是"一种根据业务需求，在云、网、边之间按需分配和灵活调度计算资源、存储资源以及网络资源的新型信息基础设施"。

算力网络具有以下 4 个特征。

1. 资源抽象

算力网络需要将计算资源、存储资源、网络资源（尤其是广域范围内的连接资源）以及算法资源等都抽象出来，作为产品的组成部分提供给客户。

2. 业务保证

以业务需求划分服务等级，而不是简单地以地域划分，向客户承诺诸如网络性能、算力大小等业务 SLA，屏蔽底层的差异性（如异构计算、不同类型的网络连接等）。

3. 统一管控

统一管控云计算节点、边缘计算节点、网络资源（含计算节点内部网络和广域网络）等，根据业务需求对算力资源以及相应的网络资源、存储资源等进行统一调度。

4. 弹性调度

实时监测业务流量，动态调整算力资源，完成各类任务高效处理和整合输出，并在满足业务需求的前提下实现资源的弹性伸缩，优化算力分配。

四 算力网络体系

2021 年 9 月，ITU 发布由中国电信牵头的国际标准 Y.2501，即算力网络框架与架构标准（Computing Power Network-Framework and Architecture），这是首个算力网络国际标准。同时，由于算力网络标准工作的积极开展，ITU 建议开启 Y.2500 系列编号，以 Y.2501 算力网络框架与架构为首个标准，形成算力网络系列标准，与中国通信标准化协会算力网络系列标准相呼应。

ITU-T Y.2501 定义的算力网络功能架构，如图 1.3–2 所示。将算力网络架构分为四个层次，分别是算力网络资源层、算力网络控制层、算力网络服务层以及算力网络编排管理层。

（1）算力网络资源层是算力资源所在的位置。这包括在资源节点（云计算节点，边缘计算节点，各类具有计算能力的通信、感知终端和各类分布式计算终端等）中使用的资源，例如计算资源（服务器等）、网络资源（交换机、路由器等）、存储资源（存储设备）以及在服务器上运行的已部署服务资源。在算力网络资源层中，多维资源的感知可以依靠资源主动上报或者网络侧主动探测的方式实现，未来资源的感知还可以依靠通感网络实现；而针对异构的算力资源，还应在算力网络资源层实现算力的统一度量；对于不同位置的算力资源，需要通过网络建立可靠有效的连接，使算力成网，从而为上层服务提供基础，并且算力到算力、算力到业务之间的连接需要有确定性的保障。

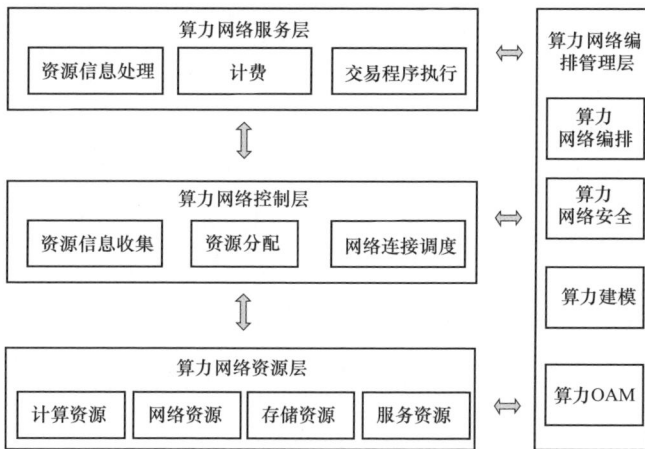

图 1.3-2 ITU-T Y.2501 定义的算力网络功能架构

（2）算力网络控制层是算力网络体系架构的关键，它将算力网络资源层信息通过算力路由的方式进行收集，并将其发送到算力网络服务层以进行进一步处理。算力路由则分为集中式的方案和分布式的方案，集中式的方案利用软件定义网络（software defined network，SDN）/网络功能虚拟化（network function virtualization，NFV）技术，资源池将信息直接发送给控制器进行处理，分布式的方案指利用 IP 协议的扩展字段携带算网信息，使其在网络中发送，从而获取全局信息。未来在算力网络控制层也可结合通感技术感知各节点算力占用情况及节点动态位置，同时将感知信息作为先验信息，利用监督学习技术，对未来算力占用情况及网络拓扑动态变化进行有效预测，并将当下感知及预测结果发送至算力网络服务层和算力网络编排管理层进行处理。

（3）算力网络服务层是沟通算力网络与用户服务的桥梁。算力网络服务层南向与算力网络控制层进行连接，从控制层接收到整网资源信息，北向与算力业务进行连接，获取业务的需求和实时状态，并根据业务的需求动态生成以用户为中心的算力网络资源视图，用户可以根据资源视图选择最佳算力资源。选择的结果将被发送到算力网络控制层占用资源并建立网络连接。在算力网络服务层，用户需求的感知以及最佳资源的选择可以通过用户主动上报的方式，也可以结合人工智能技术对业务需求的变化进行动态预测，并根据场景模型为用户匹配最佳算力资源。

（4）算力网络编排管理层具有算力网络的编排、安全、建模、运营维护管理（Operation Administration and Maintenance，OAM）功能。算力网络编排模块负责算力网络资源和服务的编排和管理；算力网络安全模块负责应用与安全相关管理，以减轻算力网络环境中的安全威胁；算力建模模块可以根据服务类型进行算力建模；算力OAM模块实现了算力网络的操作、管理和维护。

目前在Y.2501架构的基础上，系列标准正在积极推进。如在算力网络资源层，ITU-T Y.ASA-CPN标准研究算力网络认证调度架构，ITU-T Q.BNG-INC标准研究算力网络边界网关的信令要求，CCSA算力网络标识解析技术要求探讨如何对算力信息进行标识；在算力网络控制层，CCSA算力网络控制器技术要求针对集中式的方案制定控制器标准，算力网络路由协议要求针对分布式的方案研究如何扩展IP协议从而实现全网信息的收集；在算力网络服务层，ITU-T Q.CPN-TP-SA、CCSA算力网络交易平台技术要求设计算力网络交易平台整体架构及信令架构从而支持算力消费者与算力供应方之间的交易；在算力网络编排管理层，ITU-T Y.NGNe O-CPN-reqts标准研究支持算力网络的NGNe编排增强要求和框架。

第四节　算力网络发展

一　算力网络发展历程

随着网络技术和应用的不断发展，特别是大数据、云计算、人工智能等的出现和应用，互联网迎来了加速裂变式的新一轮革命，促使社会各方面发生颠覆性变化，并深刻改变着人类世界的空间轴、时间轴和思想维度。然而，面对互联网与经济社会深度融合发展带来的专业化服务承载需求，互联网技术内涵的发展却未能充分支撑网络应用外延的拓展，现有网络基础架构及由此构建的技术体系存在网络结构僵化、IP单一承载、未知威胁难以抑制等基础性问题，对质量、安全、融合、扩展、可管可控、效能、移动等的支持能力低下，无法通过有限的资源动态灵活地满足泛在场景下各类型、各层次用户对智慧化、多元化、个性化、高顽健、高效能等高质量用网体验的需求。

（一）国外发展历程

近10多年来，为打破上述网络发展困境、创新网络技术，世界各国均已在新型网络领域开展基础研究和关键技术攻研布局，例如，美国不断通过发布相关发展计划或战略来引导网络技术发展方向，先后启动了规模宏大的GENI、FIND、FIA等计划，并于2016年启动"网络和信息技术研发计划"，将高容量计算及基础设施、大规模数据管理与分析、机器人与智能系统、网络安全与信息保障、软件设计与生产等作为研发重点。2018年9月20日，美国发布《国家网络战略》，概述了美国网络的4项支柱、10项目标与42项优先行动。欧盟也将保持其在国际上科技和产业竞争优势的发展重点之一聚焦在了信息网络领域，并先后启动了FIRE和FIRE+计划，资助相关研究累计超过400余项。同时，欧盟发布"地平线2020（Horizon2020）"科研计划。2018年，国际电信联盟成立Network2030焦点组（Focus Group on Technologies for Network 2030），旨在探索面向2030年及以后的网络架构新技术发展。日本先后启动NWGN和JGN2+计划等，并提出泛在战略U-Japan，即建设泛在的物联网；日本发布的《科学技术创新综合战略2016》聚焦超智能社会建设，综合部署人工智能技术、设备系统、应用的研发与产业化。

（二）国内发展历程

我国也对新型网络技术领域给予了高度的关注和重视，明确将"加快构建高速、移动、安全、泛在的新一代信息基础设施"列为重要任务，先后启动了国家"863"计划、"973"计划、重点研发计划等项目，并启动国家重大科技基础设施"未来网络试验设施"项目，以加快推进新型网络基础设施研发和升级。我国算力网络发展历程关键节点如下：

（1）2019 年 11 月 1 日，中国联通在 2019 年中国国际信息通信展览会期间发布了《中国联通算力网络白皮书》。

（2）2019 年 12 月，中国移动研究院网络与 IT 技术研究所蔡慧分享《算力感知网络技术白皮书发布会》。

（3）2020 年 10 月，开放数据中心委员会（ODCC）重磅发布了《数据中心算力白皮书》，这是 ODCC 针对数据中心算力发布的第一部白皮书，由中国信通院、中国电信、Intel、AMD、美团等单位的专家共同参与编写。

（4）2021 年，中国移动发布《算力感知网络 CAN 技术白皮书》。

（5）2021 年 5 月，发展改革委、网信办、工业和信息化部、能源局印发《全国一体化大数据中心协同创新体系算力枢纽实施方案》的通知。

（6）2021 年 7 月 5－16 日，在国际电信联盟电信标准化部门（ITU-T）第 13 研究组（SG13）报告人会议上，通过了由中国电信研究院网络技术研究所雷波牵头的算力网络框架与架构标准（Y.2501），该标准是首项获得国际标准化组织通过的算力网络标准。

二　算力网络面临的挑战

算力网络为了实现云网资源的融合供给，需要逐步解决度量、感知、路由、交易、编排等多方面的技术难题。值得指出的是，并不是这些难题都解决后才能提供云网一体化服务，这是一个逐步演进、提升的过程。目前面临的挑战包括但不限于以下几个方面。

（1）算力度量问题。算力资源并不像电力那样，能够用"kWh"这样的单位简单地进行量化，尤其考虑到 CPU、GPU、FPGA、ASIC 等不同芯片的类型，更是难以进行统一的衡量。因此需要一种共识，在标准规范的基础上，量化异构算力资源以及多样化业务需求，建立统一的描述语言，给算力资源赋予可度量、可计费的标准单位。

目前，业界研究机构、产业联盟、标准组织等已经认识到这个问题，纷纷从不同角度展开研究工作，但尚未形成统一的结论。在现有应用案例中，还是以虚机、容器之类的粗粒度单元衡量方式为主。

（2）算力感知问题。算力感知，也可以认为是对所有类型的资源信息的感知，甚至包括对用户需求的感知。但这里存在两种思路，一种是由资源所有方主动提供资源信息，并通过网络或者云管、资源管理等集中系统告知用户，另外一种则是由网络或者集中系统主动去探知资源信息。目前两种技术路线都处在不断发展的过程中。针对用户需求的感知，初期可以采用用户意图驱动的方式主动提供资源需求信息，后期随着人工智能算法的成熟，可以使用流量预测模型结合 AI 深度神经算法的方式，从资源需求、资源消耗等方面进行预测，实现资源预配，加快资源部署速度，提升资源整体利用率。

（3）算力路由问题。算力路由将网络资源信息与算力资源信息有机地进行整合，以用户为中心来提供算力资源视图，让用户能够清楚明白地了解各类算力资源的分布情况与报价情况，从而确定最优的资源组合，这成为算网融合服务的关键技术发展方向。

与传统的网络路由方式一致，算力路由也可采用分布式、集中式以及混合式方案。分布式方案通过扩展 IP 协议，在协议中增加资源信息和业务需求信息来实现信息泛洪与资源路由；集中式方案利用 SDN（Software Defined Network，软件定义网络）控制器等集中管控单元来收集网络信息与算力信息，再统一呈现给用户；混合式方案结合上述两种方式的特点，利用分布式协议来分发资源信息，再利用集中管控单元来进行统一处理。

（4）算力交易问题。随着智能业务的发展，我们对算力资源的使用出现了高频、短时的新特点，比如：人工智能算法中训练部分需要在短时间内完成大数据样本下的模型训练，但在训练完成后，推理部分只需用相对少量的算力资源。因此，传统的按月、按天租赁资源的方式已经不能满足要求，需要结合高频、短时的特点来设计新的资源交易体系，将交易周期压缩到小时甚至分钟级别。

此外，受限于边缘计算的建设特点，边缘计算市场会存在很多的供给方，如何在多方参与下实现高频交易，成为一个新的研究点。从目前的研究来看，采用基于区块链技术的分布式账本体系能够满足此类要求，但具体实现还有待进一步研究与论证。

（5）算力编排问题。在支持高频、多方、异构的资源交易下，需要根据交易内容快速提供资源，如快速分配算力资源、建立网络连接，又能够在使用完成后快速释放资源，并更新资源信息。

三 算力产业生态发展

在万物智联时代，数据就是生产要素，算力就是生产力。面对行业数字化转型的巨大市场，结合未来算力"云–边–端"泛在分布的趋势，我国明确提出布局全国一体化大数据中心算力枢纽节点，实施"东数西算"工程，打造全国算力一张网；工信部印发的《新型数据中心发展三年行动计划（2021—2023年）》，明确提出用3年时间，基本形成布局合理、技术先进、绿色低碳、算力规模与数字经济增长相适应的新型数据中心发展格局。伴随着我国数字经济的蓬勃发展，算力产业将成为推动我国数字经济持续发展的重要引擎。

在国家密集布局、ICT技术不断应用、数字经济快速发展等因素的联合推动下，CT技术和IT技术快速融合，有力推动云和网从独立发展逐步走向全面深度融合，给信息基础设施的技术架构、业务形态和运营模式带来深刻变革，以"云网融合"为代表的"连接"＋"算力"融合成为未来信息网络技术发展的新领域和新锚点，其中分布式云、算力网络、算网融合等概念在业界得到广泛关注，各产业生态参与方积极开展相关技术研究，推动其产品和方案在行业中落地部署。这其中包括国际国内标准化组织（ITU-T、IETF、BBF、CCSA 等）、产业联盟［边缘计算产业联盟（ECC）、网络 5.0 产业和技术创新联盟等］、云服务提供商（浪潮、阿里、腾讯、华为等）、电信运营商（电信、移动、联通等）。此外，作为算力产业生态的重要成员，包括芯片生产厂商、基础设施设备厂商、智能终端设备厂商等在内的算力设备生产商为算力提供重要的物理载体。算力产业生态圈如图 1.4-1 所示。

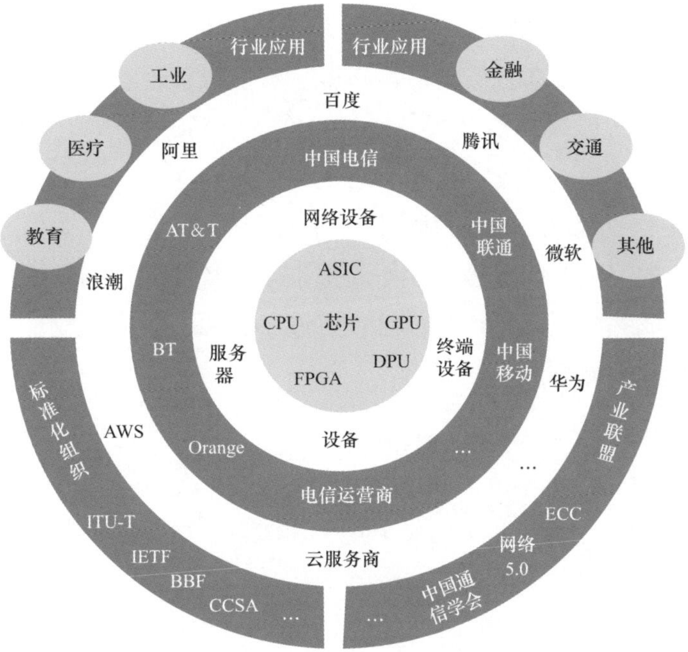

图 1.4-1　算力产业生态圈

按照当前业界对计算能力的理解，芯片成为生产算力的最核心的物理载体。按照芯片设计架构的不同，可以分为 CPU、GPU、NPU、DPU、FPGA、ASIC 等。其中 CPU 是通用处理器，适用于更好地响应人机交互的应用和处理复杂的条件和分支，以及任务之间的同步协调。因为 CPU架构被证明不满足需要处理大量并行计算的深度学习算法，GPU、NPU、DPU、FPGA、ASIC 等各种芯片应运而生。芯片生产厂商主要包括英特尔、英伟达、IBM、高通、华为海思、清华紫光、赛灵思、寒武纪、兆芯、中芯国际等。

作为构成数据中心、智算中心等各类算力基础设施的服务器设备，也是算力输出最直接、最基础的物理载体。这些算力服务器设备包括算力网络网关设备、存储设备、计算设备、网络设备以及算力网络一体化设备。算力基础设施设备构成算力产业生态中的传输网络、算力网络、存储网络，支撑算力系统和服务平台。基础设施设备厂商包括华为、中兴、思科、浪潮、戴尔、Juniper、贝尔、H3C、锐捷、烽火、迈普等。

随着物联网、车联网以及智能家居技术的不断发展，智能终端因为数量巨大、移动性强、靠近算力用户侧等特点，也将成为未来端侧算力的重要来源，这部分主要包括智能联网车辆、智能佩戴设备、智能联网家居设备等。主要的智能终端设备厂商包括谷歌、亚马逊、华为、小米、苹果、联想、海尔、美的、百度、京东、阿里等。

随着技术不断演进和算力服务模式不断创新，算力产业生态各方在助力垂直行业数字化升级过程中，不断探索各行各业应用场景需求，形成可落地的行业成熟解决方案，当前已在工业、能源、医疗、教育、交通、金融等垂直行业领域得到广泛应用。

第二章
算力网络相关技术

第一节　云计算

一　云计算概述

经过 10 多年的发展，云计算（Cloud Computing）已经成为目前新兴技术产业中最热门的领域之一，也成为各方媒体、企业以及高校讨论的重要主题。一言以蔽之，云计算浪潮已席卷全球。随着云计算产品、产业基地及政府相关扶持政策的纷纷落地，云计算再也不是"云里雾里"，这种 IT 行业的新模式已逐渐被政府、企业以及个人所熟知，并作为一种新型的服务逐渐渗透进人们的日常生活和生产工作当中。云计算正在深刻地改变人类生活与生产方式。

目前受到广泛认同，并具有权威性的云计算定义，是由美国国家标准和技术研究院（NIST）于 2009 年提出"云计算是一种可以通过网络接入虚拟资源池以获取计算资源（如网络、服务器、存储、应用和服务等）的模式，只需要投入较少的管理工作和耗费极少的人为干预就能实现资源的快速获取和释放，且具有随时随地、便利且按需使用等特点。"

云计算主要包括 5 个基本特征（按需自助服务、多样化网络接入、资源池化、高效伸缩、可计量服务）、3 种基本架构［软件即服务（SaaS）、平台即服务（PaaS）、基础设施即服务（IaaS）］以及 4 种部署模型（私有云、社区云、公共云、混合云）等。将云计算技术应用于通信网络，能够动态地将不同位置、实时产生的大规模数据分配到最合适的数据中心处理；通过云计算对资源进行合理的分配，可以优化信息通信网络的带宽占用。

基于上述云计算的几大技术特征，使得用户可以随时随地按需访问网络，使用相关资源；对于运营商而言，云计算技术可以使其对用户访问进行方便的管理，同时由于计算机资源位于云端，也可以减少其软硬件及相关维护成本。

二 云计算基本内涵及其特点

即使云计算的定义有很多种，但无论是专家学者，还是云计算运营商或相关企业，其对云计算的看法基本上还是有一致性的，只是在某些范围的划定上有所区别，这也是由于云计算的表现形式多样所造成的。这些不同的定义都认同云计算的核心是可以自我维护和管理的虚拟计算资源，通常是一些大型服务器集群，包括计算服务器、存储服务器和宽带资源等。云计算将计算资源集中起来，并通过专门软件实现自动管理，无须人为参与。用户可以动态申请部分资源，支持各种应用程序的运转，无须为烦琐的细节而烦恼，能够更加专注于自己的业务，有利于提高效率、降低成本和技术创新，云计算概念模型如图 2.1-1 所示。

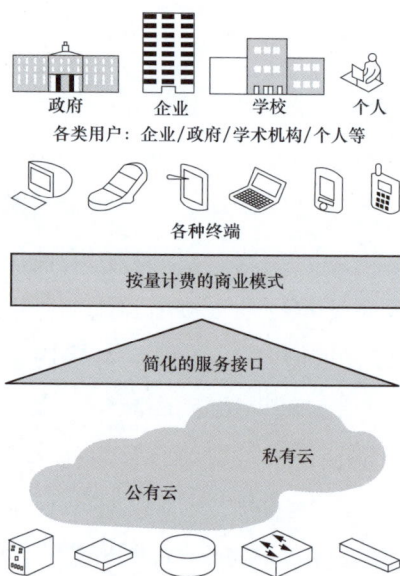

图 2.1-1　云计算概念模型

（一）美国国家标准和技术研究院定义特征

不同类型的云计算具有各自不同的特点，要想用一个统一的概念来概括所有种类云计算的特点是比较困难且不太实际的。只有通过描述云计算中比较典型的特点以及商业模式的特殊性才能给出一个较为全面的概念。作为一种新颖的计算模式，云计算可扩展、有弹性、按需使用等特点都得到了业界和学术界的认可。美国国家标准和技术研究院提出了云计算的5个基本特性。

（1）按需使用的自助服务。客户无须直接接触每个云计算服务的开发商，就可以单方面自主获取其所需的服务器、网络存储、计算能力等资源或根据自身情况进行组合。

（2）广泛的网络访问方式。客户可以使用移动电话、PC、平板电脑或工作站点等各种不同类型的胖/瘦客户端通过网络（主要是互联网）随时随地访问资源池。

（3）资源池。客户无须掌握或了解所提供资源的具体位置，就可以从资源池中按需获得存储以及网络带宽等计算资源，且资源池可以实现动态扩展以及分配。

（4）快速地弹性使用。云计算所提供的计算能力可以被弹性地分配和释放，此外还可以自动地根据需求快速伸缩，也就是说，计算能力的分配常常呈现出无限的状态，并且可以在任何时间分配任何数量。

（5）可评测的服务。云计算系统可以根据存储、处理、带宽和活跃用户账号的具体情况进行自动控制，以优化资源配置，同时还可以将这些数据提供给客户，从而实现透明化的服务。

（二）商业企业定义特征

除了美国国家标准和技术研究院提出的云计算的5个基本特性取得共识，2010年，由几大云计算商业巨头 IBM、Sun、VMware、思科等企业共同支持的《开放云计算宣言》（Open Cloud Manifesto），赋予了云计算几个主要的特征：

（1）云计算提供了可动态扩展的计算资源，其具有低成本、高性能的特点。

（2）客户（最终用户、组织或 IT 员工）无须担心基础设施的建设与维护，可以最大限度地使用相关资源。

（3）云计算包含私有性（在某个组织的防火墙内部使用）和公有性（在互联网上使用）两种构架。

（三）国内专家定义特征

国内云计算方面的专家刘鹏教授在其专著中也给出了云计算的 7 大特性，该观点也得到了国内业界的普遍认可。

（1）超大规模。无论是 IBM、Google、Amazon 等跨国大型企业所提供的云计算，还是国内企业私有云，一般都拥有上百台至上百万台服务器，其规模巨大，同时也为客户提供了前所未有的计算资源和能力。

（2）虚拟化。虚拟化是支撑云计算的最重要的技术基石，使得用户可以在任何地方通过各种终端接入"云"以获取应用服务。

（3）高可靠性。相比本地计算机，云计算采用了数据多副本容错等措施，可靠性更高。

（4）通用性。云计算的架构支持开发出各种各样的应用，且一个云计算可以允许多个应用同时运行与操作。

（5）高可扩展性。高扩展性也是云计算服务的一大重要特征，实现云计算资源的动态伸缩，以满足客户的不同等级和规格的需求。

（6）按需服务。用户可以像购买公共资源那样从"云"这个庞大的资源池中购买自己所需的应用和资源。

（7）极其廉价。云计算的自动化集中式管理省去了企业开发、管理以及维护数据中心的成本和精力，且可以通过动态配置和再配置大幅度提高资源的使用率。

三　云计算基本架构

云计算是一种商业计算模型，它将计算任务分布在大量计算机构成的资源池上，使用户能够按需获取计算力、存储空间和信息服务。美国国家标准和技术研究院提出云计算的三个基本框架（服务模式），即：基础设施即服务（Infrastructure as a Service，IaaS）、平台即服务（Platform as a Service，PaaS）、软件即服务（Software as a Service，SaaS）。云计算的架构如图 2.1-2 所示。

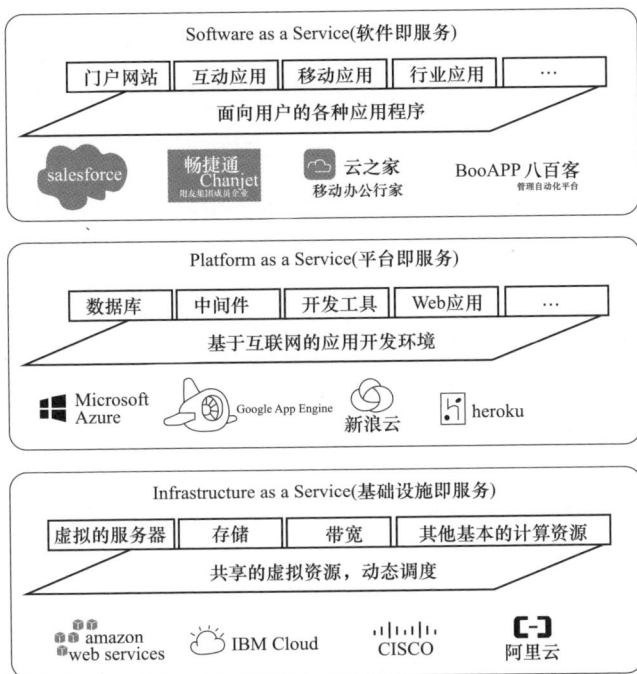

图 2.1-2　云计算的架构

（1）基础设施即服务（IaaS）位于云计算三层架构的最低端，主要负责提供虚拟的服务器、存储、带宽和其他基本的计算资源，用以帮助用户解决计算资源定制的问题。用户可以根据自己的购买权限部署、运行操作系统和应用程序，而不需花时间和精力去管理、维护底层的硬件基础设施。此外，用户也可以根据自身需求去更改部分网络组件。该层通常按照所消耗资源的成本进行收费。

（2）平台即服务（PaaS）位于云计算三层架构的最中间，主要是为用户提供一个基于互联网的应用开发环境（或平台），以支持应用从创建到运行整个生命周期所需的各种软硬件资源和工具。在 PaaS 层面，服务提供商提供的是经过封装的 IT 能力，或者说是一些逻辑的资源，比如数据库、文件系统和应用运行环境等。用户可以在该云平台中开发和部署新的应用程序，但应用程序的开发和部署必须要遵守该平台的规定和限制，如编程语言、编程框架等，通常按照用户或登录情况计费。

（3）软件即服务（SaaS）是最常见的云计算服务，位于云计算三层架构的顶端。软件即服务是将软件服务通过网络（主要是互联网）提供给客户，客户只需通过浏览器或其他符合要求的设备接入使用即可。SaaS所提供的软件服务都是由服务提供商或运营商负责维护和管理，客户根据自身需求进行租用，从而消除了客户购买、构建和维护基础设施和应用程序的过程。SaaS的概念早已有之，是一种创新的软件应用模式。

在云计算应用中企业面临应该使用哪种云服务的问题，是基础设施即服务（IaaS），平台即服务（PaaS），还是软件即服务（SaaS）。BMC Software公司制作了一张图，通过所管理IT堆栈的不同部分来说明IaaS、PaaS和SaaS之间的主要差异。传统架构、IaaS、PaaS、SaaS的结构分层，如图2.1-3所示。

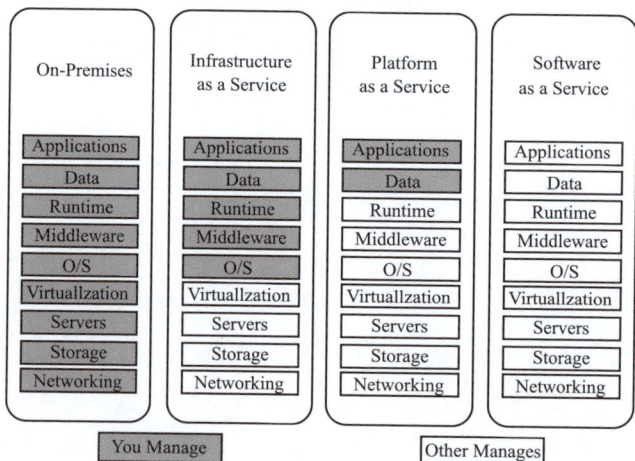

图2.1-3　传统架构、IaaS、PaaS、SaaS的结构分层

四　云计算部署模型

按照部署方式分类，云计算包括私有云、公有云、社区云、混合云，

如图 2.1-4 所示。

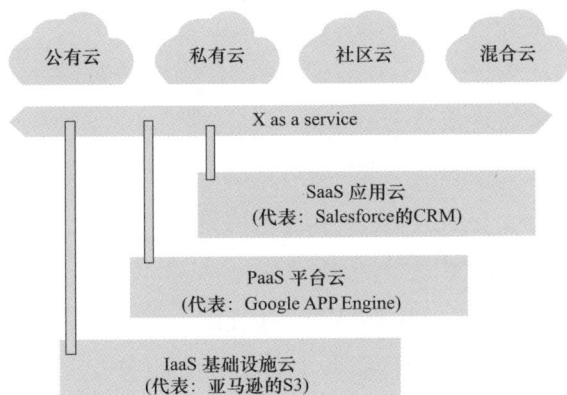

图 2.1-4　云计算按部署方式分类

（1）公有云（Public Cloud）又称为公共云，即传统主流意义上所描述的云计算服务。目前，大多数云计算企业主打的云计算服务就是公有云服务，一般可以通过互联网接入使用。此类云一般是面向一般大众、行业组织、学术机构、政府机构等，由第三方机构负责资源调配。例如，Google APP Engine，IBM Develop Cloud，以及 2013 年正式落地于中国的微软的 Windows Azure 都属于公有云服务范畴。公有云的核心属性是共享资源服务。

（2）私有云（Private Cloud）是指仅仅在一个企业或组织范围内部所使用的"云"。使用私有云可以有效地控制其安全性和服务质量等。此类云一般由该企业或第三方机构，或者双方共同运营与管理。例如，支持SAP 服务的中化云计算和快播私有云就是国内典型的私有云服务。私有云的核心属性是专有资源。

（3）混合云（Hybrid Cloud）就是将单个或多个私有云和单个或多个公有云结合为一体的云环境。它既拥有公有云的功能，又可以满足客户基于安全和控制原因，对私有云的需求。混合云内部的各种云之间是保持相互独立的，但同样也可以实现各个云之间的数据和应用的相互交换。此类云一般由多个内外部的提供商负责管理与运营。混合云的示例包括运行在荷兰 iTricity 的云计算中心。混合云的独特之处：混合云集成了公有云强大的计算能力和私有云的安全性等优势，让云平台中的服务通过整合变为更具备灵活性的解决方案。混合云可以同时解决公有云与私有云的不足，比如公有云的安全和可控制问题，私有云的性价比不高、弹性扩展不足的问题等。当用户认为公有云不能够满足企业需求的时候，在公有云环境中可以构建私有云来实现混合云。

（4）社区云（Community Cloud）是面向于具有共同需求（如隐私、安全和政策等方面）的两个或多个组织内部的"云"，隶属于公有云概念范畴以内。该类云一般由参与组织或第三方组织负责运营与管理。"深圳大学城云计算服务平台"和阿里旗下的 phpwind 云就是典型的社区云，其中前者是国内首家社区云计算服务平台，主要服务于深圳大学城园区内的各高校单位以及教师职工等。社区云具有以下特点：区域型和行业性、有限的特色应用、资源的高效共享、社区内成员的高度参与性。

五　云计算与算力网络

算力网络的核心目的，是为用户提供算力资源服务。但是它的实现方式，不同于"云计算 + 通信网络"的传统方式，而是将算力资源彻底"融入"通信网络，以一个更整体的形式，提供最符合用户需求的算力资源服务。网络与算力融合的三个阶段，如图 2.1-5 所示。

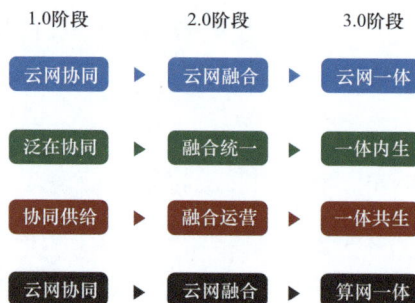

图 2.1-5　网络与算力融合的三个阶段

1. 第一阶段：云网协同

2010 年左右，云和网开始打破隔阂，进行第一阶段的合作。这时，云和网属于初步融合，双方还是强调各自的主体身份、合作关系，所以，称为"云网协同"阶段。SDN（软件定义网络）、NFV（网元功能虚拟化），就是云网协同阶段的典型代表技术。

SDN 主要针对承载网。把承载网路由器的管理功能和转发功能剥离，将管理功能集中。相当于把网络给软件化了，可以随时下达指令。NFV 主要针对核心网。它将云的技术引入网络，把通信网络单元从专业设备变成通用 x86 设备，网络功能由虚拟机实现，从而变得更加开放和灵活。NFV，把网元功能从物理设备迁移到虚拟设备（云服务）。无线接入网（基站）也有云化，基带运算处理是可以云化的，于是，就有了 Open RAN、vRAN、C-RAN 等。SDN 和 NFV 是在通信网络里引入云的技术和理念，相当于用云来改造网。

站在云的角度，也从网这边获得了"好处"。这个重要的"好处"，就是 MEC 边缘计算。有了网之后，云发现自己可以顺着网"流动"了。它将中心云的一部分算力下沉，放到通信网络的各个层级，更加靠近用户，能够满足用户低时延算力的需求。算力可以在路由器里，可以在大楼的弱电机房里，可以在基站机房里，也可以在区、县、市的各级机房里。

边缘计算，彻底颠覆了非端即云的传统算力架构，使得算力资源变成了"云、边、端"三级模型，它们相互协作，为用户提供所需的算力服务。边缘计算的架构如图 2.1-6 所示。"泛在算力"的说法，也因此开始出现。

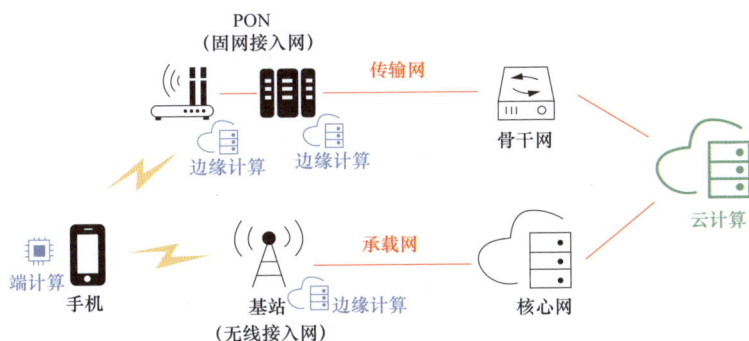

图 2.1-6　边缘计算的架构

云网协同时代，云可以调动网络（"云调网"），网络也可以配合云。如前面 SDN 所说，网被软件定义，网的功能成为了平台上的选项，在操作云的时候，点点按钮，就可以调用网的功能，对网进行配置 SDN 和 NFV 是在通信网络里引入云的技术和理念，相当于用云来改造网。

2. 第二阶段：云网融合

云网协同的出现，揭示了整个 ICT 行业的变革方向。云和网仅仅协同是不够的，应该全面走向融合，也就是"云网融合"。这次变化的根本原因，其实还是数字化转型的浪潮。数字化不断深入，数据变得越来越庞大。尤其是以数据为中心的人工智能业务，广泛落地，加剧了全社会对算力的需求。为了满足紧迫的算力需求，云和网的融合必须提速。

在这一阶段，因为边缘计算的出现，云计算已经不能单独代表算力了，所以，和"云"有关的词，逐渐变成了"算"。而网络这边，彻底失去了和算力平起平坐的资格，开始加速与算力的"融合"。其实，坦率地说，是被算力"融合"。融合是现阶段的动作，融合的最终目的，当然是算和网完全合为一体。也就是，将来，要实现"算网一体"。一体后的"算网"，也就是——"算力网络"。

第二节　边缘计算

一　边缘计算基本内涵及其特点

现在的云计算都是集中式的，即把服务器集中在某一个地方，为了使用云计算的计算资源，数据需要先被传输到距离用户很远的数据中心然后集中处理。但是很多设备都无法接入云端，大致是以下两个原因：

（1）数据量大。对于巨大的数据量，这种传输带宽成本难以接受。比如通用电气很早就意识到工业机床上的传感器产生的大量的数据需要在设备边缘进行处理，只将有最有价值的数据移到云端进行机器学习并且在不同设备之间共享。

（2）速度。对于要求低延迟、密集型计算的智能设备，比如头戴式VR、机器人、无人机等，受限于网络传输延迟而无法享受云计算的强大计算资源，这些设备还面临一个共同的问题，就是电池续航时间短。

边缘计算（edge computing）概念的提出就是为了解决这样的问题。边缘计算是指在靠近业务端或数据源端的一侧，采用网络、计算、存储、应用核心能力为一体的开放平台，数据不必传到很远的云端，而是就近提供服务，其应用程序在边缘侧发起，形成更快的网络服务响应，满足行业在实时业务、应用智能、安全与隐私保护等方面的基本需求，在一些业务的实时数据分析与智能处理等方面具有优势。即与将数据传到远程的云端进行处理相对，边缘计算则是在靠近数据源头的网络边缘提供计算和存储资源。

而边缘是一个很笼统的概念，它是指接近数据源的计算基础设施，不同的边缘计算提供商往往有不同的边缘。比如美国电信公司AT&T的边缘就是离客户几英里的蜂窝网络基站；对于世界最大的CDN厂商阿卡麦，边缘则是指遍布全球的CDN设备；对于机场的监控设备，边缘就是覆盖整个机场无死角的高清摄像头。

边缘计算的优势集中在以下4点。

（1）接近实时的数据处理：因为数据是在边缘结点进行分析，降低了延迟，提升应用的响应速度。

（2）减少数据传输：数据不需要推送到遥远的云端，减少智能设备和数据中心传输的数据量，节省带宽成本，同时还能减少核心网络的拥堵。比如Facebook等社交软件的用户上传的照片在边缘调整到合适的分辨率再上传到云端。

（3）数据安全：一些比较敏感的数据直接在边缘进行分析，不用担心数据泄漏。

（4）提高可用性：分担（offload）了中心服务器的计算任务，一定程度上消除了主要的瓶颈，并且降低了出现单点故障的可能。

而边缘计算还处于概念阶段，同样存在很多问题，比如：使边缘设备具有处理能力意味着更高的成本和更容易被入侵的危险；在大量的边缘设备上进行应用部署和服务监控会成为一个棘手的问题；在边缘进行分布式计算并与云端协调任务会让应用编程变得更加复杂。

二　边缘计算与移动边缘计算

移动互联网和物联网的飞速发展促进了各种新型业务的不断涌现，使得移动通信流量在过去的几年间经历了爆炸式增长，移动终端（智能手机、平板电脑等）已逐渐取代个人计算机成为人们日常工作、学习、生活、社交、娱乐的主要工具。同时，海量的物联网终端设备如各种传感器、智能电表、摄像头等，则广泛应用在工业、农业、医疗、教育、交通、智能家居、环境等行业领域。虽然上述终端设备直接访问云计算中心的方式给人们的生活带来便利，并改变了人们的生活方式，但是所有业务都部署到云计算中心，这极大地增加了网络负荷，造成网络延迟时间较长，这对网络带宽、时延等性能提出了更高的需求。

除此之外，为了解决移动终端有限的计算、存储以及功耗问题，需要将高复杂度、高能耗计算任务迁移至云计算中心的服务器端完成，从而降低移动终端的能耗，延长其待机时间。然而将计算任务迁移至云计算中心的方式不仅带来了大量的数据传输，增加了网络负荷，而且增加了数据传输时延，给时延敏感型业务应用（如工业控制类应用等）和用户体验质量带来了一定影响。因此，为了有效解决移动互联网和物联网快速发展带来的高带宽、低时延等需求，移动边缘计算的概念得以提出，并得到了学术界和产业界的广泛关注。

根据 ETSI 的定义，移动边缘计算即在距离用户移动终端最近的无线接入网内提供信息技术服务环境和云计算能力，旨在进一步减少延迟 / 时延。提高网络运营效率、提高业务分发 / 传送能力、优化 / 改善终端用户体验。移动边缘计算可以被视为运行于移动网络边缘的云服务器，用以执行传统网络基础设施不能实现的特定任务。IT 和通信网络的融合如图 2.2-1 所示，移动边缘计算是信息技术和通信网络融合的产物。

移动边缘计算架构如图 2.2-2 所示，包括 3 个部分，分别是边缘设备（如智能手机、物联网设备、智能车等）、边缘云和远端云（或大规模云计算中心、大云）。

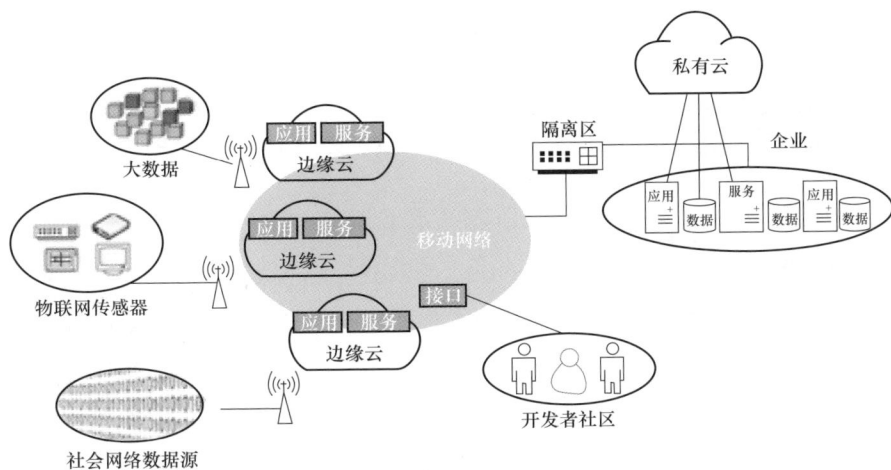

图 2.2-1　IT 和通信网络的融合

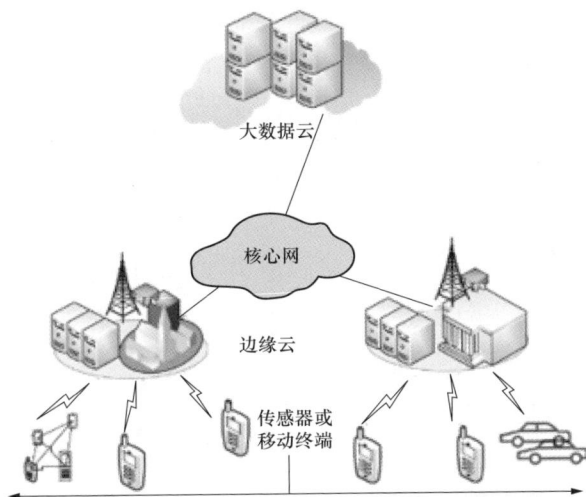

图 2.2-2　移动边缘计算架构

其中，边缘设备可以连接到网络；边缘云是部署在移动基站上的小规模云计算中心，负责网络流量控制（转发和过滤）和管控各种移动边缘服务和应用，也可以将其看作是在互联网上托管的云基础设施；当边缘设备的处理能力不能满足自身需求时，可以通过无线网络将计算密集型任务和海量数据迁移至边缘云处理，而当边缘云不能满足边缘设备的请求时，可以将部分任务和数据迁移至远端云处理。

三　边缘计算与云计算

　　传统的云计算架构要求客户端将数据推送到中心服务器然后再拉回来，比如我们每天都在使用的 icloud 帮助我们备份照片、短信等。然后这种集中式的云架构对时间敏感、带宽稀缺的工业物联网就不再适用，因此某些关键数据的处理任务最好是在数据源而不是云端，边缘计算应运而生。云计算和边缘计算各有特点和适用场景，例如，云计算可以解决核心网（骨干网）或资源密集型任务请求等面临的一些关键问题，但由于与用户距离较远，难以满足时延敏感的特殊业务需求。

　　另外，有些业务并不需要上传到核心网处理，这时可采用边缘计算，既节省了带宽资源，又降低了时延。通俗地说，边缘计算是去中心化或分布式的云计算，原始数据不传回云端，而是在本地完成分析。看好边缘计算的人认为计算能力正在从云端向边缘移动，因此边缘计算会成为下一个像云计算这样成功的技术爆发点。另一方面，边缘计算是驱动物联网的关键技术，因此边缘计算的推动者往往是从事物联网的人。

　　边缘计算并不会替代云计算，他们是相辅相成的，简单地说就是大量的计算任务在离用户最近的边缘计算节点上完成，只有少量的数据需要传到云计算中心。

四　边缘计算关键技术

　　计算模型的创新带来的是技术的升级换代，而边缘计算的迅速发展也得益于技术的进步。推动边缘计算发展的 7 项核心技术，它们包括网络、隔离技术、体系结构、边缘操作系统、算法执行框架、数据处理平台以及安全和隐私。

1. 网络

　　边缘计算将计算推至靠近数据源的位置，甚至于将整个计算部署于从数据源到云计算中心的传输路径上的节点，这样的计算部署对现有的网络结构提出了3个新的要求：服务发现、快速配置、负载均衡。针对以上3个问题，一种最简单的方法是，在所有的中间节点上均部署所有的计算服务，然而这将导致大量的冗余，同时也对边缘计算设备提出了较高的要求。因此，我们以"建立一条从边缘到云的计算路径"为例来说，首当其冲面对的就是如何寻找服务，以完成计算路径的建立。命名数据网络（Named Data Networking，NDN）是一种将数据和服务进行命名和寻址，以P2P和中心化方式相结合进行自组织的一种数据网络。而计算链路的建立，在一定程度上也是数据的关联建立，即数据应该从源到云的传输关系。

因此，将NDN引入边缘计算中，通过其建立计算服务的命名并关联数据的流动，从而可以很好地解决计算链路中服务发现的问题。而随着边缘计算的兴起，尤其是用户移动的情况下，如车载网络，计算服务的迁移相较于基于云计算的模式更为频繁，同时也会引起大量的数据迁移，从而对网络层面提供了动态性的需求。软件定义网络（Software Definednetworking，SDN）于2006年诞生于美国GENI项目资助的斯坦福大学Clean Slate课题，是一种控制面和数据面分离的可编程网络，以及简单网络管理。由于控制面和数据面分离这一特性，网络管理者可以较为快速地进行路由器、交换机的配置，减少网络抖动性，以支持快速的流量迁移，因此可以很好地支持计算服务和数据的迁移。同时，结合NDN和SDN，可以较好地对网络及其服务进行组织，并进行管理，从而可以初步实现计算链路的建立和管理问题。

2. 隔离技术

隔离技术是支撑边缘计算稳健发展的研究技术，边缘设备需要通过有效的隔离技术来保证服务的可靠性和服务质量。隔离技术需要考虑2个方面。

（1）计算资源的隔离，即应用程序间不能相互干扰。

（2）数据的隔离，即不同应用程序应具有不同的访问权限。在云计算场景下，由于某一应用程序的崩溃可能带来整个系统的不稳定，造成严重的后果，而在边缘计算下，这一情况变得更加复杂。

例如在自动驾驶操作系统中，既需要支持车载娱乐满足用户需求，又需要同时运行自动驾驶任务满足汽车本身驾驶需求，此时，如果车载娱乐的任务干扰了自动驾驶任务，或者影响了整个操作系统的性能，将会引起严重后果，对生命财产安全造成直接损失。隔离技术同时需要考虑第三方程序对用户隐私数据的访问权限问题，例如，车载娱乐程序不应该被允许访问汽车控制总线数据等。目前在云计算场景下主要使用 VM 虚拟机和 Docker 容器技术等方式保证资源隔离。边缘计算可汲取云计算发展的经验，研究适合边缘计算场景下的隔离技术。

3. 体系结构

无论是高性能计算类的传统计算场景，还是边缘计算类的新兴计算场景，未来的体系结构应该是通用处理器和异构计算硬件并存的模式。异构硬件牺牲了部分通用计算能力，使用专用加速单元减少了某一类或多类负载的执行时间，并且显著提高了性能功耗比。边缘计算平台通常针对某一类特定的计算场景设计，处理的负载类型较为固定，故目前有很多前沿工作针对特定的计算场景设计边缘计算平台的体系结构。

ShiDianNao 首次提出了将人工智能处理器放置在靠近图像传感器的位置，处理器直接从传感器读取数据，避免图像数据在 DRAM 中的存取带来的能耗开销；同时通过共享卷积神经网络（Convolutional Neural Networks，CNNs）权值的方法，将模型完整放置在 SRAM 中，避免权值数据在 DRAM 中的存取带来的能耗开销；由于计算能效的大幅度提升（60 倍），使其可以被应用于移动端设备。EIE 是一个用于稀疏神经网络的高效推理引擎，其通过稀疏矩阵的并行化以及权值共享的方法加速稀疏神经网络在移动设备的执行能效。

Phi-Stack 则提出了针对边缘计算的一整套技术栈，其中针对物联网设备设计的 PhiPU，使用异构多核的结构并行处理深度学习任务和普通的计算任务（实时操作系统）。In-Situ AI 是一个用于物联网场景中深度学习应用的自动增量计算框架和架构，其通过数据诊断，选择最小数据移动的计算模式，将深度学习任务部署到物联网计算节点。除了专用计算硬件的设计，还有一类工作探索 FPGA 在边缘计算场景中的应用。

ESE 通过 FPGA 提高了稀疏长短时记忆网络（Long Short Term Memory Network，LSTM）在移动设备上的执行能效，用于加速语音识别应用。

其通过负载平衡感知的方法对 LSTM 进行剪枝压缩，并保证硬件的高利用率，同时在多个硬件计算单元中调度 LSTM 数据流；其使用 Xilinx XCKU060 FPGA 进行硬件设计实现，与 CPU 和 GPU 相比，其分别实现了 40 倍和 11.5 倍的能效提升。Biookaghazadeh 等人通过对比 FPGA 和 GPU 在运行特定负载时吞吐量敏感性、结构适应性和计算能效等指标，表明 FPGA 更加适合边缘计算场景。

4. 边缘操作系统

边缘计算操作系统向下需要管理异构的计算资源，向上需要处理大量的异构数据以及多种应用软件管理，其需要负责将复杂的计算任务在边缘计算节点上部署、调度及迁移从而保证计算任务的可靠性以及资源的最大化利用。与传统的物联网设备上的实时操作系统 Contikt 和 FreeRTOS 不同，边缘计算操作系统更倾向于对数据、计算任务和计算资源的管理框架。

机器人操作系统（Robot Operating System，ROS）最开始被设计用于异构机器人机群的消息通信管理，现逐渐发展成一套开源的机器人开发及管理工具，提供硬件抽象和驱动、消息通信标准、软件包管理等一系列工具，被广泛应用于工业机器人、自动驾驶车辆即无人机等边缘计算场景。为解决 ROS 中的性能问题，在 2015 年推出 ROS2.0，其核心为引入数据分发服务（Data Distribution Service，DDS），解决 ROS 对主节点（master node）性能依赖问题，同时 DDS 提供共享内存机制提高节点间的通信效率。

EdgeOSH 则是针对智能家居设计的边缘操作系统，其部署于家庭的边缘网关中，通过 3 层功能抽象连接上层应用和下层智能家居硬件，其提出面向多样的边缘计算任务，服务管理层应具有差异性（differentiation）、可扩展性（extensibility）、隔离性（isolation）和可靠性（reliability）的需求。

Phi-Stack 中提出了面向智能家居设备的边缘操作系统 PhiOS，其引入轻量级的 REST 引擎和 LUA 解释器，帮助用户在家庭边缘设备上部署计算任务。OPenVDAP 是针对汽车场景设计的数据分析平台，其提出了面向网联车场景的边缘操作系统 EdgeOSv。该操作系统中提供了任务弹性管理、数据共享以及安全和隐私保护等功能。根据目前的研究现状，ROS以及基于ROS实现的操作系统有可能会成为边缘计算场景的典型操作系统，但其仍然需要经过在各种真实计算场景下部署的评测和检验。

5. 算法执行框架

随着人工智能的快速发展，边缘设备需要执行越来越多的智能算法任务，例如家庭语音助手需要进行自然语言理解、智能驾驶汽车需要对街道目标检测和识别、手持翻译设备需要翻译实时语音信息等。在这些任务中，机器学习尤其是深度学习算法占有很大的比重，使硬件设备更好地执行以深度学习算法为代表的智能任务是研究的焦点，也是实现边缘智能的必要条件。

而设计面向边缘计算场景下的高效的算法执行框架是一个重要的方法。目前有许多针对机器学习算法特性而设计的执行框架，例如谷歌于2016年发布的TensorFloE、依赖开源社区力量发展的Caffe等，但是这些框架更多地运行在云数据中心，它们不能直接应用于边缘设备。在云数据中心，算法执行框架更多地执行模型训练的任务，它们的输入是大规模的批量数据集，关注的是训练时的迭代速度、收敛率和框架的可扩展性等，而边缘设备更多地执行预测任务，输入的是实时的小规模数据，由于边缘设备计算资源和存储资源的相对受限性，它们更关注算法执行框架预测时的速度、内存占用量和能效。

6. 数据处理平台

边缘计算场景下，边缘设备时刻产生海量数据，数据的来源和类型具有多样化的特征，这些数据包括环境传感器采集的时间序列数据、摄像头采集的图片视频数据、车载LiDAR的点云数据等，数据大多具有时空属性。构建一个针对边缘数据进行管理、分析和共享的平台十分重要。以智能网联车场景为例，车辆逐渐演变成一个移动的计算平台，越来越多的车载应用也被开发出来，车辆的各类数据也比较多。

由Zhang等人提出的OPenVDAP是一个开放的汽车数据分析平台，其框架图如图2.2-3所示，Open VDAP分成4部分，分别是异构计算平台（VCU）、操作系统（EdgeOSv）、驾驶数据收集器（DDI）和应用程序库（libvdap），汽车可安装部署该平台，从而完成车载应用的计算，并且实现车与云、车与车、车与路边计算单元的通信，从而保证了车载应用服务质量和用户体验。因此，在边缘计算不同的应用场景下，如何有效地管理数据、提供数据分析服务，保证一定的用户体验是一个重要的研究问题。

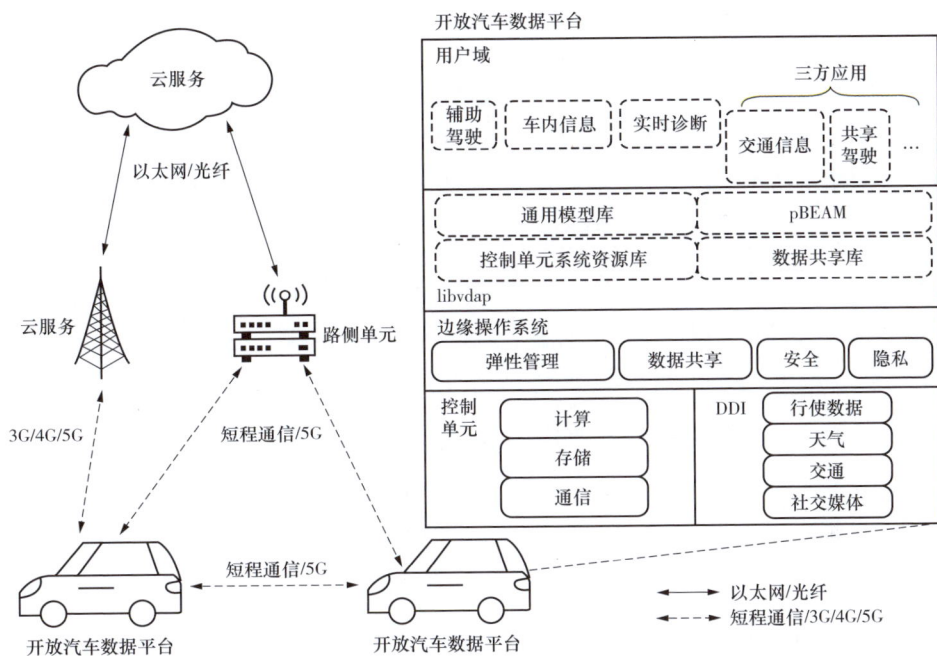

图 2.2-3　OpenVDAP 框架图

7. 安全和隐私

虽然边缘计算将计算推至靠近用户的地方，避免了数据上传到云端，降低了隐私数据泄露的可能性。但是，相较于云计算中心，边缘计算设备通常处于靠近用户侧，或者传输路径上，具有更高的潜在可能被攻击者入侵，因此，边缘计算节点自身的安全性仍然是一个不可忽略的问题。边缘计算节点的分布式和异构型也决定其难以进行统一的管理，从而导致一系列新的安全问题和隐私泄露等问题。作为信息系统的一种计算模式，边缘计算也存在信息系统普遍存在的共性安全问题，包括：应用安全、网络安全、信息安全和系统安全等。

第三节　5G 确定性网络

一　5G 确定性网络定义

　　行业市场不同于消费市场，对网络延时和网络稳定性都提出了苛刻的要求（例如时延 20ms、可靠性 99.999%）。手机偶尔有 1~2s 没信号或许不是什么大问题，但在工厂中，哪怕出现 1s 的延时，都可能造成最终生产出的产品不达标。这就使得 5G 在进入行业市场、工业市场时，需要提供 5G 专网。2019 年 5 月，华为在第三届未来网络大会上，提出了 5G 确定性网络，随后成立了 5G 确定性网络联盟；2021 年 2 月 23 日，华为联合信通院联合三大运营商成立了 5G 确定性网络联合创新实验室，并发布了《5G 确定性网络架构产业白皮书》。这份白皮书定义 5G 确定性网络（5G Deterministic Networking，5G DN），是指利用 5G 网络资源打造可预期、可规划、可验证，有确定性能力的移动专网，提供差异化的业务体验。

1.5G 确定性网络四大要素

　　5G 确定性网络具备四大要素，即规划和建设围绕"CORE"四要素的能力展开：C-Cloud Native 全云化、O-One Core 全融合、R-Real-Time Operation 全自动、E-Edge/Enterprise 全业务。

　　（1）全云化是所有方案的基石。首先，在全云化的通信系统中，运营商可以通过"主机组硬件隔离""虚拟资源池隔离""网络切片隔离""共享资源"等多级多种方式对 SLA 进行差异化的定义及动态的调整，使得整个网络更具有可靠性、灵活性，业务部署更敏捷。其次，相比于运营商提供的专网，云化的基础设施提供的虚拟专网服务更加高效。

　　（2）全融合。确定性网络中不可避免地涉及原有的 2G、3G、4G 终端和业务，5GDN 必须是能够支持所有接入制式的全融合网络。此外，由于部分行业应用中对于话音及消息类业务有着很高的依赖性，因此全融合的话音网络以及高效的话音编解码能力也非常重要。

（3）全自动能力的体现主要在动态智能网络切片技术上，它是5G确定性网络的核心能力。运营商在传统网络中的工单式流程模式已经不能满足行业业务的高效开展，因此必须通过Portal自助服务方式将相应的自主权交给行业客户。每个行业用户通过网上商城模式定制并购买所需要的切片，随后通过一键式开通，远程监控运维的模式对切片网络自行管理。

（4）全业务。5GDN需要采用MEC边缘部署的能力为企业行业提供差异化联接及SLA保障。运营商还可以进一步在MEC的高性能联接能力基础上，针对各行业存在的差异化业务需求及SLA需求提供各类"联接+"的能力。

2.5G 确定性网络的三大维度

5G确定性网络的三大维度体现行业数字化对其诉求，即能力可编排的差异化网络，数据安全有保障的专属网络，以及自主管理可自助服务的DIY网络。

（1）差异化网络。行业数字化的关键诉求。以工业为例，制造业的30+细分行业在生产过程中对于无线网络的需求是千差万别、多维度的。即使是同一行业、同一工厂，由于场景广泛，每一场景对无线网络也提出各种不同要求，5G为制造业各行业和客户可提供差异化网络服务。

（2）专属网络。保证数据安全隔离和数据隐私的保护。对于工业互联网、新型电力系统等行业，网络安全、分权分域管理、资源的隔离、数据及信令的保护是这类严苛类行业应用场景基本的要求。用户数据以及业务数据不出园区，要求做到公网专用，是行业应用的共性需求。

（3）可DIY的自助网络。使能行业敏捷创新。为响应快速变化的业务需求，行业用户希望自定义、按需设计、DIY自己的网络。以工业园区物联网场景为例，客户希望可以自主完成物联网络服务能力的编排、调度、管理，灵活地组网并部署创新应用，随时添加或删除设备。

二 5G 确定性网络技术

5G 确定化网络基于原生云超分布式架构，包括三大关键使能技术：超性能异构 MEC、动态智能网络切片和时间敏感网络技术。超性能异构 MEC 是 5G 确定化网络的基础，业务在边缘闭环支持更低时延；动态智能网络切片则是 5G 确定化网络的核心能力，保证确定化网络体验；时间敏感网络旨在为以太网协议构建"通用"的时间敏感机制，确保网络数据传输的时间确定化。5G 确定化网络是一个端到端的概念，涉及无线网络的基站、传输和核心网等多个组成部分。其中，核心网对于 5G 确定化能力至关重要，5G 核心网控制面可以集中部署，对转发资源进行全局调度；用户面则可按需集中或分布式灵活部署，当用户面下沉靠近网络边缘部署时，可实现本地流量分流，支持端到端的毫秒级时延。

5G 确定化网络逻辑架构示意图，如图 2.3-1 所示。其中最底层展示了 5G 服务化架构，核心网、接入网、传输网构成网络能力生成层；业务

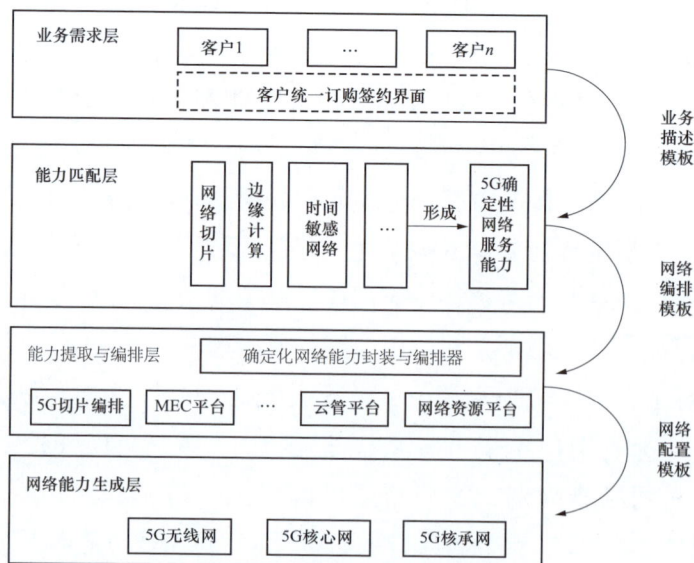

图 2.3-1 5G 确定化网络架构示意图

需求层主要负责接收各垂直行业的业务需求，客户统一订购签约界面；能力匹配层主要根据客户的需求，借助网络切片、移动边缘计算、时间敏感网络等 5G 关键技术，形成 5G 网络的确定化服务能力；能力提取与编排层根据"确定化服务能力"指标要求，将提取到的能力借助能力编排器进行封装与编排，最终满足行业客户对确定化网络能力的需求。

5G 确定性网络关键技术包括边缘计算、网络切片和时间敏感网络（TSN）。

（1）在 5G 确定化网络中，边缘计算非常重要。MEC 边缘计算节点有 2 个核心任务：1）把网络端到端的时延最大化地降低到可接受的范围。时延是所有网络能力中最关键的一点，确定化网络首先要能够保证低时延。MEC 使时延能够降低到足够低，使整个网络的联接可以快速在边缘实现。2）实现确定化的网络，需要在 MEC 边缘节点上通过移动边缘计算业务平台（ME Platform manager，MEP），使各系统之间互联互通合作，所有应用可以在边缘实施，确保确定化时延和可靠性。

MEC 可以使应用、服务和内容实现本地化、近距离、分布式部署，作为 5G 演进的关键技术之一，5G 架构也支撑边缘计算的部署，常见模式是用户面功能（User Plane Function，UPF）可以选择业务，本地业务可以选择下沉的方式。MEC 部署方案 -UPF 下沉架构图如图 2.3-2 所示。

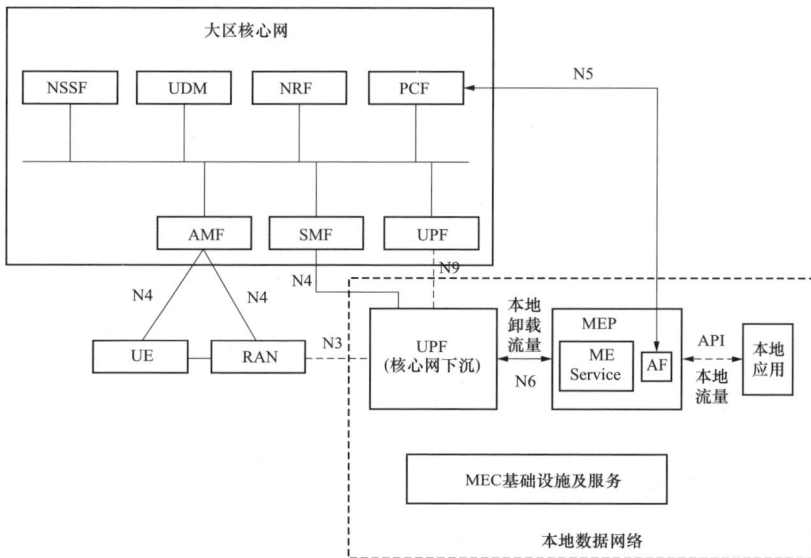

图 2.3-2　MEC 部署方案 -UPF 下沉架构图

　　MEC 作为 AF 与 5G 核心网之间的接口，交互路由与控制策略信息。MEC 并非一定要部署到末端综合接入机房，而是可以根据业务需求确定，主要部署位置包括边缘级（基站与回传网络之间）、区域级（汇聚环和接入环之间）和地区级（汇聚核心层）。依据 UPF 与 MEP 部署位置的不同，可以进一步实现对网络确定化时延的灵活控制。MEC 部署位置示意图如图 2.3-3 所示。

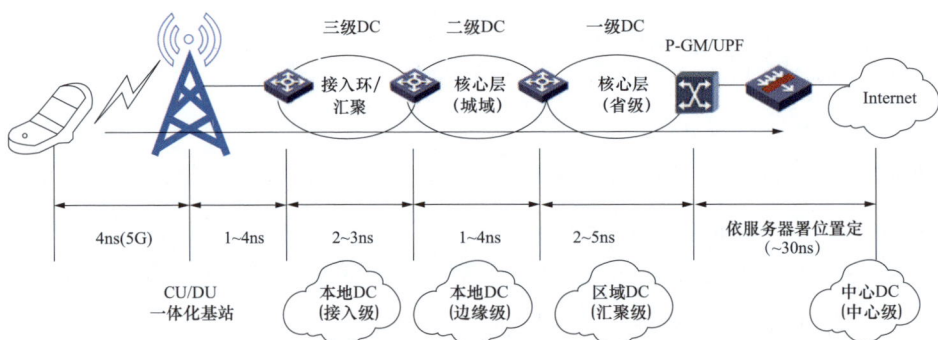

图 2.3-3　MEC 部署位置示意图

　　（2）网络切片是 5G 网络核心能力，在 5G 确定化网络中扮演了重要角色网络。网络切片通过将网络资源灵活分配、能力灵活组合，基于一张物理网络虚拟出网络特性不同的逻辑子网，满足不同场景的定制化需求。在网络切片划分的过程中，可以根据不同类型业务对逻辑子网的特性和能力进行定制，因此网络切片使得运营商具备了按需定制网络服务的能力。此外，通过开放标准 API 和自服务入口，网络运营商可以授权其客户自行购买并运营网络切片，客户可以将网络切片集成到自身的服务和应用中，从而极大提升网络切片应用的灵活性和变现能力，拓展运营商的商业机会。

　　面对行业客户多变的需求，网络切片提供灵活按需定制的服务，需要实现切片闭环的保障和 SLA 指标实现的检测，需要实现切片的隔离和安全性保障，来应对不同行业的不同的安全等级要求。同时，一个 E2E 切片同样可以由多个专业子切片组成，需要实现 E2E 切片的统一管理。基于确定化网络编排可以提供专业子切片内部的传输，通过使用多个彼此资源不冲突的子切片，在不同逻辑网络中实现单独带宽和时延保障，确保网络性能的确定性。E2E 切片智能保障示意图如图 2.3-4 所示，主要依赖自动化闭环来实现，同时对于物理性维护和必要的外线干预，提供人工闭环的保障途径。

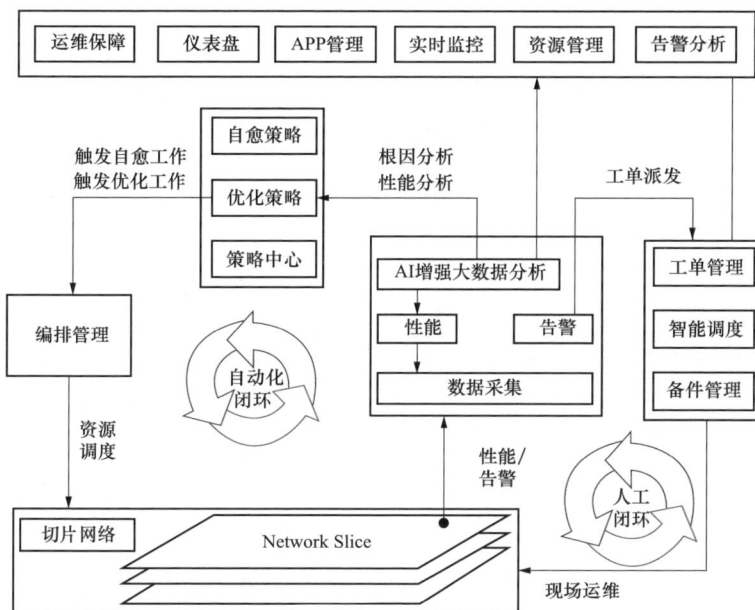

图 2.3-4　E2E 切片智能保障示意图

3GPP 标准协议制定的全新 5G 核心网架构中引入了新的网络功能网络数据分析功能（NWDAF），用于收集、分析网络数据，以及向其他的网络功能提供数据分析结果信息，NWDAF 提供的数据分析结果主要包含切片负载、业务体验、网络性能等信息。NWDAF 在切片的智能选择、切片自动负荷分担、网络功能备份的自动调整等切片保障方面，将有望带来更多的可能性。

（3）在 5G 垂直行业的业务中，及时、安全地传输数据是工业通信技术的关键要求之一。时间敏感网络是满足该要求的很有发展前景的重要技术。根据 3GPP 5G 需求规范，对于时间敏感的工业应用场景，可能需要达到 1ms 的延迟、1ms 的抖动和 99.9999% 的可靠性。

5G 与 TSN 的融合有助于将 5G 的潜力扩展到更广阔的领域，在 5G

网络上融合 TSN 服务，关键在于实现 5G 网络与 TSN 的互通，图 2.3-5 给出了 5G 与 TSN 的融合方案。为了满足行业应用对确定性时延的要求，首先要提供精确的时间同步机制，并要提供确定的传输路径。具体实现中可以将网络中性能需求不同的业务设置不同优先级，并进行包括带宽、时延、分组长度、发送频率、端口入时间窗口和出时间窗口以及每个节点间的出、入时间窗口的匹配等特性配置，实现确定性需求业务流程与其他业务流程之间，通过时分复用技术，为高优先级业务流程提供确定传输时隙，以保证时间敏感业务的确定化传输路径。

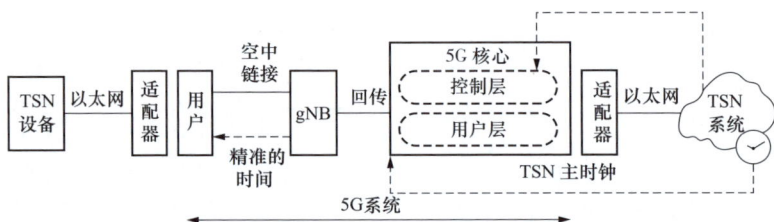

图 2.3-5　5G 与 TSN 融合的方案

目前，在 OT 和 CT 领域，部分企业正在尝试将 5G 与 TSN 相结合，实现将传感器和执行器等工业设备以 5G 方式连接到 TSN 网络。较之于 4G，5G 无线接入网提供了更好的可靠性和传输延迟。同时，5G 虚拟化系统架构允许被灵活地部署，可以实现不受电缆安装限制的 TSN 网络。

三　5G 确定性网络发展规划

5G 确定性网络的 3 个发展阶段：未来 1~2 年，基于现有技术的优化，实现局域 5G 准确性网络，支持第一波 5G 行业高价值应用场景；未来 2~3 年，实现局域 5G 确定性网络，支持 80%~90% 目前已知的 5G 行业应用场景；结合协议演进，结合 B5G、6G 技术打通端到端，实现广域确定性网络，支持广域工业互联网、车联网、V2X 等更多应用场景。

从 3GPP R16 版标准开始，5G 在确定性网络技术上开启了演进，标准的演进包含 3 个阶段。

阶段 1：5G 可对接工业 TSN 网络（R16 引入），5G TSN 在园区范围内，协助移动化终端接入工业 TSN 网络，使终端摆脱线缆束缚，灵活移动。目前，TSN 技术和产业都已成熟，5G TSN 标准已成熟，产品正在发展中。

阶段 2：5G 网支持 TSC（time sensitive communication）技术（R17 引入）。TSC 完善了 5G 网络自身的确定性服务能力，包括时钟同步、报文传输等各方面。TSC 可独立提供 5G 工业 TSN 专网，使专网部署更简便、更灵活。目前，5G TSC 标准尚未成熟。

阶段 3：5G 融合 DetNet（deterministic network）技术（R18 引入）。DetNet 支持广域网范围的确定性传输保障，引入 DetNet 后，5G 工业专网能够和分布在各地的工业网络互联互通，完成产业链协同。目前 DetNet 标准尚未成熟。

除了 TSN、TSC 和 DetNet 3 个主要的确定性技术之外，要构建完整的 5G 确定性网络，还需要将其他通信技术整合在一起，如 URLLC、5G LAN、切片、QoS 保障技术，以及承载网的 FlexE、专线、MPLS TE、SRv6 等技术。这些技术需要实现融合协同，并最终形成端到端整体服务能力。确定性网络技术演进和目标网络，如图 2.3-6 所示，可以从技术角度展现一个完整的 5G 确定性网络的最终形态。

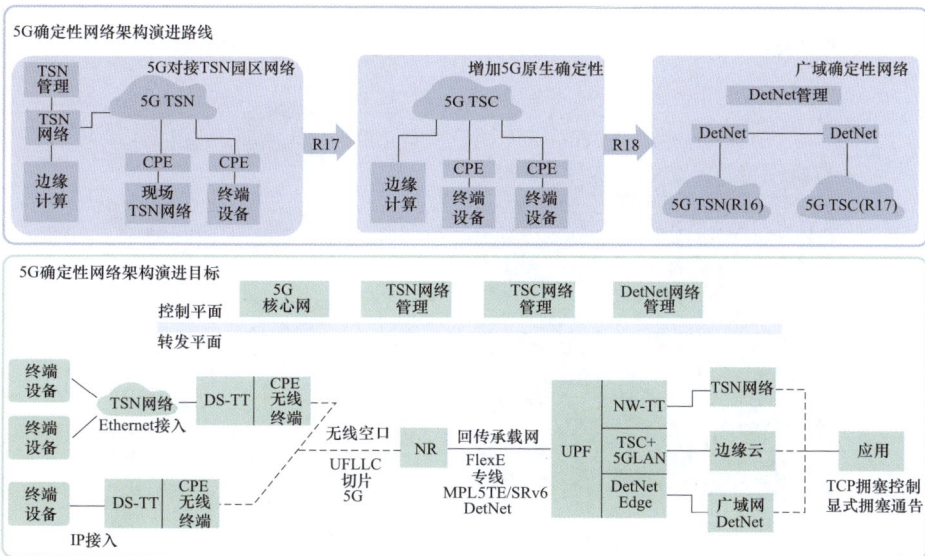

图 2.3-6　5G 确定性网络技术演进和目标网络

第四节　AI 应用

一　AI 定义及特征

　　"人工智能"一词最初在 1956 年 Dartmouth 学会上提出，自此，研究者们发展了人工智能的众多理论和方法，人工智能的概念也随之扩展。

　　人工智能（Artificial Intelligence，AI）是研究、开发用于模拟、延伸和扩展人的智能的理论、方法、技术及应用系统的一门新的科学。该领域的研究包括机器人、语音识别、图像识别、自然语言处理和专家系统等。

　　人工智能是对人的意识、思维的信息处理过程的模拟。在很多方面，传感器赋予人工智能以"超人"的能力。人工智能的特征，如图 2.4-1 所示。传感器给人工智能以"眼"去看世界，以一个"好耳朵"去听世界，还赋予人工智能"对事物的敏锐触觉"。因此，人工智能不是人的智能，但能像人那样思考，甚至超过人的智能。

　　人工智能具备如下特征。

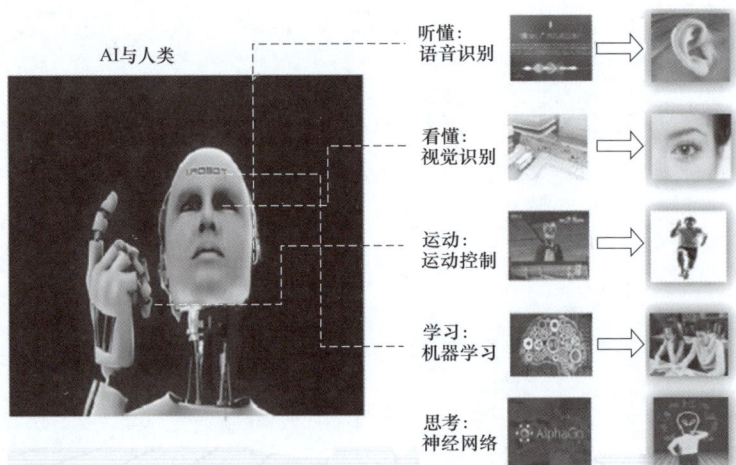

图 2.4-1　人工智能的特征

1. 语音识别

智能系统能够与人类对话，通过句子及其含义来听取和理解人的语言。它可以处理不同的重音、俚语、背景噪声、不同人的声调变化等，该特征与人的"听"相对应。

2. 自然语言处理

人工智能可以与理解人类自然语言的计算机进行交互，比如常见机器翻译系统、人机对话系统，该功能与人的"说"相对应。

3. 视觉识别

它能够系统理解、解释计算机上的视觉输入。例如，飞机拍摄照片，用于计算空间信息或区域地图；医生使用临床专家系统来诊断患者；警方使用的计算机软件可以识别数据库里面存储的肖像，从而识别犯罪者的脸部；还有我们最常用的车牌识别等。该功能与人的"看"相对应。

4. 运动控制

智能机器人能够执行人类给出的任务，具有传感器，能感知到来自现实世界的光、热、温度、运动、声音、碰撞和压力等数据；拥有高效的处理器和巨大的内存，以展示它的智能，并且能够从错误中吸取教训来适应新的环境。该功能与人的"动"相对应。

5. 神经网络

专家系统为用户提供解释和建议。比如分析股票行情，进行量化交易；比如在国际象棋、扑克、围棋等游戏中，人工智能可以根据启发式知识来思考大量可能的位置并计算出最优的下棋落子。该功能与人的"思考"相对应。

最简单的神经网络是"感知机"模型，它是一个有若干输入（input）和一个输出（output）的模型。感知机模型图如图 2.4-2 所示，是一个 3 输入的感知机模型，x_1、x_2、x_3 为输入。

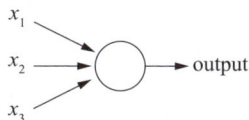

图 2.4-2 感知机模型图

在一个具有 m 个输入的感知机模型中，中间变量 z 和输入 x_1，x_2，$\cdots$，x_i 之间存在一个线性关系。

$$z = \sum_{i=1}^{m} \left(\omega_i x_i + b_i \right) \quad (2.4\text{--}1)$$

如果一个神经元激活函数为

$$\text{sign}(z) = \begin{cases} -1 & z < 0 \\ 1 & z \geq 0 \end{cases} \quad (2.4\text{--}2)$$

则根据 z 的取值，该神经元输出结果为 1 或者 –1。

感知机模型只能用于二元分类，且无法学习比较复杂的非线性问题，因此在很多领域无法使用，因此，在感知机模型上做如下扩展：

（1）加入隐藏层（hidden layer）。隐藏层可以有多层，增强了模型的表达能力。加入隐藏层的 ANNs 模型，如图 2.4-3 所示。增加了这么多隐藏层，模型的复杂度也增加了。

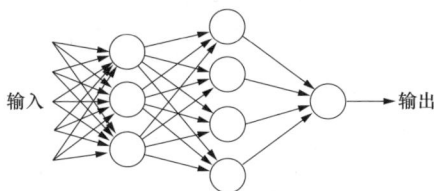

图 2.4-3　加入隐藏层的 ANNs 模型

（2）输出层的神经元可以不止一个，可以有多个输出，这样模型可以灵活地应用于分类回归，以及其他的机器学习领域，比如降维和聚类等。具有多个神经元输出的 ANNs 模型，如图 2.4-4 所示，输出层有 4 个神经元。

有很多隐藏层的神经网络可以称为深度神经网络（Deep Neural Networks，DNNs）。多层神经网络和深度神经网络 DNNs 其实是指一个东西，DNNs 有时也叫作多层感知机（Multi-Layer Perception，MLP）。

按不同层的位置划分，DNNs 内部的神经网络层可以分为 3 类——输入层、隐藏层和输出层。深度神经网络示意图如图 2.4-5 所示，一般来说第一层是输入层，最后一层是输出层，而中间的层数都是隐藏层。

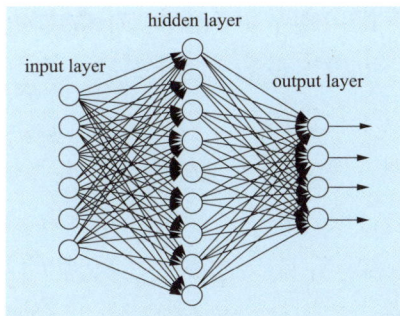

图 2.4-4 具有多个神经元输出的 ANNs 模型

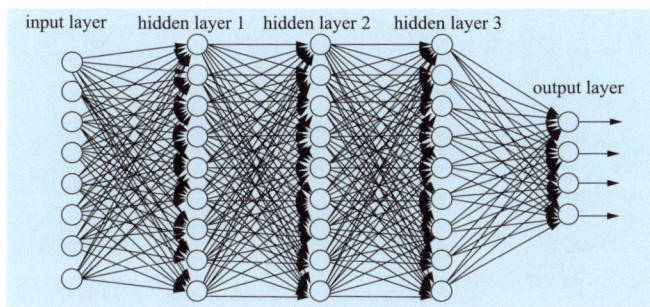

图 2.4-5 深度神经网络示意图

  DNNs 内部层与层之间是全连接的，也就是说，第 i 层的任意一个神经元一定与第 $i+1$ 层的任意一个神经元相连。

  虽然 DNNs 看起来很复杂，但是从小的局部模型来说，其功能还是和感知机一样，即可用一个线性关系 $z = \sum_{i=1}^{m}\left(\omega_i x_i + b_i\right)$ 和一个激活函数 $\text{sign}(z) = \begin{cases} -1 & z < 0 \\ 1 & z \geq 0 \end{cases}$ 来表示。由于 DNNs 层数多，则线性关系系数 ω_i 和偏移 b_i 的数量也很多。

  除此之外，还有卷积神经网络（Convolutional Neural Networks，CNNs）和循环神经网络（Recurrent Neural Networks，RNNs），大家了解即可。

二 AI 伴随技术

  当许多人工智能研究工作还在继续讨论通用问题的时候，已经出现了两种伴随产生的技术，即出现了更为面向应用的研究。它们是：人工智能程序设计语言和环境、专家系统和支持工具。

人工智能已经形成了自己的程序设计语言，因为它的主要兴趣是符号处理，而不是数值处理。像 Fortran 这样的语言主要是处理数字，一般没有很方便的手段来表示语言或知识中使用的符号。为了使符号处理变得容易，出现了通用人工智能语言，并且广泛用于人工智能的各个方面。为专家系统或基于知识的系统研制出了更多的专门工具，这包括语言，并提供了专用的开发和运行时间设施。这些工具称为"环境""工具箱"或"外壳"。

1. 人工智能程序设计语言和环境

与人工智能程序设计语言和环境相关的包括 LISP 和 PROLOG。

（1）LISP 语言。程序设计语言 LISP 长期以来与人工智能有关，多年来已经发展成为高度灵活的程序设计环境。方便用户使用的具有高分辨率、窗式显示器和巨大的 LISP 源程序库的 LISP 工作站的开发，使程序设计更像是一种配置，而不是一种编码工作。这便于迅速地构成样机，在人工智能研究的课题中采用这种方法是很理想的。LISP 程序设计语言的特点：

1）表处理语言：程序和数据放在表中。

2）说明性语言：动作和目标被表示为两数。

3）解释性语言：完全交互式的程序设计。

4）某个 LISP 代码可以编译，以提高效率。

（2）PROLOG 语言。PROLOG 语言可代替 LISP。PROLOG 语言以逻辑为基础，像 LISP 那样，有一个可迅速开发的良好环境。PROLOG 程字设计语言的特点：

1）以逻辑为基础的说明性语言，程序以无特殊的序列表示为一组真关系。

2）PROLOG 以回溯法求解问题，具有直接适用于某些专家系统的机内控制机构。

3）解释和交互。

4）可以部分编译，以提高效率。

PROLOG 与通常的语言相比有一种极不相同的程序设计风格，因为它没有通常的顺序通过代码运行的控制线。这把程序设计人员从语句排序工作中解脱出来，对一些问题来说，极大地简化了表达式。

2. 专家系统和支援工具

关于专家系统和支援工具，专家系统和基于知识的系统这两个术语在使用时经常互换。两者没有实质区别，只是专家系统这个术语指涉及从人类专家获取知识求解问题的特殊方法；而基于知识的系统这个术语更通用，它不强调特殊的知识获取过程，但这是细微的区别。在下面的叙述中将指出其他可能存在的区别。专家系统是问题求解计算机程序：

（1）给人类专家推理建立模型。

（2）向用户（专家或非专家）提供咨询工具。

（3）能够解释自己的推理。

（4）具有明确的知识。

专家系统的原理是以专家和其他用户能够理解的形式从人类专家获取专门技术知识并对其编码，从而得出一个问题的计算机解。要建造专家系统，就必须有能够解决问题的人类专家。获取知识所采用的形式最为重要，它必须用一种清晰的语言阐明。这使用户能够看清系统推理，并能满足用户提出的解释要求。明确的知识和可见的推理是区别专家系统程序和通常软件系统的特征。虽然常规程序本身有某些知识，但是，编码通常是以对程序设计人员方便的形式进行的，一旦用户专门规定了系统的功能，便不会要求说明在运行期间功能是如何实现的。相反，专家系统通常是一种在咨询基础上使用的交互程序；用于医疗诊断的专家系统便是原型例子。

通常，专门的技术知识采用规则形式，这些规则构成了系统的知识库。采用一个控制框架，使用户能够用咨询的方法利用知识库，由此，用户可以自愿提供信息，或者机器可以向用户提问，一直到收集到足够的证据来得出有用的结论为止。用户还可以要求系统解释推理，这样就可以知道结论是如何得出来的。专家系统的其他共同特征如下。

（1）专家系统由知识工程师与专家协商后建造。

（2）推理经常采用不确定性量度。

（3）推理是从许多可能的结论向后找合适的证据——叫做逆向链接，或是从证据得出可能的结论——叫做正向链接。

（4）建造专家系统可以采用标准外壳或框架。知识工程师这个术语是指用专家系统建造工具采用的正规语言来表达专家知识的人。重要的是，用这种方式表达的知识仍然可以为专家所理解，以保证知识工程师的解释正确，并在开发中协调一致。发明了几种模式来表示和处理不确定性。大部分是数值的，采用概率量度，但是也有符号方法。

专家系统程序的另一个重要方面是经常使控制与知识分开。知识工程师能够集中精力表示规则和事实，而无需过多考虑构成一个序列来应用这些规则和事实。专家系统外壳或框架软件提供控制。

三　AI 电力应用

当前电力人工智能生态体系得到了有效发展，在实际生产中的部分领域已取得一定成效，一些较成熟的电力人工智能应用已得到部署落地，并融入进生产业务流程中。以感知、认知和决策 3 个层次来看，基于图像识别、语音识别和文字识别等技术在设备外观类缺陷识别、电话客户服务、施工现场安监等场景中已达到甚至超越人类水平，但存在可理解性差、鲁棒性差、稳定性差等问题；基于自然语言处理、知识图谱、认知推理等技术在标准规范管理、故障处理措施推荐、调度指令自动生成等场景中部分常规简单任务上达到了人类水平；基于混合增强智能、群体智能、博弈优化、生成对抗等技术的决策智能，目前在多能源协调优化、系统紧急控制、电力交易决策等场景有了一定的前沿研究与应用曙光，但是还无法达到大规模部署应用。

不同的人工智能算法具有不同的诞生背景，以及所解决的关键问题与引领算法发展的核心思想，面对电力行业特殊的安全稳定运行、实时能量平衡等需求，也在各领域场景应用过程中出现了适用性与性能水平差异。在工程生产环境的电力人工智能应用不仅包括其核心算法，往往在数据输入与模型结果输出之间存在多个环节，根据人工智能技术在处理复杂问题的不同环节，将其分为需求分析、构建数据集、模型构建及模型应用 4 个环节。需求分析环节主要是对待求业务问题的深入理解和信息的获取过程，体现为明确待求解问题在人工智能技术中的分类，包括回归、决策、分类等。构建数据集环节主要是根据获得的历史信息数据，对数据进行预处理，以及对输入训练集与测试集的划分，体现为数据清洗、数据转换、数据降维等操作。模型构建环节是实现网络框架搭建、模型参数初选、依据训练集优化模型参数、算例仿真验证模型有效性的过程。模型应用主要实现合适模型集成实施架构的选择，并研发相应的可视化界面与反馈模块的过程。以此为基础衍生出人工智能技术在电力系统应用领域的典型应用范式。

2023 年 3 月 31 号，国家能源局发布《关于加快推进能源数字化智能化发展的若干意见》，针对电力、煤炭、油气等行业数字化智能化转型发展需求，提出若干建议，以把握新一轮科技革命和产业变革新机遇。其中电力行业方面，主要提出利用数字化智能化技术支撑：发电清洁低碳转型、新型电力系统建设、电力消费节能提效。我们由此梳理出以下 5 项 AI+ 电力应用场景：①发电侧——发电清洁化智慧化转型：新能源发电功率预测；电厂 BIM 智能化设计。②电网侧——新型电力系统建设：电网智能调控和辅助决策；输电线路智能巡检、变电站智能运检、配电智能运维。③用电侧——电力消费节能提效：虚拟电厂、微电网。

（一）发电功率预测

基于 AI 的预测模型为当前研究主线，旨在提高预测精度。发电功率可靠预测是新能源大规模有序并网的关键。新能源发电对天气依赖较强，具有间歇性和波动性特征，因此发电电量较难预测，大规模集中并网会对电网的稳定运行产生较大的冲击。因此新能源发电的准确预测可帮助电网调度部门提前做好传统电力与新能源电力的调控计划，改善电力系统调峰能力，增加新能源并网容量。

功率预测相关政策趋于严格，"双细则"加强考核。2018 年 3 月，国家能源局印发《关于提升电力系统调节能力的指导意见》，要实施风光功

率预测考核，将风电、光伏等发电机组纳入电力辅助服务管理。各地区能源局随后纷纷发布了本区域《发电厂并网运行管理实施细则》和《并网发电厂辅助服务管理实施细则》（"双细则"），加强对新能源发电功率预测的考核，明确和加强考核罚款机制，发电功率预测精度直接影响到电站的运营与盈利。

1. 新能源功率预测分类

（1）按照时间尺度：分为超短期、短期、中长期预测。

（2）按照空间尺度：分为单机预测、单场站预测、区域预测。

（3）按照建模方法：分为物理建模方法、时间序列建模方法、基于机器学习和深度学习等的人工智能建模方法。

超短期和短期预测均用于电网调度。根据各能源局《发电厂并网运行管理实施细则》：

（1）电站必须于每天早上 9:00 前向电网调度部门报送短期功率预测数据，用于电网调度做未来 1 天或数天的发电计划。

（2）每 15min 向电网调度部门报送超短期功率预测数据，用于电网调度做不同电能发电量的实时调控。

基于人工智能的预测模型具有诸多优点，为当前主流研究领域。相比物理建模、时间序列建模等传统方法，基于 AI 的预测模型对于高维非线性样本空间具有良好的拟合能力；模型参数基于数据训练得到，更容易获取；模型的输入特征亦可灵活构建；结合智能优化算法还可进行参数自动寻优，进一步省去了人工调参的工作量。

2. AI 在功率预测领域的应用

当前 AI 在功率预测领域的应用主要包括：模型输入、模型构建和参数优化。

（1）模型输入：包括数据预处理、数据增强和特征构建。

（2）模型构建：包括 ANN、SVM、决策树模型为代表的传统机器学习算法，基于深度学习的新一代 AI 技术，以及融合多种模型的组合预测技术。

（3）参数优化算法：包括进化算法、群智能优化算法等静态优化算法和强化学习等动态优化算法，主要用于模型训练和组合参数优化。

功率预测技术路线主要包含数据计算、传输及模型优化。以国能日新为例，公司基本实现功率预测算法模型的自动匹配及预测数据的自动计算发送，因此在项目日常营运端，人力投入较少，仅在少数场站模型远程匹配失败的情况下，由业务人员前往现场完成模型修正。在模型优化方面，一般会按照设定的周期，由智控平台中的模型算法程序自动重新选取最优功率预测模型，并将其自动匹配至站场服务器。

（二）智能运维与巡检

我国输电线回路与变电设备存量规模大，投运总规模平稳增长。根据中电联数据，截止 2022 年，全国电网 220kV 及以上变电设备容量共51.98 亿 kVA，同比增长 5.2%；220kV 及以上输电线路回路长度共 88.2万 km，同比增长 4.6%。从新增量看，2022 年全国新增 220kV 及以上变电设备容量 25839 万 kVA，同比增长 6.3%；新增 220kV 及以上输电线路长度 38967km，同比增长 21.2%。2021 年、2022 年，220kV 及以上变电设备容量增速维持在 5% 左右，220kV 及以上输电线路回路长度增速维持在 4%。新增规模中，变电设备容量增量位于近十年次高点，输电线路回路长度增量为近十年第三高点。

由于输变电线路架设在各种自然环境中，常年经受日晒雨淋，难免会造成电力设备缺失或损坏，应当及时发现各种劣化过程的发展状况，并在可能出现故障或性能下降前，进行维修更换。电力系统运维管理主要包括"被动"运维、"主动"运维、"状态检修"策略 3 个发展阶段，其中"状态检修"策略提高了故障发现的及时性和电网运行的可靠性。

人工巡检诸多劣势，AI 替代是大势所趋。电力行业有大量巡检工作条件恶劣，传统人工巡检的工作难度大、危险指数高、及时性低、工作量大；采用智能巡检，既具有人工巡检的灵活性和智能性，同时响应更加及时、效率更高、成本更低，随着技术的发展，智能机器人技术具有广阔的应用前景，未来电气行业无人化巡检将成为行业常态。AI 替代人工性价比更高。以 500kV 变电站为例，人工巡检模式下需要 4 个工人耗费一个礼拜的工时才能进行一次全面检查，假设每位工人年薪约 8 万，而同样的工作量，一台巡检机器人能在更短的时间内完成，其平均成本为 65 万 / 台，计提折旧后约 16 万 / 年，使用巡检机器人比人工巡检能节约 16 万 / 年。

输电线路智能运维与巡检主要分为可视化状态监测、无人机巡检、及机器人巡检等方式。

（1）可视化状态监测能够全天候全时段在线自动运行监测的方式，能够及时发现安全隐患及对本体整体运行状态进行评估。

（2）无人机巡检作为线路特巡的一种手段，对线路进行巡视，可用于发现线路较为细节的缺陷，通常需要专业人员在现场操控才能完成对线路的巡视。

（3）机器人巡检主要用于变电站、配电房、电缆隧道等场景应用，可按照设定的线路或铺设的导轨对重点点位进行巡视。

电力巡检机器人行业规模测算：输电线巡检、变电站巡检、配电站巡检及隧道巡检是电力智能巡检的核心应用场景，其中主流巡检场景为室外和室内。假设：

（1）变电站及配电房数量 2020 年后保持年增速 3%。

（2）依据国家能源局智能电网的规划覆盖目标，假设渗透率未来四年保持年增速 2%。

（3）随产品技术升级与竞争加剧，预计机器人单机价格持续小幅下滑。

（4）变电站、配电房配置机器人比例分别为一机一站、一机两房。综上，预计 2025 年我国室外、室内巡检机器人市场规模分别为 54 亿元、118 亿元，市场空间广阔。

AI 技术有望全面升级智能巡检产品，包括快速清晰建模、AI 辅助拍摄、和智能检测。

（1）快速清晰建模。例如，NERF 是一种基于神经网络的三维重建算法，它可以从 2D 图中，快速高效地生成高质量的 3D 场景模型。其输入稀疏的多角度带 pose 的图像训练得到一个神经辐射场模型，根据这个模型可以渲染出任意视角下的清晰的照片。

（2）AI 辅助拍摄。无人机结合 AI 辅助拍摄技术，可以实时对目标位置进行识别，动态调整云台角度，得到准确目标位置的照片。综合利用相机光线动态补偿技术和精准对焦技术，保证照片拍摄质量，有利于输电线路的安全运行和快速巡检。

（3）智能检测。变电站、换流站中的电力设备普遍都具备明显特征，包括颜色、材质和纹理等。利用图像处理和识别能力，对采集到的设备图像进行图像处理，从而判断是否发生故障或不正常。智能巡检机器人可使用搭载红外传感器、电磁感应传感器和高清摄像头，对电气设备进行多维度、近距离的监测。还可采用无人机搭载高清摄像仪和红外传感器，完成对铁塔、导地线和绝缘子串的运行状态监测和安全评估。

（三）电网智能调度自动化

电网调度自动化系统是电网运营控制重要基础设施，由调控中心主站系统、厂站系统和数据传输通道 3 部分构成。

（1）主站系统。是调度自动化系统的核心，实现电力系统的数据处理、运行监视和分析控制，是电网安全、经济运行的神经中枢，支撑调度机构成为电力系统运行控制的司令部。

（2）厂站系统。实现厂站内一二次设备的数据采集、就地控制以及运行控制信息的远程交换，相当于系统的眼耳和手足。

（3）数据传输通道。相当于神经系统，负责把厂站端采集和处理后的各类数据传送给主站系统，同时将主站端系统的遥控、遥调命令发送给厂站系统。

我国电力调度机构分 5 级设置。包含国家电力调度中心（国调）、区域调度中心（区调）、省调度中心（省调）、地级调度中心（地调）、县级调度中心（县调），各级调度间分层控制、信息逐级传送。目前，国家电网公司已建立完备的 5 级调度体系，南方电网公司与国家电网为平行机构，因为管辖的省份较少，调度机构分为 4 级。

预计电力调度自动化系统年化需求空间为 40 亿元。根据前瞻产业研究与国网招标数据，各级调度机构数量分别约为 1、6、35、420、2900，当前各级调度自动化系统普及已基本完成。假设国调、区调、省调、地调、县调系统价格分别为 10000 万、8000 万、6000 万、2000 万、400 万元，更新年限分别为 8、8、8、6、5 年，则对应年均市场空间预计约为 40 亿元。

新一代调度系统为 AI 广泛应用奠定了良好的模型和数据基础。新一代调度技术支持系统采用"云大物移智"先进成熟技术，构建模型、实时数据运行数据平台，无缝结合高速通信、移动互联等通信方式和语音、图像等交互技术，提供可靠安全高效的系统运行环境，为电网监控与分析决策提供模型、数据、计算引擎、AI 服务和自然人机交互手段，并打造标准开放的多业务、多场景开发生态。目前已建成的两级调控云，为 AI 的广泛应用，奠定了模型和数据基础。

AI 技术有望实现电力调控智能决策与智能控制。智能决策包括基于知识图谱的辅助决策和基于机器学习的智能决策。

（1）基于知识图谱的辅助决策，通过提取电网运行方式关键特征，在线匹配方式并进行知识推理，依据稳定规程、事故预案等知识，快速引导调度员处置电网各类异常问题。

（2）基于机器学习的智能决策，以电网海量历史运行数据训练样本，以机组出力调整、设备投停为动作空间，以机组约束、网络约束、平衡约束为条件，以调度决策知识和优化算法为启发引导，以设备负载率、新能源消纳等电网安全低碳量化指标为评价，构建相应样本、决策模型和奖励函数，进行调度操作模拟智能体训练，最终获取实时运行调度决策智能体、超短期风险预防调度决策智能体、计划编排智能体。

AI 智能控制实现电网自适应巡航。在常规机组自动发电控制、新能源有功自动控制、源网荷储有功协同控制、自动电压控制、拓扑实时优化控制等控制功能方面，基于多种机器学习模型，实现在线闭环智能控制，通过全景监视和指标分析评估，在满足电网安全约束条件下，以自动计算和智能决策为主引导电网自动调度和控制，实现电网自适应巡航，提升电网安全和调控能力。

虚拟电厂本质上是一套软件平台系统，通过先进信息通信技术和软件系统，实现分布式电源、储能系统、可控负荷、电动汽车等分布式能源资源的聚合和协调优化，以作为一个特殊电厂参与电力市场和电网运行的电源协调管理系统，为配电网和输电网提供管理和辅助服务。虚拟电厂概念的核心可以总结为"通信"和"聚合"，关键技术主要包括协调控制技术、智能计量技术以及信息通信技术。虚拟电厂分为两类，"负荷类"虚拟电厂和"源网荷储一体化"虚拟电厂。

（1）"负荷类"。聚合了具备调节能力的电动汽车、充电桩等市场化用户，作为一个整体，对外提供负荷侧灵活性相应调节服务。

（2）"源网荷储一体化"。聚合新能源发电、用户及配储一系列环节，作为独立市场主体参与电力市场、具备自主调峰调节能力。具备"源－荷"双重身份，有效实现削峰填谷。

虚拟电厂把各类可调负荷资源汇聚，根据电网削峰填谷的需求，进行线上填报，计划下发，执行反馈，类似于线上工单派单系统。电网给调度指令计划，需求响应调控计划，提前几天或几周把计划发下来。负荷集成商，虚拟电厂运营商，会把计划告诉客户，哪些时段把负荷停掉，把用电负荷降下来，具有源－荷双重身份。

与虚拟电厂有所不同，微电网是能够实现自我控制、保护和管理的自治系统。由分布式电源、储能装置、控制系统、相关负荷等汇集而成的小型发配电系统，可为区域内负荷供冷、热和电，能够实现自我控制、保护和管理的自治系统，是智能电网的重要组成部分，是输电网、配电网之后的第三级电网，既可以并网运行、也可以离网运行。

虚拟电厂与微电网的不同点：①微电网一般要求分布式能源位于同一区域，对地理位置要求高。②微电网一般在某一特定的公共连接点接入配电网侧。③微电网聚合分布式能源时，需要改变电网原有的物理架构。④微电网可以离网运行也可以并网运行。⑤微电网侧重自治功能。微电网属于研究初期，未来一片蓝海。美国、欧盟、日本等国家和地区对微电网的研究和建设起步较早，已取得了一些成果。我国对于微电网的研究起步较晚，在关键技术上和欧美仍有差距，目前国内对于微电网的研究还处于逐步推广阶段，随着"双碳"政策和新型电力系统的落地，国内的微电网示范项目逐渐增多，越来越多企业加入到微电网技术的研发中，智能微电网逐渐成为行业新热点。

相对于传统电力能源生态系统，虚拟电厂的能源生态系统出现了明显变化，发电、输电、配电、用电界限相互交叉，同时兼具生产者与消费者的角色，根据需求可以改变身份特征，其价值主要体现在以下三方面。

（1）可缓解分布式发电的负面效应，提高电网运行稳定性。虚拟电厂对大电网来说是一个可视化的自组织，既可通过组合多种分布式资源进行发电，实现电力生产；又可通过调节可控负荷，采用分时电价、可中断电价及用户时段储能等措施，实现节能储备。虚拟电厂的协调控制优化大大减小了以往分布式资源并网对大电网造成的冲击，降低了分布式资源增长带来的调度难度，使配电管理更趋于合理有序，提高了系统运行的稳定性。

（2）可高效利用和促进分布式能源发电。我国分布式光伏、分散式风电等分布式能源增长很快，其大规模、高比例接入给电力系统的平衡和电网安全运行带来一系列挑战。如果分布式发电以虚拟电厂的形式参与大电网的运行，通过内部的组合优化，可消除其波动对电网的影响，实现高效利用。同时，虚拟电厂可以使分布式能源从电力市场中获取最大的经济效益，缩短成本回收周期，吸引扩大此类投资，促进分布式能源的发展。

（3）可用市场手段促进发电资源的优化配置。虚拟电厂充当分布式资源与电力调度机构、与电力市场之间的中介，代表分布式资源所有者执行市场出清结果，实现能源交易。从其他市场参与者的角度来看，虚拟电厂表现为传统的可调度发电厂。由于拥有多样化的发电资源，虚拟电厂既可以参与主能量市场，也可以参与辅助服务市场，参与多种电力市场的运营模式及其调度框架，对发电资源的广泛优化配置起到积极的促进作用。

冀北虚拟电厂作为我国首个以市场化方式运营的虚拟电厂示范工程投运。2019 年年底，国网冀北虚拟电厂示范项目投运。公开数据显示，到 2020 年，冀北电网夏季空调负荷将达 6GW，10% 空调负荷通过虚拟电厂进行实时响应，相当于少建一座 600MW 的传统电厂。"煤改电"最大负荷将达 2GW，蓄热式电采暖负荷通过虚拟电厂进行实时响应，预计可增发清洁能源 720GWh，减排 63.65 万 t 二氧化碳。2022 年深圳也建成了虚拟电厂管理平台，这是国内首家虚拟电厂管理中心。标志着深圳虚拟电厂即将迈入快速发展新阶段，也意味着国内虚拟电厂从初步探索阶段向实践阶段迈出重要一步。

预计 2025 年虚拟电厂投资规模达到 800 亿元，运营市场规模达到 50 亿元。现阶段主要的盈利模式为通过需求侧响应赚取辅助服务费用后的分成。据中电联预计，2025 年我国全社会用电量将达 9.5 万亿 kWh，而最大负荷将达到 16 亿 kW，按 5% 可调节能力、投资成本 1000 元 /kW 计算，预计到 2025 年，虚拟电厂投资规模有望达 800 亿元。参考目前峰值负荷时长水平，我们预计 2025 峰值负荷将达到 50h，对应 2025 年电网需求侧响应电量 40 亿 kWh。目前我国虚拟电厂处于发展初期，度电补偿较高以刺激时长，参考《广州市虚拟电厂实施细则》0~5 元 /kWh 的削峰响应补贴，预计 2025 年虚拟电厂进入商业化运营后，补偿标准为 2.5 /kWh。假设分成比例为 50%，则预计 2025 年虚拟电厂运营市场规模将达到 50 亿元。

应用数字孪生构建新一代虚拟电厂。通过数字化建模和部署物联网设施将其纳入到数字孪生虚拟电厂体系中，通过智能感知和数据采集补充完善信息中枢数据中台。在优化运行方面，虚拟孪生空间与物理实体通过高效连接和实时传输实现孪生并行与虚实互动。通过智能感知和信息实时采集技术实现"由实入虚"；虚拟电厂物理实体和虚拟空间通过反馈机制实现虚实迭代，并通过智能决策平台的支撑和实时优化运行控制实现"由虚控实"。

"聚合"和"通信"是虚拟电厂的核心，与 AI 匹配性强。建设虚拟电厂可分为两大关键信息化技术即协调控制、信息通信技术。其中，协调控制技术要联通源网荷储多个环节的调整，并要做出对于发电量、用电量、电价等多个数据的判断，AI 的接入有望极大提升分析效率和准度。另一方面，主要影响 B 端用电水平的虚拟电厂对于电网整体稳定性影响较小、数据相比 C 端更容易授权用于训练，有望率先接入大模型应用。

第三章

电力算力
网络需求

第一节 传统电力系统对算力网络的需求

一 智能发电站和变电站内的网络需求

智能发电站和变电站内包括电力自动化系统和辅助设备监控系统两部分，下面分别分析其系统组成架构和通信需求。

（一）智能变电站自动化系统的通信需求分析

基于 IEC 61850 的智能变电站自动化系统分为 3 层：站控层、间隔层和过程层。智能变电站自动化系统结构图如图 3.1–1 所示。站控层设备包括监控系统主机、远动系统、保护信息子站等；间隔层设备包括保护、测控装置等；过程层设备包括变压器、断路器、隔离开关、电子式互感器等

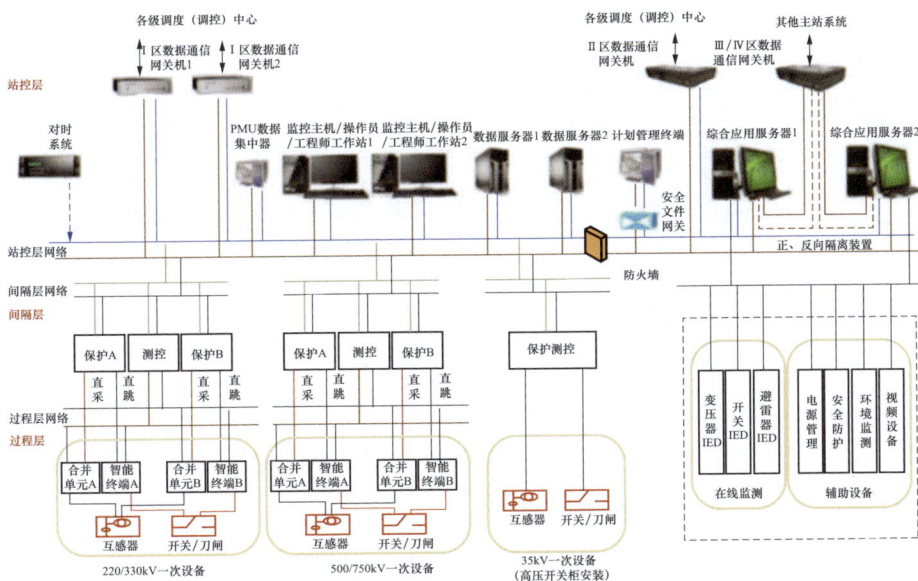

图 3.1–1 智能变电站自动化系统结构图

第三章 电力算力网络需求

79

一次设备所属智能终端和合并单元。三个网络层级之间采用分层、分布、开放式的网络系统实现连接，即两级网络结构，连接站控层与间隔层设备的站控层网络（Station Bus）、连接间隔层与过程层设备的过程层网络（Process Bus）。

智能变电站通信技术采用了"通信服务和通信实现分离"的设计理念，变电站的主要通信业务主要有以下 4 种服务模式。

1. 通用快速事件服务（GOOSE）

GOOSE（Generic Object Oriented Substation Event）服务主要用于单元与间隔层设备间的信息传输；GOOSE 报文具有突发性的特点，数据量不大且比较稳定，其要求快速实时性最高。GOOSE 服务采用"发布、订阅"通信机制直接映射到 OSI 协议栈的"数据链路层"。

2. 采样值服务（SV）

采样值服务主要用于过程层一次单元与间隔层装置之间的信息传输，其报文呈现数据量大、周期性特点，对其稳定性、实时性、可靠性有较高要求。采样值服务也采用"发布、订阅"通信机制直接映射到 OSI 协议栈的"数据链路层"。

3. 时钟同步服务

采用网络时钟进行同步时，全站的时钟同步采用 UDP 单播、组播的传输方式。

4. 核心 ACSI 服务（基础服务）

智能变电站内的三层两网的逻辑接口，如图 3.1-2 所示。

三层两网的逻辑接口 1~9 分别定义为：1- 表示站控层与间隔层之间进行保护数据传输；2- 表示间隔层与远方保护设备之间的数据传输；3- 表示间隔层的内部数据传输；4- 表示间隔层与过程层之间的实时电压、电流等交流电气量的数据传输；5- 表示过程层与间隔层之间的控制数据的传输；6- 表示站控层与间隔层之间的控制数据的传输；7- 表示站控层与工程师站的数据传输与交换；8- 表示间隔层之间的控制数据传输；9- 表示站控层内部之间的数据传输。

（1）站控层。主要完成 2 个部分，一是利用全站信息或单间隔层信息对全站或多个间隔层一次设备进行监控；二是与远控终端、工程师站、五

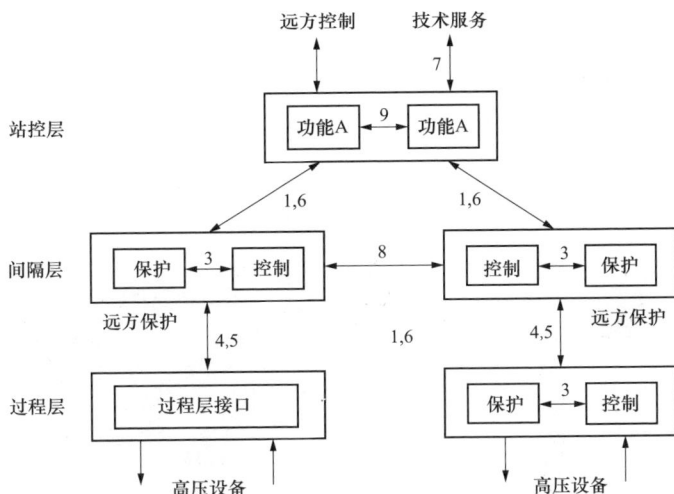

图 3.1-2　智能变电站内的三层两网的逻辑接口

防站的逻辑接口进行通信功能。站控层网络采用 100Mbit/s 及以上速率的工业以太网，拓扑为星形，可通过划分虚拟局域网（VLAN）将网络分隔成不同的逻辑网段。220kV 及以上电压等级智能变电站的站控层网络要求冗余配置，主要通信服务为 MMS、GOOSE、SNTP 等报文。

（2）间隔层。主要完成对模拟量及开关状态量进行采样，并对一次设备发送控制指令，实现与一次设备之间的控制功能，并对间隔层设备产生作用，例如线路保护测控装置。

（3）过程层。网络组网方案较多，保护可采用直采直跳、直采网跳、网采网跳方式，GOOSE、SV 可采用不组网、共网、独立组网等方式，网络配置可采用按串（间隔）和多串（间隔）方式。智能变电站的过程层网络采用 100Mbit/s 及以上速率的工业以太网，拓扑为星形，通信介质为光纤，要求冗余配置，主要通信服务为 GOOSE、SV、PTP 等报文。

间隔层至站控层的基础服务中，其信息传输实时性要求不高，采用 TCP 或 IP 传输方式，对数据类型进行必要的转换，实现基础服务与 MMS 协议的映射。基于变电站对实时性的要求和以太网接口应用情况，目前百兆快速以太网（FE）占据主导地位。智能变电站的站控层相对过程层，在实时性方面要求不苛刻，仍选用 100Mbit/s 以太网，应注意未来千兆以太网必然是局域网的网络速率发展方向。

IEC 61850 标准是电力系统自动化领域的全球通用标准，目前已经扩展到 IEC 61850 标准在风电、水电、变电、配电、分布式能源、微电网、储能及电动汽车等智能电网领域。IEC 61850 系列标准全景图，如图 3.1–3 所示。

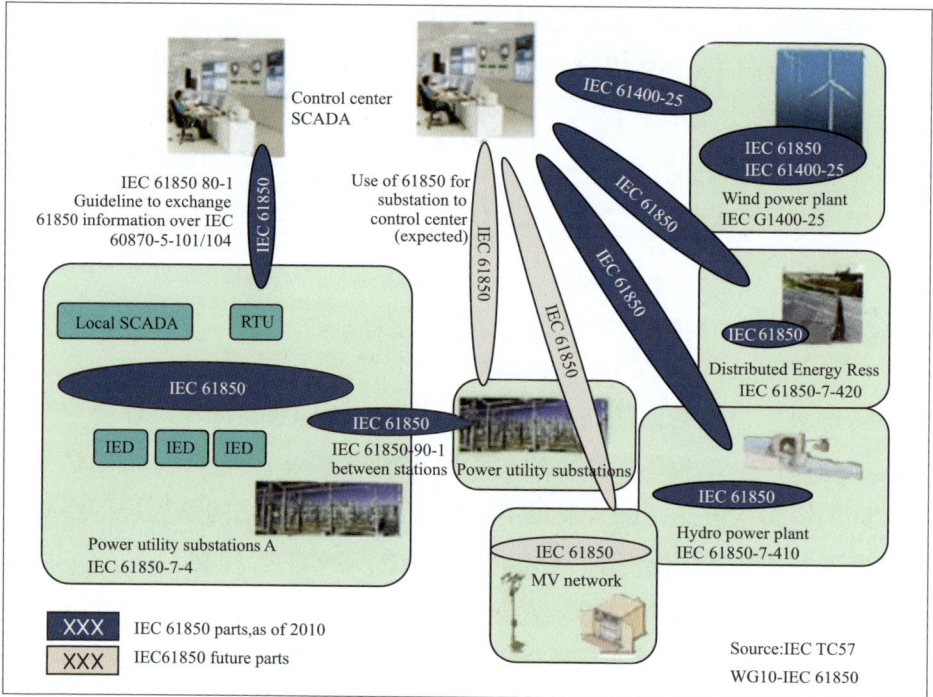

图 3.1-3　IEC 61850 系列标准全景图

IEC 61850 标准规定了不同电力业务的通信传输延迟以及时间同步的类型和性能指标，并且通过将 SV、GOOSE 和 1588 等实时通信服务，直接映射到数据链路层以避免其他各层的协议开销以及采用 VLAN 和优先级标签（tag）等 IEEE 802.1Q 技术，最大限度地保证数据传输的实时性。

（二）变电站辅助设备监控系统的通信需求

变电站辅助设备监控系统提供视频监控、安全防护、环境监测、辅助控制等功能，对变电站安全可靠运行至关重要，成为变电站信息化建设的重要支撑部分，智能变电站辅控系统结构图如图 3.1–4 所示。

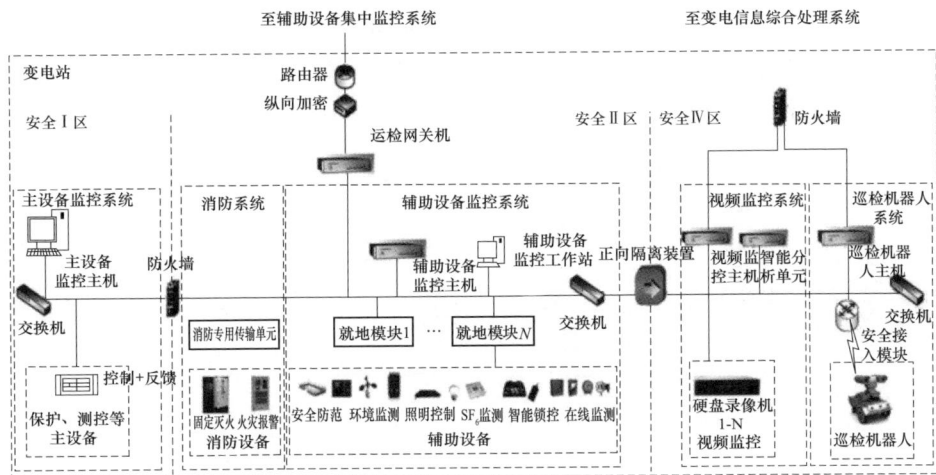

图 3.1-4　智能变电站辅控系统结构图

智能变电站辅助设备全面监控系统包括安全Ⅱ区的辅助设备监控系统、安全Ⅳ区的视频监控系统和智能机器人巡检系统。

辅助设备监控系统集成了变电站在线监测、消防、安全防范、环境监测、SF_6监测、照明控制、智能锁控、电缆沟火灾监测等子系统辅助设备，为变电站综合监控提供辅助支撑。

视频监控系统能独立完成视频监控相关业务，提供音视频、数据、告警及状态等信息远程采集、传输、储存、处理。

智能机器人巡检系统主要由巡检主机、机器人、视频监控系统等组成，巡检主机下发控制、巡检任务等指令，控制机器人和视频监控系统开展室内外设备联合巡检作业，巡检完成后将巡检数据、采集文件等上送到主站系统。

感知层包括变电站端的机器人、视频监控、消防、安防、灯光控制、环境监测、水浸监测等子系统，以及其他未接入辅控系统的辅助监控、感知设备，通过传感器、摄像机、控制器等设备采集变电站前端的设备状态数据、控制前端辅控设备行为，并以多种通信方式对主辅设备进行统一管理，为变电站辅助设备一体化监控平台的高级应用提供基础数据来源。

网络层采用100Mbit/s及以上速率的工业以太网骨干网，拓扑为星形，智能巡检机器人、温度、烟感、水浸等传感器可通过工业WiFi接入骨干网。

如变电站发生预警、故障、火灾、暴雨等异常情况，站内辅助监控主机主动启用机器人、视频监控、灯光、环境监控、消防等设备设施，立体呈现现场的运行情况和环境数据，实现主辅设备智能联动、协同控制，为设备异常判别和指挥决策提供信息支撑。

二 配电网自动化的网络需求

智能配电通信网是智能配电网的重要组成部分，是实现智能配电网的基础条件。智能配电通信网需满足高级配电自动化、配网保护、分布式能源接入、精准负荷控制、配网设备运行状态监测等业务的通信需求。智能配电通信网的建设目标是：利用经济合理、先进成熟的通信技术，满足智能配电网发展各阶段对电力通信网络的需求，支持各类业务的灵活接入，为电力智能化系统或设备提供"即插即用"的电力通信保障，为电力用户与分布式能源提供信息交互通信渠道。目前，配电通信网多采用工业以太网、XPON、无线专网和无线公网等通信技术。

由于配电网点多面广，海量终端设备需要实时监测或控制，信息双向交互频繁，而采用光纤网络建设成本高、运维难度大，公网承载能力有限，难以有效支撑配用电网各类终端可观可测可控。随着大规模配电网自动化、高级计量、分布式能源接入、用户双向互动等业务快速发展，各类电网设备、电力终端、用电客户的通信需求爆发式增长，应逐步考虑建设基于光纤通信的终端通信接入网。

随着分布式电源接入到配电网中，配电网故障电流等级、潮流方向发生了较大变化，传统的三段式过流保护已经难以满足配电网保护"四性：可靠性、选择性、灵敏性、快速性"的要求。多电力电子设备的接入和高渗透分布式发电（DG）的并网给配网保护带来新的挑战。逆变型分布式发电是目前分布式发电接入配网的主要形式，包括逆变器在内的多种类型的电力电子装置并网成为配网运行的新常态。但是电力电子装置建模困难，潮流特性和受控特性分析复杂，导致传统过流配网保护难以配置，易出现拒动和误动等事故导致配电网传统过流保护适应性降低，逐渐不能适应有源配电网、主动配电网的发展需要。分布式差动保护能够实现故障区段的快速定位与隔离，但差动保护要求保护装置之间实时快速通信，之前只有光纤能够满足这种高要求，但存在光缆敷设困难和投资太高的问题。

配网差动保护各侧保护终端都通过通信通道将本端的电气测量数据发送给对侧，同时接收对侧发送的数据并加以比较，判断故障位置是否在保护范围内，并决定是否启动将故障切除。以保护终端模拟量采样频率1200Hz为例，每隔0.833ms发送一次数据，单次数据量为245字节，通信带宽需求为2.36Mbit/s。配网差动保护的业务要求网络时延≤15ms。由于配网故障发生是随机的，配网差动保护需要持续实时通信传递数据来判断和检测线路是否发生故障，因此具有持续上行带宽流量需求，并且对带宽资源保障要求高。此外，持续通信也将产生大量的网络流量，单个终端DOU约为886GB，对网络的流量承载能力要求高。

智能分布式配电自动化业务采用 IEC 61850 GOOSE 协议通信，该协议基于二层组播方式进行通信。不同组播组不仅组播 MAC 相互有区别，同时也携带不同的 VLAN。5G LAN 技术，可支持 VLAN+ 组播 MAC 的组播通信方式，利用 5G LAN 技术实现配电终端间的 GOOSE 通信，如图 3.1-5 所示。

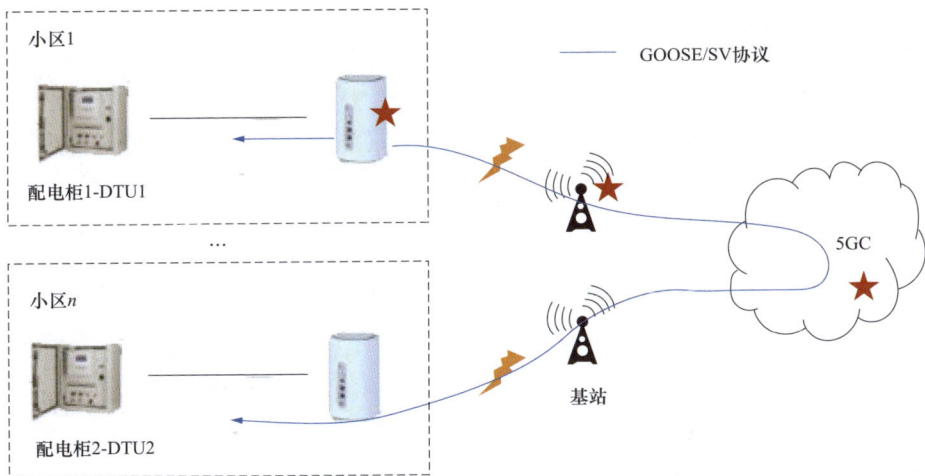

图 3.1-5 利用 5G LAN 技术实现配电终端间的 GOOSE 通信

三 终端通信接入网的需求

终端通信接入网承载着电力配网、营销等专业的各类业务，是连接电网主网和各类负荷、分布式电源及虚拟电厂等重要通信基础设施，对于实现电网负荷侧的负荷感知、控制，分布式电源管理、调度，实现源网荷储协同互动具有重要意义。新型电力系统建设需要电网负荷侧和分布式电源侧更高的感知和管控能力、需要配网自动化实现更快速、更便捷和更智能化的接入能力，在网络架构、接入能力、互动能力、安全可靠和通信性能等方面均需要进一步优化与演进。支撑新型电力系统的终端通信接入网具备以下基本特征。

（1）网络融合。终端通信接入网负责承载配网和营销等业务。在新型电力系统情况下，承载配网和营销的通信网络逐步融合，需求主要体现在2方面：一是对于电网业务支撑方面，基于物联网的体系架构，按照感知层、网络层和应用层形成一张通信网，支撑电网末端各类业务。二是通信方式方面，充分发挥各类通信技术的优势，针对电网末端的通信基础设施资源情况及物理环境条件，实现有线网络和无线网络技术融合；三是电力专网和公网的融合，在网络的设计和构建方面，统筹考虑业务的差异，并充分考虑通过公网接入的安全措施。

（2）泛在接入。电力终端通信接入网将实现更为广泛的终端接入。一是电网设施方面，为实现新型电力系统配网智能化、自动化，电网将部署海量配网采集终端，用于配电线路、管道、配变、台区及开关、环网柜等电网设施的运行工况的采集和控制。此外，还有大量配网监控及设备管理等大量终端的接入；二是用户及用户设施方面，新型电力系统将接入各类负荷，包括常规负荷（常规居民、工业）、可控负荷（可控居民负荷及可控工业负荷）及虚拟电厂、负荷聚合商等型生态，同时在35kV、10kV及380/220V线路还将接入大量的分布式电源及储能装置，通过对可控负荷的需求响应控制及虚拟电厂、负荷聚合商、分布式电源的集中调控，实现电网局域、广域电量平衡。上述终端种类形态各异，数量以亿级计，具有海量、分散的特点。

（3）互动增强。新型电力系统高比例新能源的接入，接入的电源和负荷类别更多，同时由于电源和负荷特性的变化，为实现电网电量实时平衡，需要更短周期、更为精确的电源、负荷状态的感知与控制。传统电网，源随荷动，按照负荷预测的结果对电网进行调节，即可实现电网发用实时平衡；新型电力系统，新能源的不确定性，各类负荷、分布式电源、微网、电动汽车充放电的随机性及不确定性，使得新能源电源出力和负荷预测的精确度收到很大影响，实现电网发、用实时广域平衡难度加大。传统电网对于用户负荷一侧的信息传输还主要局限在用电计量及部分简单控制方面，互动能力有限。新型电力系统终端通信接入网将大大增强与电网末端用户负荷及分布式电源的互动，一方面实现传统计量功能；另一方面通过电价激励策略，激励更多用户负荷参与电网需求侧响应，共同实现电网运行实时平衡；最后，通过强化互动，提高对用户负荷及分布式电源的工况采集频次，实现更短周期内的精准负荷预测，以支持电网运行精准控制。

（4）安全可靠。电力终端通信接入网的构建，从技术发展趋势和技术经济性方面考虑，将是电网专网（电力有线专网、电力无线专网）和公网共同构建的通信网络体系（如：通过380/220V接入的分布式电源、大量10kV配网自动化终端、移动作业终端等都可能通过无线公网接入到电网生产及管理大区），专网和公网发挥各自的优势，共同支撑新型电力系统终端通信接入网建设。保障通过公网接入电网的通信接入安全尤为关键和重要。

（5）性能确定。新型电力系统建设对终端通信接入网提出了更高的要求。一方面，海量终端的接入及高频次的数据采集，使得终端感知层到应用层的汇聚带宽将达到数十G的流量，终端通信接入网的承载能力要求更高；另一方面，分布式电源在电网配网的接入，使得传统单向的能量流动变为双向流动，大量传统单端保护将被替代为双端保护（如：电流差动保护），对于继电保护信号的传输的时延和可靠性要求更高；三是电网末端，新型保护（区域多点保护、馈线自动化应用、配网智能化应用）对于控制信号的传输时延及可靠性等也提出了更高的要求，上述业务有大部分是通过公网 5G 网络进行承载，需要通过 5G 公网构建一个满足终端通信接入网业务承载要求的确定性网络。

（6）经济高效。电网覆盖区域辽阔，各地区终端通信接入网采用的技术体制及建设水平差异较大，由于所处的地理条件及基础设施建设水平不同，部分省公司已经建立了较为完善的终端通信接入网网络体系架构，各地终端通信接入网建设上将会是发挥现有通信网络资源优势，多种通信技术并存，通过多种技术体制组合，构建本地和远程通信网络，支撑新型电缆系统建设。

终端通信接入网按照功能划分，分为感知层、网络层及应用层。

感知层：本地通信，依托短距无线或有线通信技术，主要实现终端通信接入网各个业务场景下的信息和数据采集，完成相关信息的汇聚重点解决本地通信问题。

网络层：远程通信，即依托电力有线、无线专网、无线公网等远程有线、无线通信技术，实现各类汇聚终端信息的远程回传，重点解决网络远程通信问题。

应用层：部署各类电网应用系统，实现电网配网自动化、配网监控、配网调度、分布式电源调控等功能，重点解决应用问题。

第二节　新型电力系统业务的算力网络需求

一　新型电力系统现状

2020 年 9 月，习近平主席在第七十五届联合国大会一般性辩论上宣布，中国将提高国家自主贡献力度，采取更加有力的政策和措施，二氧化碳排放力争 2030 年前达到峰值，努力争取 2060 年前实现碳中和。2020年 12 月，习近平主席在气候雄心峰会上进一步宣布，到 2030 年中国风电、太阳能总装机将达到 12 亿 kW 以上，非化石能源消费占比达到 25% 左右。国家"十四五"规划和 2035 年远景目标纲要指出，要构建现代能源体系，加快抽水蓄能电站建设和新型储能技术规模化应用。中央财经委员会第九次会议强调，"十四五"是碳达峰的关键期、窗口期，要构建清洁低碳安全高效的能源体系，控制化石能源总量，着力提高利用效能，实施可再生能源替代行动，深化电力体制改革，构建以新能源为主体的新型电力系统。

我国高度重视配电网发展，对配网建设、运行管理自动化提出更高要求：业务类型扩展至配电自动化、用电信息采集、分布式电源、电动汽车充电桩等 10 余种业务；将配电自动化覆盖率提升至 90%，提升用电信息采集频次及数据量；对接入网带宽和资源利用率提出了新要求。

电力系统在信息化和自动化的不断驱动下，形成新一代的电力系统，电力通信技术成为新型电力系统建设的关键组成部分。相比于传统电网，新型电力系统具有电力流、信息流和业务流高度融合的显著特点。在实际新型电力系统运行中，存在以下问题。

（1）设备控制方面。设备运行状态将直接影响电网稳定性，自动控制系统能够获取电网运行状态并向控制系统的设备发送自动化命令，以实现自动控制。为达成自动操作的目的，需要完成各种信息传输，并通过通信网络控制设备。实时准确的设备状态的获取以及高效的信息交互是电网稳定运行的关键。

（2）数据获取方面。新型电力系统运行过程中，需要根据海量的数据信息才能实现可靠的电网调度任务，其中包括线缆运行数据、配电箱柜运行数据等。新型电力系统中的通信系统实现了电网的数据收集及交互，该系统的运行将决定数据获取的效果，准确及完整的数据获取将直接影响电网运行可靠性以及运行效率。

随着高比例新能源、高度电力电子化新型电力系统的构建，电力系统的安全稳定运行不仅面临来自源侧、网侧变化的直接挑战，而且受到荷、储、市场、技术等新增关键因素的影响。

因此，为了实现能源有序低碳转型、新型电力系统安全发展，需立足国家能源安全的宏大背景，聚焦源、网、荷、储、市场、技术等主要影响因素，深入探讨新型电力系统安全发展的战略架构。解析能源转型形势下的能源安全内涵，明确能源安全转型的目标、路径、支撑，分析能源安全与新型电力系统发展的关系；提出反映源、网、荷、储、市场、技术六大影响因素，包含应急预警、共享互济、安全防御三大技术体系的新型电力系统发展战略框架，以期促进新型电力系统安全发展、高质量建设。

1. 新型电力系统的内涵

新型电力系统以新能源为供给主体，满足不断增长的清洁用电需求，具有高度的安全性、开放性、适应性。

在安全性方面，新型电力系统中的各级电网协调发展，多种电网技术相互融合，广域资源优化配置能力显著提升；电网安全稳定水平可控、能控、在控，有效承载高比例的新能源、直流等电力电子设备接入，适应国家能源安全、电力可靠供应、电网安全运行的需求。

在开放性方面，新型电力系统的电网具有高度多元、开放、包容的特征，兼容各类新电力技术，支持各种新设备便捷接入需求；支撑各类能源交互转化、新型负荷双向互动，成为各类能源网络有机互联的枢纽。

在适应性方面，新型电力系统的源网荷储各环节紧密衔接、协调互动，通过先进技术应用和控制资源池扩展，实现较强的灵活调节能力、高度智能的运行控制能力，适应海量异构资源广泛接入并密集交互的应用场景。

2. 技术形态

在未来较长的时间内，电力系统仍将以交流电技术为主导，主要原因有：一是当前全国电力系统资产规模超过 16 万亿元，90% 的在运煤电装机容量投产不满 20 年，庞大的存量系统仍以交流电技术为基础，不可能"急刹车""急转弯"；二是未来火电、水电、核电等同步电源装机容量和发电量的占比均在不断下降，但仍占据相当的比例，如到 2060 年同步电源预计仍占据装机容量的 25%、发电量的 44%，主要以"大开机、小出力"方式运行（出力占比可达 79%），为电力系统提供必要的调节与支撑。因此，未来的电力系统必将在传承中发展，长期保持以交流电为基础的技术形态，基本原理、技术要求不会发生根本性改变；交流电网仍是电力系统的网架基础，各类电源直接或间接以交流电技术并入电网。

3. 网络形态

一是以交直流互联为大电网主干。我国能源资源与需求逆向分布的基本国情，新能源出力的随机性、强时空相关性，都决定了近期交直流互联大电网仍需扩大规模才能满足远距离大规模输电、新能源跨省、跨区消纳平衡的需求。二是多种组网形式并存。交流电力系统需要同步电源的支撑，难以适应新能源集中开发、海上风电、大量分布式新能源接入等局部场景；应鼓励发展分布式微网、纯直流电力系统等多种组网技术，因地制宜选择技术路线。

4. 平衡形态

力求以储能为媒介逐步实现发用电解耦。当前电力系统的实时平衡依赖出力可调的常规电源，而新型电力系统将以出力不可调节的新能源发电为主体，发电侧调节能力显著下降；需要通过需求响应、多能互补等方式充分挖掘负荷侧的调节能力，同步开发能够与电能高效双向转换并可大量、长期存储的二次能源（储能），使"发-用"实时平衡变为"发-储-用"实时平衡。

5. 发展路径

循序渐进构建新型电力系统。能源电力行业技术资金密集，已形成的庞大存量资产不可能"推倒重来"，适宜采取渐进过渡式发展方式。在近期，新能源快速发展的需求较为迫切，亟需成熟、经济、有效的技术与产品方案来应对相应挑战。着眼远期，当前电力系统的物质基础、技术基础难以匹配新型电力系统的需求，应在大规模储能、高效电氢转换、CCUS（碳捕集、利用与封存）、纯直流组网等颠覆性技术方面尽快取得突破；不同的技术将导向不同的电力系统形态，未来发展路径存在较大的不确定性。为此，近期应重点挖掘成熟技术的潜力，支撑新能源快速发展，同步开展颠覆性技术攻关；远期在颠覆性技术取得突破后，推动电力系统逐步向适应颠覆性技术的新形态转型。

6. 新型电力系统的发展阶段

（1）传统电力系统转型期。新能源快速发展，"双高"影响处于"量变"阶段，常规电源仍是电力电量供应主体，新能源作为补充。发用电的实时平衡仍然是主要特征，依靠以抽水蓄能为主体的成熟储能技术基本满足单日内平衡需求。跨区输电、交流电网互联的规模进一步扩大并"达峰"。本阶段内，充分开发现有资源、挖掘可用技术潜力，同步开展支撑更高比例新能源的颠覆性技术研发。

（2）新型电力系统形成期。新能源成为装机主体，具备相当程度的主动支撑能力；常规电源功能逐步转向调节与支撑；大规模储能技术取得突破，实现单日以上时间尺度的平衡调节。存量电力系统向新形态转变，交直流互联大电网与局部全新能源直流组网、微电网等多种形态共存。在此阶段，"双高"影响转入质变，已有的技术和发展模式面临瓶颈，颠覆性技术逐步成熟并具备推广应用条件。

（3）新型电力系统成熟期。依托发展成熟的颠覆性技术，完成全新形态的电力系统构建，新能源成为主力电源，发用电基本实现解耦。新能源以多种二次能源形式、多种途径传输和利用，将因地制宜发展多种形态（如输电与输氢网络共存等）。这一阶段，颠覆性技术高度成熟并获得广泛应用，新型电力系统基本构建完成。

二　新型电力系统对算力的需求

当前，能源电力发展面临保障安全可靠供应、加快清洁低碳转型、助力实现"双碳"目标的重大战略任务。建设具有清洁低碳、安全可控、灵活高效、智能友好、开放互动基本特征的新型电力系统是助力实现能源转型的重要手段，但新型电力系统下"源–网–荷"的不确定性、随机性、灵活性同时提升，不同环节之间互动日趋复杂，势必需要利用数字化技术提升整个电力系统的可感知、可观测和可调控能力。新形势下，电力业务发展呈现"终端海量接入、信息交互频繁、控制向末梢延伸"的态势，迫切需要泛在连接、灵活应用、安全可靠的算力网络支持。

新型电力系统的发展在全世界还处于起步阶段，没有一个共同的精确定义，各国国情的不同，都会对新型电力系统发展的侧重点产生影响。我国对新型电力系统的定义重点可以理解为"安全性""适应性"和"开放性"3个方面。其主要发展特性及需求如下。

（1）安全可靠。电网的平稳可靠供电是衡量电网性能的第一要素。新型电力系统大量应用通信、计算机以及自动化等技术，除受到自然灾害等物理攻击，还会受到网络攻击。电网各级防线之间需要紧密协调，需要具备抵御攻击和故障处理的能力，同时需要有灵敏的故障检测机制，来有效提升电网的供电可靠性。

（2）分布式电源控制。柔性交／直流输电、网厂协调、智能调度、电力储能、配电自动化等技术的广泛应用，使电网运行控制更加灵活、经济，并能够大量分布式电源的接入。

（3）资源优化。通过引入通信网络技术，传统电网升级为新型电力系统，通过网络平台的控制实现最优配置，实现利用效率最大化。

如今的电力已经成为经济社会良好运行的"标配"，算力则成为了各行各业高精尖发展的"顶配"，新型电力系统的建设离不开算力网络技术的加持。这样的需求背景下，国内公司构建的国家和省组成的国内云算力分布模型实际为三地数据中心和各省公司组成的二级模型，该算力模型的特点在于网络扁平化但是算力数据量大、负荷高、网省算力需求存在明显不对称性，对算力资源的横向聚合迁移的要求较高。而在省内，随着数字化运营、源网荷储、整县分布式光伏等各类业务的快速部署，逐步构成了省内核心云、地市边缘云、区域微电网以及智能终端等多层级的云边算力模型，该算力模型的特点在于网络呈现层次化、业务传输实时可靠，对算力资源纵向快速调度的要求较高。新型电力系统算力网络业务需求分析框架，如图 3.2-1 所示，项目需求的研究从场景层面、业务层面、计算特征层面、技术层面四个角度详细梳理。

首先，需要研究面向新型电力系统算力网络针对的业务场景问题，国内数据中心是高耗能单位之一，据数据显示，数据中心供电成本占数据中心总运营成本的 56.7%，而数据中心耗电量占国内系统内总耗电量的比例逐年持续上升，预计 2025 年将达到社会总用电量的 4% 以上。相比东部地区，中西部地区具备丰富的风电、光伏、水电等清洁能源，且工业用电需求远小于东部城市，因此电价要低得多。数据中心不但高耗能，而且在运转时会散发大量的热量，如果不能及时通过制冷、散热系统将热量排除，会导致硬件设备宕机。据数据显示，数据中心在降温过程中所消耗的能量占到数据中心总能耗的 40% 之多。中西部地区，比如国内大数据中心所在地陕西西安，全年平均气温为 14~16℃，气温低，更适合数据中心的高能耗运行。

随着新型数字化电网和国家"东数西算"大战略和西部新能源消纳的推进和实施，电网数据需求不断增大，在国内公司已建成国家和省组成的

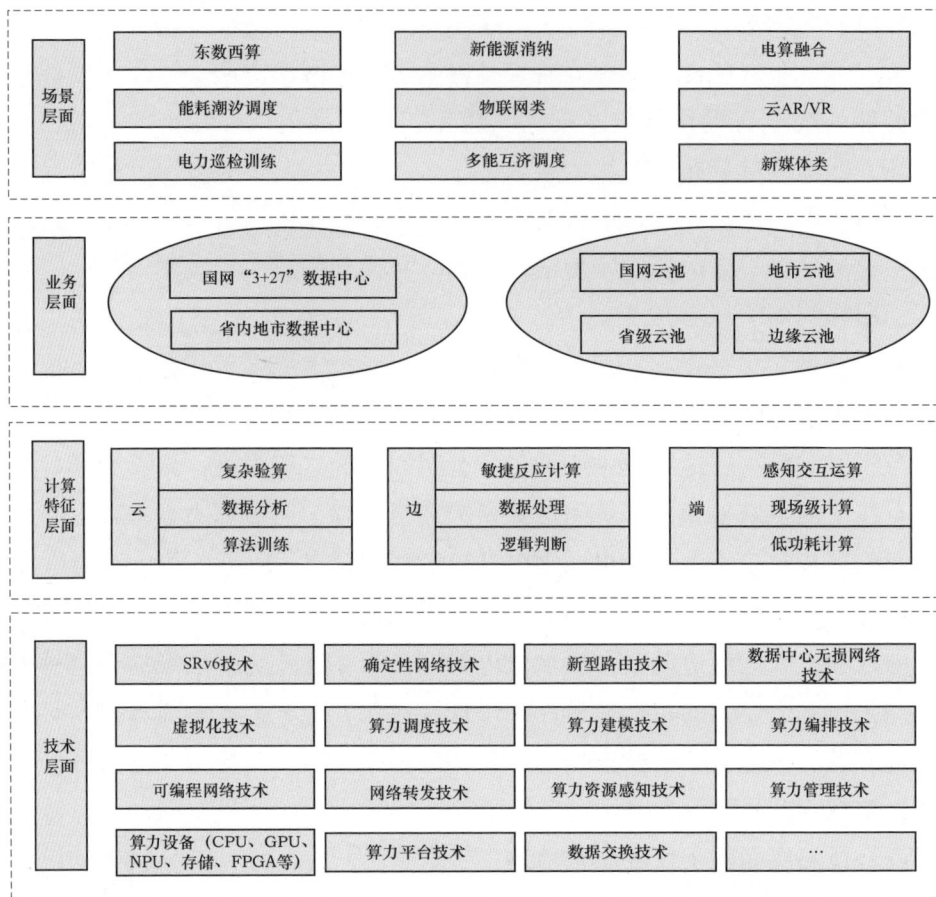

图 3.2-1 新型电力系统算力网络业务需求分析框架

国内云，算力分布模型为三地数据中心、省二级模型之上，分析如何满足当前形成的以下需求：①由于总部所在地原因，客观造成北京数据中心算力负荷不断增加、耗能巨大、散热难度，而西安和上海数据中心以及各省数据中心算力负荷较小，需要研究算力资源未能充分利用的问题；②随着承载业务的变化，国内现有云是三地数据中心为阿里云、27个省公司一半为华为云、一半为阿里云，形成传统数字化业务云化，需要研究造成网络对算力资源的感知能力弱、业务保障能力不足、现 MPLS VPN 大管道对业务区分流控不足等问题；③需要研究国内东部经济发达地区数据中心能耗与西北或各地分布式新能源消纳形成不同时间和空间的能耗潮汐，造成一方面电力紧张一方面又弃风弃光弃水的问题，以上需求皆形成了算力资源在不同时间、空间的迁移和分布式算力资源的聚合，促进新能源充分利用或消纳的重大需求。随着基于 SRv6 新一代算力网络技术和虚拟电厂等技术的出现和新发展，其先进而优异的网络可编程和分布式电源调控的特性，使得对数据业务算力与流量资源可以在云边端之间精细化调度、迁移、聚合和新能源消纳成为可能。

其次，针对已建设的省内各地市数据中心基础建设，利用已开发的省级云池、地市云池和各分散的边缘云池，在省内随着"配网计算""虚拟电厂"等关键应用对电力系统管控精度和时效性的不断提升，算力需求呈指数级增加，传统的省地市数据中心建设模式和技术架构已无法适应未来需求，需要研究如何实现适应新型电力系统需求的电力算力网络融合架构，实现以数据为资源，以算力驱动模型对数据进行深度加工，并通过网络以云服务形式向电网内部及外部提供高算力资源供应，为新型电力系统下的建设提供技术支撑，正面临着较大的挑战。需要研究的业务主要体现在：①信息网络将以云化分布式数据中心（区域云 DC、省内云 DC 和地市边缘云 DC）和电力智能数据中台为服务重心，不仅对信息通信网络提出了优化组网架构和实现跨域便捷互通要求，提供广覆盖、扁平化、端到端切片拉通和确定性低时延等更高连接服务能力。②电力通信网络要适应云网融合和算力网络发展，实现云和网之间重要标识通告（包括网络切片标识、算力标识、业务类型及其 SLA 重要指标要求），并在通信网络边缘实现各类标识感知并驱动快速建立快速光层、电层和 VPN 隧道等各类网络连接和性能监测保障能力。③新型电力系统升级发展需要多维精准监测，带来海量数据爆发式增长，对现有数据中心的算力算效、能源利用率和供需平衡带来较大挑战，需要探索云边算力资源协同调度模式。

再次，研究按计算特征划分在整个算力网络计算特征层面在云、边、端侧的计算需求，表现为在云侧其计算特征主要适合复杂验算、数据分析、算法训练类的特点，在网络边侧其特征主要适合敏捷反应计算、一般数据处理和逻辑判断，在端侧适合感知交互运算、终端现场级计算和低功耗计算的需求。但为满足电网现场级业务的计算需求，网络中的计算能力逐渐进一步下沉，目前已经出现了以移动设备和 IoT 设备为主的端侧计算。需要研究在未来计算需求持续增加的情况下，虽然"网络化"的计算有效补充了单设备无法满足的大部分算力需求，仍然有部分计算任务受不同类型网络带宽及时延限制，且不同的计算任务也需要由合适的计算单元承接的情况，未来形成"云－边－端"三级异构计算部署方案是必然趋势，即云端负责大体量复杂的计算，边缘端负责简单的计算和执行，终端负责感知交互的泛在计算模式，也必将形成一个集中和分散的统一协同泛在计算能力框架。研究结合未来计算形态"云－边－端"泛在分布的趋势，计算与网络的融合将会更加紧密，单个节点计算能力有限的情况下，大型的计算业务需要通过计算联网来实现的技术。需要研究算力网络和计算高度协同，将计算单元和计算能力嵌入网络，实现云、网、边、端的高效协同，提高计算资源利用率。

基于业务层面的需求，我们需要开展"算力＋网络"融合技术的研究，具体研究包含算网装备技术（主要有算力设备、算网操作系统、操作平台）、算网感知技术（主要有算力建模技术、资源感知技术、算力量测技术、算力接口）、网络传输技术（SRv6 技术、新型路由技术、确定性网络技术、数据中心无损网络技术、可编程网络技术、网络转发技术、数据交换技术）、计算分析决策技术（主要有算力调度技术、算力编排技术、虚拟化技术、算力管理技术）等不同层面的技术。

三　新型电力系统的网络框架

能源流与信息流深度融合是能源互联网的关键特征之一，电力通信网承担着源、网、荷、储各个环节的信息采集、网络控制等重要业务，为能源互联网基础设施与各类能源服务平台提供安全、可靠、高效的信息传送通道，实现电力生产、输送、消费各环节的信息流、能量流及业务流的贯通，促进电力系统整体高效协调运行。

电力通信网的基本组成包括电力骨干通信网、电力厂站实时监控网以及电力通信接入网等，各类网络均需要在一定程度上满足电力业务的时间同步、通信服务质量保障、网络冗余、网络安全等确定性通信需求。支撑能源互联网的电力通信网框架如图 3.2-2 所示。

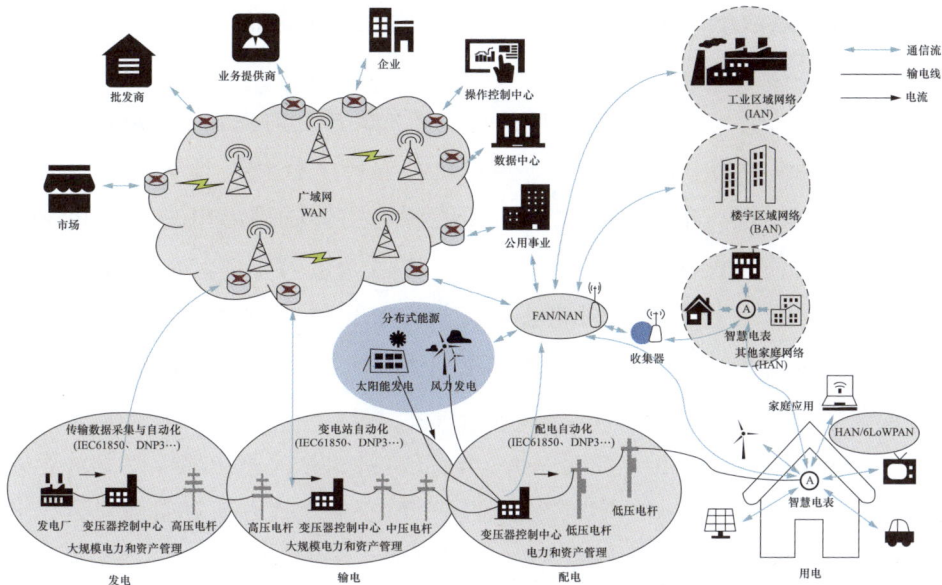

图 3.2-2　支撑能源互联网的电力通信网框架

（1）电力骨干通信网。由传输网、业务网和支撑网三部分组成。传输网为整个电力通信网提供底层的数据传输能力，多以光纤通信为主，微波、PLC、卫星通信等为辅，多种传输技术并存，可分为省际、省级和地市 3 个层级。省际传输网连接国家电网总部、分部、直属单位和各省公司，省级骨干传输网则连接省电力公司及其直属单位、地市公司、省调直调发电厂及变电站等。省际传输网和省级传输网均按照双平面建设，A 平面承载生产控制类业务，采用 SDH 技术，B 平面承载管理信息类业务，采用 OTN 技术。地市级传输网按单平面建设，采用 SDH 技术，主要覆盖地市级公司及其下属单位等。业务网建立在传输网基础上，分别为电网的各种不同业务应用提供服务，包含数据通信网（综合数据网和调度数据网）、调度交换网、行政交换网和电视电话会议系统。支撑网则为电力通信网的运行维护提供辅助支撑，主要包括同步网、网管系统和应急通信系统。

（2）电力厂站实时监控网。部署于发电厂和变电站内，用于监控系统与控制设备间、控制设备间以及控制设备和感知设备间的通信，承载实时性、确定性和可靠性要求最高的电力实时控制业务。电力厂站实时监控网一般采用工业以太网技术，星形或环形拓扑，重要场合网络冗余配置，在传输距离较远或电磁干扰较强的场合则采用光纤作为通信介质。

（3）电力终端通信接入网。用于电力物联网中海量传感器和智能物联终端的接入通信，通常采用 WiFi、微功率无线和电力线载波等通信技术。

由于能源互联网的接入主体多元化和业务多样化，现有电力通信网的多业务灵活接入能力不足。随着新能源为主体的新型电力系统建设发展，电力通信网网络形态发生了变化，通信网接入主体趋向多元化、业务多样化。要求骨干通信网能够适应业务多元化，覆盖能力、互动能力及控制需求差异化。电网新业务不断涌现，业务通信需求差异化大。面向新型电力系统，主网保护、柔性直流输电技术广泛应用，精准负荷控制、源网荷储调度控制、配网保护、分布式新能源快速功率群控等新业务不断涌现，在通信带宽的实时性、可靠性和安全性等方面对通信网络提出了差异化要求。

四　虚拟电厂智慧能源系统的需求

虚拟电厂通过先进的通信、计算、调度、市场手段将大量分散布置的中小规模的分布式电力资源进行统一管理、协调优化和释放系统灵活性；虚拟电厂通过聚合分散在电网中的分布式能源（即分布式发电、可控负荷和分布式储能），使其成为可统一调度的"发电系统"，进而可以跟从调度指令、参与电力市场和辅助服务市场。

虚拟电厂系统应用功能主要目标是实现虚拟电厂与电网互动的需求侧响应、提供调峰调频等功率平衡的响应能力。虚拟电厂系统及应用功能架构如图 3.2-3 所示。

虚拟电厂参与需求侧响应、调峰调频功率平衡等应用功能的实现需要各个逻辑层级在其应用功能上协调配合，主要逻辑层级包括用户资源层、智能终端层、虚拟电厂主站和电网调度层。

虚拟电厂涉及的通信方案主要包括用户资源接入智能终端的通信方案、智能终端接入虚拟电厂主站的通信方案、虚拟电厂主站接入电网调度的通信方案以及虚拟电厂与外部系统的通信方案。

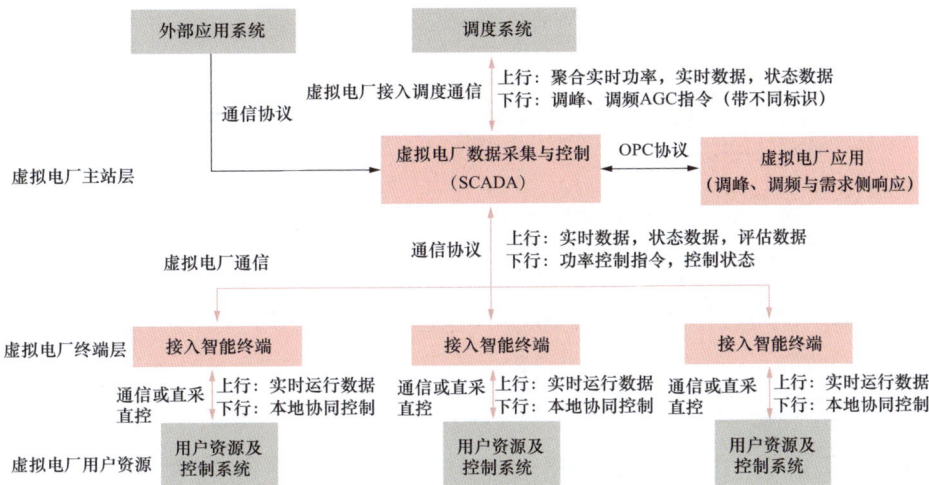

图 3.2-3　虚拟电厂系统及应用功能架构图

（一）用户资源接入智能终端的通信方案及通信要求

用户资源接入智能终端的通信方案主要解决虚拟电厂智能终端怎样获取用户资源的运行数据，同时智能终端怎样控制用户资源的运行，一般情况下，用户资源具有控制系统或者能量管理系统，智能终端从这些系统中读取数据或者下发控制命令；如果用户资源没有完善的控制系统或者能量管理系统，需要智能终端直接采集用户资源的运行数据。通过通信方式采集运行数据与控制的通信的实时性达到 100ms 级别，一般会采用以太网或者串行通信的方式，采用的协议有 Modbus 或 IEC 60870-5 规范以及其他国际标准；如果通过直采直控的方式，实时性能达到 10ms 级别，甚至 100μs 级别。

（二）智能终端接入虚拟电厂主站的通信方案及通信要求

智能终端接入虚拟电厂主站的通信方案一般会采用无线通信，考虑到接入虚拟电厂的用户资源的数目比较大以及通信带宽的问题，智能终端采用 4G 或者 5G 通信方式与无线运营商的专用服务器通信，再通过专线后，经安全接入区接入到虚拟电厂主站，通信的实时性需考虑虚拟电厂的应用功能要确定，一般情况下能达到 100ms 至 1s 级的通信延时。

（三）虚拟电厂主站接入电网调度的通信方案及通信要求

一般情况下，接入调度系统厂站的通信方案要求是比较明确的，基本上都是采用电力专网的接入方式，通信协议基本上都采用 IEC 60870-5-104 协议，考虑到纵向加密需求及其他通信中间环节，通信的延时一般是 100ms 级别。

（四）虚拟电厂与外部系统的通信方案及通信要求

一般情况下，虚拟电厂还需要与外部系统进行通信，如电力交易系统、天气预报系统及其他预测等 IT 系统的通信，一般是采用 WebService 的方式，通信协议主要有 https 或者 MQTT 等方式，通信的延时基本上达到秒级。

目前，我国是世界第二大石油消费国、第三大天然气消费国，作为高碳能源类型的煤炭仍处核心消费能源地位，加之国际形势复杂多变、消费能源价格高企，我国从化石能源向可再生能源的转型过程具有显著的复杂度和挑战性。能源安全作为能源绿色转型、经济高质量发展的基本前提，与环境安全、经济稳定、产业链供应链安全等密切相关，对国家经济、社会、外交等具有不容忽视的影响。

电力安全是能源转型发展的底线。近年来，世界多国电力安全问题频发，如乌克兰电网系统遭网络攻击而中断（2015 年）、美国得克萨斯州大停电（2021 年）、我国东北部分地区拉闸限电（2021 年）、我国四川省大规模高温限电（2022 年）等。2021 年 3 月，我国首次提出构建新型电力系统，这是能源电力转型的必然要求、实现"双碳"目标的重要途径。新型电力系统以确保能源电力安全为基本前提，具有电力电源清洁化，电力系统柔性化、数字化、电力电子化的内在本质特征。随着传统电力系统向新型电力系统转型升级不断加快，一次能源特性、电源布局功能、电网形态规模、负荷结构特性等都发生深刻变化；新能源的强不确定性、低保障性、电网灵活调节、多能源融合、信息网络防御等因素，都与新型电力系统的安全稳定发展密切关联。

在绿色节能意识的驱动下，新型电力系统成为世界各国竞相发展的一个领域重点。新型电力系统在高速双向通信网络基础上，旨在利用先进的传感、测量、控制以及决策技术，实现电网可靠、安全、经济、高效、环境友好和使用安全的高效运行。随着新型电力系统的发展，大量高密度的分布式电源以集群形式接入电网，各种通信、数据采集和电气等设备数量随之增加，网络规模扩大。在信息技术的支撑下，实时的信息获取以及数据处理，包括电力系统中的测量数据以及外部通信网络数据信息，是电力企业推动电网智能化发展的关键，这依赖于高速、大容量的实时数据交互。因此，将具有泛在数据处理及计算能力的算力网络引入新型电力系统，能够有效支撑电力系统中大容量数据交互及处理，成为未来研究趋势。

第三节　电力通信网络发展趋势

一　电力通信网的业务

电力通信技术是电网事业发展进步的主要原动力，特别在我国现阶段电能资源形势日益严峻的状况下，电网系统建设将变得特别关键。智能化电网建设是我国目前能源资源现代化建设工作中的核心内容，因此需要将电网建设向更加智能方面发展，从而适应多元化的电能资源要求，同时还可以提高电能资源对社会经济运行的保障效果。所以，对电力通信技术在新型电力系统中的应用进行详细研究，具有重要的现实意义。

供电通信成为供电系统的重要组成部分，贯通于电能的整个应用环节，以维护供电通信业务的正常。简单地说，供电通信主要服务于发电的企业化经营，输电的自动化管理以及对整个系统供电的企业化管理。由于能源发电流程比较复杂，设备操作也较为复杂，对所有需要的电力通信系统必须实行统一集中管理。因此电力通信系统和输配电网络相比具有共同之处，两者在业务对象和主要内容等主要方面也较为相同。将电力通信视为电力系统现代化的重要标志，将有助于促进电网商业化、智能化和现代性。

电力通信网是由专用的电力通信设备进行连接，并且对各种电力通信业务进行承载的专用网络。它的实质是电力通信机构通过电力通信装备提供电力通信业务，满足电力系统的各种通信需求。电力通信网中的通信设备与普通网络的通信设备既有相似之处又有区别，它们的目的都是完成信息传输，但区别在于电力行业的特殊性，电力通信网具有承载业务复杂多样、通信资源繁多等特点，对电力通信网的可靠性有着更高的要求。

从电力通信网的定义可以看出，电力通信网主要包括通信业务和电力通信设备两个层面。

（1）电力通信网提供用于电网调度、生产运行、经营管理的通信业务。电网通信业务分为电网运行通信业务和电网管理通信业务两类。

（2）电力通信设备是构成电力通信网且服务于电网运行和管理的通信设施，主要包括传输网设备、业务网设备、支撑网设备及其他4大类。

通过电力通信的建设，全面提高电力企业管理能力。当前，电网运行越来越复杂，面临的问题也不断增多，要想全面解决相关的问题，则需要及时快速地了解情况，才能更好地保证电力企业良性发展。电力通信系统在电力管理中发挥了重要的作用，随着通信智能化水平不断提升，网络功能得到了有效加强，电力综合业务能力处理效果越来越好。电力通信网络管理系统的建立，全面强化了电网运行质量，保证了电力安全性和稳定性。电力通信能够进一步促进电力系统管理现代化，建立起一个可靠良好的管理网络，保证了电力服务的品质，使电力系统抵抗自然灾害能力增强，问题处理速度提升，避免了由于故障问题导致的低效率。

电力通信主要承载的电力业务包括电网运行控制类业务、电网生产管理类业务和企业管理类业务三个大类。

（1）电网运行控制类业务。安全稳定控制、线路继电保护、调度电话、自动化专线、能量管理系统、自动化监控、广域相量测量和故障信息管理等。

（2）电网生产管理类业务。应急指挥系统、站点视频监控、营销分析决策、线路状态监测、用电信息采集、雷电定位系统等。

（3）企业管理类业务。ERP系统、行政电话、会议电视系统、营销管理系统等。

新型电力系统需要汇聚电网运行全环节电、碳等数据，各类数据及开展指令的传输需要灵活、可靠、安全的通信网络来承载。根据通信网络的结构，可将其划分为远程通信网络和本地通信网络。远程通信网即业务数据接入网，实现边缘侧接入设备与内网服务器的数据交互，本地通信网络即数据汇集网，实现采集终端设备、移动作业设备与业务现场的边缘侧接入设备进行交互。

（一）远程通信网络

1. 电力光纤

光纤通信网是现代电力通信的基础网络，包括光传送网、光接入网、城域光网络、智能光网络、全光通信网和光互联网等光纤通信网络技术。光纤通信技术作为近年来电力通信专网中得到广泛应用的综合性技术，能够为电力系统提供快速监测、故障定位、远程监控等功能。光缆网架依托主网架，线路光缆覆盖率大幅提升。2013年电力系统建成并投运了骨干光传送网，它是以波分复用技术为基础、在光层组织网络的传送网。2022年国网公司100G大容量骨干光传送网已开展相应建设，为新型电力系统建设提供超大容量、灵活调度、安全可控的通信通道。

2. 电力无线专网

电力无线专网指电力专用的4G LTE无线通信网络，其频率有1.8GHz和230MHz之分，不同频率的电力无线专网的通信及安全性能指标均满足精准负荷控制、配电自动化"三遥"、用电信息采集业务的通信需求及安全防护要求，且相比于光纤网络电力无线专网大幅降低了应用成本。电力无线专网中1.8G专网的优势在于适合大容量、大带宽、高速率、高频谱利用率的无线接入业务，而230M专网的优势在于网络建设的成本更低，由于LTE1.8G网络的产业链更为成熟，因此当前电力无线专网主要采用1.8G网络。

3. 公网APN及5G

电力无线公网指在电信运营商移动通信网络基础上，采用VPN和安全防护技术建立的无线专用虚拟网络，为公司终端提供无线接入与数据传输服务。目前广泛应用于用电信息采集、视频摄像头接入、变电站机器人、无人机等业务领域。5G 网络是在移动通信网络发展中的第五代网络，相较于传统无线专用虚拟网络具备更低的时延、更高的速率、更大终端接入数量、更高的稳定及安全性。随着分布式电源电力监控、配电自动化、用电负荷管理等业务的推广并使用，5G 切片网络的应用将越来越广泛。通过 5G 网络切片技术，可以为电力行业定制业务专网服务，更好地满足电网业务差异化需求。5G 的海量接入容量、高带宽特点和边缘计算能力，能够实现电力物联网、视频类数据的采集传输和本地处理。

4. 中压电力线载波

中压电力线载波是电力通信接入网的重要组成，它是利用现有电力线通过载波方式将模拟或数字信号进行高速传输的通信方式，不需要重新架设网络，只要有电线，就能进行数据传递。在通信无法覆盖以及需要备用通信的地区可采用中压电力线载波通信方式进行补充。

中压电力线载波通信作为电力公司专有的有线通信方式，其带宽达到 500kbit/s 以上，端到端时延满足 5ms，在架空线、电缆线路点对点传输距离分别达到 15km、5km。中压载波能够承载电力调度自动化（负荷管理、分布式能源控制等）、配电自动化（二遥、三遥等）、用电信息采集等业务。采用点对多点（P2MP）组网方式，载波主站布置在变电站或开关站，载波从站布置在配电站、环网柜、柱上开关、台变等。中压载波能接入 EPON 网络，也可融合 5G 模块，实现与光纤专网、5G 混合组网，达到深度广域覆盖、全业务接入的目标。

5. 卫星通信

卫星通信是地球站之间或航天器与地球站之间利用人造卫星作为中继的一种微波通信方式。与其他通信方式相比，具有覆盖面广、距离远、不受地理条件限制、性能稳定可靠、组网灵活等优点。BDS（中国北斗卫星导航系统）、GPS（全球定位系统）作为设备统一时钟源授时，在各类设备装置之间、不同系统之间、不同厂站及中心之间建立精准的时间同步。用于巡线、状态信息、位置节点信息的通信时，BDS 较 GPS 更精准，精度达到毫米级，具备双向通信功能，安全性更高。移动业务与广播业务卫星系统则主要用于较大带宽的音视频传输。

（二）本地通信网络

1. 本地有线通信

本地有线通信网包括光通信接入网、工业以太网、电力线载波通信网络等。光通信接入网以 xPON 光纤接入技术为代表，其在抗干扰性、带宽特性、接入距离、维护管理等方面均具有巨大优势，其中技术比较成熟的是 EPON 和 GPON。工业以太网是指在工业环境的自动化控制及过程控制中应用以太网的相关组件及技术的网络，兼容 IEEE 802.3 标准，具有成本低、易组网、带宽高、开放性、数字化的特点。电力线载波通信是指利用现有电力线通过载波方式将模拟或数字信号进行高速传输的通信方式，不需要重新架设网络，只要有电线，就能进行数据传递，按照通信速率可划分为电力线窄带载波 LPLC 和电力线宽带载波 HPLC。

2. 本地无线通信

本地无线通信是指在局域通信覆盖范围内采用的发射功率较低的短距离无线通信技术，目前主流技术包括 WiFi、蓝牙、LoRa、ZigBee、NFC 和 RFID 等。

本地无线通信技术的发展要求：面向新型电力系统新能源接入、源网荷储协同互动、数字经济、低压侧物联终端管理等应用要求，本地无线接入网的接入业务更加复杂，除包含传统窄带采集类业务外，还包括涉控业务、高频采集业务等，对网络带宽、时延、可靠性、安全性、自主可控性提出了更高要求。在设备布局相对集中、业务密集的传感类电力应用场景，如输变电设备物联传感网络，需提升电网末端网络感知接入能力；在物资管理、巡检等场景，需提升网络末端设备实物 ID 的身份识别应用和服务能力；在分布式能源接入控制场景，需提升本地通信可靠性、实时性、安全性等；在分钟级采集应用场景，需提升本地通信网带宽。

二 电力通信网络发展历史

电力通信技术的发展可以追溯到 19 世纪，当时电报和电话已经开始被广泛应用。随着电力技术和计算机技术的发展，电力通信技术也得到了不断的改进和完善。

20 世纪初，出现了更为先进的电力通信技术，例如载波通信技术和光纤通信技术。20 世纪 50 年代，美国发明了数字通信系统，可以实现更高效、更精确的通信。从 20 世纪 60 年代开始，出现了自动化控制系统和计算机远程数据采集系统，使电力通信技术更加智能化。到了 20 世纪 80 年代，可编程控制器（PLC）技术的出现，使得电力系统的自动化程度更高。

经过几十年的发展，电力通信网已形成以传输网为基础，以数据通信网、电话交换网、视频会议网等业务网为应用，以同步网、网管网、信令网为支撑的综合体系，全面服务于电力生产、管理、客户服务。

国家电网已建成大容量骨干光传输网及终端通信接入网，25 个省公司已建成覆盖至市公司本部的 OTN 网络。省级骨干光传输网采用 SW-A、SW-B 双平面架构方式，SW-A 平面采用 SDH 技术，SW-B 平面 OTN 技术。地市光传输网以 SDH 技术为主，核心环网带宽以 2.5G、10G 为主。终端接入网综合利用光纤专网、无线公网等技术体制，统筹考虑配用电、电动汽车、分布式电源及营销等业务需求，重点完成配置策略与业务隔离、数据加密及通道安全防护方案的制定，实现不同业务的集中接入和资源共享。

电力通信的首要目标是保证电力系统的安全稳定运行，电力通信网的产生是源于电网的发展。电网的稳定运行主要包括以下 3 个方面。安全稳定控制系统、调度自动化系统和电力通信系统。其中安全稳定控制系统主要包括：线路纵联保护、故障录波器、故障行波测距、安全自动装置、过电压及远方跳闸保护。调度自动化系统主要有：AGC 自动发电量控制、AVC 自动电压控制、EMS 能量管理系统和 SCADA 数量采集与监视控制系统。电力通信系统主要包括传输网、业务网、支撑网 3 个方面。

电力通信网络主要发展阶段分为人工管理阶段、电子化通信系统和信息化管理阶段。

（一）人工管理阶段

电力通信系统是保证电网运行的重要环节，开始主要是依靠人力来完成。这个阶段就是人工阶段，其持续的时间较长，跨度较大，主要是通过人工的方式在电力供应初期直接管理。这种模式针对小规模电力供应还能够起到效果，但是，在当代对电网需求越来越大的条件下，就不能满足需要了。工作时，主要是通过人力对各流程环节进行计算评估，利用纸质材料对电力系统运行数据记录与统计，使各方面的信息得到全面的采集与管理，这种原始形态的数据管理，容易导致数据的丢失与不完整，很容易造成大面积的失误，无法适应复杂电网运行。

（二）电子化通信系统

随着我国技术的创新发展，各项技术应用到了电网运行环节，以往的电力系统技术手段就是数字化改良，通过对传统人工的代替，改良后的升级形成了相对智能化的管理。但是，这种技术也是时代的产物，在技术快速创新的时代，已经跟不上时代的节奏，其局限性已经显露出来。电子化的技术主要就是在 Word 文档、Excel 表格等电子信息材料管理与统计中发挥了作用，对设备运行情况还不能全面把握，相关的数据资料也不够系统，并没有形成完整的管理体系，对设备维护管理缺乏相应的科学支撑。

（三）信息化管理阶段

随着技术创新发展，未来技术越来越广泛地应用到现代生产管理各领域，形成多元化信息系统，通过高效的数字化传输与计算，远程管理与控制，能够对设备运行情况进行全面的监测，通过对故障数据的快速采集、及时传输、全面分析，全面提高了运行能力，使设备与网络相应功能得以体现，保证整体系统精确化。

三 电力通信网络发展趋势

近年来，随着物联网和互联网的发展，电力通信技术得到了更快速的改进和发展。例如，无线传感器网络技术和云计算技术的应用，使电力系统的监控和管理更加智能化和便捷化。

在电力行业，输电线路、变电站视频与图像采集、巡检机器人等的大规模应用，不仅让电网信息流激增，更对电力通信网络的带宽、时延、可靠性以及业务的稳定性和差异化管理提出全新挑战，构建能源互联网，推动电力行业转型升级已是大势所趋。

为了匹配电力新业务发展需求，新一代电力通信网需要具备如下几大核心能力。

（1）具备快速建网，部署简单的能力，新增连接更快速。新能源场站快速部署，要求电力通信网能够快速完成站点接入及业务配置。

（2）具备差异化承载能力，基于统一的承载网，对不同业务提供差异化服务。

（3）具备三层到边缘的能力，智能配电终端之间通过三层连接互相通信，故障处理更快，管理更简化。

（4）具备智能运维的能力，网络运维不再靠人堆，先进的电力通信网应当支持网络管理控制自动化、智能化，实现管理效率的极大提升。

随着电力系统的不断发展，电力通信技术也不断推陈出新，主要体现在以下几个方面。

1. 接入网

目前，我国电力通信传输技术发展迅速，作用明显，而在配电、送电等方面其覆盖率难以达到预期标准。随着社会经济的飞速发展，人们的生活水平显著提高，用电的需求不断增加，对新型电力系统的运行带来了巨大的挑战。因此，在新型电力系统运行阶段，需要注重提高其覆盖率，逐渐形成全面覆盖的局面，将其覆盖范围延伸至用电、发电、变电等多个环节，为新型电力系统数据维护和业务控制提供保障。

随着新型电力系统的不断发展，接入网主要由分散式接入模式向以光纤为主的混合组网模式转变，这种模式包括光纤、4G/5G、载波、无线公网等。

2. 承载网

电力通信网是支撑电网发展的重要基础设施，电力通信业务的承载通道以多颗粒度、高可靠性、高安全性为主要特征。随着新型电力系统的建设，电网控制精度加深、控制规模加大、感知类型增多。电网控制业务承载通道亟需大容量、多颗粒度、具备硬隔离功能的通信装置，以实现电力通信网的带宽升级和业务统一承载，满足未来演进需求。为此电力通信网络正在引入可持续演进的新一代传输技术 SPN，SPN 不但具备传输硬管道的能力，同时也具备分组复用的集约化能力，可以更好地匹配新一代电力通信网的要求。

（1）快速建网、部署简单。大网通过标准以太网互联，同时采用 SDN 架构实现自动规划，实现新增网络节点的即插即用和分钟级业务部署。

（2）差异化承载。基于 FlexE 网络切片，实现一网承载，多专网体验，对于最高价值的继保类业务等，通过独享硬切片的方式保障高可靠性和稳定性。

（3）三层到边缘。通过三层 IP 连接能力下沉，智能配电终端之间通过三层连接互相通信，配电终端故障可在末端迅速定位并处理，同时简化管理。

（4）智能运维。通过智能运维算法的不断引入，网络管理控制在自动化基础上不断智能化，实现管理效率的大幅提升。

3. 网络体系

电力行业方面，针对电力数据通信网结构特点以及对电力通信网络新的要求，现有电力通信网络架构存在结构僵化、IP 单一承载、难以抑制未知威胁等问题，需要从网络构造的角度来提升网络的功能、性能、效能、安全等性质，将"结构可定义"贯穿网络的各个层面。国网公司从 2012 年开始跟踪 SDN 技术的发展，先后在基础性前瞻性项目、科技项目、信息化项目等多个渠道开展了 SDN 相关技术及电力应用的研究，由全球能源互联网研究院有限公司依托相关项目，借鉴公网成功的 SDN 技术与架构，并结合了电力系统独有的电力特色，成功搭建了四层结构的电力 SDN 架构。在实验仿真方面，为了应对数据中心异构网络虚拟化问题、数据中心资源灵活配置问题和数据中心集中管理运维问题，国网公司构建了面向电力数据中心的软件定义网络研究与仿真验证平台。软件定义网络研究和仿真验证平台的建设模拟国家电网三地数据中心，搭建北京，上海，西安数据中心内 IP 网络和业务环境以及三地数据中心之间互联的光传输网络。搭建测试验证环境对 SDN 协议、网络、业务性能等方面的测试和验证以及对 SDN 实现方案进行测试和仿真验证。SDN 控制满足对 SDNIP 网络，SDN 光网络，SDN 业务虚拟网络的资源灵活控制，以及异构网络，业务感知的智能控制需求。

第四节 几个典型电力应用场景

一 能源互联网对算力网络的应用场景

近年来，国家电网公司积极建设能源互联网，提升电网本质安全水平，通过实施"互联网＋"战略，全面提升电网信息化、智能化水平，充分利用现代信息通信技术、控制技术实现电网安全、清洁、协调和智能发展，为经济社会发展提供可靠电力保障。随着用电信息采集、配电自动化、分布式能源接入、电动汽车服务、用户双向互动等业务快速发展，各类电网设备、电力终端、用电客户的通信需求爆发式增长，迫切需要适用于电力行业应用特点的实时、稳定、可靠、高效的新兴通信技术及系统支撑，实现智能设备状态监测和信息收集，激发电力运行新型的作业方式和用电服务模式。

（一）能源互联网的架构

能源互联网是以互联网理念构建的新型信息和能源融合"广域网"，它以大电网为"主干网"，以微网、分布式能源、智能小区等为"局域网"，以开放对等的信息 – 能源一体化架构真正实现能源的双向按需传输和动态平衡使用，因此可以最大限度地适应新能源的接入。能源互联网借鉴互联网理念的开放、对等、互联、分享，希望实现能量的交换像互联网信息交换一样方便快捷，最终为用户提供更多价值服务。

基于物联网、云计算、大数据分析、人工智能、区块链等先进信息通信技术的支撑，能源互联网对数据的采集、传输、处理、决策、控制等方面提出了新的要求。尤其是区域能源互联网涉及地域范围小，实时监控要求高，更加适用基于大数据的新型传感与量测、深度数据挖掘，在线决策处理等。另一方面，信息基础设施如数据中心和 5G 基站等的运行本身也需要能源互联网的支撑。两方面形成了有机互补的信息能源基础设施一体化趋势。面向能源互联网的能源网络和信息网络融合组网架构如图 3.4-1 所示，由能源网络和信息网络融合组网构成。

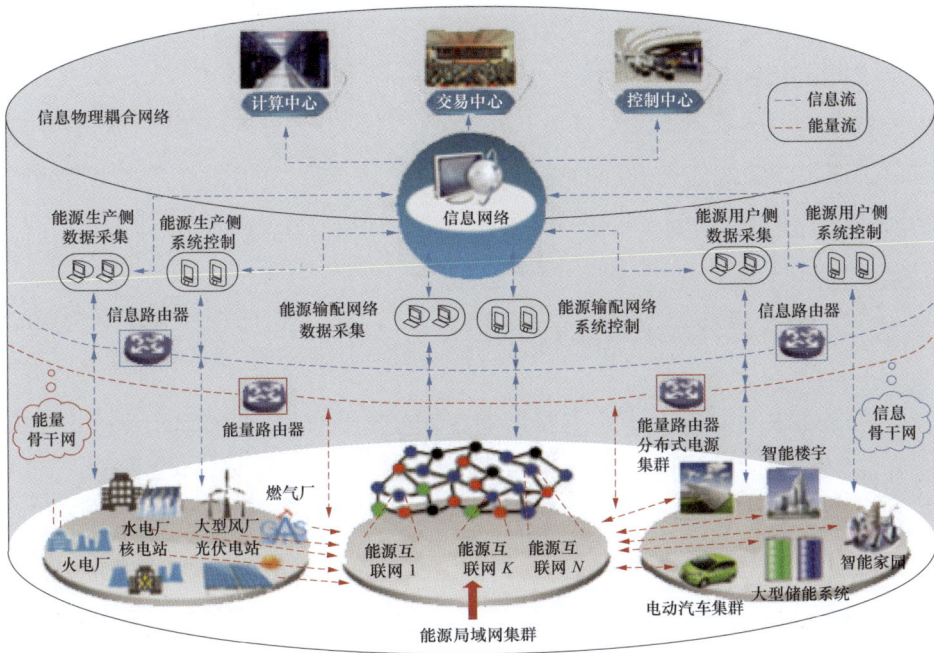

图 3.4-1　面向能源互联网的能源网络和信息网络融合组网架构

1. 能源网络

由大规模产能集群、大规模用能集群和多能源局域网集群三个方面组成。大规模产能集群不但汇聚了大量传统产能单元（如火力发电、核电、水电等），而且包括了数量庞大的新型产能单元（如光伏电站集群、风电场集群等）；大规模用能集群主要集中在用电量大、用电密度高而产能量相对匮乏的场所，如大型工业园区、智能楼宇集群、人口密集的居民区等；多能源局域网集群将广域范围内分散、波动的产能或用能单元互联起来，兼具"源""荷"的双重属性。

2. 信息网络

由大规模的数据采集和控制系统、信息路由器等数据通信系统、管理应用展示系统组成。其中，数据采集和控制系统一方面通过布设在终端的测量装置对广域需求匹配生产侧、输配侧和用户侧的各个集群进行实时信息采集，并通过专用的传感器网络将信息上传至数据处理与分析决策单元；另一方面将决策后形成的可执行调度指令下发至对应的执行器。

数据通信系统为处于不同层面、不同区域的节点构建起了彼此双向交互的信息通道，使得相关重要信息能够在各个同级节点之间、上级与下级节点之间进行流通、共享。

管理应用展示系统负责对数据处理、信息融合、分析决策、交易交互等过程中产生的关键信息进行抽提，并以生动、形象的可视化方式将决策分析结果呈现出来，供计算中心、交易中心、控制中心等管理部门决策参考。

（二）能源互联网的应用研究

能源互联网的应用研究主要集中在输变电智能化、智能配用电、智能调度控制和源网荷储的协调优化四大方向。

1. 输变电智能化

输变电智能化主要针对新一代智能变电站、输电设备和输电线开展在线状态监测与诊断预警，通过实时进行数据处理和分析，实现设备、人和数据的互动，从而准确感知设备状态，为智能检修提供支撑，并向着统一智能化电子标签、减少信息传输冗余、提高变电站信息交互的水平和质量等方向发展。

2. 智能配用电

智能配用电服务是综合利用能源互联网在发、输、变、配、用、调等各个环节采集到的信息，实现电网与用户的实时互动，从而显著提升电力用户的服务满意率，提升电网的营销管理精益化水平，将向着提升配用电数据采集成功率、采集频度和计算效率、为智能配用电应用提供在线数据支撑和计算服务等方向发展。

3. 智能调度控制

智能调度控制是推动电网调控系统向着变电自动化系统和调控主站之间的通信协同互动，提升大电网协同运行和设备集中监控能力等方向发展，实现能源互联网的经济调度。电力系统在主干电力传输采用集中决策的同时，对分布式电源的接入采用分层分布控制，此结构既保证了主干电网的整体稳定性，同时也方便了分布式电源的大规模接入，为微网间的能源自由共享提供了基础。

4. 源网荷储协调优化

源网荷储协调优化技术将支撑分布式新能源接入在能源互联网中得到更广泛的应用，未来分布式电源与新能源电站与电网、电力负荷之间的互动化和协调一致尤为重要，既要保证大电网的安全稳定运行，又要实现电源与用户之间的协调控制，同时增强新能源消纳能力。

能源互联网主要采用分层分级的发展模式，以大电网为"主干网"，以微网、分布式能源等能量自治单元为"城域网"和"局域网"，在城域网和局域网内通过能源交换机实现能量的内部交换，在广域网内通过能源路由器实现不同局域网能量的控制、路由和交换，以开放对等的一体化架构实现能源双向按需传输和动态平衡使用，从而适应新能源的接入与消费。

（三）能源互联网的典型应用场景

能源互联网的典型应用场景包括以下类型。

1. 智能分布式配电自动化

智能分布式配电自动化终端，主要实现对配电网的保护控制，通过继电保护自动装置检测配电网线路或设备状态信息，快速实现配网线路区段或配网设备的故障判断及准确定位，快速隔离配网线路故障区段或故障设备，随后恢复正常区域供电。该终端后续集成三遥、配网差动保护等功能。早期的配网保护多采用简单的过流、过压逻辑，不依赖通信，其不足之处在于不能实现分段隔离，停电影响范围扩大。为实现故障的精准隔离，需要获取相邻元件的运行信息，可采用集中式或分布式原理。

2. 用电负荷需求侧响应

需求响应即电力需求响应的简称，是指当电力批发市场价格升高或系统可靠性受威胁时，电力用户接收到供电方发出的诱导性减少负荷的直接补偿通知或者电力价格上升信号后，改变其固有的习惯用电模式，达到减少或者推移某时段的用电负荷而响应电力供应，从而保障电网稳定，并抑制电价上升的短期行为。

用电负荷需求侧响应主要是引导非生产性空调负荷、工业负荷等柔性负荷主动参与需求侧响应，实现对用电负荷的精准负荷控制，解决电网故障初期频率快速跌落、主干通道潮流越限、省际联络线功率超用、电网旋转备用不足等问题。未来快速负荷控制系统将达到毫秒级时延标准。

传统需求侧响应对负荷的控制指令在终端与主站之间交互，终端横向之间无数据交互。对负荷的控制，通常只能切除整条配电线路。以直流双极闭锁故障为例，若采用传统方式，以110KV负荷线路为对象，集中切除负荷，将达到一定的电力事故等级，造成较大社会影响。

未来用电负荷需求侧响应将是用户、售电商、增量配电运营商、储能及微网运营商等多方参与，通过灵活多样的市场化需求侧响应交易模式，实现对客户负荷进行更精细化的控制，控制对象可精准到企业内部的可中断负荷，如工厂内部非连续生产的电源、电动汽车充电桩等。在负荷过载时，可有线切断非重要负荷，将尽量减少经济损失，降低社会影响。

3. 分布式新能源调控

分布式能源包括太阳能利用、风能利用、燃料电池和燃气冷热电三联供等多种形式。其一般分散布置在用户或负荷现场、邻近地点，一般接入35kV及以下电压等级配用电网，实现发电供能。分布式发电具有位置灵活、分散的特点，极好地适应了分散电力需求和资源分布，延缓了输配电网升级换代所需的巨额投资；与大电网互为备用，也使供电可靠性得以改善。

分布式能源调控系统主要具备数据采集处理、有功功率调节、电压无功功率控制、孤岛检测、调度与协调控制等功能，主要由分布式电源监控主站、分布式电源监控子站、分布式电源监控终端和通信系统等部分组成。在风暴和冰雪天气下，当大电网遭到严重破坏时，分布式电源可自行形成孤岛或微网向医院、交通枢纽和广播电视等重要用户提供应急供电。同时，分布式电源并网给配电网的安全稳定运行带来了新的技术问题和挑战。

分布式电源接入配电网后，网络结构将从原来的单电源辐射状网络变为双电源甚至多电源网络，配网侧的潮流方式更加复杂。用户既是用电方，又是发电方，电流呈现出双向流动、实时动态变化。未来需增加配电网的可靠性、灵活性及效率。

4. 高级计量

高级计量将以智能电表为基础，开展用电信息深度采集，满足智能用电和个性化客户服务需求。对于工商业用户，主要通过企业用能服务系统建设，采集客户数据并智能分析，为企业能效管理服务提供支撑。对于家庭用户，重点通过居民侧"互联网+"家庭能源管理系统，实现关键用电信息、电价信息与居民共享，促进优化用电。

当前主要通过低压集抄方式进行计量采集。目前多以配变台区为基本单元进行集中抄表，集中器通过运营商无线公网回传至电力计量主站系统。目前一般以天、小时为频次采集上报用户基本用电数据，数据以上行为主，单集中器带宽为10kbit/s级，月流量3~5MB。

未来在现有远程抄表、负荷监测、线损分析、电能质量监测、停电时间统计、需求侧管理等基础上，将扩展更多新的应用需求，例如支持阶梯电价等多种电价政策、用户双向互动营销模式、多元互动的增值服务、分布式电源监测及计量等。近期主要呈现出采集频次提升，采集内容丰富、双向互动3大趋势。

（1）采集频次提升。为更有效地实现用电削峰填谷，支撑更灵活的阶梯定价，计量间隔将从现在的小时级提升到分钟级，达到准实时的数据信息反馈。

（2）采集内容丰富。对于家庭用户，未来除用电家庭为单位的整体用电信息，采集内容将延伸至用户住宅内的室内网络（HAN），实现户内用电设备的信息计量。此外，随着以双向方式将分布式电源、电动汽车、储能装置等用户侧设备接入电网，电网计量观测范围将进一步加大。

（3）双向互动。通过推广部署家庭能源管理系统，通过智能交互终端，辅助用户实现对家用电器的控制，包括家电用电信息采集、与电网互动、家电控制、故障反馈、家电联动、负荷敏感程度分类等。同时，给用户提供实时电价和用电信息，并通过 APP 的方式，实现对用户室内用电装置的负荷控制，达到需求侧管理的目的。

中远期，为了减少集中器对所辖大量电表轮询采集而产生的时延，避免集中器单点故障导致的大面积采集瘫痪，提升网络集约化水平，在技术产业推动下，智能电表、智能插座等直采的方式将逐步推广。这种情况下，网络连接数量将有 50~100 倍的提升。

5. 能源互联网大视频应用

主要包含变电站巡检机器人、输电线路无人机在线监测、配电房视频监控、移动式现场施工作业管控、应急现场自组网综合应用 5 大场景。主要针对电力生产管理中的中低速率移动场景，通过现场可移动的视频回传替代人工巡检，避免了人工现场作业带来的不确定性，同时减少人工成本，极大提高运维效率。

该场景主要针对 110kV 及以上变电站范围内的电力一次设备状态综合监控、安防巡视等需求，目前巡检机器人主要使用 WiFi 接入，所巡视的视频信息大多保留在站内本地，并未能实时地回传至远程监控中心。

未来变电站巡检机器人主要搭载多路高清视频摄像头或环境监控传感器，回传相关检测数据，数据需具备实时回传至远程监控中心的能力。在部分情况下，巡检机器人甚至可以进行简单的带电操作，如道闸开关控制等，对通信的需求主要体现在多路的高清视频回传以及巡检机器人毫秒级低时延迟的远程控制。

6. 输电线路的无人机巡检

该场景主要针对网架之间的输电线路物理特性检查，如弯曲形变、物理损坏等特征，该场景一般用于高压输电的野外空旷场景，距离较远。一般两个杆塔之间的线路长度在 200~500 米范围，巡检范围包括若干个杆塔，延绵数公里长。典型应用包括通道林木检测、覆冰监控、山火监控、外力破坏预警检测等。

目前主要是通过输电线路两端检测装置，通过复杂的电缆特性监测数据计算判断，辅助以人工现场确认。目前已有无人机巡检，控制台与无人机之间主要采用 2.4GHz 公共频段的 WiFi 或厂家私有协议通信，有效控制半径一般小于 2 km。

未来随着无人机续航能力的增强及 5G 通信模组的成熟，结合边缘计算（MEC）的应用，5G 综合承载无人机飞控、图像、视频等信息将成为可能。无人机与控制台与就近的 5G 基站连接，在 5G 基站侧部署边缘计算服务，实现视频、图片、控制信息的本地卸载，直接回传至控制台，保障通信时延迟在毫秒级，通信带宽在 1Mbit/s 以上。同时还可利用 5G 高速移动切换的特性，使无人机在相邻基站快速切换时保障业务的连续性，从而扩大巡线范围到数公里范围以外，极大提升巡线效率。

7. 配电房的视频综合监视

该场景主要针对配电网重要节点（开闭站）的运行状态、资源情况进行监视。该类业务一般在配电房内或相对隐蔽的公共场所，是集中型实时业务，业务流向为各配电房视频采集终端集中到配网视频监控平台。

当前，配电房内大量配电柜等设备，其各路开关的运行信息多采用模拟指针式，其运行状态及各开关闭合状态仍需人工勘察巡检，手抄记录。同时大量的配电房仍缺乏视频安防及环境监控。光纤覆盖难度大。

未来，重要配电房节点（开闭站）内可配备智能的视频监视系统，按照配电房内配电柜的布局，部署可灵活移动的视频综合监视装备，对配电柜、开关柜等设备进行视频、图像回传，云端同步采用先进的 AI 技术，对配电柜、开关柜的图片、视频进行识别，提取其运行状态数据、开关资源状态等信息，进而避免了人工巡检的烦琐工作。在满足智能巡检的基础上，该系统还可完成机房整体视频监视，温湿度环境等传感器的综合监控功能。

考虑到该智能巡检装备至少需搭载 2 路摄像头，图像格式质量达到 4 CIF 要求，视频为高清以上，单节点带宽需 4~10Mbit/s 以上，且带宽流量需连续稳定。为保障视频传送不卡顿，时延小于 200ms，且需要考虑配电房或隐蔽公共场所的弱覆盖问题。

8. 移动式现场施工作业管控

在电力行业，涉及强电作业，施工安全要求极高，该场景主要针对电

第三章 电力算力网络需求

117

力施工现场的人员、工序、质量等全方位进行监管，并针对方案变更、突发事故处理等紧急情况提供远程实时决策依据，并提供事故溯源排查等功能。

目前施工现场的监管主要依靠现场监理，并通过手机、平板等智能终端进行关键信息的图片、视频回传。由于施工现场具有随机、临时的特征，不适合采用光纤有线接入的方案。若采用4G网络回传，在密集城区的施工场地，4G网络的容量受限，往往无法提供持续稳定的多路视频同时回传，在郊外空旷区域，4G网络覆盖难以满足业务接入需求。

未来利用5G提供稳定持续的视频回传功能，在现场根据需求，临时部署多个移动摄像头对施工现场进行实时监控，在紧急情况下，可移动摄像头聚焦局部区域，提供实时决策，施工完毕后，移动的摄像头可以复用到其他施工现场。

预计局部施工现场需提供5~8个移动摄像头，每个摄像头提供长期稳定的高清视频回传，带宽需求在20~50Mbit/s，为避免视频卡顿，时延迟在200ms以内。

二　新型电力系统对算力网络的应用场景

电网与现代信息技术的融合推动了电网智能自动化和信息化水平。电力系统在工作过程中，测量体系以及其他环节将会累积大量数据信息。新型电力系统的数据信息来源广泛、数据信息量大，不同数据间的关系复杂，而高效的数据信息采集、传输及分析能够为可靠稳定的供电提供重要保障。将算力网络引入新型电力系统能够有效实现网络数据的有效收集以及智能泛在计算。下面给出算力网络应用于新型电力系统工作需求的几个案例。

（一）配电网故障诊断

配电网络的稳定性是整个电力系统运行效率和供电质量的保证。由于配电网分布广泛、配电设备分散，配电网的故障容易影响供电稳定性，甚至导致电力系统故障。因此，快速排查和判断配电网故障，对于及时开展抢修应急指挥工作，保障电力系统的正常运行具有重要意义。

配电网故障研判通过建立配电网检测系统进行，抢修工作也是基于准确详细的故障信息。因此，需要及时有效的故障信息传输，同时保证故障信息的准确性和完整性。然而，传统的配电网基础数据信息的不共享，无法拥有有效的故障信息传递，电力部门未能获取故障信息将导致故障修复工作处于被动状态。

随着新型电力系统的发展，将通信技术应用到电网中，能够对配电网运行的各个环节进行监控，建立了更加自动化的故障排查和判断系统。此外，将算力网络应用到配电网故障诊断中，能够实现配电网基础数据的统一维护和管理，并提供数据分析和数据共享能力，从而支持和推动配电网故障抢修应急工作，维护配电网安全平稳运行。

（二）分布式电源集群控制

随着新型电力系统的发展，大量高渗透率的分布式电源以集群形式接入电网。在基于多代理系统的分布式协同控制模式下，每个分布式电源仅仅和其相邻的单元共享信息，通信网络稀疏。相较于集中控制系统，数据量的爆发式增长，容易使得通信发生故障从而导致系统崩溃，可靠性将大大提升。

将算力网络引入到基于多代理的分布式协同控制框架中，边缘节点能够收集各个集群内的本地状态信息，通过算力路由节点将边缘节点进行互联并共享信息，以实现群间协调控制。同时边缘节点将每个集群的系统信息发送至算网统一编排管理中心，能够实时监测整个配网集群的全部状态信息，并根据实际控制策略选择是否下发控制指令到边缘节点，边缘节点将依据控制信息将指令发送到集群内的控制终端。基于算力网络的分布式电源集群协同控制架构如图 3.4-2 所示。考虑到不同集群信息错综复杂，集群控制采用群内自治和群间协调相结合的方式。

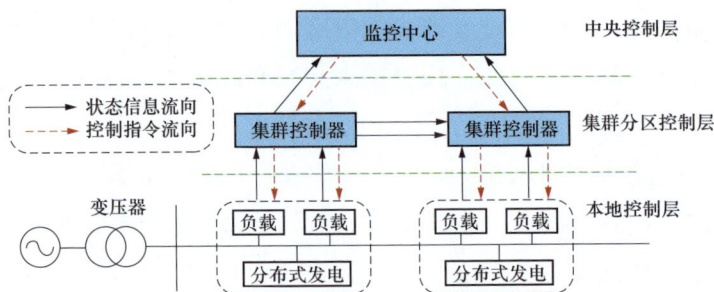

图 3.4-2　基于算力网络的分布式电源集群协同控制架构

（三）大型算力中心与电网

计算的本质是把数据从无序变成有序，熵增过程一定需要能量的输入，因此算力水平的提升会带来用电水平的提升。随着数字经济的发展，算力增长将成必然趋势，而算力的高耗能属性决定了其对电力的依赖。据不完全统计，2020 年全球发电量中，约 5% 用于计算能力消耗，而这一数字到 2030 年将有可能提高到 15%~25%，电力与算力天然具有密不可分的关系。

电力基础设施与算力基础设施同是"一行带百业"，分别显示出宏观经济、数字经济发展的"阴晴雨雪"，二者的发展形态呈现极为相似的演进路径。

企业的单体数据中心以自建自用为主，缺乏布局规划与建设标准，类似于早期企业的"自备电厂"或是 UPS 电源。数据中心集群依靠其集约型设施的规模效应，能够向更多的对象提供算力服务，满足部分缺乏自建算力设施能力的需求主体，类似于"电源基地"。算力网络则是云网融合、算网融合趋势下的新型网络形态，通过数据中心集群间的网络直联形成算力资源统筹调配的管道，类似于"电网"。

在搭建好算力网络基础设施之后，算力网络同样需要经历和电网类似的发展与变化。毕竟算力网络并不是简单地将算力直接在网络中分发，它还需要与算力交易、网络订购等业务关联起来，形成一个体系架构，才能解决供需匹配和算力交易两个层面的问题。在供需匹配上，需要实时将用户的需求与算力资源和网络资源进行匹配以满足不同用户的需求。而在算力交易层面，涉及的又不仅是购买和用户需求匹配的算力，也包括将相应计算结果及时反馈的网络资源，这些环节的可靠运行，高效稳定的算力交易平台必不可少。

算力网络与电网有着相似的发展路径，也有着相同的愿景，即实现"双碳"目标，为经济社会稳定发展提供动力与支撑。正是这相同的愿景，让两者的未来交织在了一起。因此对数据中心电能利用效率的更高要求，将推动未来算力、电力在规划、运行机制上相互融合、协同发展。

对于算力网络来说，电网是稳定的基础。只有具备了稳定的能源供给体系，数据中心、网络设施等数字基础设施才能稳定运行。对于电网来说，数据中心等数字基础设施能耗的不断攀升，给很多地区的供电都造成了压力。算力网络的进阶形态可以通过协调分配不同地区的数据中心的算力，减少核心地区对电力的需求，这对电网的均衡和稳定有着积极的意义。

数据中心集群不仅是电网大用户，更是新型负荷主体，将有效提升可再生能源基地资源消纳水平。数据中心本身具有较大的能源需求，同时也有储能备用的要求。绿电消纳的难题之一就是绿电的不稳定性，而数据中心的储能体系可以很好地解决这一问题，绿电先进入储能设施，出来后就是稳定的电力了。

从与电网的互动角度看，数据中心一方面具有储能的能力，另一方面也有完备的输电、供电设施，具备了与电网协作的可能。简单来说，数据中心可以在用电低谷期存储、消纳包括绿电在内的剩余电力。在用电高峰期，反向供电，帮助电网提供更多的电力。在未来，很多地区的储能型数据中心，不仅是本地的算力节点，也能成为本地的能源节点。

在算力网络发展过程中，绿色低碳的目标贯穿始终，不论是引入芯片封装优化、处理器动态功耗调节、服务器液冷、数据中心节能等技术方案，还是从芯片、设备到数据中心进行端到端的系统级能效优化，有效降低数据中心 PUE，都是为了实现"双碳"目标，推动经济社会可持续发展。中国信息通信研究院发布的《数据中心白皮书（2022 年）》中提及了未来光伏、风电、储能、锂电池等绿色电力和供配电节能技术研发与应用在数据中心发展过程中也将不断深入，数据中心绿色低碳技术研发和应用都将进一步发展。在这条发展前路上，少不了与电网的有机协同。

　　算力网的发展目标与电网特别是新型电力系统的特征是一脉相承的，新型电力系统的特点是清洁低碳、安全可控、灵活高效、智能友好、开放互动，而算力网络也需要建设一张安全可控、清洁低碳、灵活高效、智能开放的网。电网与算力网上的主要企业也有着许多合作机会，比如数据中心企业与电力企业可以共同探索"数据中心 + 新能源 + 储能"模式，既能助力西部地区新能源消纳，也可以提高数据中心电力供应的稳定性，有效降低数据中心用电成本。数据中心不仅可以发展为负荷可变、可调的复合体，满足电力系统灵活性调节需求，还可以在未来为新型电力系统运行提供算力支持。

第四章

FlexE 技术与算力网络

第一节　FlexE 技术发展

FlexE（Flex Ethernet，灵活以太网）将多个物理端口进行"捆绑合并"，形成一个虚拟的逻辑通道，以支持更高的业务速率。在 OSI 七层模型里面，以太网是数据链路层和物理层的技术，而在 TCP/IP 模型中，是网络接口层。以太网模型图如图 4.1-1 所示。

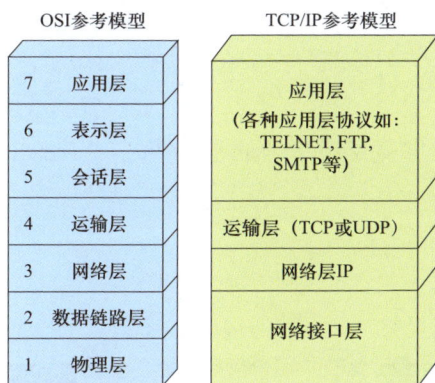

图 4.1-1　5G 以太网模型图

在 2010 年后，光传输设备的发展，渐渐无法跟上需求。一方面，光通信场景较多，UNI（用户网络接口）可能出现多种情况，而底层光传输链路接口和模块是固定的，难以应对这些变化。例如，光传输设备只有三个 40G 通道，而我们的业务是 100G 的。另一方面，高速率光模块的价格太高，一时半会降不下来。行业需要寻找更低成本的解决方案，2016 年，OIF（光互联论坛）推出了 FlexE。

一　FlexE 的架构

FlexE 在传统以太网架构的基础上，引入了全新的 FlexE Shim 层，实现 MAC（介质访问控制子层，属于数据链路层）和 PHY（物理层）的解耦。FlexE 模型图如图 4.1-2 所示。

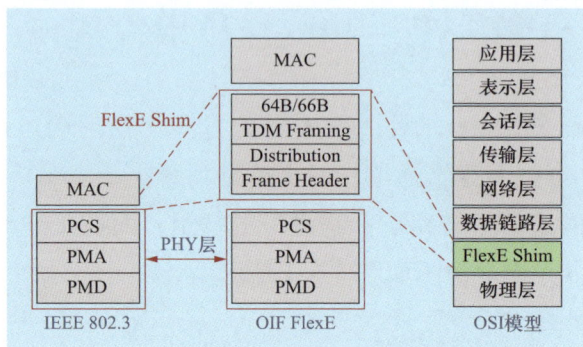

图 4.1-2　FlexE 模型图

上层和下层的数据流速率，不再强制绑定。FlexE 架构图，如图 4.1-3 所示。

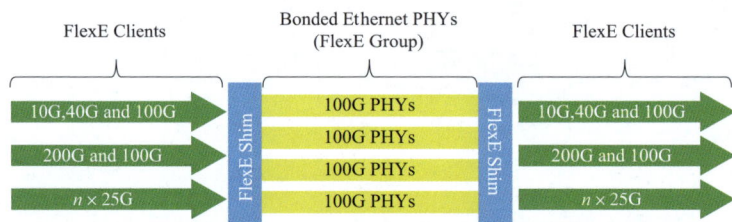

图 4.1-3　FlexE 架构图

1. FlexE Client

对应于网络的各种用户接口（UNI），与现有 IP/ETH 网络中的传统业务接口一致。可根据带宽需求灵活配置，例如 10G、40G、100G、200G、$n \times 25$G。

2. FlexE Group

本质上就是 IEEE 802.3 标准定义的各种以太网物理层（PHY）。

3. FlexE Shim

FlexE Shim 是整个 FlexE 的核心。它把 FlexE Group 中的每个 100GE PHY 划分为 20 个 Slot（时隙）的数据承载通道，每个 PHY 所对应的这一组 Slot 被称为一个 Sub-calendar，其中每个 Slot 所对应的带宽为 5Gbit/s。

FlexE 构帧结构如图 4.1-4 所示。

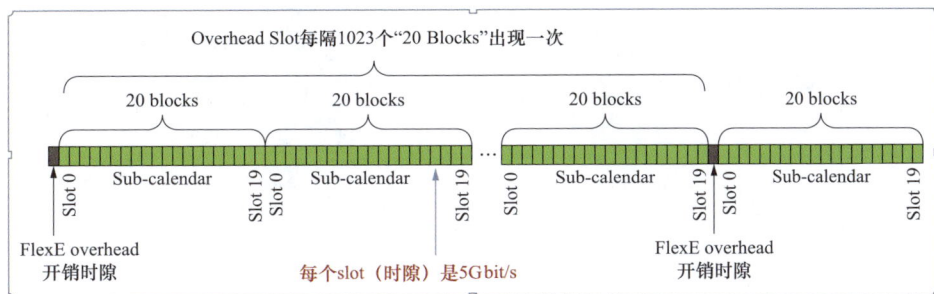

Overhead Slot每隔1023个"20 Blocks"出现一次

20 blocks   20 blocks   20 blocks   20 blocks

Slot 0   Sub-calendar   Slot 19   Slot 0   Sub-calendar   Slot 19   Slot 0   Sub-calendar   Slot 19   Slot 0   Sub-calendar   Slot 19

FlexE overhead
开销时隙

每个slot（时隙）是5Gbit/s

FlexE overhead
开销时隙

图 4.1-4　FlexE 构帧结构

FlexE Client 原始数据流中的以太网帧，以 Block 原子数据块（为 64B/66B 编码的数据块）为单位进行切分，这些原子数据块可以通过 FlexE Shim 实现在 FlexE Group 中的多个 PHY 与时隙之间的分发。

二　FlexE 的功能

由于 FlexE Group 的 100GEPHY 中每个 Slot 带宽为 5Gbit/s 粒度，FlexE Client 理论上也可以按照 5Gbit/s 速率颗粒度进行任意数量的组合设置，支持更加灵活的多速率承载。（注意，最开始的 FlexE 版本，每个 slot 带宽是 5Gbit/s。后来的 FlexE 版本，又推出了其他大小。）FlexE 的功能，简单来说，就是三个：捆绑、子速率、通道化。

1. 捆绑（Bonding）

捆绑，就是多根小通道捆绑起来，给一个大数据流用。多路 PHY 一起工作，支持更高速率。例如，4 路 100GE PHY 实现 400G MAC 速率。

2. 子速率（Sub-Rate）

子速率就是一根或多根通信管道给一个小数据流用，5G FlexE 子速率如图 4.1-5 所示。

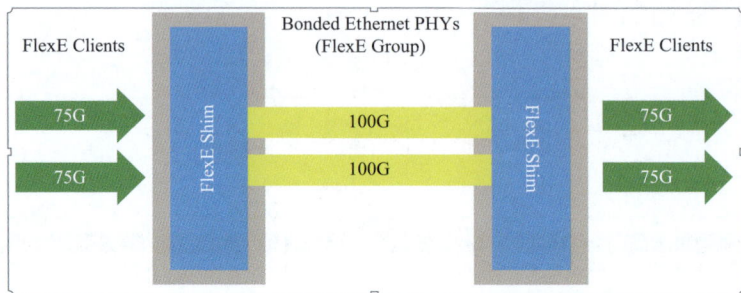

图 4.1-5　5G FlexE 子速率

单一低速率 MAC 数据流共享一路或者多路 PHY，并通过特殊定义的 Error Control Block 实现降速工作。例如，在 100GPHY 上仅仅承载 75GMAC 数据流。

3. 通道化（Channelization）

通道化是一根或多根大水管，给若干小数据流（或大数据流）用。多路低速率 MAC 数据流共享一路或者多路 PHY，5G FlexE 通道化如图 4.1-6 所示。

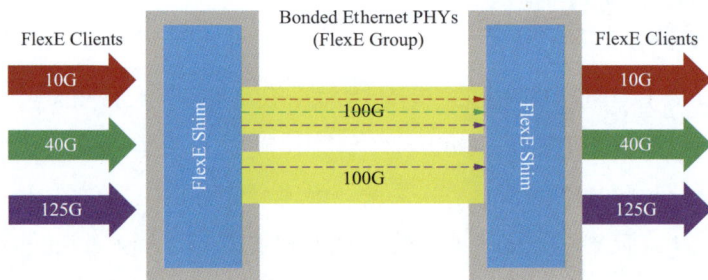

图 4.1-6　5G FlexE 通道化

三　FlexE 的模式

FlexE 技术在以太网技术的基础上实现了业务速率和物理通道速率的解耦，物理接口速率不必再等于客户业务速率，可以是灵活的其他速率。采用 FlexE 可以有助于解决高速物理通道性价比不高的问题。

FlexE（Flex Ethernet，灵活以太网）提供 L1 通道到光层的适配。把多个物理端口进行"捆绑合并"，形成一个虚拟的逻辑通道，以支持更高的业务速率。FlexE 技术在以太网技术的基础上实现了业务速率和物理通道速率的解耦，物理接口速率不必再等于客户业务速率，可以是灵活的其他速率。

FlexE 作为路由器与光传输网络设备之间的 UNI 接口，可以通过速率匹配实现 UNI 接口实际承载的数据流带宽与光传输网络 NNI 接口 WDM 链路承载带宽的一一对应，从而极大简化路由器的 FlexE 接口在光传输网络传输设备的映射，降低设备复杂度以及建设、运维成本。

OIF Flex Ethernet 标准对于 FlexE 在光传输网络中的映射定义了三种模式：Unaware、Termination 和 Aware。其中 Unaware 模式与传统以太网接口在光传输网络中通过 PCS Codeword Transparent Mapping 一致。这种情况类似于光传输网络透明承载 FlexE 接口。这种模式可以充分利用现有光传输网络设备，在无须硬件升级的情况下实现对 FlexE 的承载，并可基于 FlexE Bonding 功能实现跨光传输网络的端到端超大带宽通道。

Termination 模式下，光传输网络感知 FlexE UNI 接口并恢复出 FlexE Client 数据流，再进一步映射到光传输网络中进行传输承载。这种模式与传统以太网接口在光传输网络上的承载一致，可以在光传输网络中实现对不同 FlexE Client 流量的疏导等功能。

Aware Transport 模式主要利用了 FlexE 的子速率特性。这种模式下 FlexE 将 unavailable slots 通过填充特殊的 Error Control Block 数据块标识。当作为 UNI 侧的灵活以太网接口通过 Aware 模式在光传输网络中映射时，光传输网络直接丢弃 unavailable slots，按照原始数据流带宽提取需要承载的数据，进而映射到速率匹配的光传输网络 DWDM 传输管道。光传输网络设备需要与作为 UNI 侧的 FlexE 接口配置保持一致，从而感知 FlexE UNI 接口并进行承载传输。

四 FlexE 的原理

FlexE 技术是在 Ethernet 接口基础上，引入 FlexE Shim 层实现 MAC

与 PHY 层解耦，从而实现的低成本、高可靠、可动态配置的电信级接口技术，标准 Ethernet 与 FlexE 结构如图 4.1-7 所示。

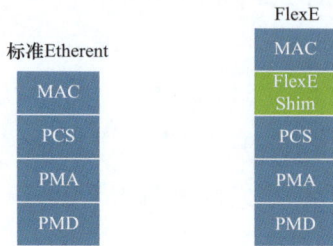

图 4.1-7　标准 Ethernet 与 FlexE 结构

FlexE 技术中包括以下模块，FlexE 工作原理如图 4.1-8 所示。

1. FlexE 物理接口

既可以工作在传统的 Ethernet 模式，也可以工作在 FlexE 模式。目前支持 50G/100G/200G/400G 端口速率。

2. FlexE 组

一组相同属性的物理接口组成的集合。FlexE 组的带宽等于加入该组的物理接口带宽总和，FlexE 组的带宽可以灵活分配给 FlexE Client。

3. FlexE Shim

插入传统 Ethernet MAC 层与 PHY 层中间的垫层，通过基于 Calendar 的时隙分发机制实现 FlexE 技术的核心模块。

4. FlexE Client

作为 FlexE Shim 的客户端，FlexE Clien 与 MAC 一一对应。FlexE Client 可以从 FlexE 组的时隙资源池中，以 5G 带宽的粒度灵活分配。

5. FlexE 业务接口

业务转发的逻辑接口，可以绑定到 1 个 FlexE Client，或者绑定到 2 个 FlexE Client 实现"1+1"保护。

两台设备之间有 3 根 100G 物理接口连接。可以把这 3 根物理接口配置 FlexE 模式，然后加入同一个 FlexE 组。FlexE 组一共有 300G 带宽资源，按 5G 为粒度可以划分为 60 个时隙。网络管理员可以创建 FlexE 业务接口，灵活地将 60 个时隙分配给某个 FlexE 业务接口。FlexE Shim 负责将 FlexE 业务接口的流量封装、解封装到其分配的时隙中，然后通过

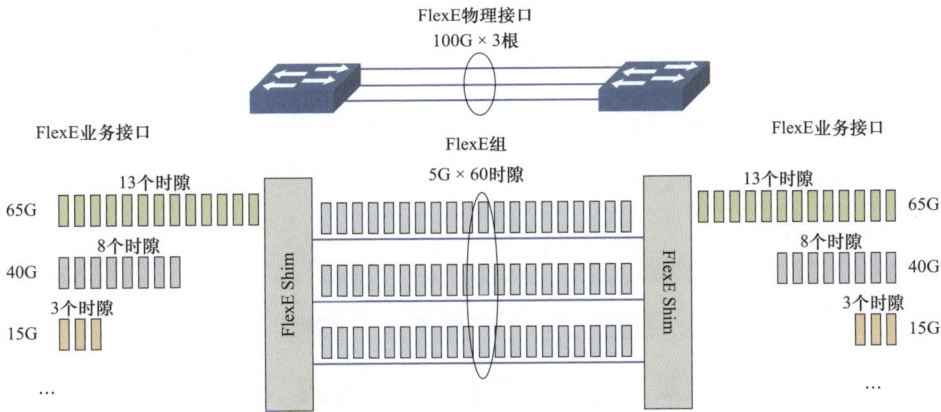

FlexE物理接口
100G × 3根

FlexE业务接口

FlexE组
5G × 60时隙

FlexE业务接口

13个时隙
65G

8个时隙
40G

3个时隙
15G

...

FlexE Shim

FlexE Shim

13个时隙
65G

8个时隙
40G

3个时隙
15G

...

图 4.1-8　FlexE 工作原理

FlexE 物理接口发送出去。时隙交叉流程如图 4.1-9 所示。

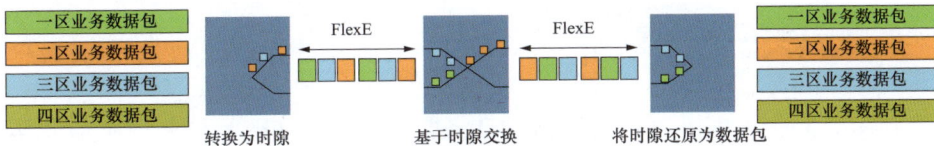

一区业务数据包
二区业务数据包
三区业务数据包
四区业务数据包

FlexE

FlexE

一区业务数据包
二区业务数据包
三区业务数据包
四区业务数据包

转换为时隙　　　　　基于时隙交换　　　　将时隙还原为数据包

图 4.1-9　时隙交叉流程

五　FlexE 的特点

FlexE 技术方案特点如下。

1. 设备硬件不变化，带宽任意扩展

FlexE 技术的一大特点就是实现业务带宽需求与物理接口带宽解耦合，通过端口捆绑和时隙交叉技术轻松地实现业务带宽 25G/50G/100G/200G/400G，甚至更高的速率。

2. 设备低延时转发

传统以太网设备对于业务报文是逐跳转发方式，每个网络设备都需要将数据包进行解析、查找、转发等动作，导致转发时延较差。FlexE 技术通过时隙交叉技术可以基于物理层进行转发，避免了复杂的数据包动作导致报文处理时延增大。

3. 子速率分片，物理隔离

FlexE 技术同时可以实现高速物理接口精细切片，以实现不同低速率业务在不同的时隙中传输，相互之间实现物理隔离。电力业务采用 FlexE 刚性管道隔离如图 4.1-10 所示。

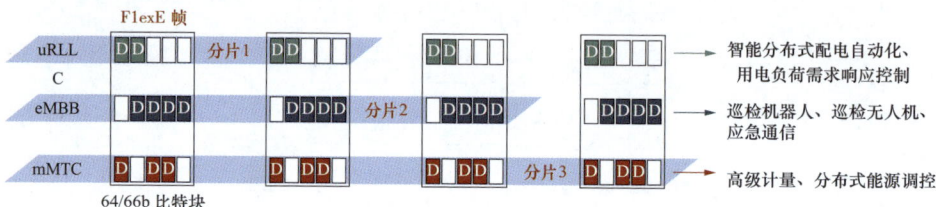

图 4.1-10　电力业务采用 FlexE 刚性管道隔离

六　FlexE 的应用

在电力业务中可以针对不同的业务类型，采用 FlexE 进行刚性管道隔离，将电力控制类业务和管理信息类业务进行硬隔离。FlexE 技术通过在 IEEE 802.3 基础上引入 FlexE Shim 层实现了 MAC 与 PHY 层解耦，从而实现了灵活的速率匹配。

FlexE 基于 Client/Group 架构定义，可以支持任意多个不同子接口（FlexE Client）在任意一组 PHY（FlexE Group）上的映射和传输，从而实现上述捆绑、通道化及子速率等功能。

1. FlexE Client

对应于网络的各种用户接口，与现有 IP/Ethernet 网络中的传统业务接口一致。FlexE Client 可根据带宽需求灵活配置，支持各种速率的以太网 MAC 数据流（如 10G、40G、$n \times 25G$ 数据流，甚至非标准速率数据流），并通过 64B/66B 的编码的方式将数据流传递至 FlexE Shim 层。

2. FlexE Shim

作为插入传统以太网架构的 MAC 与 PHY（PCS 子层）中间的一个额外逻辑层，通过基于 Calendar 的 Slot 分发机制实现 FlexE 技术的核心架构。

3. FlexE Group

本质上就是 IEEE 802.3 标准定义的各种以太网 PHY 层。由于重用了现有 IEEE 802.3 定义的以太网技术，使得 FlexE 架构得以在现有以太网 MAC/PHY 基础上进一步增强。

FlexE Shim 通过 Calendar 机制实现多个不同速率 FlexE Client 数据流在 FlexE Group 中的映射、承载与带宽分配。FlexE 按照每个 Client 数据流所需带宽以及 Shim 中对应每个 PHY 的 5G 粒度 Slot 的分布情况，计算、分配 Group 中可用的 Slot，形成 Client 到一个或多个 Slot 的映射，再结合 Calendar 机制实现一个或多个 Client 数据流在 Group 中的承载。具体到比特流层面，每个 64B/66B 数据块承载在一个 Slot 时隙中（此处 Slot 作为承载 64B/66B 数据块的基本逻辑单元，与 Block 概念等同）。FlexE 在 Calendar 机制中，将 "20 blocks"（对应 slot0 到 slot19）作为一个逻辑单元，并进一步将 1023 个 "20 blocks" 作为 Calendar 组件。Calendar 组件循环往复最终形成了 5G 为颗粒度的 Slot 数据承载通道。

FlexE Shim 层通过定义 Overhead Frame/MultiFrame 的方式体现 Client 与 Group 中的 Slot 映射关系以及 Calendar 工作机制。FlexE Shim 层通过 Overhead 提供带内管理通道，支持在对接的两个 FlexE 接口之间传递配置、管理信息，实现链路的自动协商建立。具体而言，一个开销复帧（Overhead MultiFrame）由 32 个开销帧（Overhead Frame）组成，一个开销帧则由 8 个开销时隙（Overhead Slot）组成。Overhead Slot 实际上是一个 64B/66B 的数据块。Overhead Slot 每隔 1023 个 "20 Blocks" 出现一次，但每个 Overhead Slot 中所包含字段是不同的。

开销帧中，第一个 Overhead Slot 中包含 "0×4B" 的控制字符与 "0×5" 的 "O Code" 字符等信息。在信息传送过程，对接的两个 FlexE 接口之间通过控制字符与 "O Code" 字符的匹配确定第一个开销帧，从而在二者之间建立了一个独立于绿色 Slot 的数据通道之外的管理信息通道，实现对接的两个接口之间配置信息的预先协商、握手等。

例如，某个 FlexE Client 数据流在发送端的 FlexE Shim/Group 中的数据通道 Slot 映射信息、位置等内容传送到接收端后，接收端可以从数据通道中根据发送端的 Slot 映射等信息恢复该 FlexE Client 的数据流。

FlexE 的带内管理还可以交互两个接口之间的链路状态信息，传递 RPF（Remote PHY Fault）等 OAM 信息。

FlexE 通过为每一个 Client 提供 Slot/Calendar 配置可更改机制，实现所需带宽的动态调整。FlexE 中，对接的两个接口之间通过开销管理通道实时传递体现 Client 在 Group 中映射关系的两种不同 Calendar 配置信息：A 和 B（分别由"0"或"1"bit 表示）。两组 Calendar A/B 可以动态切换，从而实现对应 Client 的带宽可调整。任意一个 Client 的带宽在两组 Calendar A/B 之间可能是不同的，通过切换，并进一步结合系统应用控制可以实现无损带宽调整。Calendar A/B 的切换通过开销管理通道内嵌的 Request/Acknowledge 机制实现。

传统分组设备对于客户业务报文采用逐跳转发策略，网络中每个节点设备都需要对数据包进行 MAC 层和 MPLS 层解析，这种解析耗费大量时间，单设备转发时延高达数十微秒，本书通过时隙交叉技术实现基于物理层的用户业务流转发，用户报文在网络中间节点无须解析，业务流转发过程近乎实时完成，实现单跳设备转发时延小于 $1\mu s$。

第二节　FlexE 通信需求分析

一　FlexE 技术

FlexE（Flexible Ethernet，柔性以太网）技术是基于高速以太网（Ethernet）接口，通过 Ethernet MAC 层与物理层（PHY）解耦而实现的低成本、高可靠、可灵活配置的电信级链路接口技术，不仅充分利用了业界最广泛、最强大的以太网生态系统和产业链基础，并且契合了视频、云计算、数据中心互连以及 5G 承载等业务的大带宽、低时延和切片隔离等发展需求。以太网技术的发展演进如图 4.2-1 所示。

自 2015 年提出以来，FlexE 技术已受到全球国际标准化组织和产业界的广泛关注。光互联论坛（OIF）于 2016 年 5 月首次发布了 FlexE IA 1.0 规范，2021 年 10 月发布了最新版本的 FlexE IA 2.2 规范，不仅实现了

图 4.2-1 以太网技术的发展演进

以太网 MAC 和物理接口的解耦，并具备 50GE/100GE/200GE/400GE 的多端口绑定、子速率和时隙通道化三大主要功能，主要支撑数据中心高速光互连和新一代承载网络所需的超大带宽接口、带宽按需分配、硬管道物理隔离、网络切片、低时延保障等需求特性。FlexE 链路接口技术的三大功能特性如图 4.2-2 所示。

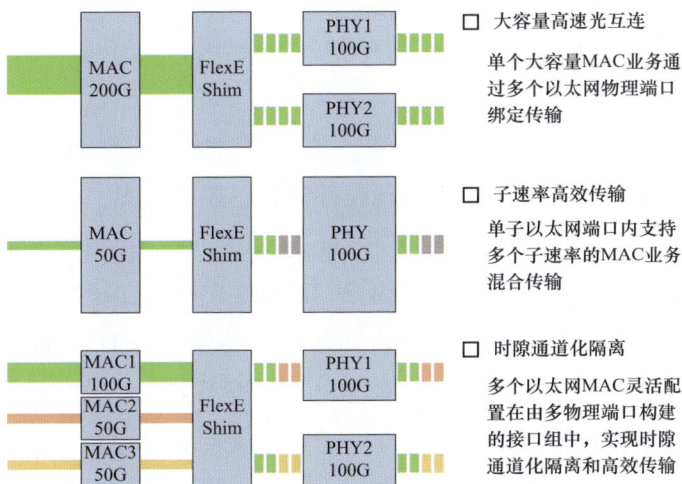

图 4.2-2 FlexE 链路接口技术的三大功能特性

FlexE 接口基于 N×5Gbit/s 大颗粒的 TDM 通道化功能，实现了不同类型业务之间的硬管道隔离，使得分组承载网络可以通过 FlexE/MTN 通道的硬隔离切片、分组隧道的 VPN 软隔离切片相结合的方式，更好地满足智能电网业务的网络切片需求。经过前期的国际标准预研、产业化验证和三年多行标研制，我国 CCSA 的 FlexE 链路接口技术两项通信行业标准已正式发布：YD/T 3965—2021《灵活以太网（FlexE）链路接口技术要求》和 YD/T 3992—2021《灵活以太网（FlexE）链路接口测试方法》。

FlexE 已成为我国 5G 承载网络（包括 SPN 和 IP RAN 增强技术方案）统一采用的实现业务硬隔离的网络接口技术，完全兼容现有以太网接口技术标准和产业基础，在网络接口和光模块上重用了现有 IEEE 802.3 以太网物理层标准，通过在 MAC 层和 PCS 层之间新增 FlexShim 层的轻量级增强，就具备了灵活带宽捆绑、TDM 通道化和子速率高效传输三大功能特性，可以与 IP/Ethernet 技术良好对接，符合分组和 TDM 技术有机融合与产业化健壮发展趋势，大力助推了 5G 承载网络技术方案的融合发展，为面向行业专网的 5G 网络应用提供了保障。随着 5G、数据中心和算力网络等对确定性承载技术和应用的不断发展与完善，FlexE 接口技术必将得到更广泛的应用。

二 SPN 技术

近十年来，随着云计算、视频以及移动通信业务兴起，人们对 IP 网络的诉求从以带宽为主逐渐转移到业务体验、服务质量、灵活扩展和组网效率上。如何在多业务承载条件下保证高优先级用户高可靠和确定性时延的服务质量（QoS），是高速以太网和 IP/MPLS 分组交换技术长期以来的痛点。由于 FlexE 技术在以太网物理接口上提供了类似 SDH 时隙通道化的硬隔离功能，实现了在物理层保证业务基于不同切片的时隙硬隔离，网络中间节点直接在 $N \times 5$Gbit/s 的 FlexE Client 层面进行交叉和转发，不需要经过分组交换、QoS 调度和协议处理，大幅降低了转发时延。

此外，FlexE Client 可以与上层分组网络的 VPN 软隔离和切片管控系统相配合，结合高性能可编程转发以及层次化 QoS 调度机制等功能，满足多业务统一承载场景下基于 FlexE 时隙通道的硬隔离，并基于分组传送网络（PTN）和 IP/MPLS 共同具备的 QoS 增强机制实现不同类型业务 SLA 的差异化保障。我国运营商、科研单位和主流设备商在 2017 年联合创新提出了基于 FlexE 接口和段路由（SR）扩展的切片分组网络（SPN）技术架构。

2017 年中国移动通信集团有限公司、中国信息通信研究院、华为技术有限公司、中兴通讯股份有限公司、中国信息通信科技集团有限公司等单位专家联合组成切片分组网络（SPN）标准推进团队，持续提交文稿推动 ITU-T SG15 开展 5G 传送网络特性、SPN 网络接口及以太网切片通道层技术标准研制。2017 年 10 月在日内瓦倡导组织了 5G 传送需求和技术研讨会；2018 年 2 月牵头发布 GSTR TN5G "支持 IMT-2020/5G 的传送网络"技术报告；2018 年 10 月，ITU-T SG15 正式批准立项 MTN 接口标准，并对外公开宣布 MTN 是 ITU-T 新一代 5G 传送技术标准，标志着我国在 5G 传送技术标准领域处于国际引领地位。2019 年 7 月，我国 SPN 标准推进团队再次成功推动立项 G.8321 MTN 设备、G.8331 MTN 线性保护和 G.8350 MTN 管控三项标准，标志着我国牵头研制的 MTN 技术形成一套完善的 ITU-T 国际标准体系。我国专家团队共提交了 SPN/MTN 议题的 300 多篇技术文稿，已在 2020 年牵头研制并发布了三项国际标准 G.8300 5G 传送网络特性、G.8310 MTN 架构、G.8312 MTN 接口和一份增补文件 G.sup69 MTN 网络演进。我国产业各方协同实现了从概念提出、架构设计、芯片研发、设备验证、标准牵头研制到产业规模应用的全产业链生态构建，确保了我国运营商和设备商在 5G 传送领域处于全球领先地位，并拥有较强的自主可控性。

SPN 是在分组传送网络（PTN）基础上，在 L1 层引入了 FlexE 链路接口技术并将其扩展成为 $N \times 5$Gbit/s 颗粒的端到端 MTN 通道层网络技术，在 L2 和 L3 层引入了 IETF 规范的段路由（SR）技术，并将其扩展为基于 MPLS-TP 的 SR-TP 技术，基于 SDN 集中管控架构实现对南北向业务的集中编排和静态路由规划；并针对东西向动态业务承载需求引入了 SR-BE、IGP 域内的 IS-IS 协议以及拓扑无关快速重路由保护 Ti-LFA 技术，具备了可控应用范围内的动态路由能力。

经 2017 年初至今的持续推动，我国的 SPN 系列通信行业标准和 ITU-T MTN 系列国际技术标准均已基本成熟。FlexE/SPN 国际和国内技术标准进展如图 4.2-3 所示。覆盖全系列网络设备、芯片研发、测试仪表和现网部署的产业链已达到规模化健壮发展，FlexE/SPN 技术标准和全产业链规模如图 4.2-4 所示。中国移动自 2019 年初开始广泛部署兼顾 5G 回传和专线业务综合承载的新一代切片分组网络（SPN）技术，截至 2021 年底已在 300 多个地市部署达到 45 万端规模。

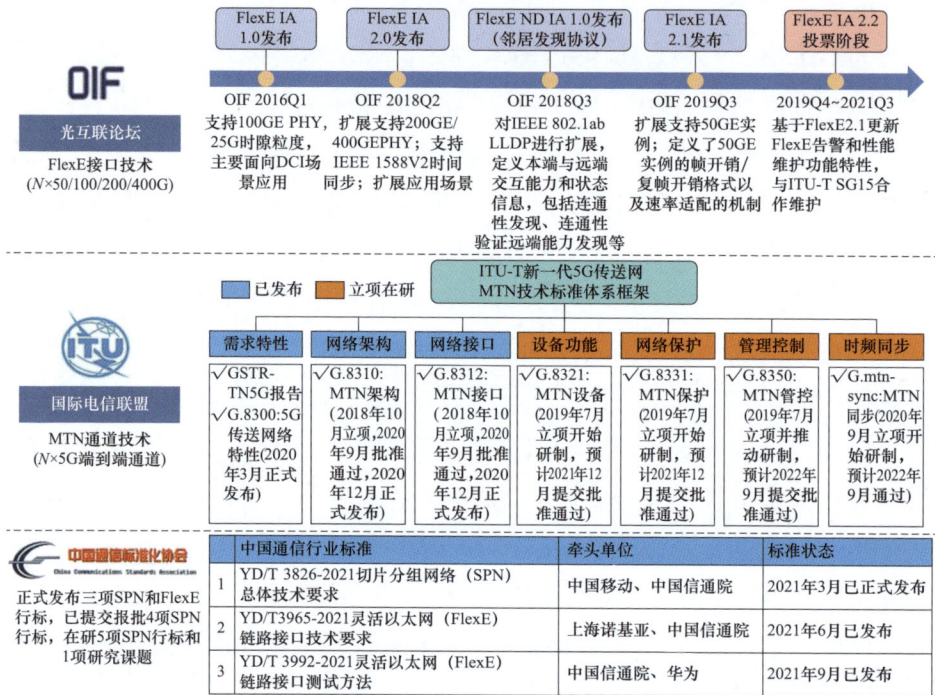

图 4.2-3　FlexE/SPN 国际和国内技术标准进展

为了适应面向 5G 行业虚拟专网客户的 5G uRLLC 和 eMTC 业务承载需求，2020 年至今，中国移动研究院已联合产业各方研发完成了 N×10Mbit/s 细粒度的 MTN 子层通道技术，于 2021 年 1 月正式发布了《SPN 小颗粒技术白皮书》。2020 年 12 月，相关单位在 CCSATC6 WG1 新立项《SPN 细粒度技术要求》行业标准，已于 2023 年正式发布。SPN 网络技术继续秉持"切片粒度更精细、业务连接更丰富、设备组网更灵活、网络运维更智能、在线运营更低碳"的设计理念，在高效以太网内核、低成本大带宽管道和层次化软硬隔离的网络切片基础上，进一步增强 L0~L3 的多业务综合传送能力和 SDN 集中管控的智能化特性，不断扩展、丰富、完善，逐步向细粒度切片、云网融合、泛在覆盖、智能自治、低碳节能方向演进，以满足电力通信网络中的综合业务承载需求。

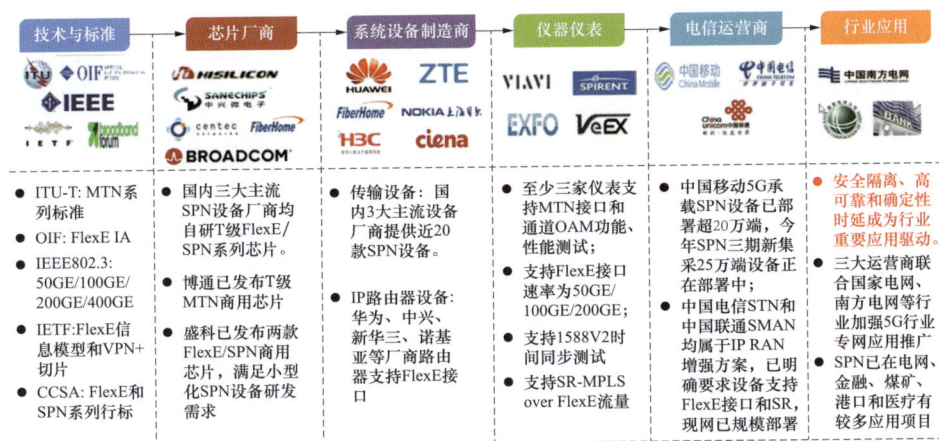

技术与标准	芯片厂商	系统设备制造商	仪器仪表	电信运营商	行业应用
• ITU-T: MTN系列标准 • OIF: FlexE IA • IEEE802.3: 50GE/100GE/200GE/400GE • IETF:FlexE信息模型和VPN+切片 • CCSA: FlexE和SPN系列行标	• 国内三大主流SPN设备厂商均自研T级FlexE/SPN系列芯片。 • 博通已发布T级MTN商用芯片 • 盛科已发布两款FlexE/SPN商用芯片，满足小型化SPN设备研发需求	• 传输设备：国内3大主流设备厂商提供近20款SPN设备。 • IP路由器设备：华为、中兴、新华三、诺基亚等厂商路由器支持FlexE接口	• 至少三家仪表支持MTN接口和通道OAM功能、性能测试； • 支持FlexE接口速率为50GE/100GE/200GE； • 支持1588V2时间同步测试 • 支持SR-MPLS over FlexE流量	• 中国移动5G承载SPN设备已部署超20万端，今年SPN三期新集采25万端设备正在部署中； • 中国电信STN和中国联通SMAN均属于IP RAN增强方案，已明确要求设备支持FlexE接口和SR，现网已规模部署	• 安全隔离、高可靠和确定性时延成为行业重要应用驱动。 • 三大运营商联合国家电网、南方电网等行业加强5G行业专网应用推广，SPN已在电网、金融、煤矿、港口和医疗有较多应用项目

图 4.2-4　FlexE/SPN 技术标准和全产业链规模

三　网络切片技术

网络切片技术是承载网络支撑 5G 服务化架构和 R16 独立组网（SA）版本的一个非常关键的技术特性。网络切片是根据业务需求将底层物理网络分割成不同的逻辑网络。这些逻辑网络由一组网络功能、节点链路资源和一系列连接关系组成。根据业务需求的不同，逻辑网络所分配的资源也各不相同。逻辑网络之间互相隔离，从而满足不同应用场景下的差异化承载需求。综合来说，高安全、高可靠和低时延是电力通信中生产控制类业务关注度最高的三个特性，软硬隔离相结合的网络切片能力可较好满足能源互联网业务的高安全隔离的需求特性。承载网络切片采用 SDN 控制架构，包括转发层面和控制层面两个部分。

1. 转发层的网络切片技术方案

网络切片技术主要分为软切片和硬切片两种。软切片指的是利用现有的分组网络隧道技术（VLAN、MPLS 标签和 SR SID 等）或 L2/L3 VPN技术，将物理网络资源进行软隔离。而硬隔离切片是基于 L0 层波长或 L1层 TDM 子接口或通道，如 FlexE Client 接口和 MTN 通道技术，在不同

第四章　FlexE 技术与算力网络

逻辑网络之间实现物理隔离。软切片无须对硬件设备进行更改，实现起来相对容易，但是在隔离效果和隔离效率方面不如实际的物理隔离。FlexE/MTN 通道技术可以为业务建立端到端 TDM 硬管道，提供低时延和低抖动的确定性承载网络，是实现硬切片的主流技术方案。

承载网络支持的网络切片资源分为三层，包括物理网络层、虚拟网络层和业务切片层，其中每层均有其相应的承载技术和资源隔离特性（如硬隔离还是软隔离）。承载网络的切片资源分层服务能力见表 4.2-1。FlexE/SPN 网络切片的资源配置顺序如下。

（1）物理网络层：支持网络拓扑和链路接口的自动发现及其基础协议配置。

（2）虚拟网络（VN）层：如基于 FlexE 接口或 MTN 多颗粒通道，目前主要支持预配置方式。

（3）业务切片层：如 VLAN、MPLS 或 SR 分组隧道、L2 VPN 或 L3VPN，支持按需动态配置或预配置资源。

表 4.2-1　　　　　　　　承载网络的切片资源分层服务能力

切片层次	切片构成	对应承载技术	切片能力
业务切片层（按需配置或预配置）	业务切片实例	L3VPN 业务（VRF）、L2VPN 业务	基于分组隧道和 VPN 的逻辑隔离能力，如地址空间、QoS 资源等
	业务切片连接	MPLS-TP 或 SR-TP 的分组隧道	
虚拟网络层（预规划和预配置）	虚拟链路（vLink）	FlexE 接口（组）（适用于 MTN/FlexE 链路接口）	基于 FlexE 接口（组）的物理或 TDM 隔离
		MTN 通道（适用 MTN/FlexE 链路接口）	基于 MTN 通道的 TDM 硬隔离
		VLAN 子接口（适用于以太网接口）	基于 VLAN 的逻辑隔离
物理网络层	物理节点和链路	物理节点、以太网 /FlexE 物理链路	节点或链路的物理隔离

2. 管控层面对网络切片的全生命周期管理

端到端网络切片涉及无线网、承载网、核心网和切片管理器 4 部分。切片管理器主要负责虚拟网络切片的创建、修改、删除等生命周期的管理。切片管理器又可细分为端到端切片管理器和无线网子切片管理器、承载网子切片管理器和核心网子切片管理器；端到端网络切片的管理控制域分为三层，通信服务管理功能（CSMF）与运营商的业务支撑系统（BSS）集成在一起，负责切片业务运营；网络切片管理功能（NSMF）和运营支撑系统（OSS）一起配合实现端到端网络切片的规划、部署和运维功能；各专业的网络子切片管理功能（NSSMF）分别与各自的管控系统配合实现子网络切片的管理和运维。5G 端到端网络切片的管控架构如图 4.2-5 所示。

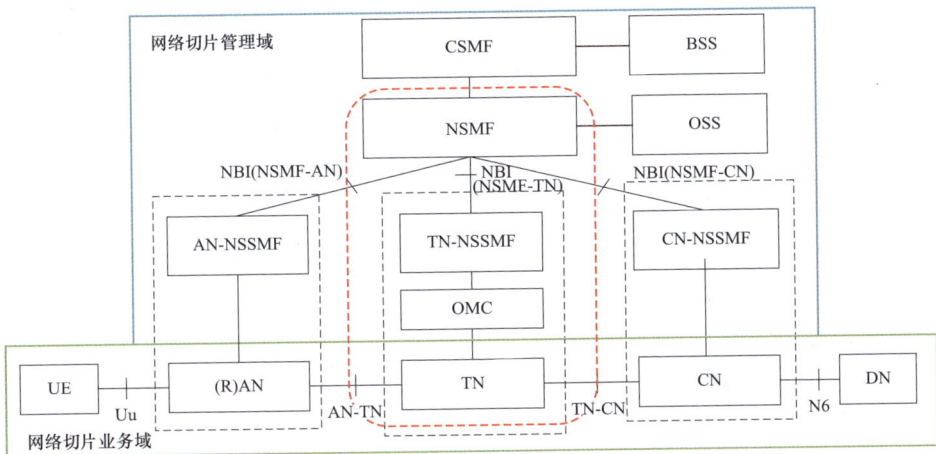

图 4.2-5　5G 端到端网络切片的管控架构

核心网、承载网与无线接入网的 SDN 控制器之间需要进行协同操作，并接受高层网络切片编排器的统一管理，才能够完成端到端的业务链编排。这部分涉及很多领域接口标准化的工作，还有待于国内外标准组织和产业链各方的共同努力推进。

为了支撑 5G 端到端网络切片面向广大垂直行业的规模应用，需重点推动两方面工作，一是在业务域实现各子域的网络切片对接标识和优先级等信息互通，并支撑管理域实现端到端 SLA 性能指标的分解和保障；二是在管理域实现网络切片的协同规划和管控运维，需重点推动 NSMF 功能规范和系统研发，以及 NSMF 与各专业 NSSMF 之间的标准北向接口（NBI）及其信息模型的统一，从而实现切片全生命周期的管理运维并推动 AN-TN-CN 的异厂家互通。为推动相关标准化工作，2019 年 12 月，CCSA 成立了 5G 网络端到端切片特设项目组，审议通过了《5G 网络切片端到端总体技术要求》《5G 网络切片基于切片分组网络（SPN）承载的端到端切片对接技术要求》《5G 网络切片基于 IP 承载的端到端切片对接技术要求》三项行标送审稿（2021 年 3 月已报批），以及《5G 网络端到端切片标识研究》和《5G 网络切片 SLA 控制技术研究》两项研究课题，2021 年底已研制完成《5G 网络切片服务等级协议（SLA）保障技术要求》《基于切片分组网（SPN）的承载网切片子网管理功能（TN-NSSMF）技术要求》《基于切片分组网（SPN）的承载网切片子网管理功能（TN-NSSMF）接口技术要求》三项行标。

2020 年，IMT-2020（5G）推进组首次针对 5G 端到端网络切片能力进行了测试，推动了无线、核心网和承载网络设备切片配置能力和切片管控系统的技术完善和产业研发，但是 5G 端到端网络切片距离商用仍有一些关键技术需继续推进研发完善和规模验证。

四　确定性承载技术

随着 5G uRLLC 承载、时间敏感应用等新兴业务的出现，在 IP/Ethernet 中保障最恶劣情况下时延目标（guaranteed latency，worst case latency）的确定性网络技术开始出现。其中，二层技术 IEEE 802.1TSN 和三层技术 IETF DetNet 定义了在 IP/Ethernet 网络中的拥塞管理机制、基于时延信息的调度算法、显式路径建立以及提供高可靠性的冗余链路技术等，进一步结合 FlexE 技术，以提供有保障的时延（Bounded Latency）、零丢包的确定性业务承载也成为了研究热点。

2012 年，IEEE 802.1 音频视频桥接（AVB）任务组更名为时间敏感网络（TSN）任务组，目标是保证时延敏感流的服务质量，实现低时延、低抖动和零丢包率的网络。在 IEEE 802.1 标准框架下，TSN 基于特定应用需求制定了一系列标准，包括 802.1Qca 路径控制和预留、802.1Qbv 时间感知整形器、802.1Qbu 或 802.3br 帧抢占、802.1Qch 循环排队和转发、802.1AS-Rev 1588 v2 定时和同步、802.1Qcc 流预留协议增强、802.1Qci 时间入口策略器、802.1CB 帧复制和消除可靠性以及 802.1CM 前传网络配置，为以太网协议的 MAC 层提供了一套通用的时间敏感机制，为不同协议网络之间的互操提供了可能。TSN 技术主要适用于 10GE 及以下速率的局域网应用，目前还不能扩展到 100GE 及以上速率和广域网应用场景，因此 TSN 技术和产业应用主要集中在车载多媒体和工业以太网场景。

近两年，3GPP 也在研究 TSN over 5G NR，目的是在分组分发、自动寻址和服务质量 QoS 等领域满足工业企业需求。3GPP R17 已立项开展相关研究。对于周期时延敏感流，一般采用同步的调度整形机制，即要求全网设备进行精准的时钟同步。TSN over 5G 的关键技术包括基于 5G 系统的 TSN 同步、5G 超可靠低延迟（uRLLC）传输技术（尤其针对低时延循环数据流）和 5G 点对点服务质量（QoS）管理及智能调度程序算法。3GPP 技术规范 TS 22.261 提出了对 5G 系统的服务要求，重点是提出新设备功能来支持时间同步和双重连接。根据需求规范，对于时间敏感的工业应用场景，需要达到 1ms 时延、1μs 抖动和 99.9999% 可靠性。

2015 年 IETF 成立了 DetNet（确定性网络）工作组，目标是研究如何在基于 IP 和 MPLS 的数据平面上承载用于实时应用的特定单播或多播数据流，提供具有极低丢包率的确定性传输路径，以此确保有最大上限的端到端时延和抖动性能。IETF 的 DetNet 工作组一直与 IEEE 802.1 的 TSN 任务组合作推进应用解决方案，即 IETF 负责 DetNet 的整体架构、数据平面规范、数据流量信息模型、YANG 模型，而 IEEE 802.1 TSN 任务组负责具体技术机制及其算法研制，时延保障主要基于 TSN 相关技术，还没有开展其他时延保障机制研制。

DetNet 近期研究重点是在 IP 和 MPLS 网络中承载有实时性和确定性需求的相关应用，包括专业音视频、楼宇自动化系统（BAS）、工业无线通信和移动通信、工业 M2M、采矿业、私有区块链等流数量和规模有限的业务场景。近期，也在开展与 5G 相关的技术方案研究，一是如何通过 MPLS L3VPN 连接两个 TSN 网络；二是 DetNet 如何在有限业务流数、点到点和点到多点应用场景下，提供 5G 网络切片的确定性时延保障。相关技术标准化还在研究中，尚需开展深入研究和试验论证。

面向 5G+ 垂直行业的应用推广，5G 行业终端（CE）、无线接入网（RAN）、承载网络（TN）、核心网（CN）和运营支撑系统（OSS）需协同编排和调度端到端网络资源，为各类行业客户提供可预期、可规划、可定制和可验证的确定性网络，按需提供行业虚拟专网的差异化和确定性SLA体验。其中，端到端的确定性低时延和抖动性能保障需要无线接入网、承载网和核心网的各环节共同努力。

承载网需重点加强确定性低时延和抖动性能保障技术标准研究和设备研制。承载网时延主要包含两个部分：设备转发时延和光纤传输时延。设备转发时延跟设备性能以及网络负载情况密切相关，通常网络轻载时设备转发时延需要保持在 50μs 以下。而光纤传输时延跟距离相关，可近似为 5μs/km。

因此，5G 承载网中的低时延保障可以从以下三个方面进行优化。第一，缩短传输距离。缩短传输距离可以降低光纤传输时延。需要在网络规划阶段，将核心网，MEC 下沉，减少传输距离。第二，改善转发机制。传统网络中数据交换采用的是存储转发机制。存储转发机制需要对数据包进行封装和解封装，因而会有排队时延和处理时延。而 FlexE 技术中数据交换是基于时隙，不需要进行数据的封装和解封装，可以提供更好的网络拥塞控制。第三，降低设备时延。通过优化 NP（network processor）内核来感知业务优先级，并对低时延业务采取专用通道或者抢占调度机制。

对于采用 FlexE 接口和 MTN 通道的 TDM 时隙隔离的网络切片，在入口不拥塞情况下，接入汇聚和核心的 P 节点设备分别具有小于 3μs 或 10μs 转发时延和小于 1μs 的抖动性能。对于采用分组隧道的 VPN+QoS 软颗粒的网络切片，可增强 QoS 队列调度机制和 IEEE 802.1 的 TSN 技术方案，提升分组转发的确定性时延性能。

在国际上，采用 TSN 技术与 IEC 61850 等电力专用通信标准相结合的技术路线是当前电力确定性网络通信的研究热点。鉴于电力行业对于通信的确定性、实时性、可靠性要求极高，IEEE 将电力列为 TSN 技术最重要的六大应用领域之一。根据 IEEE 组织编写的《时间敏感网络电力应用白皮书》，时间敏感网络技术在变电站过程层和站控层网络、纵联差动保护、电力数据通信网、配用电融合通信网、综合能源、新能源发电等电力相关领域具有广泛的应用前景。

2021 年 4 月，IEC TC57/WG10 工作组基于时间敏感网络（TSN）标准编制完成《IEC 61850-90-13：电力行业确定性网络技术报告》。报告描述了目前电力通信网存在的问题，提出了在变电站自动化、纵联保护、微电网、配电通信网等领域应用 TSN 技术，并针对 TSN 与 IEC 61850、IEEE C37.118、104 等电力协议的适配以及 TSN 与现有电力自动化系统的兼容性进行了探讨。TSN 可支持电力行业不同关键等级业务流的混合传输。当前，TSN 根据业务流对端到端时延和抖动的需求将业务流大致分为三类。

（1）时间触发的业务流（Time-triggered flows，TT）。这类业务流对端到端的时延和抖动都有严格要求。在 TSN 中，802.1Qbv 为每条业务流都定义了对应的门控列表（Gate control list，简称 GCL），在精准的时间打开或者关闭业务流所在队列的门控，从而实现对业务流发送时间的精准控制，即确定性传输。业务流的端到端时延抖动理论上可达时间同步的精度。

（2）音视频桥接（Audio Video Bridging，AVB）业务流。这类业务流对时延上界有要求，而对时延抖动比较宽松，比如视频通话为了使视频不卡顿，最小帧率应达到 24 帧 /s。在 TSN 中，802.1Qav 定义了基于信用的流量整形器（Credit-based Shaper，CBS）来平滑业务流的突发情况，从而实现时延在理论上的有界性。它将 AVB 业务流分为 Class A 和 Class B 两种类型，每种类型分别有独立的信用值（credit）、信用值积累速率和信用值消耗速率。

（3）尽力而为（Best-effort，BE）业务流。这类业务流对时延和抖动都没有严格要求，比如浏览网页、文件传输等业务。

三种业务流（TT、AVB 和 BE）拥有不同的优先级，TT 业务流的优先级最高，其次是 AVB 业务流，最后是 BE 业务流。它们混合传输，再加上网络拓扑的变化，导致整个 TSN 网络的行为很难进行理论分析，网络仿真成为分析 TSN 行为的有效手段，具有重要意义。

目前来说，TSN 由于时间门控周期队列要求相邻节点时间同步，且实现实时业务调度的 SDN 管控系统尚不完善，因此仅能应用在规模很小的生产线上，还不能在工业园区等局域网内实现规模商用。

随着 5G 网络的发展，为了进一步较少时延，并在 5G 新空口中使能

uRLLC 技术，在 3GPP R16 版本中，提出了在 5G 系统中引入 TSN 技术的系统框架，并计划在 3GPP R17 版本中对 TSN 与 5G 融合的技术细节做进一步规范，其中 TSN 网络与 5G 网络的联合配置管理是其中的关键技术之一，3GPP R17 版本已于 2022 年 7 月发布。

五　城域承载网络技术

近年来，在我国新基建战略、云网融合和数字化发展趋势推动下，光传输和数据通信网络技术在不断融合创新发展，集中体现在城域新型综合承载网络技术发展中。目前，我国三大电信运营商在城域应用的综合承载网络技术包括切片分组网络（SPN）、智能传送网（STN）或 IP 增强网络技术、城域优化的 OTN（M-OTN）三种技术方案，其技术融合程度和共性技术占比越来越高。城域综合承载网络技术的分层协议架构对比分析，见表 4.2-2。按照业务适配层、分组传送层、时隙通道层和物理传输层的网络分层架构，对三种技术方案进行了具体分析对比。

表 4.2-2　　城域综合承载网络技术的分层协议架构对比分析

网络分层	主要功能	切片分组网络（SPN）	城域光传送网（M-OTN）	智能传送网（STN）或 IP RAN 增强
业务适配层	支持多业务映射和适配	L1 专线、L2VPN、L3VPN、CBR 业务	L1 专线、L2VPN、E1/STM-N 业务（SDH VC+OTN 支持，OSU 支持方案在研）	L2VPN、L3VPN
分组传送层（L2 和 L3）	为 5G 提供灵活连接调度、OAM、保护、统计复用和 QoS 保障能力	Ethernet VLAN IP/MPLS-TP 或 SR-TP/SR-BE	支持 Ethernet VLAN	EVPN、IP/MPLS（-TP）SRv6-TE/SRv6-BE
时隙通道层（L1-L1.5）	为 5G 三大类业务及专线提供 TDM 通道隔离、调度、复用、OAM 和保护力	MTN 小颗粒 $N\times$ 10Mbit/s；$N\times$ 5G bit/s FlexE Client/MTN 通道	ODUk（$k=0/2/4/$ flex）或 OSU 小颗粒（国内标准不统一，待定）	无
	提供 L1 通道到物理接口的适配	OIF FlexE2.2	ITU-T G.709 系列接口（FlexO、OTUk）	OIF FlexE2.1

网络分层	主要功能	切片分组网络（SPN）	城域光传送网（M-OTN）	智能传送网（STN）或 IP RAN 增强
物理传输层	提供高速光接口或多波长传输、调度和组网	IEEE 802.3 灰光或 DWDM 彩光	ITU-T G.709 系列灰光或 DWDM 彩光	IEEE 802.3 灰光或 DWDM 彩光
备注：推动应用的运营商		中国移动	中国电信（传输 OTN）	中国电信（STN，5G 承载）和中国联通（IP RAN）

由表 4.2-2 可见三种技术方案存在较多共性，差别主要体现在时隙通道层。

业务适配层：均支持 L2VPN 和 L3VPN 业务，差别主要是 STN 和 IP RAN 不支持 L1 专线和 CBR 业务，SPN 已完成 CBR 业务承载技术方案的标准化，M-OTN 支持 CBR 业务的技术标准还在研究中。

分组传送层：均支持以太网、MPLS（-TP）、SR-MPLS 或 SRv6（规划试点中）等技术。

时隙通道层：SPN、STN 和 IP RAN 均明确支持基于 OIF 的柔性以太网（FlexE）链路接口（FlexE Shim 子层）和 IEEE 802.3 规范的高速以太网 PCS 子层技术，其中仅 SPN 的时隙通道层支持基于 FlexE 时隙通道的 $N \times 5$Gbit/s 的 MTN 通道，正在研发支持 $N \times 10/100$M 小颗粒技术标准。M-OTN 支持 ITU-T G.709 系列标准规范的 OTN 时隙通道技术（包括 ODU0/ODUflex/ODUkj 和正在规范的 $N \times 10/100$M 小颗粒的 OSU）。

物理传输层：SPN、STN 和 IP RAN 均支持基于 IEEE 802.3 低成本的以太网高速灰光接口或 WDM 彩光接口，M-OTN 支持基于 ITU-T G.709 系列标准规范的 OTUk 灰光接口或 WDM 彩光波长接口，未来开发支持超 100G/400G 的 FlexO/OTUCn 光接口，并可以与 ROADM 联合组网，实现光波长级别的组网调度能力。

切片分组网络（SPN）采用 FlexE 链路接口和 MTN 时隙通道技术，并在分组传送层融合了以太网 VLAN、MPLS-TP、SR-TP 和 SR-BE 分组隧道技术优势，既保证了分组业务的高效承载，又保证了不同类型业务的安全隔离和 QoS 质量，同时通过 SDN 管控融合系统支持集中分发、安全可信的静态路由配置能力和 5G 多业务场景下的网络切片资源服务能力。智能传送网（STN）和 IP RAN 增强方案是采用 FlexE 链路接口和 SR-MPLS 或 SRv6、EVPN 的分组隧道技术，通过在控制层面部署集中式 SDN 控制器，在转发层面采用分布式控制协议来增强网络灵活性，设备具有 IGP 和 BGP 的动态路由分发能力。M-OTN 在分组增强光传送网（Pe-OTN）基础上，进一步开发支持 25G/50G OTN 接口以及 OSU 小颗粒能力，实现灵活带宽能力。这三种承载网络设备方案分别基于 PTN、IP/MPLS、OTN 不同的技术路径进行交叉融合和并行发展，受城域综合业务承载的发展趋势推动，不同产品方案的技术融合深度将持续增强。

近年来，我国省内和省际干线主要采用 IP 核心路由器 + 光网络（100G/200G 的 OTN 或 WDM/ROADM 组网）技术方案，主要研究内容是实现 IP+ 光网络的 SDN 协同规划、路由调优、快速故障定位和动态自愈等联合组网优化技术。干线承载网络技术的分层协议架构见表 4.2-3。

表 4.2-3　　　　　　　干线承载网络技术的分层协议架构

网络分层	网络节点	接口类型	网络协议
分组传送层（L2+L3）	IP 核心路由器	$N\times 100GE$	IP/MPLS、SR-MPLS/SRv6
时隙通道层（L1）	OTN 光电混合网络	OTU4	ODUflex/ODUk
物理传输层（L0）	WDM/ROADM 节点	单波 100G/200G 光波长	OTU4 或 FlexO OTUCn

第三节　FlexE 应用于算力网络

一　安全防护要求

根据 2014 年发改委 14 号令《电力监控系统安全防护规定》和国家能源局 2015 年安全底 36 号文《电力监控系统安全防护总体方案》的规定，电力二次系统分为四个安全区，安全 I / II 区与安全 III/IV 区间的网络安全防护要求应满足十六字原则，即安全分区、网络专用、横向隔离、纵向认证。

生产控制类Ⅰ区的典型业务包括配网的分布式差动保护、智能分布式配电自动化、用电负荷精准需求响应控制以及分布式能源调控等，该类业务是电力生产的重要环节，直接实现对电力系统的实时监控，该类业务具有严格的安全隔离和自助管理要求，对时延和抖动等网络性能要求高；生产非控制类Ⅱ区的典型业务包括配网高级计量、配网PMU、应急现场自助网综合应用等；生产信息类Ⅲ区的典型业务包括变电站巡检、输电线路巡检、配电房视频综合监控等；信息管理类Ⅳ区的典型业务包括视频会议和办公信息化等业务。电力通信网络切片的安全隔离要求如图4.3-1所示。

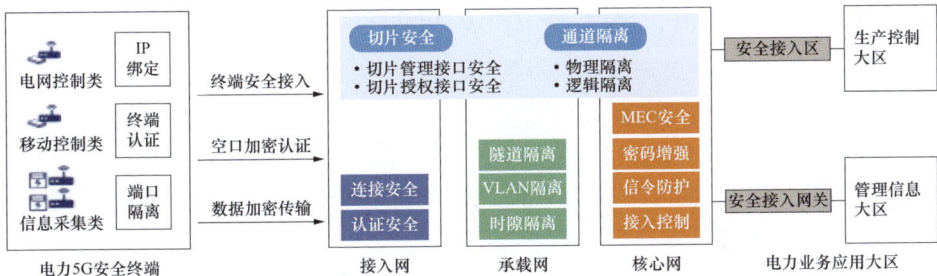

图4.3-1 电力通信网络切片的安全隔离要求

二　试点应用案例

南方电网SPN新技术试验和工程应用。2019年，华为联合中国移动和南方电网在深圳完成全球首条5G网络差动保护配网线路测试。本次测试为5G智能电网应用的阶段性外场测试，通过搭建真实复杂的实际网络环境，实现配网差动保护业务跨基站承载，同时利用网络切片保证电网业务与非电网业务安全隔离，业务指标验证5G满足电网控制类业务毫秒级低时延和微秒级高精度网络授时需求，电力业务应用网络隔离要求如图4.3-2所示。

电力业务和eMBB公网业务，两种业务承载在不同的网络切片上。然后用测试仪表模拟公网流量并灌包，模拟现网拥塞和突发两种情况，测

第四章　FlexE技术与算力网络

149

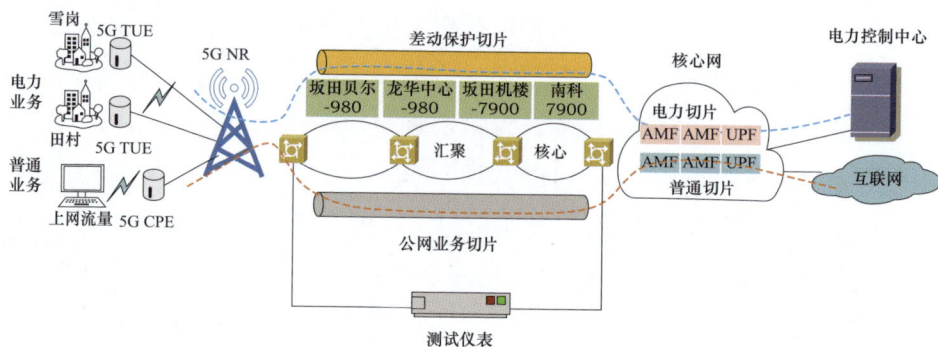

图 4.3-2　电力业务应用网络隔离要求

试对一二区保护业务的时延及丢包影响情况。测试结果证明，测试仪分别加载拥塞和突发流后，公网 eMBB 业务的时延变大，电力业务的时延无明显变化。南方电网的 SPN 试点验证测试结果见表 4.3-1。

表 4.3-1　　　　　　南方电网的 SPN 试点验证测试结果

测试用例	最大时延（ms）		丢包率（%）		最大抖动（μs）	
业务类型	电力业务	公网业务	电力业务	公网业务	电力业务	公网业务
拥塞前	1	1	0	0	19	19
公网切片拥塞	1	28	0	22.7	17	27
公网切片突发	1	28	0	0	19	22

以上测试数据表明，基于 FlexE/SPN 承载的 5G 网络切片能够保证电网业务与非电网业务安全隔离，同时业务指标可以满足电网控制类业务毫秒级低时延和微秒级高精度网络授时需求。

三　电力 FlexE/SPN 网络技术

在电力通信网络中引入 FlexE/SPN 网络技术，目标是重点解决以下三个核心问题。

1. 多业务统一承载

利用 FlexE 大带宽、刚性切片能力，实现电力通信网的传统 E1/STM-1 电路和未来分组化的生产控制类（TSN 等）CBR 业务与大量新兴数据业务的统一承载，理顺业务层级关系。在区县配电网接入层实现全业务的同设备统一承载，实现光网融合。FlexE 光层物理实际拓扑，业务层逻辑异型拓扑。网络切片方案取代业务专线通道，构建标准业务承载模式。

2. IP+ 光融合组网

利用 FlexE 实现 IP+ 光融合组网，简化电力通信网的分层自愈保护、恢复方案，实现 IP+ 光网络的智能协同管控。光层与网络层链路状态坍缩为同一状态，实现共同感知。CBR 业务与数据业务实现协同自愈。光层、FlexE/MTN 通道切片层和分组切片层各自配置网络保护方案清晰，简化网络自愈结构。

3. 核心特性适应新型电力系统发展需求

利用 FlexE/SPN 的高可靠、低时延、灵活组网和未来发展演进等特性，增强电力通信网适应未来云网融合、算力网络等新需求能力，适应新型电力系统的核心需求发展。

电力业务回传网络采用 FlexE 技术，新型电力系统对回传网络提出了多项关键要求。除带宽和网络容量升级、时延大幅下降、确定性保障提高外，网络切片也成为支持电力多样化业务承载的重要需求。网络切片方案支持切片业务间的隔离能力是保证切片性能的基础，而同时支持软硬隔离则能够提供更加多样化的切片类型，满足新型电力系统时代综合业务灵活切片需求。然而，传统的 TDM 网络仅能提供硬隔离切片能力，分组网络仅能提供软隔离切片能力，无法满足综合业务切片承载需求。

FlexE 可以提供结合 SPN SCL（Slicing Channel Layer，切片通道层）MTN 技术的硬隔离能力和 SR-TP 传送特性的分组软隔离能力。FlexE 回传组网架构如图 4.3–3 所示。

建设方案如下。

（1）业务转发。采用分层组网、统一转发方式。分层网络包括省际骨干、省内骨干、城域核心、城域汇聚和城域接入。

（2）协同管控。实现基于 SDN 架构的网元管理和集中控制融合；提供业务和网络资源的灵活配置功能，实现不同域的多层网络统一管理；通过统一北向接口实现多层多域的协同控制和跨域切片协同服务；具备自动配置功能，提供业务和网络的基本性能监测分析手段（包括流量监控、时延监测、告警关联分析等）。

（3）切片服务。通过软、硬管道隔离技术，为不同客户提供不同服务质量，提供差异化的网络切片服务能力。

（4）时间同步。通过提高时间源精度、时间源下沉、优化同步链路规划等方式，满足电力业务更高精度时间同步需求。

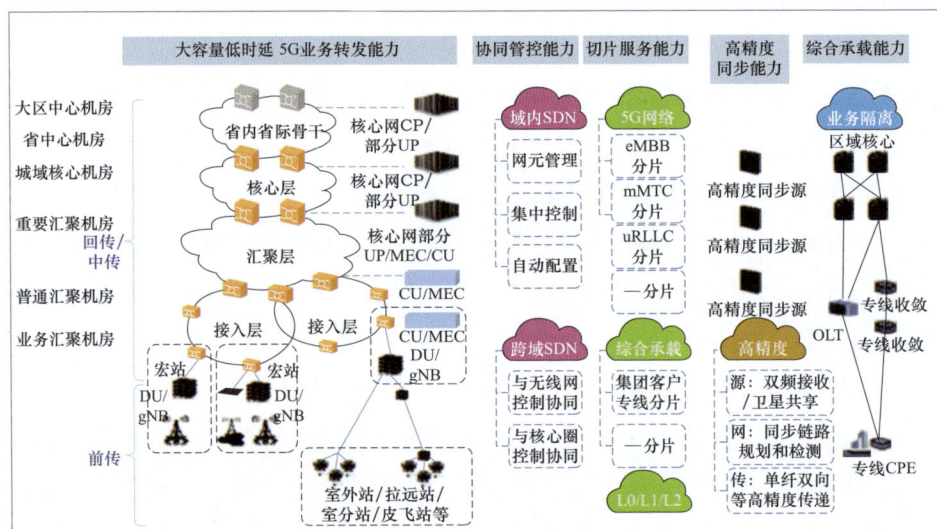

图 4.3-3　FlexE 回传组网架构

接入层采用环网结构，对于环网上接入 D-RAN 节点较多的接入层初期宜采用 10GE 组建系统；对于接入 C-RAN 节点部署场景，可综合集中部署规模、建设成本、业务需求组建 10GE 或 50GE 网络，其中 50GE 组建系统时应采用 MTN/FLexE 线路板卡。对于在分域点（如重要汇聚节点）同时也有基站接入需求的站点，为避免核心域内路由复杂，可优先考虑通过同机房一套小型接入设备接入分域点设备（如重要汇聚节点）。

在汇聚层，根据业务量采用合适的组网方案，初期宜采用环网或口字型结构组建 100GE 系统、不应过度超前配置 200GE。汇聚层组网方案如图 4.3-4 所示。随着业务量的增加，可调整网络结构或扩容为 $N \times 100GE$

系统。组建系统采用 MTN/FlexE 线路板卡组网。

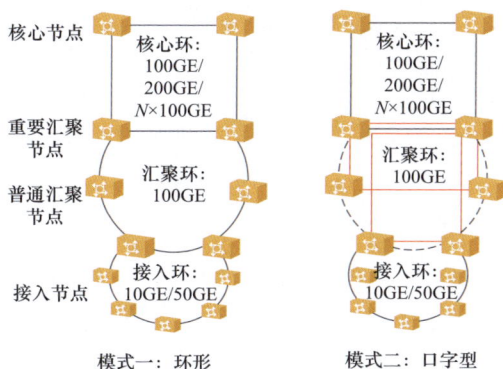

图 4.3-4　汇聚层组网方案

核心层，初期以组建 100GE/200GE 的口字型系统为主，组建系统采用 MTN/FLexE 板卡组网。核心节点部署位置应综合考虑与核心网 UPF 对接、与 CE 对接、机房条件等多种因素，为了确保网络的扩展性、灵活性和安全性，可在与其他专业对接点配置落地设备，落地设备一般成对部署；对于只有一对对接节点时，优选异地部署；对于部署两对对接设备时，优选不同机房分别部署一对落地设备。对于大型城域网或灵活性要求较高的城域网，可在落地设备与核心组网设备间增加调度层，便于跟随业务节点、对接节点的调整而不断扩展落地设备的同时下层网络架构基本不变。对于小型城域网，也可不设置核心设备，直接连接至落地设备。核心层组网方案如图 4.3-5 所示。

省内骨干层，对于 UPF 集中在省会场景，可将省内骨干视作城域核心节点的延伸；对于需要 UPF 异地备份的地、市推荐与省会 UPF 进行异地备份，建议采用口字型组网，系统容量根据流量进行规划，初期宜选用 100GE 系统为主。省内骨干层组网架构如图 4.3-6 所示。

对于与运营商在省内出口对接或需省内骨干传送网采用 SPN 组网时，根据业务的流量和流向，选择口字型或环形组网；系统容量按照流量估算适度超前进行配置。SPN 系统采用 MTN/FlexE 板卡组网，并通过省内骨干 OTN 系统承载。为了充分利用现网资源，对于现网 PTN 支持升级为 SPN 且 PTN 利用率低的网络，也可通过升级满足业务需求。

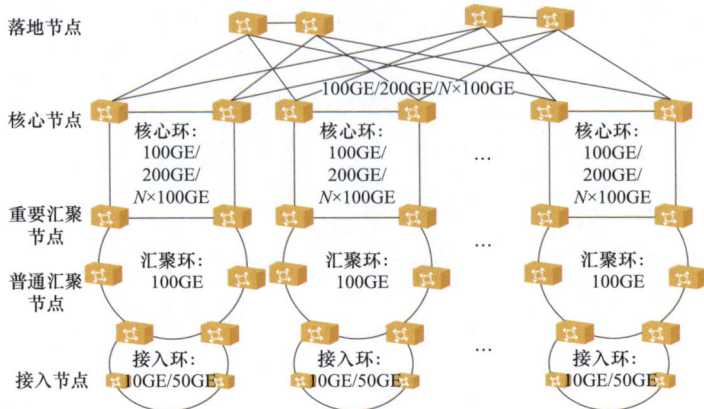

图 4.3-5　核心层组网方案

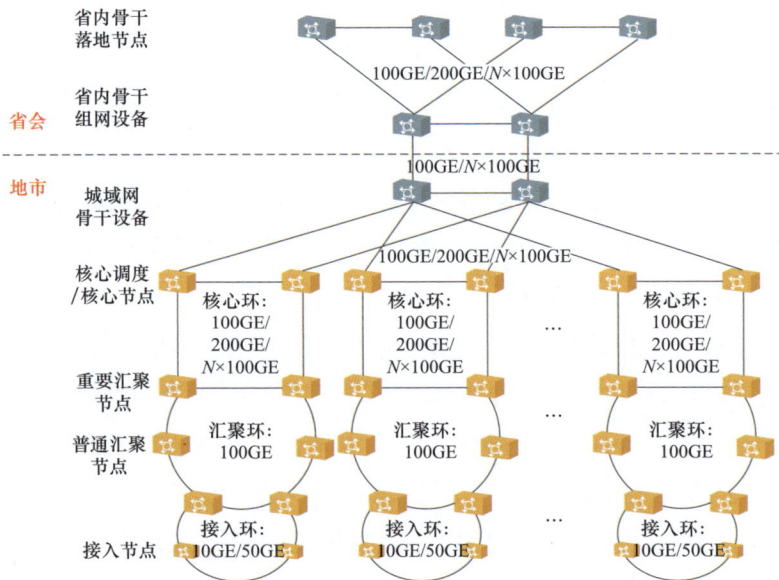

图 4.3-6　省内骨干层组网架构

对于新建 SPN 网络，需与已有 PTN 系统进行互通，原则上互通点应部署在城域核心 PTN L3 节点。若城域核心 PTN L3 设备已下沉至重要汇聚节点，同时需开通低时延业务或有 IPv6 部署需求时，可选择在该重要汇聚节点进行互通对接。当 SPN 与 PTN 网络为异厂家时，宜采用客户侧接口（UNI）对接；当为同厂家时，可采用网络侧接口（NNI）对接或客户侧接口（UNI）对接，当同厂家且采用 NNI 接口对接时，应纳入同一网管。

第四节 FlexE 算力网络架构

一 FlexE/SPN 关键技术

（一）FlexE/MTN 网络接口

柔性以太网基于 Client/Group 架构定义，可以支持任意多个不同子接口（FlexE Client）在任意一组 PHY（FlexE Group）上的映射和传输，从而实现上述捆绑、通道化及子速率等功能。FlexE 接口技术包括 FlexE Client、FlexE Shim 和 FlexE Group。

FlexE Client：对应于网络的各种用户接口，与现有 IP/Ethernet 网络中的传统业务接口一致。FlexE Client 可根据带宽需求灵活配置，支持各种速率的以太网 MAC 数据流（如 10G、40G、$n \times 25$G 数据流，甚至非标准速率数据流），并通过 64B/66B 的编码方式将数据流传递至 FlexE Shim 层。

FlexE Shim：作为插入传统以太网架构的 MAC 与 PHY（PCS 子层）中间的一个额外逻辑层，通过基于 Calendar 的 Slot 分发机制实现 FlexE 技术的核心架构。

FlexE Group：本质上就是 IEEE 802.3 标准定义的各种以太网 PHY 层。由于重用了现有 IEEE 802.3 定义的以太网技术，使得 FlexE 架构得以在现有以太网 MAC/PHY 基础上进一步增强。

FlexE 点对点连接场景，如图 4.4-1 所示，多路以太网 PHY 组合在一起成为 FlexE Group，并承载通过 FlexE Shim 分发、映射来的一路或多路 FlexE Client 数据流。

以 FlexE 三大功能为基础，该技术可在 IP 网络中通过大带宽接口、网络分片、通道化子接口物理隔离等特性，可以实现带宽按需分配、硬管道隔离以及低时延保障等方案，同时结合 SDN 技术，支持基于业务

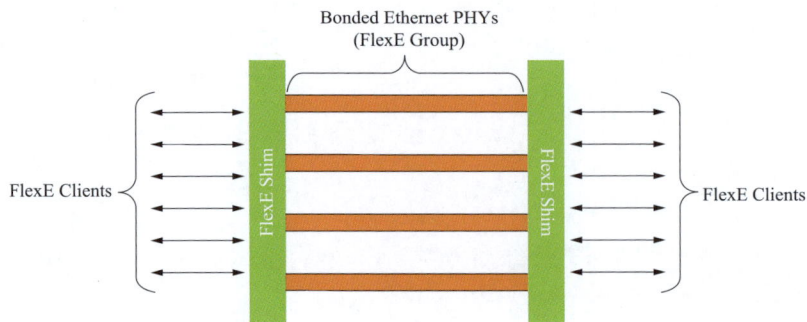

图 4.4-1　FlexE 点对点应用场景

体验的未来网络架构，以支撑未来的高带宽视频、VR/AR、5G 等业务发展。

IEEE 802.3 的以太网标准工作，基于业务需求与技术发展等因素，具有一定的周期性。另一方面，IEEE 802.3 所制定的以太网标准为固定速率（如 10GE、100GE 等），无法满足基于灵活带宽组网的需求。可以基于 FlexE 捆绑技术，通过接口速率组合，构造更大带宽的链路（如 5×100GE，10×100GE 等）。

FlexE Bonding 本质上是一种"L1 LAG（Link Aggregation）"技术。由于其基于精细的 64B/66B Block 进行捆绑工作，不存在传统 LAG1（Link Aggregation Group）中以逐流、逐包方式在多条物理链路上分发导致的流量不均衡问题，可以达到 100% 的带宽分配均衡，并且不存在传统 LAG 的带宽浪费（一般业界认为 LAG 会浪费 10%~30% 带宽），因而相对 LAG 技术更具优势，FlexE 技术发展如图 4.4-2 所示。

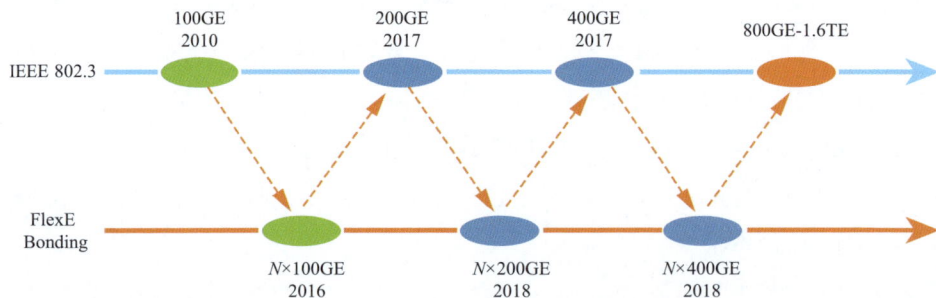

图 4.4-2　FlexE 技术发展图

FlexE 作为路由器与光传输网络设备之间的 UNI 接口，可以通过速率匹配实现 UNI 接口实际承载的数据流带宽与光传输网络 NNI 接口 WDM 链路承载带宽的一一对应，从而极大简化路由器的 FlexE 接口在光传输网络传输设备的映射，降低设备复杂度以及投资成本（CAPEX）和维护成本（OPEX）。

OIF Flex Ethernet 标准对于柔性以太网在光传输网络中的映射定义了三种模式：透传 / 不感知（Unaware）、终结（Termination）和感知（Aware）。其中透传 / 不感知模式与传统以太网接口在光传输网络中通过 PCS Codeword Transparent Mapping 一致，这种情况类似于光传输网络透明承载柔性以太网接口。FlexE 透传 / 不感知模式如图 4.4-3 所示。该模式可以充分利用现有光传输网络设备，在无须硬件升级的情况下实现对 FlexE 的承载，并可基于 FlexE Bonding 功能实现跨光传输网络的端到端超大带宽通道。

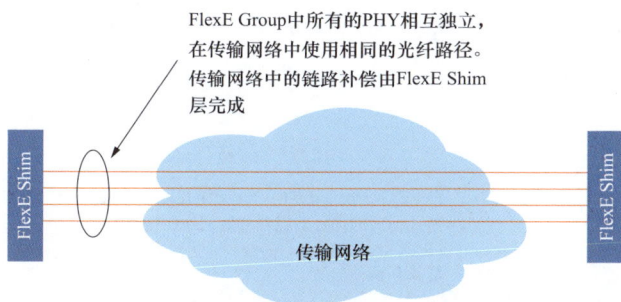

图 4.4-3　FlexE 透传 / 不感知模式

FlexE 终结模式下，光传输网络感知 FlexE UNI 接口并恢复出 FlexE Client 数据流，再进一步映射到光传输网络中进行传输承载。FlexE 终结模式如图 4.4-4 所示。这种模式与传统以太网接口在光传输网络上的承载一致，可以在光传输网络中实现对不同 FlexE Client 流量的疏导等功能。再进一步映射到光传输网络中进行承载传输，解决长距离传输问题。

FlexE 感知传送模式主要利用了 FlexE 的子速率特性。这种模式下 FlexE 将 unavailable slots 通过填充特殊的 Error Control Block 数据块标识。当作为 UNI 侧的柔性以太网接口通过 Aware 模式在光传输网络中映

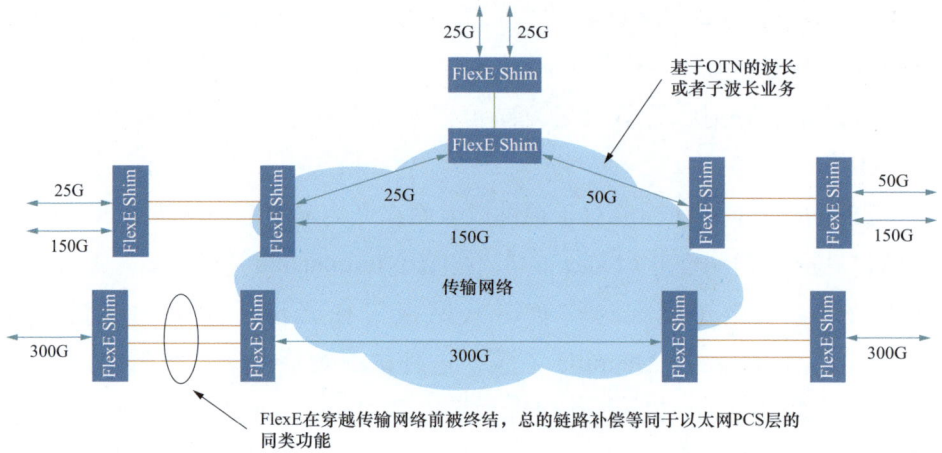

25G 25G

FlexE Shim

基于OTN的波长
或者子波长业务

FlexE Shim

25G 50G

150G

传输网络

300G

300G

FlexE在穿越传输网络前被终结，总的链路补偿等同于以太网PCS层的
同类功能

图 4.4-4　FlexE 终结模式

射时，光传输网络直接丢弃 unavailable slots，按照原始数据流带宽提取需要承载的数据，进而映射到速率匹配的光传输网络 DWDM 传输管道。光传输网络设备需要与作为 UNI 侧的 FlexE 接口配置保持一致，从而感知 FlexE UNI 接口并进行承载传输。FlexE 感知传送模式如图 4.4-5 所示。

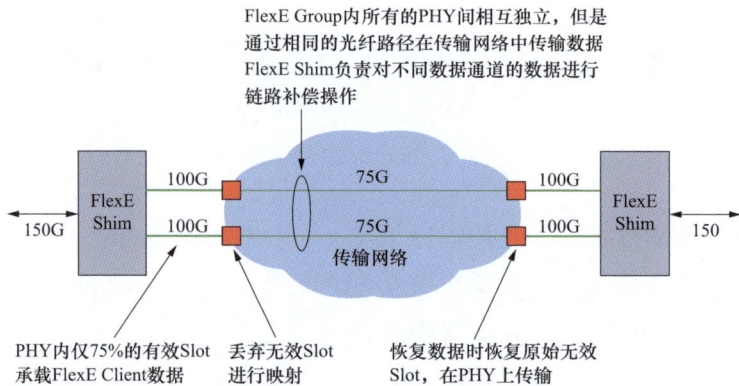

FlexE Group内所有的PHY间相互独立，但是
通过相同的光纤路径在传输网络中传输数据
FlexE Shim负责对不同数据通道的数据进行
链路补偿操作

FlexE Shim

100G 75G 100G

150G

100G 75G 100G

FlexE Shim

150

传输网络

PHY内仅75%的有效Slot
承载FlexE Client数据

丢弃无效Slot
进行映射

恢复数据时恢复原始无效
Slot，在PHY上传输

图 4.4-5　FlexE 感知传送模式

在 IP 网络中通过硬管道技术，对于重要专线、低时延敏感业务等的承载可以基于 FlexE 通道化功能构建端到端刚性管道。在统计复用的 IP 网络中，这种端到端 FlexE 硬管道专线可在充分利用现有网络基础设施基础上，提供特定高价值客户业务的服务质量保证。

以太网虚拟专线（EVPL，Ethernet Virtual Private Line）服务已经在企业网和城域网中得到广泛应用，尤其是用于连接地理位置分散的区域（比如企业总部和不同分支之间）。随着基于网络的业务种类的不断增加，对专线服务的质量要求也在不断提高。例如，某些服务要求确保独享带宽和极低延迟，而一些服务却重视隐私保护和高安全性。基于 FlexE 的专线服务，可以很好地满足这些新的需求。分散企业网的 FlexE 应用方式如图 4.4-6 所示，展示了一种针对地理位置相对分散的企业网中 FlexE 的应用方式，各地区办公室之间是通过 FlexE 建立连接，而且每条连接都可以根据数据流量来保证所需带宽得到满足。

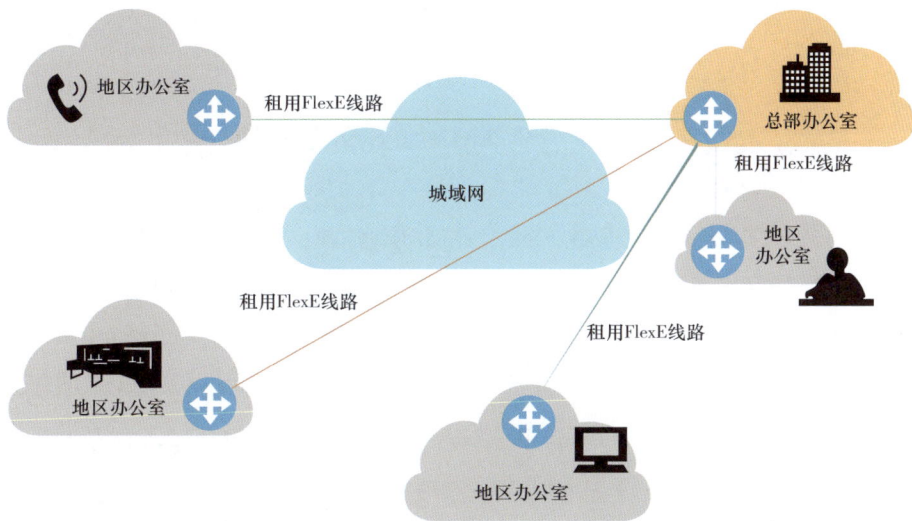

图 4.4-6　分散企业网的 FlexE 应用方式

网络分片（Network Slicing）通过网络资源的分割来满足不同业务的承载需求，并保证服务的 SLA（如带宽、时延等）。按照 NGMN 发布的 5G 白皮书，分片可以实现不同业务（如 eMBB 增强宽带、自动驾驶、uRLLC 及海量 IoT 互连等）在同一个 IP 网络中承载。FlexE 的通道化技术提供了接口级不同 FlexE Client 之间的物理切分及相互隔离，进一步与路由器架构结合，构建端到端网络分片。端到端网络分片如图 4.4-7 所示。

第四章　FlexE 技术与算力网络

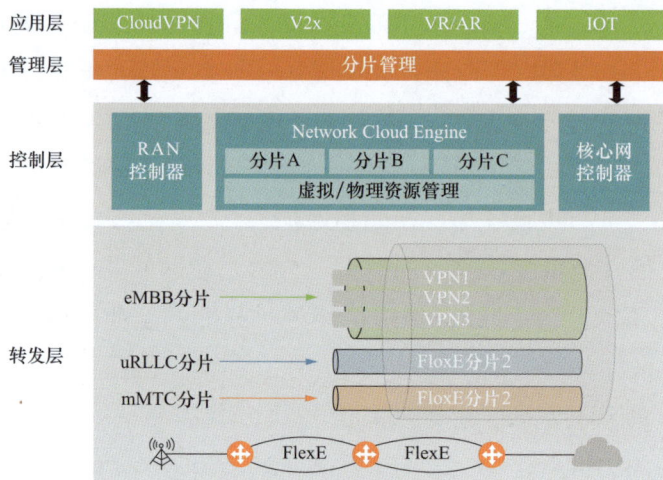

图 4.4-7　端到端网络分片

（二）FlexE 的 $N\times5G$ 帧结构和时隙调度技术

FlexE 的核心功能通过 FlexE Shim 层实现，它可以把 FlexE Group 中的每个 100GE PHY 划分为 20 个 Slot（时隙）的数据承载通道，每个 PHY 所对应的这一组 Slot 被称为一个 Sub-calendar，其中每个 Slot 所对应的带宽为 5Gbit/s。FlexE Client 原始数据流中的以太网帧以 Block 原子数据块（为 64B/66B 编码的数据块）为单位进行切分，这些原子数据块可以通过 FlexE Shim 实现在 FlexE Group 中的多个 PHY 与时隙之间的分发。

按照 OIF FlexE 标准，每个 FlexE Client 的数据流带宽可以设置为 10、40 或者 $m\times25$Gbit/s。由于 FlexE Group 的 100GE PHY 中每个 Slot 数据承载通道的带宽为 5Gbit/s 粒度，FlexE Client 理论上也可以按照 5Gbit/s 速率颗粒度进行任意数量的组合设置，支持更加灵活的多速率承载。

FlexE Shim 通过 Calendar 机制实现多个不同速率 FlexE Client 数据流在 FlexE Group 中的映射、承载与带宽分配。FlexE 按照每个 Client 数据流所需带宽以及 Shim 中对应每个 PHY 的 5G 粒度 Slot 的分布情况，计算、分配 Group 中可用的 Slot，形成 Client 到一个或多个 Slot 的映射，再结合 Calendar 机制实现一个或多个 Client 数据流在 Group 中的承载。FlexE 时隙切片图如图 4.8-8 所示。具体到比特流层面，每个 64B/66B 原子数据块承载在一个 Slot 时隙中（此处 Slot 作为承载 64B/66B 数据块的基本逻辑单元，可与图 4.4-8 中的 Block 概念等同）。FlexE 在 Calendar 机制中，将 "20blocks"（对应 slot0 到 slot19）作为一个逻辑单元（如图 4.4-8 中单格数据块所示），并进一步将 1023 个 "20blocks" 作为 Calendar 组件。Calendar 组件循环往复最终形成了 5G 为颗粒度的 Slot 数据承载通道。

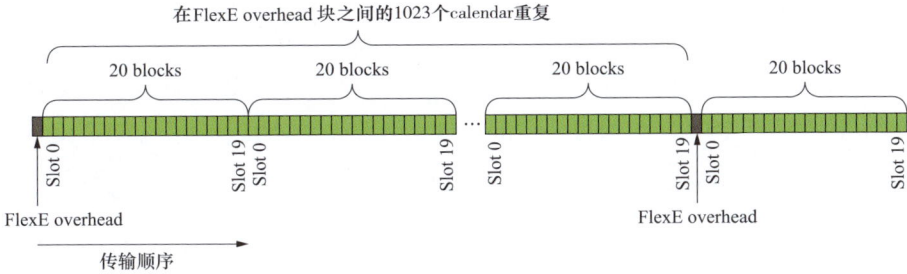

图 4.4-8　FlexE 时隙切片图

FlexE Shim 层通过定义 Overhead Frame/MultiFrame 的方式体现 Client 与 Group 中的 Slot 映射关系以及 Calendar 工作机制。FlexE Shim 层通过 Overhead 提供带内管理通道，支持在对接的两个 FlexE 接口之间传递配置、管理信息，实现链路的自动协商建立。具体而言，一个开销复帧（Overhead MultiFrame）由 32 个开销帧（Overhead Frame）组成，一个开销帧则由 8 个开销时隙（Overhead Slot）组成。Overhead Slot 如图 4.4-8 箭头所指数据块所示，实际上是一个 64B/66B 的原子数据块。Overhead Slot 每隔 1023 个 "20 Blocks" 出现一次，但每个 Overhead Slot 中所包含字段是不同的。

开销帧中，第一个 Overhead Slot 中包含 "0×4B" 的控制字符与 "0×5" 的 "O Code" 字符等信息。在信息传送过程，对接的两个 FlexE 接口之间通过控制字符与 "O Code" 字符的匹配确定第一个开销帧，从而在二者之间建立了一个独立于图 4.4-8 中 Slot 的数据通道之外的管理信息通道，实现对接的两个接口之间配置信息的预先协商、握手等。例如，某个 FlexE Client 数据流在发送端的 FlexE Shim/Group 中的数据通道 Slot 映射信息、位置等内容传送到接收端后，接收端可以从数据通道中根据发送端的 Slot 映射等信息恢复该 FlexE Client 的数据流。FlexE 的带内管理还可以交互两个接口之间的链路状态信息，传递 RPF（Remote PHY Fault）等 OAM 信息。

FlexE 通过为每一个 Client 提供 Slot/Calendar 配置可更改机制，实现所需带宽的动态调整。在 FlexE 网络中，对接的两个接口之间通过开销管理通道实时传递体现 Client 在 Group 中映射关系的两种不同 Calendar 配置信息：A 和 B（分别由"0"或"1"bit 表示）。两组 Calendar A/B 可以动态切换，从而实现对应 Client 的带宽可调整。任意一个 Client 的带宽在两组 Calendar A/B 之间可能是不同的，通过切换，并进一步结合系统应用控制可以实现无损带宽调整。Calendar A/B 的切换通过开销管理通道内嵌的 Request/Acknowledge 机制实现。FlexE calendar 的调度分配机制示意图如图 4.4-9 所示。

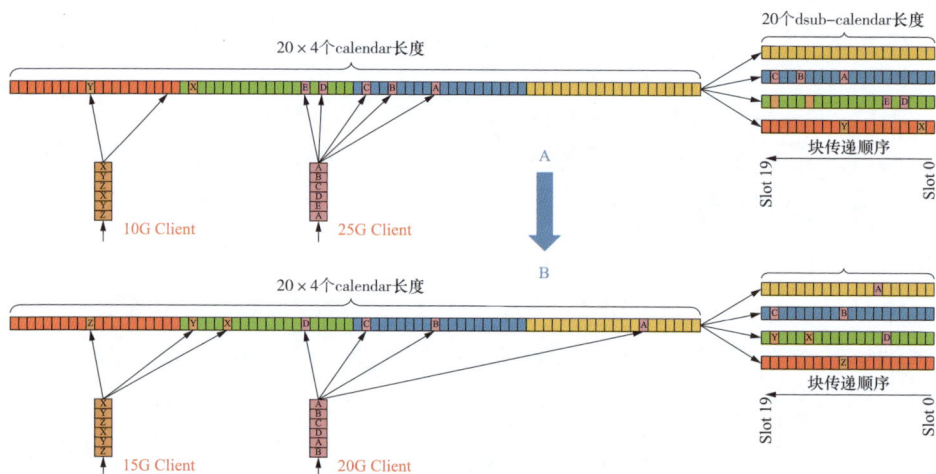

图 4.4-9　FlexE calendar 的调度分配机制示意图

（三）FlexE 的 $N\times10M$ 小颗粒技术方案

当前 OIF FlexE IA 和 ITU-T G.8312 定义的 FlexE Client 和 MTN 通道层的颗粒度最小为 5Gbit/s，通过 SLA 指标分析，可见能源互联网和智能电网的业务颗粒均为 100Mbit/s 乃至 10Mbit/s 以下，因此在电力通信网大规模低速率业务的场景下，$N\times5G$ 通道不能满足高安全隔离和带宽利用率问题，因此需要研究在 5Gbit/s 颗粒度的基础上，对时隙进行进一步延展和细粒度划分，切分出更多子时隙，实现小于 1Gbit/s 的颗粒度，完成更精细化的隔离。

FlexE/SPN 的小颗粒技术（FGU，Fine Granularity Unit）聚焦构建端到端高效、无损、柔性带宽、灵活可靠的通道和承载方式，将硬切片的颗粒度从 5Gbit/s 细化为 10Mbit/s，以满足 5G+ 垂直行业应用和专线业务等场景中小带宽、高隔离性、高安全性等差异化业务承载需求。小颗粒技术具备的特征和能力如下。

1. 带宽精细化，高效匹配各类型业务带宽需求

带宽颗粒度为 10Mbit/s，实现灵活的任意 $N \times 10$Mbit/s 带宽分配。对于 Mbit/s 级别到 Gbit/s 级别的各类型业务带宽需求，均可以匹配和高效承载。巧妙设计 FGU 帧结构，达到高带宽利用率。FGU 复帧包含 20 个 FGU 基本帧，每个 FGU 基本帧支持 24 个时隙，每时隙粒度为 10Mbit/s。5Gbit/s 的 SCL 通道可承载 480 个 10Mbit/s 小颗粒时隙，带宽利用率接近 97%。

2. 严格 TDM 刚性隔离，确定时隙分配

小颗粒通道通过独享确定的时隙保证严格 TDM 特性，通道任一节点的出端口和入端口时隙通过管控层提前分配并固定。FGU 采用类似 SDH 的 TDM 机制，以实现不同业务之间的严格硬隔离。通过定义 FGU 固定帧结构，每帧包含固定数量与位置的时隙单元，从而实现对 SPN 通道层 5Gbit/s 颗粒的时隙划分与复用；业务时隙位置固定，具备业务管道严格硬隔离能力；确定性转发机制，保障了确定性低时延、低抖动性能。

3. 低时延和低抖动特性

P 节点 TDM 时隙交叉，不感知小颗粒业务报文信息，保证确定性低时延。小颗粒业务独占 TDM 通道时隙资源，抖动远小于 1μs。

4. 每一条小颗粒通道提供独立和完善的 OAM 能力

OAM 码块随路插入每一条小颗粒通道，提供该通道的连通性检测、故障和性能监测能力，保证 50ms 以内的保护倒换。

5. 在线通道带宽无损调整能力

支持在用户业务正常传输时对小颗粒硬管道进行增大或者减小的无损带宽调整，带宽和时隙资源分配更加灵活。

FlexE/SPN 的 $N \times 10$M 小颗粒技术继承了高效以太网内核，通过层次

化设计，将细粒度切片技术融入 FlexE/SPN 整体架构，在 FGU 层提供端到端的 $N \times 10M$ 小颗粒硬管道，提供了低成本、精细化、硬隔离的小颗粒承载管道。结合 SDN 集中管控，从而实现开放、敏捷、精细化的网络运营。

FGU 采用 TDM 机制，以固定周期循环发送 FGU 帧，而每帧包含的时隙数量和位置都严格固定，因此每时隙的发送周期也是确定性的。这种机制实现了对 SPN 通道层 5Gbit/s 颗粒的时隙划分与复用，小颗粒业务所占用的时隙位置严格固定，独享时隙资源，不同小颗粒业务之间互不干扰，严格隔离。而每时隙具有确定性发送周期，保障了确定性低时延、低抖动性能。

此外，由于 FGU 采用了和 SPN 通道层相同的编码格式，因此 FGU 与 SPN 通道层完全兼容，FGU 可直接将 SPN 通道层作为服务层，透明穿通 SPN 通道层，SPN 通道层不感知 FGU 内部信息。

FGU 基本单元帧（单帧）具有固定长度，包含 1 个开始码块（S0）、195 个数据码块（D）和 1 个结束码块（T7），共 197 个 66B 码块。FGU 单帧的 195 个数据码块和 1 个结束（T7）码块提供了 1567（$195 \times 8 + 7$）字节的数据内容，包含 7 字节的开销和 1560 字节的净荷。其中净荷划分为相同大小的 24 个子时隙（Sub-Slot）。来自业务的 66B 码块，经过 66B 到 65B 压缩后，填充到 Sub-Slot 净荷中。每个子时隙（Sub-Slot）为 65 字节，可以承载 8 个 65bit 码块。FGU 帧的基本单元与时隙划分如图 4.4-10 所示。

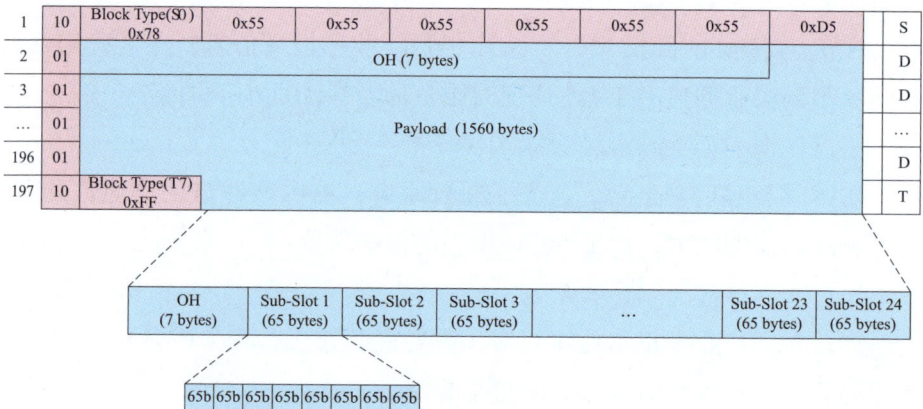

图 4.4-10　FGU 帧的基本单元与时隙划分

为了支持数量更多、粒度更小的时隙通道，同时提高带宽利用率，采用复帧方式对 SPN 通道层的 5Gbit/s 颗粒进行时隙划分。FGU 小颗粒时隙划分及复用如图 4.4-11 所示。一个复帧包含 20 个 FGU 基本帧，每个 FGU 基本帧支持 24 个时隙，一个 SPN 通道层 5Gbit/s 颗粒支持 480 个时隙。

在源端，相邻 FGU 基本帧之间会插入 1 个 Idle 块。FGU 帧在 SPN 通道层中传输时，可通过增删 FGU 帧之间的 Idle 块实现速率适配。FGU 时隙的带宽利用率约为 97%。

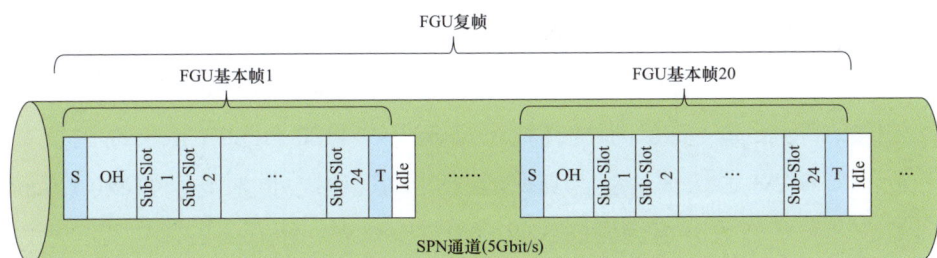

图 4.4-11　FGU 小颗粒时隙划分及复用

FGU 完全兼容现有 SPN 技术，继承了 SPN 的优势，能够与不具备 FGU 技术的 SPN 设备互联互通，实现 FGU 端到端承载，方便 SPN 网络平滑演进到支持 FGU 技术。并且兼容 10GE 标准以太网，将端到端的硬隔离管道延伸到厂站出口网关配置的小型化接入 SPN CPE 设备。

（四）FlexE 技术和 HQoS 技术的对比

HQoS 即层次化 QoS（Hierarchical Quality of Service）是一种通过多级队列调度机制，解决 Diffserv 模型下多用户多业务带宽保证的技术。HQoS 采用多级调度的方式，可以精细区分不同用户和不同业务的流量，提供区分的带宽管理。但 HQoS 不能做到真正严格的保证和隔离，基于统计复用的抢占在拥塞和突发时无法保证转发时延和抖动指标。

FlexE 技术可以用于对一个链路和端口的硬隔离切分，可以做到在硬件资源上共享同一个端口同一根光纤链路，但在转发面互相硬隔离互不影响。在大管道物理端口上通过 FlexE 的时隙复用划分出若干个子通道端口，把这些子通道端口应用到不同的网络分片中，通过硬件的时隙复用实现各个分片之间的业务在转发层面上完全隔离。FlexE 接口是基于时隙复用有独立 MAC 层处理，各个 FlexE 接口处理帧时不受其他 FlexE 接口影响。HQoS 没有独立的 MAC 层，物理 MAC 是共享的，所以在处理帧时（比如超长帧）还是需要等待处理完毕之后才继续下一个帧，出现头端阻塞效应影响业务的时延和抖动指标。FlexE 技术相比 HQoS 技术具有更好的隔离效果，能够保证时延和抖动指标符合继电保护业务的要求。

（五）FlexE/MTN 的时隙交叉技术

FlexE 交叉是在 FlexE 接口技术基础上，增加 FlexE Client 时隙交叉和电信级 OAM & 保护功能，实现 FlexE 隧道组网。同时基于 FlexE Client 时隙交叉技术省去分组转发的成帧、组包、查表、缓存等处理过程，可以实现低时延低抖动转发，转发隔离效果最好。FlexE/MTN 通道交叉技术基于 L1 层的电层时隙交换如图 4.4-12 所示。

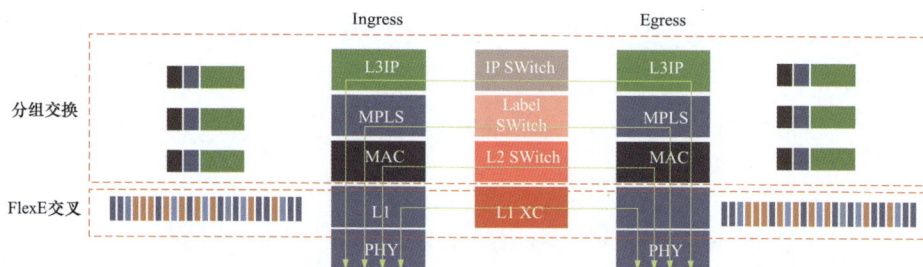

图 4.4-12　FlexE/MTN 通道交叉技术基于 L1 层的电层时隙交换

从中可以看出，FlexE 交叉在整个层次化的业务转发架构体系中是属于 L1 层的一种转发技术，将 FlexE Client 的时隙进行电层的时隙交叉，通过配置不同时隙间的交叉，将某个 FlexE Client 时隙块交叉到另外 FlexE Client 的时隙块，时隙交叉过程中不感知具体承载的报文，也不进行报文的缓存和查表，业务时隙块完全是基于固定路径和固定码率的处理，整个过程的处理时延可达到微秒级别，而且在时延抖动上可以做到几乎无抖动。

FlexE/MTN 通道交叉技术原理如图 4.4-13 所示，在 PE 节点将用户业务报文适配到 FlexE 交叉通道，在 P 节点采用 FlexE/MTN 通道交叉，直接基于以太网码流完成业务在线路端口间的转发，从而达到极低的转发时延。FlexE Group A/B 表示两个 FlexE Group 方向，每个 Group 下有 m 个物理链路，假设共配置三个 FlexE Client 业务：（1）蓝色 Client1 适配到左边 1/4/5 号时隙，交叉到右边的 2/5/8 号时隙；（2）红色 Client 2 适配到右边 13/15/17 号时隙，交叉到左边 3/7/10 号时隙；（3）黄色 Client 3 为穿通业务，左边 13/15/17/19 号时隙，交叉到右边 0/1/3/6 号时隙。

针对图 4.4-13 中的中间段穿通业务，Group A 先从 m 个 PHY 上接收码块，并恢复 $m \times 20$ 码块序列，根据事先配置的时隙表，从 13/15/17/19 号时隙提取码块，恢复 Client 3 码块流，然后通过系统的码块交叉，输出到出口方向，并把码块插入到右侧 $m \times 20$ 个码块序列中的 0/1/3/6 号时隙，最后通过 PHY 转发到下一个节点。

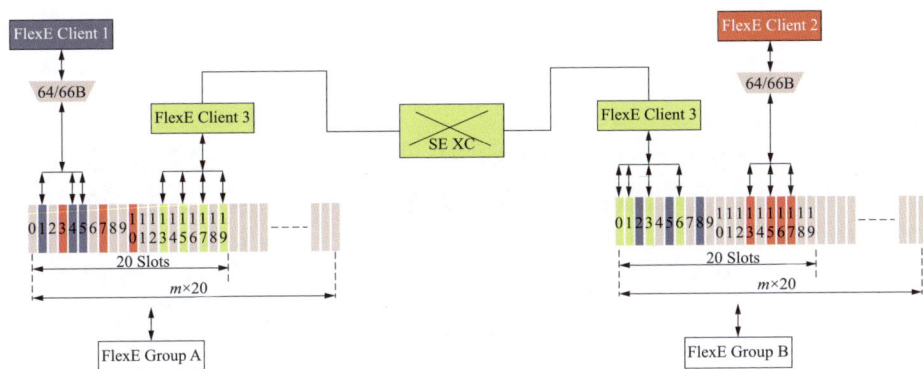

图 4.4-13　FlexE/MTN 通道交叉技术原理

二　FlexE 电力算力网络架构

（一）FlexE/SPN 电力业务统一承载网络架构

本书根据能源互联网典型业务的性能指标、安全隔离和连接调度需求特性进行分类研究。结合传输和数据通信网络技术融合发展趋势和产业化现状，深入研究典型电力通信业务的 SLA 指标特性和新型电力系统的核心需求特性。根据 FlexE/SPN 主要技术特性与电力通信需求的匹配度，提出基于 FlexE/SPN 统一承载电力通信业务的网络总体架构和网络切片应用方案，在与国内主流网络设备厂家和相关芯片厂家联合研发 CBR 业务映射封装技术方案的基础上，推出适合能源互联网多业务统一承载的分层协议架构和多业务承载技术路线方案。

FlexE 技术具备多端口捆绑、通道化和子速率三大主要功能，可以实现超大带宽接口、带宽按需分配、硬管道物理隔离、网络切片、低时延保障等应用。基于 FlexE 技术的切片网络框架如图 4.4-14 所示，结合 SDN/NFV、云技术，可以更好地满足智能电网网络切片、硬管道大客户专线、物联网、VR/AR 等业务发展需求。需要通过网络资源的分割、切片，来保障不同的智能电网业务的 SLA，保障不同业务承载的隔离性、安全性和可靠性。FlexE 通道化功能，可以实现不同的 FlexE Client 的物理切片和物理隔离，使得网络可以通过 FlexE（硬隔离）、VPN（软隔离）相结合的方式，更好地满足智能电网网络切片需求。

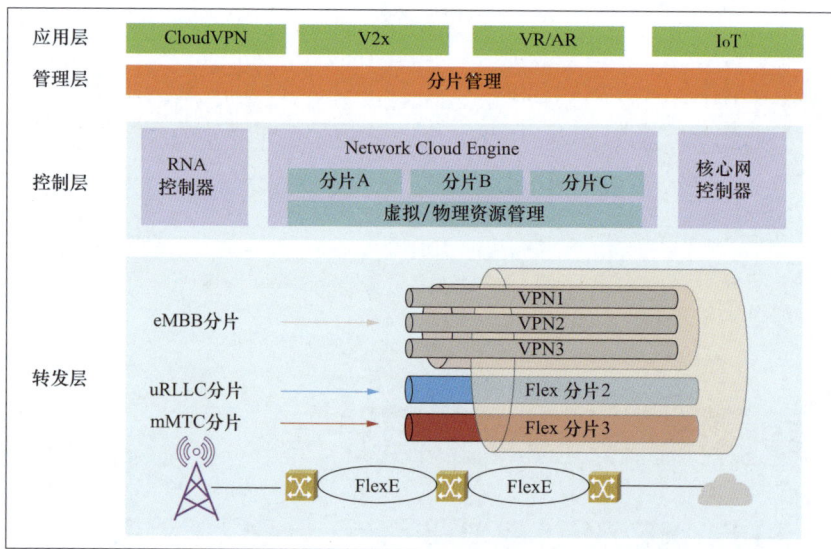

图 4.4-14 基于 FlexE 技术的切片网络框架

FlexE 技术介于 MAC 层、PCS 层之间，端到端传输过程不必绕经上层网络，使其传输时延大大降低，并且 FlexE 构建的管道为硬管道，可以大大提升传输的可靠性。因此，在 VPN 技术构建软管道的基础上，通过 FlexE 技术构建端到端的硬管道，实现"软管道 + 硬管道"相结合的方式，为不同重要等级、不同业务需求的应用提供差异化的服务，既能最大限度利用网络资源，又能为 uRLLC 等高价值应用提供可靠保障。FlexE 硬隔离管道在网络切片中的应用如图 4.4-15 所示。

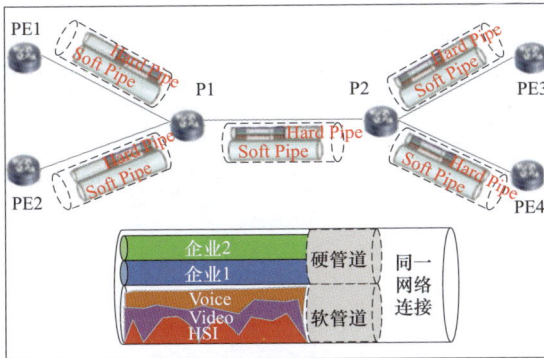

图 4.4-15　FlexE 硬隔离管道在网络切片中的应用

多业务承载的 FlexE 分层架构如图 4.4-16 所示。给出了支持多业务统一承载的 FlexE/SPN 网络分层协议架构和发展愿景。

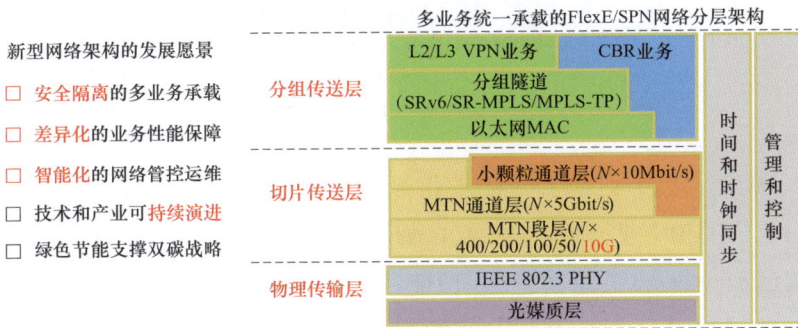

注：本图中CBR业务特指E1、STM-1、TSN、工业以太网等需要低时延和高安全隔离的能源互联网业务。

图 4.4-16　多业务承载的 FlexE 分层架构

（二）FlexE/SPN 两级层次化网络切片

支撑电力通信的 FlexE 层次化网络切片方案如图 4.4-17 所示。首先，开展四类电力分区业务量的分类统计，对 FlexE/SPN 网络接口预规划为两个或三个 $N \times 5$Gbit/s 的大颗粒硬隔离管道，N 的具体数值由生产 I / II 区业务量、信息 III/IV 区业务量以及未来新兴业务量来统一规划。对于电力生产控制的 I 区业务和生产监测的 II 区业务，由于均对可靠性和安全隔离性要求较高，并且均是带宽小于 100Mbit/s 的固定比特速率（CBR）业务，包括传统 E1 和通道化 STM-1 电路型业务，工业以太网和未来将应用的时间敏感网络（TSN）等分组型数据业务，因此采用基于固定时隙复用的 $N \times 10$Mbit/s MTN 子通道切片来实现该类业务的硬隔离和确定性时延传输。

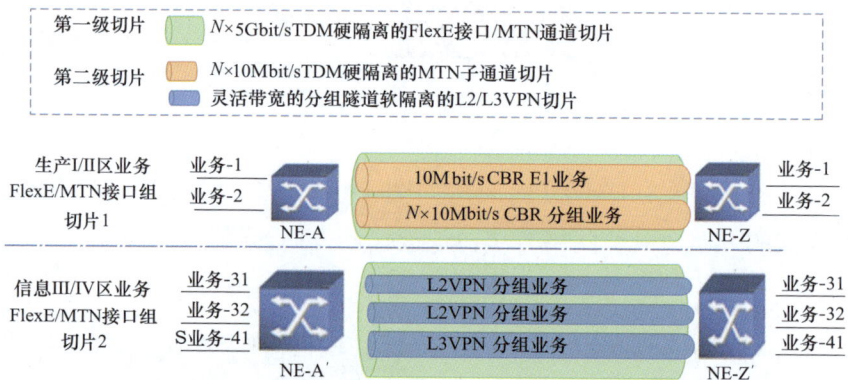

图 4.4-17 支撑电力通信的 FlexE 层次化网络切片方案

对于信息管理类的 III/IV 区业务，可以按需配置为采用分组隧道软隔离的 L2/L3VPN 业务切片，通过合理的优先级配置策略和 QoS 调度机制，来满足不同业务的差异化承载性能。针对未来数据网络中有高安全隔离和确定性承载需求的新兴分布式算力业务，也可单独规划配置一个独立的 $N \times 5$Gbit/s FlexE 接口切片和支持确定性承载技术的 L2/L3VPN 软切片来承载。

生产控制类 I 区业务：配置 1 个 $N \times 5$G 大颗粒的 FlexE 接口切片 1，

内部嵌套按需配置面向各业务的 $N \times 10M$ 的 MTN 通道专用切片，以 CBR 业务类型为主。

生产非控制类 II 区业务：在 FlexE 接口切片 1 内，嵌套配置面向各业务的 $N \times 10M$ 的 MTN 通道专用切片，包括 CBR 和以太网专线业务类型。

信息管理 III/IV 区非实时业务：配置 1 个 $N \times 5G$ 大颗粒的 FlexE 接口切片 2，对于点到点以太网专线业务，采用基于 MPLS-TP 隧道的专线软切片；对于多点之间 L3VPN 业务，采用基于 SR 隧道的 VPN 专网软切片。

信息管理 III/IV 区实时业务：建议配置 1 个 5G 大颗粒的 FlexE 接口切片 3，内部配置点到点专线软切片或多点之间 L3VPN 专网软切片。

（三）FlexE/SPN 统一承载电力业务方案

基于 FlexE 的多业务承载技术路径如图 4.4–18 所示。根据图中 FlexE/SPN 的业务承载方案，各类典型业务的适配和映射路径如下。

（1）生产控制类 I 区业务。比较符合固定比特率（CBR）业务特性，需要满足严格的物理隔离安全要求，因此不需要经过分组传送层，直接根据业务端口编号，CBR 适配到时隙通道层，根据颗粒度大小，选择采用路径③适配到专用的 $N \times 10Mbit/s$ 小颗粒通道层，对未来大带宽高安全隔离的 CBR 业务，可采用路径④适配到 5Gbit/s 或 1Gbit/s 时隙通道层。

（2）生产非控制类 II 区业务。可根据各类业务性能指标要求、寻址转发方式和调度需求，在分组传送层进行业务适配和转发处理，对于 L2 以太网专线业务建议选择采用路径①或②中的 MPLS-TP 转发方案；对于 L3VPN 业务，建议选择路径②中的 SR-MPLS 或 SRv6 隧道转发方案。在时隙通道层，需要配置专用的时隙通道来实现安全隔离，可根据接入带宽需求和汇聚调度位置来选择路径⑤的 5Gbit/s 或 1Gbit/s 时隙通道层，或者路径⑥的 $N \times 10Mbit/s$ 小颗粒通道层。

（3）生产信息类 III 区和信息管理 IV 区业务。可根据各类业务性能指标要求、寻址转发方式和调度需求，对于 L2 以太网专线业务建议选择采用路径①或②中的 MPLS-TP 转发方案；对于 L3VPN 业务，建议选择路径②中的 SR-MPLS 或 SRv6 隧道转发方案。在时隙通道层，可根据安全隔离需求，配置共享或专用的时隙通道来实现安全隔离；根据接入带宽需求和汇聚调度位置来选择路径⑤的 5Gbit/s 或 1Gbit/s 时隙通道层，或者路径⑥的 $N \times 10$Mbit/s 小颗粒通道层。

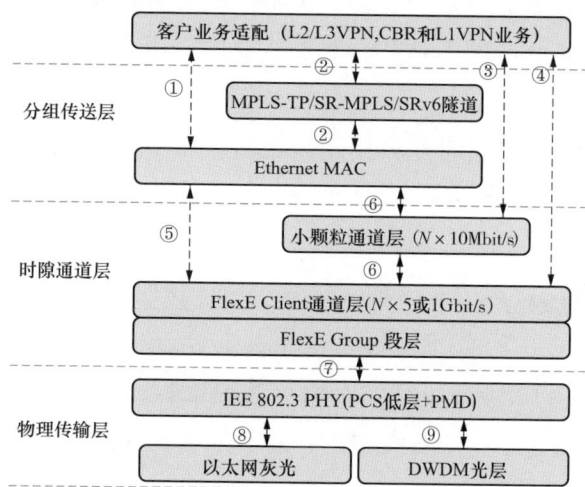

图 4.4-18　基于 FlexE 的多业务承载技术路径

　　针对智能电网各种业务的差异化需求，考虑确定性时延、大带宽、安全隔离三种网络切片，基于每个切片创建每个用户具体业务的 VPN，切片间的业务隔离通过端到端 FlexE 接口进行硬隔离，同时切片内的业务通过 VPN 隔离和 QoS 保证端到端业务隔离和带宽。

　　（1）对于大带宽切片场景，主要是需要通过切片保证大带宽场景，优选带宽资源保证和视频业务时延保证的网络资源划到该切片网络中。

　　（2）对于确定性时延场景，由于该场景对承载时延提出比较严格的要求，需要通过切片网络来保证，可采用如下措施。通过网络组网调整，业务部署架构调整下沉，减少业务端到端的光纤传输距离，当前光纤传输时延为 5μs/km，所以光纤传输距离是影响业务端到端时延的最重要因素之一。通过对网络的切片，将需要低时延保障的业务划入单独切片中，通过切片网络内的控制调优功能，优选出路径最优、最符合时延保障的链路。端到端业务路径上的节点数量也是影响时延的因素之一，通过切片网络内的控制调优功能，优选出路径上节点最优、最符合时延保障的链路。

（3）针对安全隔离的业务场景，建议按照业务类型分为多个网络切片实例，切片间的业务在网络侧通过端到端 FlexE 进行硬隔离，同时切片内的客户业务通过 VPN 隔离和 QoS 保证端到端业务隔离和带宽。

第五节　支撑新型电力算力网络发展

一　支撑算力网络的网络技术演进建议

为适应新型电力系统接入主体多元化、业务多样化的灵活接入需求，需要分析 FlexE/SPN 和 M-OTN 等多种新技术在电力通信网中的应用可行性。充分利用 FlexE 技术在 IP 网络中通过大带宽接口、网络分片、通道化子接口物理隔离等特性，实施电力省公司各级通信网升级建设，构建坚强、高速、灵活的通信网，为能源网架体系，信息支撑体系，价值创造体系三大体系相互支撑，有机融合提供坚强保障，提高业务接入能力和网络利用效率。

支撑电力算力网络的 FlexE 发展演进建议如图 4.5-1 所示。按照演进建议，FlexE 和 SPN 技术将在支撑能源互联网的新型电力算力网络中充分发挥技术优势，通过网络资源的预规划和两级层次化网络切片技术，来满足不同分区业务的差异化 SLA 通信指标需求，实现安全隔离的多业务承载，差异化的业务性能保障，智能化的网络管控运维，技术和产业可持续演进，绿色节能支撑双碳战略。

本书建议在电力算力网络中利用 FlexE/SPN 的 $N \times 5$Gbit/s 和 $N \times 10$M/100M 多粒度的 TDM 硬隔离传输能力，满足电力生产控制业务、高质量视频会议、高清视频监控以及未来 VR/AR 业务、分布式电力计算等新兴业务的高安全隔离和确定性时延等承载需求。同时，结合 SDN/NFV、大数据、人工智能、云计算、边缘计算和数字孪生等先进 ICT 技术，融合高速光网络、灵活以太网（FlexE）和 IPv6+ 等承载网络技术优势，构建

图 4.5-1　支撑电力算力网络的 FlexE 发展演进建议

		中期规划：2023—2025年	中期规划：2026—2035年	
FlexE网络	定位	I/II/III/IV区业务统一承载	能源互联网的全业务、高隔离和智能化承载	
分组传送层 **灵活动态连接** **+** **多维业务感知**	灵活互连	MPLS-TP:L2点到点专线业务 SR-TP/SR-BE:L3VPN点到多点专网	SPv6头压缩技术成熟商用 推动SDN跨域智能协同管控	实现分布式动态灵活互连 SDN协同集中+分布式管控
	多维感知	IPv4+IPv6双栈、识别业务类型和优先级 高精准随流监测技术及端到端应用方案	SRv6优先级感知和SLA策略、 视频业务的BIER6组播应用	SRv6全业务感知和智能化编排
切片传送层 **高安全隔离** **+** **确定性承载**	技术	两级硬隔离网络切片+多颗粒切片自动编排	多颗粒切片的SDN智能管控运维	
	多颗粒切片	$N\times5Gbit/s$大颗粒 $N\times10M$小颗粒	两级切片的带宽无损调整 层次化切片的集中编排调度	$N\times10M/5G/25G$多颗粒切片分布式动态调度
	时延性能 优化机制	分组业务：FE/GE/10GE 电路业务：E1/STM-1	FE/GE/10GE/25GE 确定性低时延和双向时延差补偿	多颗粒网络切片的SDN智能化管控运维能力
物理传输层 **大宽带** **+** **光层组网**	组网	50G/100G组网	按需扩容，集成光层	全光互连、大容量组网调度
	高速率	干线：$N\times100G$ 城市：$N\times10G/50G/100G$	干线：$N\times200GE/400GE$ 城市：$N\times50G/100G/200G$	干线：$N\times400GE/800GE$ 城市：$N\times100G/200G/400G$
	大容量	设备容量：12.8T/6.4T/1.6T/400G 光线路：单波、2波	设备容量：25.6T/12.8T/6.4T 光集成：4波、8波	设备容量：单子架51.2T/102.4T 光交叉：16/32维*80波/96波

支撑云网融合和电力行业应用创新发展的高速、泛在、融合、智能和安全的新一代算力网络基础设施，为能源互联网和新型电力系统的发展夯实基础。电力通信网络中的 FlexE 应用和发展建议如图 4.5-2 所示。

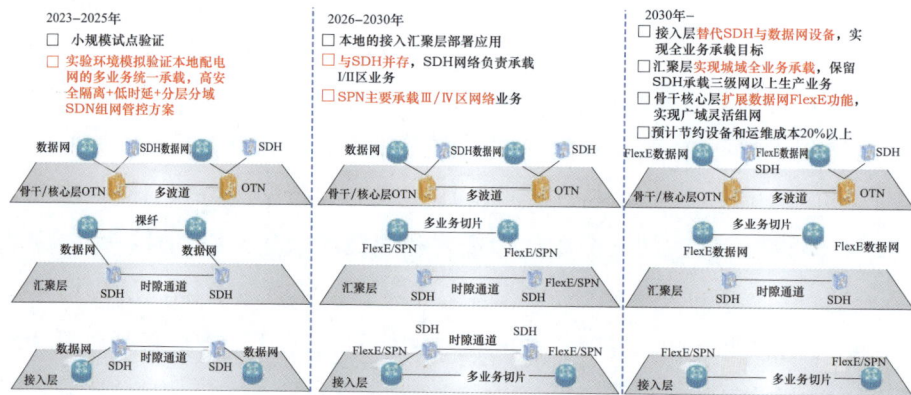

图 4.5-2　电力通信网络中的 FlexE 应用和发展建议

（1）2023—2025 年：在重点电力地市开展 FlexE/SPN 网络技术的小规模试点验证，并在实验环境模拟验证本地配电网的多业务统一承载，高安全隔离 + 低时延 + 分层分域 SDN 组网管控方案。

（2）2026—2030 年：在本地的接入汇聚层部署应用 FlexE/SPN 网络技术，并与 SDH 传输网并存，SDH 网络负责承载 Ⅰ/Ⅱ 区业务，SPN 主要承载Ⅲ/Ⅳ区信息类业务和部分配电网的自动化生产业务。

（3）2030年：在接入层实现 SPN 替代 SDH 与数据网设备，实现全业务的统一承载目标；在汇聚层实现城域全业务承载，保留 SDH 承载三级网以上生产业务，骨干核心层扩展数据网路由器设备的 FlexE 接口功能，实现广域灵活组网。

二 能源互联网的云网融合承载

2020 年我国发布"新基建"国家战略，以 5G、大数据中心为代表的"新基建"正在助推越来越多行业的数字化转型。在数字化时代，云网融合是"新基建"的数字底座，是加快"新基建"时代千行百业数字化转型的重要推手，因此我国三大运营商都在大力构建"网是基础，云是核心，网随云动，云网一体"、"智是内核，数据价值，融数注智"的数字化和智能化信息基础设施，积极推进云网融合发展实践。

从能源互联网业务长期发展角度，贯彻国家发改委的新基建战略，适应电力算力网络的云网融合发展趋势如图 4.5-3 所示。国家电网的信息通信网络也将向云网融合方向发展，适应传输网和数据通信网技术融合发展趋势和基于 FlexE 的新型承载网络技术的中长期演进方向，得出适用于能源互联网业务发展的、开放融合的新型 FlexE/SPN 承载网络技术演进方案，并得出开展 IPV6+FlexE/SPN+ 光层的协同规划、组网保护和 SDN 智能管控运维关键技术发展方向。

电路通道 → 通信网络 → 云网融合

L1　　　　　L1~L3　　　　L1~L7

图 4.5-3　适应电力算力网络的云网融合发展趋势

云网融合发展过程中需要遵循以下原则。

（1）网是基础：简洁、敏捷、融合、开放、安全、智能的网络为云和数字化转型提供高容量、高性能、高可靠的泛在智能承载，是新型信息基础设施的基础。

（2）云为核心：云是数字化平台的载体，为面向数字化转型的大数据、物联网、人工智能、5G/6G和全光网络等技术演进提供资源和能力，是新型信息基础设施的核心。

（3）网随云动：网络需要根据云的需求自动进行弹性适配、按需部署和敏捷开通，形成网主动适配云的模式，促成云网端到端能力服务化。

（4）云网一体：突破传统云和网的物理边界，构筑统一的云网资源和服务能力，形成一体化的融合技术架构。

本书从云网融合长期发展演进角度，遵循以上四个原则，深入开展基于 FlexE 的新型承载网络技术演进方案的研究。在 FlexE 的网络分层架构中，物理传输层包括短距离的高速以太网接口，在长距离传输时，可采用集成型或光接口子架方案来支持基于 FlexO 的多波长 WDM 彩光传输，实现 L0~L3 融合承载的新型网络设备。

在云网融合发展趋势下，IP 和光网络是 ICT 领域最基本和最重要的信息通信网络基础设施，如何实现 IP 和光网络的技术协调发展，简化联合组网架构、提升网络效率，多年来已成为承载网络技术演进需研究的战略方向和重要内容。IP+ 光协同组网如图 4.5-4 所示。SDN 是重构未来网络架构的使能器，基于 SDN 管控架构，网络运营商不仅可以快速开发、提供创新的业务，满足多变的客户需求、提升竞争力，还可以全面实现 IP+ 光网络的协同规划组网和 SDN 管控调优。基于 SDN 实现 IP+ 光协同规划和网络调优如图 4.5-5 所示，是面向云网融合发展趋势的重要内容。

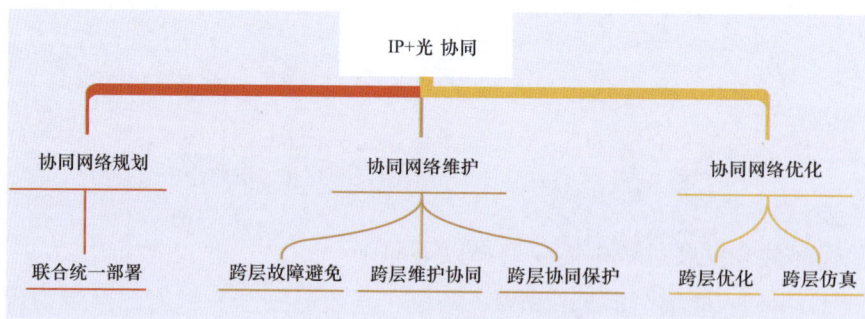

图 4.5-4　IP+ 光协同组网

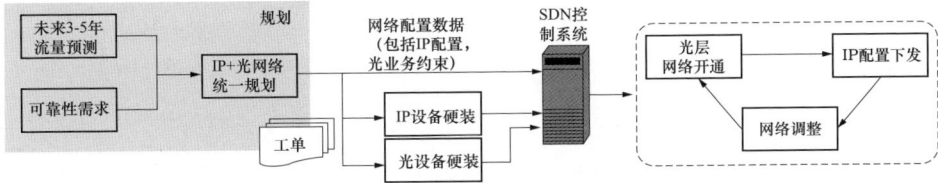

图 4.5-5　基于 SDN 实现 IP+ 光协同规划和网络调优

第五章
算力网络技术
体系架构

第一节　算力网络技术体系

通过算网融合下计算服务架构演进分析并结合算力网络体系架构定义、接口设置与相应的功能描述，可以看出目前算力网络研究领域还存在着一系列待解决的技术问题，涵盖了 SDN2.0、NFV2.0 以及 DCN2.0 等，在本书第一章已阐述的技术背景、演进问题，以及根据算力资源的特征和未来海量分布式交易的需求，算力建模与区块链交易方面的问题，技术问题总体上可以分为如下 5 个方面。

（1）电信承载网控制：主要通过 IPv6+ 等数据通信新技术，解决当前网络难以感知业务需求，算力和服务难以良好匹配的问题。

（2）新型网络转发：针对当前电信边缘云网络的封闭性，引入定制化转发设备和可编程芯片等技术，降低组网成本，丰富产业生态。

（3）算力建模与纳管：针对当前算力难以量化建模，算网难以协同服务等问题，通过研究算 - 网 - 存等指标的联合优化，提升算力基础设施和网络基础设施建设和布局的合理性。

（4）算力服务与交易：针对当前集中式平台难以满足高频、可信交易的要求，通过算力网络架构与技术体系引入区块链账本和可信计算等技术，增强多方协同安全性和交易透明不可篡改问题。

（5）服务编排与调度：针对虚拟资源变更、调度与迁移难以全程管控，轻量化资源能力释放等问题，通过微服务、容器化等 IT 方案，解决边缘轻量化业务快速迁移和服务的问题。

除此之外，算力网络也面临着提升网络和平台安全能力，引入智能化运维手段和加强 IP 与光层协同承载、跨层优化等方面的问题，这些均是下一代承载网技术研究与选型过程中面临的普适性问题，由于本书篇幅有限，这里不做重点介绍。

第二节　典型算力网络架构

算力网络是通过网络控制面分发服务节点的算力、存储、算法等资源信息，并结合网络信息和用户需求，提供最佳的计算、存储、网络等资源的分发、关联、交易与调配，从而实现整网资源的最优化配置和使用的新型网络。算力网络架构提出的出发点是为解决边缘计算节点之间的协同问题，其实现机制是将算力与网络能力作为路由信息发布到网络层之上的算力路由层，并由算力路由节点基于虚拟的服务 ID 将计算任务报文路由到最合适的计算节点，以实现用户体验最优、计算资源利用率最优、网络效率最优。

算力网络架构的技术特征包括：计算与网络深度融合的新型网络架构；包含新型算力网络路由协议，如基于边界网关协议/内部网关协议（BGP/IGP），设计算力路由标识、算力路由控制、算力状态网络通告、算力路由寻址、算力路由转发等。算力网络功能架构如图 5.2-1 所示。

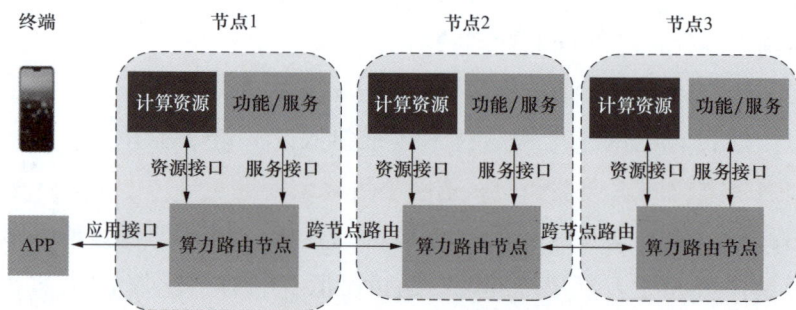

图 5.2-1　算力网络功能架构图

一　分布式云架构

分布式云架构是从云计算下沉角度进行设计延伸的，已成为云计算服务发展的新趋势。分布式云把云的类型分成核心云（Core Cloud）、区域云（Regional Cloud）、边缘云（Edge Cloud）三层逻辑。分布式云中的边缘、区域、核心云配置模型如图 5.2-2 所示。国际电信联盟标准化组织 ITU-T 已发布的分布式云高层需求标准《Y.3508 SERIES Y：GLOBAL INFORMATION INFRASTRUCTURE，NTERNET PROTOCOL ASPECTS，NEXT-GENERATION NETWORKS，INTERNET OF THINGS AND SMART CITIES》描述了结合典型云计算部署需求的三种配置模型。

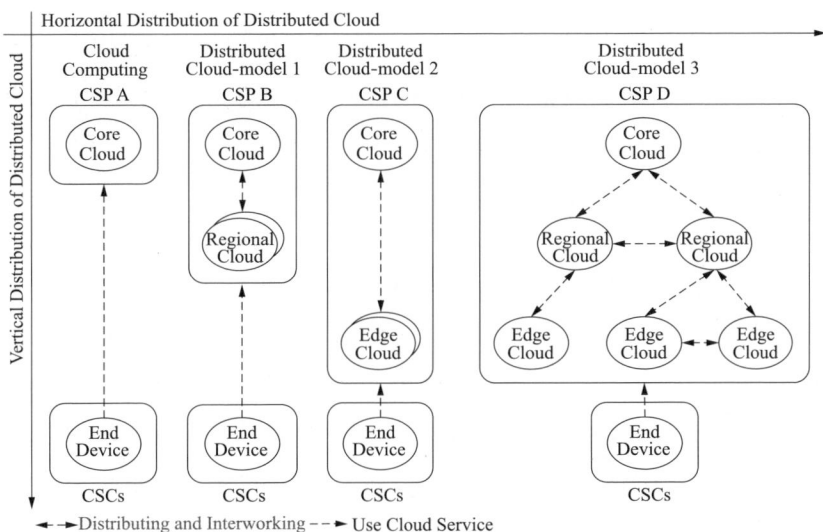

图 5.2-2　分布式云中的边缘、区域、核心云配置模型

　　其中模型一要求在部署云的时候，把核心云和区域云的配置进行统一协同；模型二是单纯的核心云和边缘云协同服务；模型三包含的边缘云更靠近区域云，需要逐层把云服务推到边缘，进行分层的低时延处理。例如一些大型 AI 训练推理应用场景需要在核心云基于大数据和高算力做模型训练，配合区域特性可把一些训练规则部署在区域云中，而真正要做推理和实施时，则会在边缘云上提高其实时性。

　　在分布式云的协同管理上最复杂的第三种模型中会引入"云 – 区域 – 边"的协同调度和边边协同调度，以提高统一用户感知的服务，所有管理调度的前提是所有的云类型能力都来自于同一个云服务商（CSP）。可在核心云管理能力上升级全局调度，在边缘侧引入边缘云管理负责边缘云自治和边边协同。目前分布式云管理和架构类的标准正在 ITU-T 进行研究制定中。

183

二　泛在计算服务化架构

泛在计算服务化架构借鉴了 NFV/SDN 集中管理和云计算池化调度理念，通过集中化和分级化扁平平台实现对泛在计算设备的算力和网络信息收集、应用管理调度和部署分发，为用户提供最优的算力分配及网络连接方案。分级调度的泛在计算的逻辑架构由算力 + 网络基础设施层、算网管理调度层、计费运营层组成，这三层之间通过标准应用程序接口（Application Programming Interface，API）互通，完成算力生成、调度、交易的闭环。

其中，算网 + 基础设施层提供异构算力资源与确定性、无损的泛在网络连接，是泛在计算服务大厦的基柱；算网管理调度层负责底层算网资源的算力注册、智能调度、算力分解以及算法框架和应用部署等功能，是泛在计算服务大厦的顶梁；计费运营层实现算力分级、交互界面、应用商店、开发平台等运营功能，并利用区块链技术实现基于智能合约的算力记账，是泛在计算服务大厦的门户。

泛在计算服务化架构具备 3 个特征。一是对社会泛在计算设备、云边端三层多级算力的集中管理调度，实现控制与数据平面的分离；二是不改变当前底层网络架构与 IP 协议实现，通过平台自身的多级调度能力实现互联协同，调度参数通过松耦合的平台调度逻辑实现；三是可以兼容当前单体业务、应用的架构设计的组资源调度，同时也能支撑各类轻量化微服务架构的细粒度调度。

三　算网融合体系架构

算网融合是以通信网络设施与异构计算设施融合发展为基石，将数据、计算与网络等多种资源进行统一编排管控，实现网络融合、算力融合、数据融合、运维融合、智能融合以及服务融合的一种新趋势和新业态。算网融合内涵丰富,"融合"是其根本特征,具体体现在融合架构、融合技术、融合设施以及融合服务。

算网融合是一种多维度的融合架构。算网融合涉及算网设施、算网平台、算网应用、算网安全四个方面。算网设施负责多元算力的感知、联接与协同,能够实现网络融合、数据融合以及算力融合。算网平台以开放化的安全保障、智能管理和服务编排为目标,能够实现运维融合、智能融合以及服务融合。算网应用和算网安全,采用内生安全的架构设计,面向各垂直行业,能够满足泛在连接、高效算力、安全可信的应用需求。

算网融合关键技术体系如图 5.2-3 所示,包含一系列的计算技术、网络技术以及安全技术,支撑 ICT 产业向着网络计算化、计算网络化方向发展,增强算网安全能力,实现计算基础设施和网络基础设施的协同融合。

(1)IT 设施关键技术能力包含云安全、云计算、高性能计算以及边缘计算等。

(2)CT 设施关键技术能力包含 SD-WAN、零信任、确定性网络、双千兆网络、IPv6/IPv6+、无损网络。

(3)计算资源调度关键技术能力包含微服务架构和异构资源纳管。

(4)算网管控关键技术能力包含 SDN 2.0 和算力路由。

(5)算网系统关键技术能力包含人工智能、大数据、电信级区块链、SASE 以及服务编排调度。

算网应用关键技术能力则包含场景化信息模型和北向接口规范。

算网融合技术架构如图 5.2-4 所示,包含算网设施、算网平台以及算网应用 3 个部分,对各个层面介绍如下。

1. 算网设施

算网设施为算网融合提供计算、网络、存储等资源的物理承载,实现网络、计算以及数据资源的池化,一体化管理调度资源池,提供网络传输能力、异构计算能力以及数据分析能力,是算网融合能力底座。算网设施以算力路由技术作为网络设施共性技术,以 SD-WAN 和 SRv6 分别作为网络 Overlay 和 Underlay 关键技术,实现算力连接和算力路由,采用确定性网络技术实现算网服务的高效性。

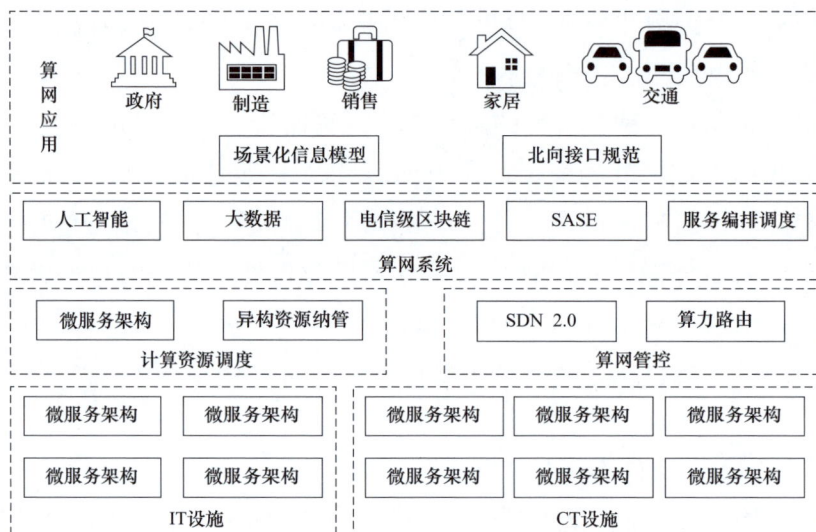

图 5.2-3　算网融合关键技术体系

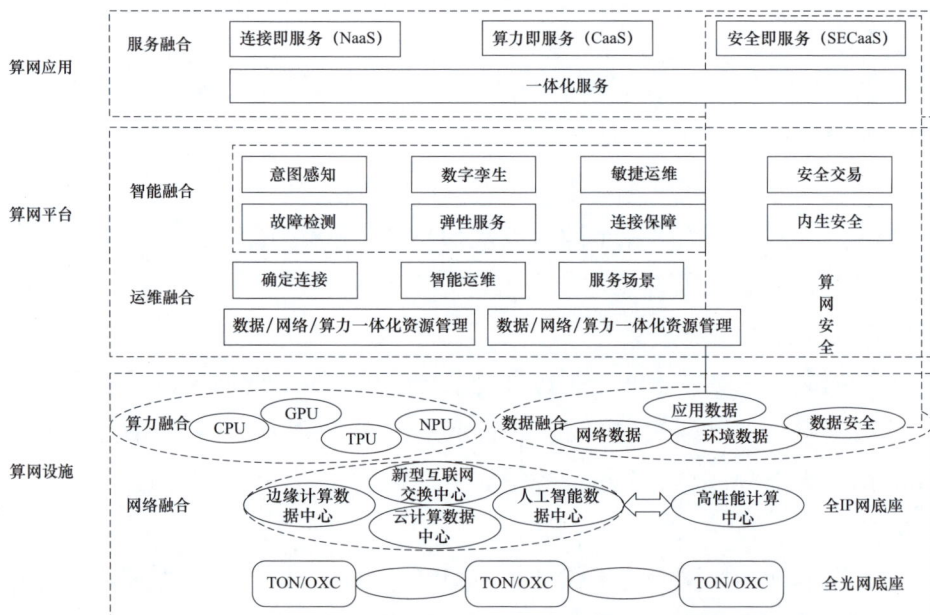

图 5.2-4　算网融合技术架构

2. 算网平台

算网平台为算网融合提供一体化、智能化的管控和运维，调度算网设施资源池，智能预防及分析网络故障，实时监控网络连接状态和算力使用率，支撑弹性、高效、安全的算网应用，是算网融合的管控核心和智能引擎。算网平台采用 SDN/NFV 2.0 技术作为平台底层支撑技术，采用人工智能、大数据等创新技术实现对业务场景的智能化运维和管理。

算网平台采用云原生技术和微服务架构，进行软硬件解耦以及虚拟资源编排管理，实现底层资源与上层业务逻辑分离，微服务架构完成容器及算力的编排，保障业务的快速上线与扩容恢复，为泛在化异构算力的统一管理与去中心化算力交易提供有效承载支撑，提供满足确定连接、智能运维以及服务场景的一体化运维能力。

算网应用层中的服务融合主要包括一体化服务、连接即服务、算力即服务、安全即服务等。一体化服务将计算、网络、数据、智能、安全等多要素融合，提供多层次叠加的一体化服务。这种服务模式允许用户无需关心分段、分类的能力供给及复杂的技术方案实现，即可享受智能、极简、无感的算网服务。其具有多要素一体供给、多方多样算力融合和智能无感极简的特点：提供网络、算力、AI 等能力的综合供给；支持引入多方算力提供者，实现多样性新型算网服务及业务能力体系；通过"任务式"量纲的新服务模式，让用户无需感知算力和网络，实现智能无感的极致体验。

算网应用层包括连接即服务，关注个人办公设备、智能穿戴设备、车载设备、以及车路协同设备等海量终端，以"云网边端"一栈式接入为目标，为用户提供泛在连接服务。

算网应用层还包括算力即服务，屏蔽算网设施的位置和算力类型，根据用户需求和应用种类，调度算力资源类型和数量，提供一致性的高效算力服务具备屏蔽底层复杂性、按需调度特点，用户无需关心底层的计算资源，只需按需获取算力；根据应用的实时需求动态调整算力资源分配。

算网应用层还包括安全即服务，通过内生的安全能力，为数据资源传输、计算过程处理和应用结果发布等环节提供安全保障，为用户提供统一安全服务。

四 端侧算力网络的体系架构

端侧算力网络是通信网络和终端设备深度融合和进一步发展的新型物联网架构，面向空间内和跨空间的网络场景，利用现有的多种通信技术如蓝牙、WiFi、ZigBee、5G、D2D、LoRa 等，通过动态自治组网连接分布各处的终端设备，并通过实现面向终端协同的资源虚拟化，构建层次化算力感知图，以及多粒度多层次的资源调度与跨空间的算力协同等关键技术，构建可以充分利用终端设备能力的全新环境，保证网络能够按需实时调度不同位置终端设备闲置开放的计算资源和硬件能力，提高无线网络和终端设备算力的利用率和业务的 QoS，进一步缩短服务响应时间和处理时延，提升用户体验。

端侧算力网络架构从算力构成来看，可分为终端层和网络层。在端侧算力网络基础设施中，泛在分布式的终端设备是端侧算力网络的重要组成部分。基于端侧算力网络移动特性、分布特性及组网特性，可以分为时空高度动态组网、室内泛在大连接组网、多协议动态自治组网、多层次算力智能调度四种端侧算力网络形态。

一个端侧算力网络内部根据算力大小级别进行分层次组网，由于某个设备上产生的业务大多都和该设备的算力级别相匹配，所以最开始匹配同层次的终端设备空闲算力资源进行调度；一旦业务的算力需求同级别算力的设备无法承载的时候，则开始考虑更高算力级别的终端设备的空闲算力资源。

而云边端协同则是将端侧算力网络与算力网络相融合，因为端侧算力网络中设备数量巨大，设备具有普遍的异构性，而且大量终端设备属于用户私有设备。云边侧的服务器规模相对于端侧较小，设备异构性弱，且云服务器归企业所有。根据业务的不同需求，可以将某些需要算力大并需要安全保障的业务调度到云边的算力网络中，而将需要算力小，隐私需求高的业务限制在端侧算力网络中用户的私有设备上执行。

端侧算力网络接口示意图如图 5.2-5 所示，端侧算力网络控制层是属于终端设备的一个模块，为南北两侧提供中介。端侧算力网络控制层通过南向接口接入具有异构性的操作系统如 Linux、Android、windows、iOS、HarmonyOS 等。这些基础操作系统为上层端侧算力网络控制层的应用功能提供基础的系统调用支持。同时，端侧算力网络控制层本身通过端侧算力网络互联互通，是整体端侧算力网络的一个原子单位，结合人工智能与大数据技术，实现对资源的虚拟化、算力解构、算力调度和统一编排，为北向接口的应用服务提供功能 API，为实现对于用户智能无感的应用服务奠定基础。

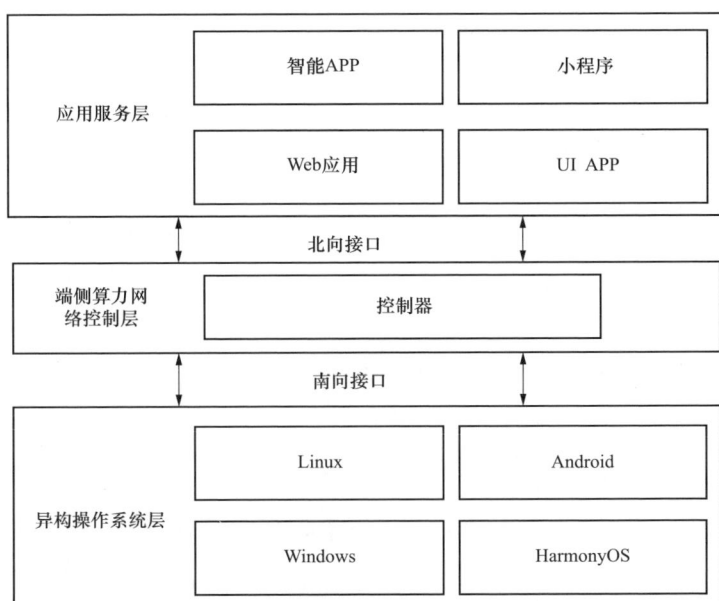

图 5.2-5　端侧算力网络接口示意图

端侧算力网络从功能架构上分为设备层、资源层、基础操作系统层、编排调度层、应用组件层、应用服务层以及安全与隐私。端侧算力网络功能架构图如图 5.2-6 所示。

（1）设备层：快速增长的终端设备数量和繁多的终端设备种类为端侧算力网络提供了大量潜在的泛在算力，是端侧算力网络组建的关键。终端设备承载了上层的应用服务，是端侧算力网络为用户提供服务的基础。

第五章　算力网络技术体系架构

应用服务层

| 智能APP | 小程序 | Web界面 | UI APP | 第三方业务系统 |

应用组件层

常用算法	异常检测算法	PCDN	闯入识别
自动驾驶	时序网络	人脸识别	人流检测
机器人系统	软工控	访客管理	多摄像头系统
舰队管理	实时处理	明火识别	低功耗传感器

编排管理层

| 虚拟化技术 | 算力解构 | 多层次算力调度 | 层次化算力感知图 | 设备集群管理 | 服务管理 |

基础操作系统层

| Linux | Windows | Android | iOS | HarmonyOS |

资源层

| 计算资源 | 存储资源 | 数据感知能力 | 电池剩余量 | 网络资源 |

设备层

| 智能手机 | 平板电脑 | 车载设备 | 摄像头 | 智能家居 |

区块链

同态加密

量子计算

多方安全

安全与隐私

图 5.2-6 端侧算力网络功能架构图

（2）资源层：算力网络资源层是端侧算力网络的坚实底座。以高效能、集约化、绿色安全的新型一体化基础设施为基础，形成泛在的分布式算力体系。

（3）基础操作系统层：基础操作系统为上层的应用功能提供基础的系统调用支持，为终端设备适应不同场景的需求提供了底层支持。

（4）编排调度层：编排调度层是端侧算力网络的调度中枢，通过将端侧算网原子能力灵活组合，结合人工智能与大数据技术，向下实现对算网资源的虚拟化、算力解构、算力调度和统一编排，提升端侧算力网络效能，向上提供端侧算网调度能力接口和服务编排管理能力，支持端侧算力网络多元化服务。

（5）应用组件层：在应用层和编排调度层之间增加了应用组件层，实现了资源和服务的解耦。

（6）应用服务层：应用服务层为用户提供服务，是端侧算力网络的服务和能力提供平台，通过算力网络原子化能力封装并融合多种要素，实现算网产品的一体化服务供给。

（7）隐私和安全：端侧隐私和安全技术是以算网自身安全能力为基础，以智能分析、灵活编排为手段，形成主动免疫、协同弹性的安全能力，满足网络行为可预期、强管理、差异化的安全需求。

五　算力感知网络体系架构

算力感知网络是计算网络深度融合的新型网络架构，以现有的 IPv6 网络技术为基础，通过无所不在的网络连接分布式的计算节点，实现服务的自动化部署、最优路由和负载均衡，从而构建可以感知算力的全新网络基础设施，保证网络能够按需、实时调度不同位置的计算资源，提高网络和计算资源利用率，进一步提升用户体验，从而实现网络无所不达，算力无处不在，智能无所不及的愿景。

基于算力感知网络的概念，中国移动从新架构、新协议、新度量等方面协同演进，构建面向算网一体化演进的新型基础网络。其中新架构方面，主要从当前计算和网络单独管理和运维到网络计算融合演进的统一编排体系的架构上考虑。新协议方面主要从传统网络调度到网络和计算联合调度演进，即网络需要不仅做网络路径的优化，还需要考虑节点的算力资源状况，为业务通过最佳路径调度到最佳的服务节点。新度量主要考虑到算力资源作为网络基础设施的重要组成部分，基于统一的建模和感知构建算力度量体系实现异构算力资源的抽象表示和统一描述，这作为算力感知网络的研究基础，为算力感知和通告、算力 OAM 和算力运维管理等功能提供标准度量准则。

为加快算力网络十大技术方向的发展，中国移动基于算力网络三层架构和技术图谱，在提出算力原生、算力度量、算力路由等新技术理念的基础之上，进一步对算力网络的关键技术进行了体系化的梳理和深度挖掘，聚焦三十二大核心技术，与十大发展方向、三层架构进行了关联映射。算力感知网络核心技术体系，如图 5.2-7 所示。

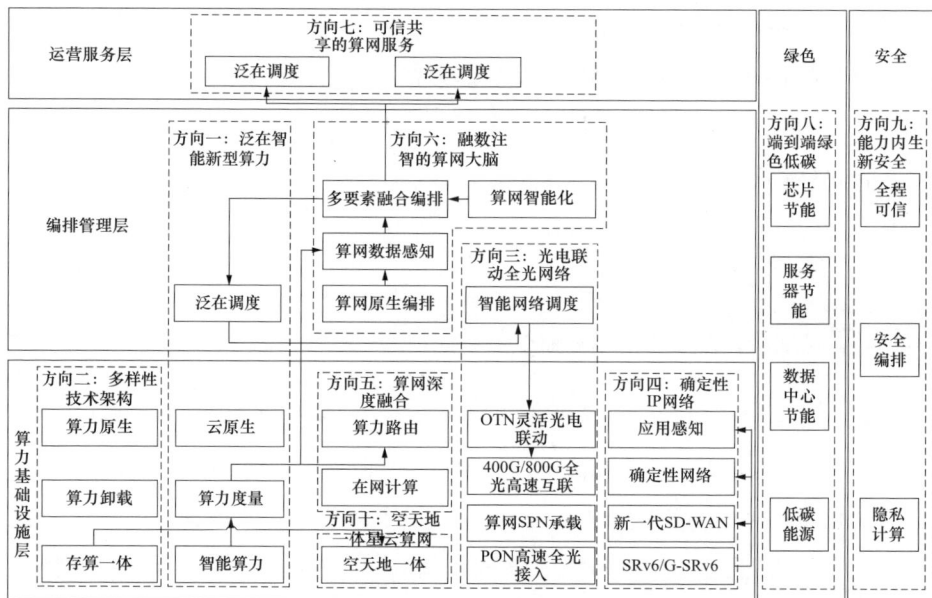

图 5.2-7　算力感知网络核心技术体系

为了实现泛在计算和服务感知、互联和协同调度，算力感知网络架构体系从逻辑功能上可划分为算力服务层、算网管理层、算力资源层、算力路由层和网络资源层。算力感知网络体系架构图如图 5.2-8 所示，其中，算力路由层包含控制面和转发面。

算力资源层和网络资源层是算力感知网络的基础设施层，算网管理层和算力路由层是实现算力感知功能体系的两大核心功能模块。算力感知网络体系架构基于所定义的五大功能模块，实现了对算网资源的感知、控制和管理。

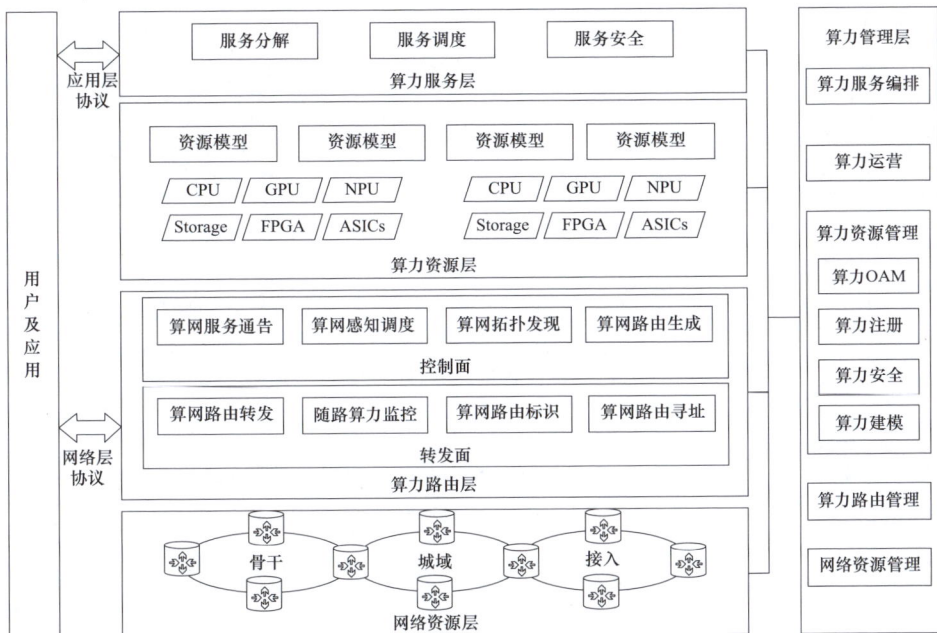

图 5.2-8　算力感知网络体系架构图

六　基于云原生的算力网络体系架构

　　算网技术元素，主要包括算力生成、算力调度（路由）和算力交易三个方面，使网络成为为全社会提供 AI 算力能力的基础设施。

　　算力网络是融合计算、存储、传送资源的智能化新型网络，通过全面引入云原生技术，实现业务逻辑和底层资源的完全解耦。需通过打造如 Kubernetes 的面向服务的容器编排调度能力，实现服务编排面向算网资源的能力开放。同时，可结合 OpenStack 的底层基础设施的资源调度管理能力，对于数据中心内的异构计算资源、存储资源和网络资源进行有效管理，实现对泛在计算能力的统一纳管和去中心化的算力交易，构建一个统一的服务平台。基于云原生的算力服务编排架构如图 5.2-9 所示。

　　高效算力网络，具备了联网、云网与算网三个方面的技术元素，其中联网是基础，在 5G 时代，引入了超低延时技术与端到端网络确定性技术，以适应 VR/AR，工业计算等面向垂直行业的需求。同时，为了达到

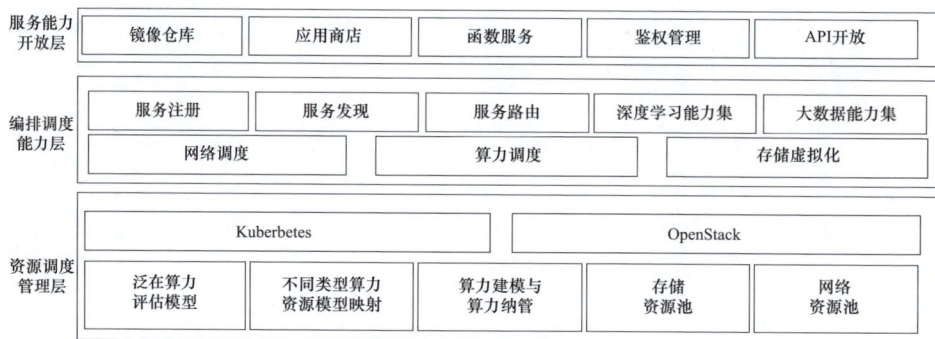

服务能力开放层	镜像仓库	应用商店	函数服务	鉴权管理	API开放

编排调度能力层	服务注册	服务发现	服务路由	深度学习能力集	大数据能力集
	网络调度		算力调度		存储虚拟化

资源调度管理层	Kuberbetes			OpenStack	
	泛在算力评估模型	不同类型算力资源模型映射	算力建模与算力纳管	存储资源池	网络资源池

图 5.2-9　基于云原生的算力服务编排架构图

网络无损的目的，需要将数据中心内部的 Leaf-Spine 架构向城域扩展，搭建城域的 Metro Fabric。云网方面，网络人工智能技术将在算力网络的运维、管理、故障预测等方面发挥极大作用，并且网络需要进一步的云化以便提升业务交付效率。算网技术元素，主要包括算力生成、算力调度（路由）和算力交易三个方面，使网络成为为全社会提供 AI 算力能力的基础设施。算力服务网络关键技术元素如图 5.2-10 所示。

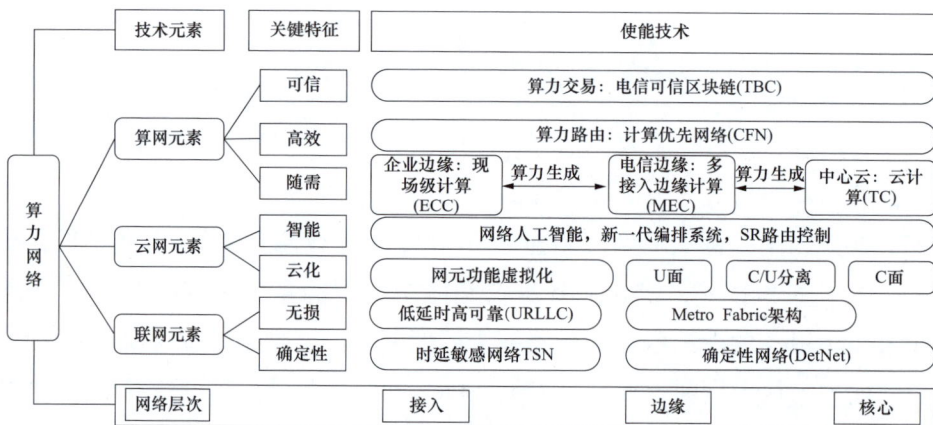

图 5.2-10　算力服务网络关键技术元素

七　确定性算力网络体系架构

基于算力网络的发展趋势，从资源、时延、智能三个维度，结合云原生、确定性、人工智能等方面前沿技术进展，对算力网络的架构设计进行了分析探讨，提出了算网云原生、算网确定性、算网自智化三项新型算力网络的核心能力特征。旨在提升算力网络的编排调度灵活性、计算传输时敏性、决策治理智能化，进而为算力网络的发展提供新的思路参考，确定性算力网络的核心能力特征如图 5.2-11 所示。算网云原生可拉通异构算力资源，通过技术手段池化泛在资源，为确定性服务时延保障的实现提供一体化算力及网络资源。算网确定性上承业务需求、下连算力网络资源，将上层业务需求与下层算网资源配对，以满足新型业务对于算力网络确定性的需求。算网自智化则为算网云原生和算网确定性提供智能化决策治理能力，以提升整体系统架构的智能化水平，促成系统全流程自动化运行、算网资源的智能化运用、上层业务的多样化承载，最终确保用户业务的无感知接入和算网资源的一体化按需服务。

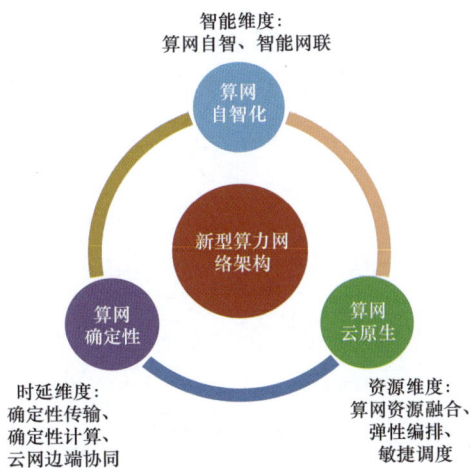

图 5.2-11　确定性算力网络的核心能力特征

　　确定性算力网络架构，如图 5.2-12 所示，确定性算力网络架构可分为基础设施资源层、算网融合能力层、应用与服务运营层。

　　（1）基础设施资源层，是确定性算力网络架构的基础底座，包括异构多层次算力基础设施和异构泛在网络基础设施。其中，异构多层次算力基础设施包括云计算节点，边缘计算节点、端侧算力节点等多层次算力资源，以及基础算力、智能算力、超算算力等异构算力资源。异构泛在网络基础设施包括 5G/B5G 接入网络、确定性边缘网络、确定性广域网络、确定性数据中心网络等。

（2）算网融合能力层，是确定性算力网络架构的中枢系统，由算网编排调度平面、算网自智决策平面构成。算网编排调度平面连通基础设施资源层和应用与服务运营层，为应用与服务运营层提供北向开放 API 接口以供应用服务调用，同时需具备支持现有系统集成调用的能力。算网编排调度平面具备算网云原生和算网确定性两大能力特征，算网云原生可统一整合下层异构计算、网络资源以支持算网确定性能力；算网确定性可规划云网边端协同策略，为上层应用服务提供确定性服务。算网自智决策平面是新型算力网络的大脑，为算网编排调度平面提供智能化系统状态感知、分析建模、策略决策的能力。从功能内容来说，算网自智决策平面基于基础设施资源层状态信息和业务意图信息的智能感知，进行自动化分析建模和决策，并将决策结果反馈算网编排调度平面以提供智能化、自动化决策治理能力。

（3）应用与服务运营层，主要包括应用服务、服务运营等。应用服务主要包括云虚拟现实、智能驾驶、智能制造等计算密集、时间敏感型业务。服务运营主要包括可信算网交易、智能化系统运维等。

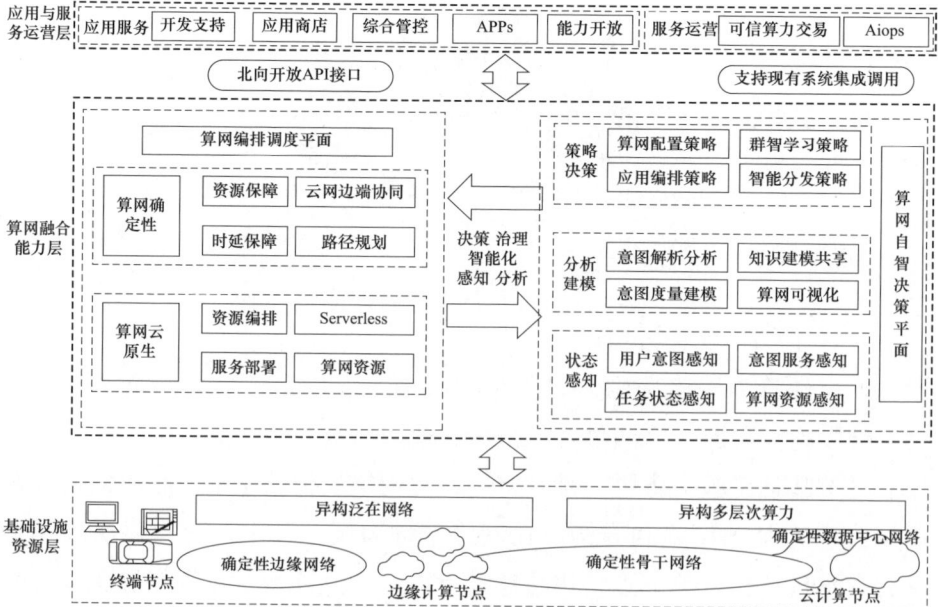

图 5.2-12　确定性算力网络架构

八 电信三大运营商架构

业界对于算力网络的体系架构和逻辑功能已达成基本共识，体系架构划分为算网基础设施层、编排管理层和运营服务层。基础设施层基于全光网络，实现云边算力高速互联，满足数据无损、高效传输需求；编排管理层是算力网络的调度中枢，通过灵活组合算网原子能力，向下实现算网资源的统一智能调度管理，向上支撑算网多样化服务。运营服务层是算网服务能力提供平台，为用户提供算网产品。

算力网络相关研究围绕以上 3 个层面，开展业务场景需求分析、算网基础设施关键技术、编排管理关键技术和算网安全等研究工作。在基础技术实现方面，有工作探讨了算力网络关键技术，云计算、边缘计算和算力网络的融合，面向 6G 的算力网络分层结构和控制技术。在编排管理技术方面，有工作探讨了算力网络的集中式、分布式和混合式三种架构方案，提出算力网络要统筹考虑算力需求满足和网络改造成本；面向海量边缘设备，研究了基于云原生的边缘资源统一纳管、算力分配算法和调度机制；基于 IPv6/SRv6 等路由协议可编程特性，研究了面向多层次异构算网资源的算力资源标识、算力路由技术。在算网安全方面，有工作探讨了算网安全参考架构，梳理了算网安全支撑技术，基于区块链等新技术研究了算网信任评估与保障方案。

目前国内智能算力中心由阿里、腾讯、华为、商汤等技术创新企业主导，面向商业市场提供算力服务，同时将 AI 应用能力溢出提供人工智能云服务。2020 年底国家信息中心信息化和产业发展部发布了《智能计算中心规划建设指南》，建议采用政府主导、企业承建、联合运营的政企合作建设运营的框架。智能算力融合了大数据、人工智能技术，是提供"连接＋计算＋能力"服务的关键，建议电信运营商积极开展智算中心的能力储备，主动与政府、创新企业联合，结合区域业务发展特征趋势，发挥以"网"促"智"优势，谋划好智算中心建设。此外，为满足低时延、高移动性的应用场景，电信运营商要加快云计算、CDN、大数据等多种业态融合，加速部署省 – 市 – 县三级算力节点，重点要以边缘计算为视角，加快边缘计算接入网、边缘计算内部网和边缘计算互联网络建设，建设优化拉通中心云、各级边缘云的云间互联专网，"以网强算"发展算力网络。

我国三大运营商积极开展面向云网融合、算力网络的关键技术和标准研究工作，纷纷制定算力网络的演进策略，并开展了系列设备的实验室及现网试点的测试验证工作。

（一）中国电信算力网络部署

中国电信云网融合端到端实施架构，如图 5.2–13 所示。以 IPv6 和全光网为底座，SRv6 路径可编程实现灵活连接，FlexE 硬切片隔离提供了确定性体验，随流检测保障业务品质。网络和云能力开放支撑云网一体化编排和调度，AI 赋能支撑网络智能规划、智能和自动运维，网络能力封装及嵌入支撑采控平台能力提升。面向客户实现云网业务的统一受理、统一交付、统一呈现，通过"云调网"与"网调云"两种技术路线，实现云业务和网业务的深度融合供给，满足用户一体化服务需求。

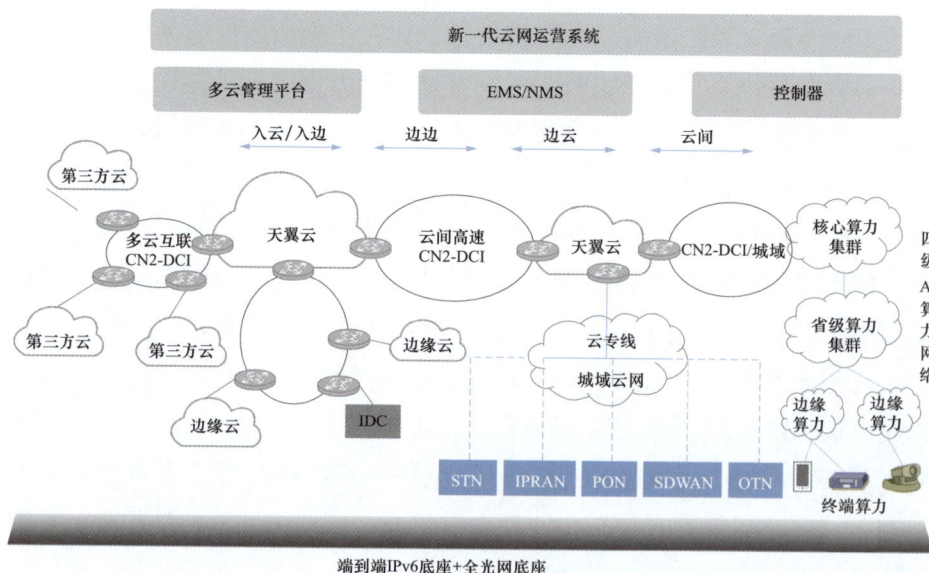

图 5.2-13　中国电信云网融合端到端实施架构

算力网络是向云网一体发展的重要技术途径。将当前的算力状况和网络状况作为路由信息发布到网络中，网络将计算任务分配到最佳算力节点。算力最优成为选路的准则之一。新型城域网的演进以及 CN2-DCI 与城域网的协同，是其算力网络的基础承载要素。在现有 VPN 组网和云专网 2.0 基础上，基于 CN2-DCI 新增路径可编程差异化云网融合服务能力，构建新型云专网能力。骨干段自动调优机制，可提供低时延高保障服务；用户可弹性调整带宽，最高支持 100G 接入带宽；一点开通、一跳入多云，便捷泛在接入，提供一跳直达服务。新一代运营系统使能云网融合的端到端业务呈现，实现用户业务可视化。

目前中国电信计划在 CCSA 推进以算力路由为基础的标准，基于 BGP update 报文进行扩展，通过新增路径属性来承载算网信息，在网络中进行通告，通告信息包括算力资源信息及网络相关指标等。同时 IP 网络业务与网络分离的机制，难以满足未来流级服务 SLA 保障要求，网络无法细粒度感知应用的需求，IP 网络资源管理和路由技术无法满足算网深度融合资源调度的需求。APN6 技术可以将应用信息携带进网络，使得网络感知应用及需求，配合 SRv6-TE Policy 引流策略选路，保证 SLA 需求，提升业务访问体验。此外，还可以进一步研究反映算力要求的性能标志，以满足算网融合的资源调度。

（二）中国联通算力网络部署

中国联通在计算能力不断泛在化发展的基础上，通过网络手段将计算、存储等基础资源在云 – 边 – 端之间进行有效调配的方式，以此提升业务服务质量和用户的服务体验，逐步形成一套算力网络架构。中国联通算力网络架构图如 5.2-14 所示。在该算力网络架构图中，主要包含服务提供层、服务编排层、网络控制层、算力管理层和算力资源层 / 网络转发层等若干功能模块，其中服务提供层主要实现面向用户的服务能力开放；服务编排层负责对虚机、容器等服务资源的纳管、调度、配给和全生命周期管理；网络控制层主要通过网络控制平面实现算网多维度资源在网络中的关联、寻址、调配、优化与确定性服务；算力管理层解决异构算力资源的

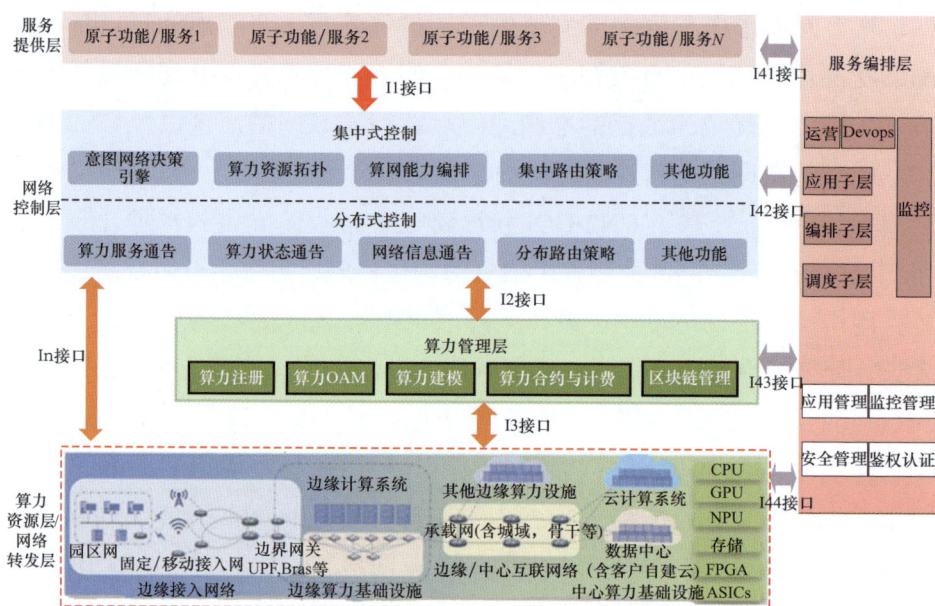

图 5.2-14　中国联通算力网络架构图

建模、纳管与交易等问题；算力资源层和网络转发层扁平化融合，并需要结合网络中计算处理能力与网络转发能力的实际情况和应用效能，实现各类计算、存储资源的高质量传递和流动。

　　在这种架构中，网络控制层和服务编排层最大程度上兼容业界已经实现和正在规划的 SDN 和 NFV 技术路线。在此基础上，通过连接网络控制和服务编排功能，实现了 SDN 和 NFV 之间的协作，实现从数据中心到广域网扩展和城域网结构化的目标架构。同时引入计算力管理层，主要实现异构计算力的管理、建模和交易功能。网络算力信息通过算力管理层与网络控制层通信。算力管理层通过与服务编排层的交互接口，实现虚拟机、容器等虚拟资源在硬件计算资源上的部署。

　　在这一框架下，算力资源提供者，算力服务提供者以及算力服务消费者都可以获得个性化针对性服务，其中第一种主要是通过算力管理层能力开放来完成，后两部分主要是通过服务编排层，服务提供层等进行能力开放。为特定业务提供方与用户，算力网络可以为云化资源提供服务，为算力资源提供方与用户通过建设算力管理层，算力网络在满足算力共享和交易需求的同时，实现算力更加精细化的调节。

网络能力采用 SRv6 作为基础，与 SR-BE、SR-TE 等多种模式兼容，在很大程度上取决于基于网络分布式可编程能力；业务能力以云原生为基础，兼容虚拟化等多种模式，向云化资源的统一控制、服务治理的 Mesh 化、应用服务的 Serverless 方向发展。

（三）中国电信算力网络架构与建模

中国电信算力网络通过实施虚拟化、云化和服务化，形成一体化的算网融合技术架构，最终实现简洁、敏捷、开放、融合、安全、智能的新型信息基础设施的资源供给。中国电信算力网络架构如图 5.2–15 所示，包括算网基础设施层、算网功能层和算网操作系统。

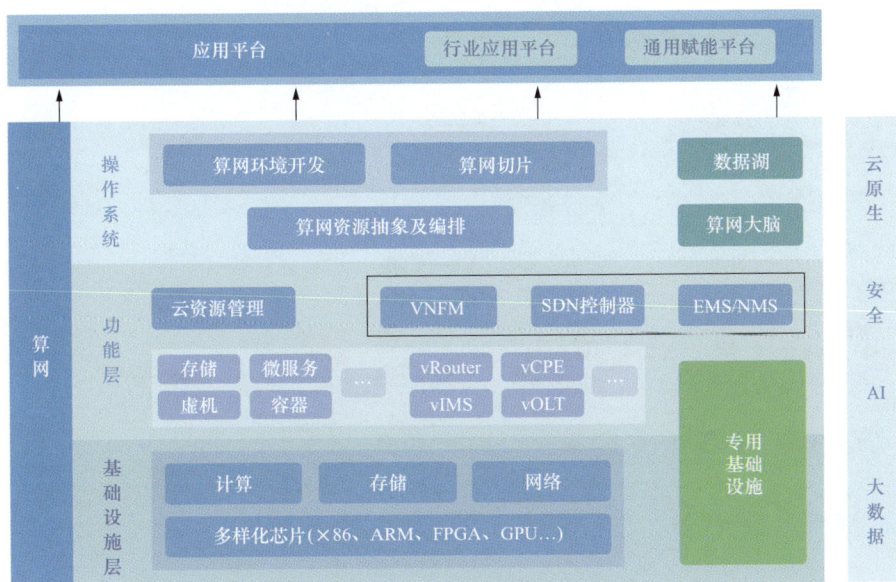

图 5.2-15　中国电信算力网络架构

算网基础设施层：从基础设施资源形态上看，除少数超大容量、超高性能需求的设施单元必须采用专用设备形态，要尽可能多地使用通用化和标准化硬件形态，尤其要使用扩展性好的多样化硬件芯片。

算网功能层：负责将传统计算功能、网络功能虚拟化抽象化、软件定制等工作，通过相关管理平台及系统，实现有关功能纳管、原子化封装等。

算网操作系统：负责基于对算网资源的统一抽象、统一安排，并与数据湖所提供的海量数据能力相结合，在算网大脑的帮助下提供多种自动化、智能化能力。

（四）中国移动算力网络架构与建模

中国移动以算力网络三层架构与技术图谱为主线，提出算力原生，算力度量，算力路由的全新技术概念，进一步体系化梳理并深入挖掘算力网络关键技术，重点关注三十二项核心技术并关联映射出十大发展方向和三层架构。中国移动算力网络架构如图 5.2-16 所示。

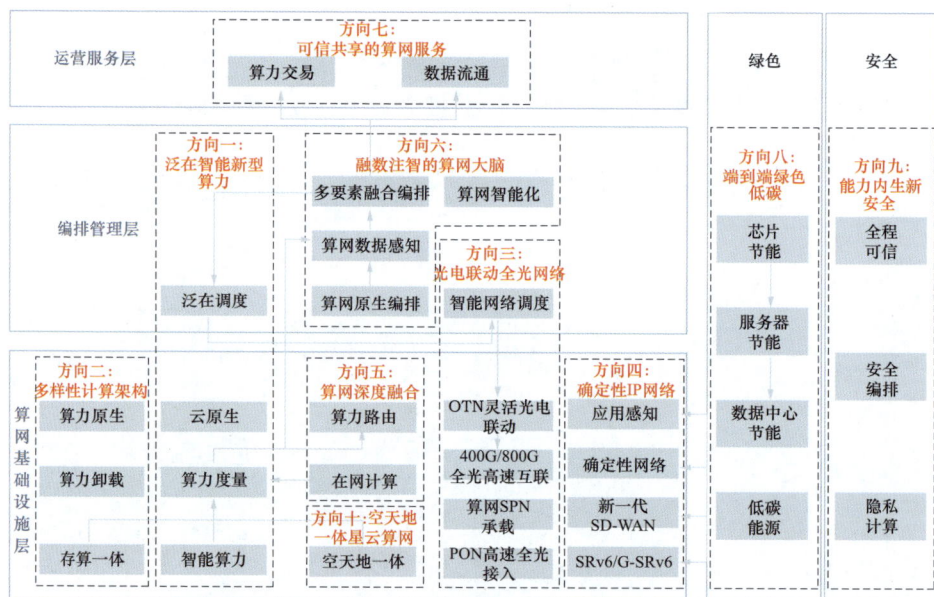

图 5.2-16　中国移动算力网络架构

算力网络发展要求以促进单点创新技术的成熟为前提，穿入各种关联技术构成针对纵向技术栈端到端的解决方案将算力网络技术簇进行有效衔接并共同成熟以避免"技术孤岛"。为此，中国移动进一步梳理了各个核心技术之间的关联关系。

（1）算力方面。存算一体，智能算力，在网计算，算力卸载，空天地一体，算力技术以层次化算力度量考核评测系统，形成了规范的可量化能力测度模型，该模型一方面使分布式算力调度成为可能，另一方面为算网数据感知赋能，并对算力节点进行有效算力的实时报告。

（2）网络方面。传送网高速全光接入与算网 SPN 为传输资源提供了灵活敏捷的访问方式，全光高速互联与光电联动技术相结合，实现了传输资源动态调度与实时响应。同时智能网络调度上行与泛在调度相衔接，以满足传送网灵活的全光调度为基础，下行以满足传送网中各个网络承载技术。承载网基于 SRv6/G-SRv6 头压缩技术，组建了一个在技术上统一、支持下一代 Overlay+Underlay 网络协议栈 SD-WAN 系列产品与切片功能相结合，结合 SRv6/G-SRv6 可编程特性，搭建了应用感知，确定性保障差异化网络服务。

（3）编排管理及运营服务。算网原生编排为算网服务、意图化的界面、算网的智能化建构算网的自智能力这 3 方面共同支持多要素的融合编排。多要素融合编排下行衔接泛在调度实现算网资源与应用跨域拉通与布局，上行为算力交易与数据流通等新型算网服务建设提供了能力支持，实现了多技术要素融合的能力供给。

（4）绿色安全。与最大规模的能源技术相结合，由芯片节能到服务器节能再到数据中心节能，由点到面再到端节能技术层层深入；隐私计算，安全编排和全程可信技术，共同构建了一体化的安全内生性保护机制。

（五）SPN 算力网络部署场景和方案

中国移动算网 SPN 是 SRv6 技术在传送网的增强，它复用 SPN 现有切片网络能力，实现 SRv6 算网可编程能力的开放，是算网融合的技术创新。SPN 面向算力网络的融合感知承载服务，主要应用于边缘算力节点互联和终端接入算力节点场景。中国移动端到端算网连接通常包括边缘算力、中心算力、SPN 网络、云专网等。SPN 通过算网感知设备支持算力灵活连接并兼容现有 SPN 网络，通过 SPN 管控支持算网能力开放并对上层屏蔽 SPN 网络内部的细节简化端到端组网，通过算网融合路由支持算力和网络维度联合优化选路，满足 SPN 算网感知路由的需求。

算网业务支持通过敏捷感知通道、透明感知通道和深度感知通道进行传输。敏捷感知通道是基于 SPN 的原生 L3 连接能力的灵活高效算网连接通道，透明感知通道是基于 SPN 的端到端时隙交叉连接能力的硬管道算网连接通道，深度感知通道是 SPN 面向泛在算力部署下的算网连接通道。

SPN 承载方案算力网络应用试点情况：2022 年中国移动联合国内主流通信厂商开展了三地市的算网 SPN 现网技术试点，本次试点重点对敏捷通道感知（SRv6 Binding SR-TP）、透明通道感知（SRv6 Binding MTN/FGU）等功能进行验证，并验证了 SPN 现网平滑升级支持 SRv6 业务的能力，并对算网 SPN 技术的管控面、转发面、保护和 OAM 能力进行了验证，证明了算网 SPN 技术在中国移动现网部署的可行性，表明算网 SPN 能够支持 SPN 算网敏捷感知能力，支持 SPN 2.0 向算力网络演进。

九　算力网络接口

算力网络接口以典型的中国联通算力网络部署架构为例。

在中国联通算力网络部署架构中，多个功能层之间存在若干层间接口，负责互通不同功能平面之间的信息，实现算网控制、编排、管理、转发等功能的协同，其中主要的层间接口如下。

I1 接口：服务提供层与网络控制层之间的接口，用户与网络之间支持用户个性化业务需求与资源承载能力的映射和协商，以实现网络可编程和业务自动适配。

I2 接口：网络控制层与算力管理层之间的接口，网络控制层将算力调度策略传递至算力管理层；算力管理层上报算力能力信息、资源信息以及管理信息至网络控制层。

I3 接口：算力管理层与算力资源层之间的接口，完成设备注册、资源上报、性能监控、故障管理、计费管理等运营管理功能，实现算力管理层对算力资源层感知、管理和配置。

In 接口：网络控制层与网络转发层之间的接口，网络基于可编程技术，实现控制与转发之间的有效匹配，控制平面功能包含集中式和分布式的组合实现，可视不同的业务场景进行两种控制方式的组合。

I41 接口：算力服务层与服务编排层之间的接口，以服务维度向用户提供业务时，接口互通服务的管理信息和编排信息。

I42 接口：网络控制层与服务编排层之间的接口，为了完整的开启 / 完成一个服务，在网络控制和服务编排之间进行信息的互通。

I43 接口：算力管理层与服务编排层之间的接口，网络的算力信息作为 IaaS 与 I-PaaS 层虚拟资源组织的方式。

I44 接口：针对云原生等服务提供形式，服务编排层与算力资源层之间直接通信的接口，相关的算力管理信息在 I43 接口输出给算力管理层。

在该架构中，网络控制层与服务编排层最大限度地兼容目前产业已实现的和规划中的 SDN 与 NFV 技术路线，保持两者各自的发展方向不变。在此基础上，通过 I42 接口，拉通网络控制与服务编排功能，需要实现 SDN 与 NFV 的协同由数据中心内向广域网延伸和 Metro Fabric 的目标架构。同时，引入算力管理层，主要实现异构算力的管理、建模和交易功能，网络算力信息通过算力管理层与网络控制层进行互通，算力管理层通过 I43 接口与服务编排层交互虚机、容器等虚拟资源在硬件计算资源上的部署方式。网络转发层与算力资源层在图中一并描述，以体现未来网络发展中算网一体的发展趋势。在该架构中，实现了算力资源提供者、算力服务提供者和算力服务消费者的个性化针对性服务，第一个主要通过算力管理层的能力开放，后面两个主要通过服务编排层和服务提供层的能力开放。

面向具体业务的提供者和使用者，算力网络可提供云化资源，面向算力资源的提供者和使用者，通过构建算力管理层，算力网络满足了算力共享与交易需求，并对算力实现了更精细化的调控。网络能力以 SRv6 为底座，兼容 SR-BE 和 SR-TE 两种模式，主要依赖基于网络分布式的可编程能力；业务能力以云原生为底座，兼容虚拟化等其他模式，并向云化资源统一管控，服务治理 Mesh 化和应用服务 Serverless 演进。

第三节　电力算力网络架构

一　电力算力网络架构技术背景

"3+27"国网云是服务公司运营管理的重要设施，是国家电网公司数字化转型的重要基础。目前，国网云三地数据中心云平台主要承载国网公司统建及租户业务系统，现已承载统建系统及租户系统 206 套，其中北京 168 套，上海 14 套，西安 24 套；三地云平台核心组件 CPU 资源平均分配率分别为北京 68.73%、上海 4.14%、西安 20.51%。网省数据中心主要承担省内自建系统，以国网江苏公司数据中心和国网新疆数据中心为例，国网江苏公司数据中心已承载统建系统及租户系统 275 套，CPU 平均分配率为 67.26%，国网新疆公司数据中心已承载统建系统及租户系统 130 套，CPU 资源平均分配率约 32.47%。随着业务上云不断深化，国网云平台业务承载不均衡、支撑全网业务超出数据中心原有运管范围等问题日益突出，对云平台的资源调配、运营支撑以及管理机制提出了新的挑战。

公司数据通信网是连接各级算力节点的承载网络。目前，数据通信网已具备 SRv6 协议能力，并已投入运行相关的 SDN 控制器。各级数据中心的算力感知方法、算力迁移及流量调度算法、兼顾业务需求与性能的算力编排和流量调度策略等网络调度相关方面内容尚未开展研究，缺少相应的路由算法，难以满足算网一体化要求。同时随着算网规模不断扩大，各种协议和控制信令愈加复杂，各类业务对网络通道繁杂的要求使得传统的网络控制架构很难满足算网的要求，需要研究出一种新型的网络架构使得转发和控制分离，提供更加灵活、按时、按需的网络条件。

　　针对目前国网云数据中心网络结构业务需求，首先，需要研究面向新型电力系统算力网络针对的业务场景问题，国网数据中心是国网最大高耗能单位之一，据数据显示，其电力成本占数据中心运营比例大约为56.7%，而数据中心耗电量占国网系统内总耗电量的比例逐年持续上升，预计2025年将达到4%以上。相比东部地区，中西部地区具备丰富的风电、光伏、水电等清洁能源，且工业用电需求远小于东部城市，因此电价要低得多。

　　数据中心不但高耗能，而且在运转时会散发大量的热量，如果不能及时通过制冷、散热系统将热量排除，会导致硬件设备宕机。数据中心在降温过程中所消耗的能量占到数据中心总能耗的40%之多。中西部地区，比如国网大数据中心所在地陕西西安，全年平均气温为14~16℃，气温低，更适合数据中心的高能耗运行。

　　该应用场景是项目的主要研究场景之一，首先针对已建设的国网"3+27"数据中心和各省内地市数据中心基础建设，利用已开发的国网云池、省级云池，首先需要开展研究。随着新型数字化电网和国家"东数西算"大战略和西部新能源消纳的推进和实施，电网数据需求不断增大，在国网公司已建成"3+27"国网云，算力分布模型为三地数据中心、省二级模型之上，分析如何满足当前形成的以下需求。

　　（1）由于总部所在地原因，客观造成北京数据中心算力负荷不断增加、耗能巨大、散热难度，而西安和上海数据中心以及各省数据中心算力负荷较小，需要研究算力资源未能充分利用的问题。

　　（2）随着承载业务的变化，国网现有云是三地数据中心阿里云、27省公司一半华为、一半阿里云，形成传统数字化业务云化，需要研究造成网络对算力资源的感知能力弱、业务保障能力不足、现MPLS VPN大管道对业务区分流控不足等问题。

　　（3）需要研究国网东部经济发达地区数据中心能耗与西北或各地分布

式新能源消纳形成不同时间和空间的能耗潮汐，造成一方面电力紧张一方面又弃风弃光弃水的问题，以上需求皆形成了算力资源在不同时间、空间的迁移和分布式算力资源的聚合，促进新能源充分利用或消纳的重大需求。随着基于 SRv6 新一代算力网络技术和虚拟电厂等技术的出现和新发展，其先进而优异的网络可编程和分布式电源调控的特性，使得对数据业务算力与流量资源可以在云边端之间精细化调度、迁移、聚合和新能源消纳成为可能。

其次，针对已建设的省内各地市数据中心基础建设，利用已开发的省级云池、地市云池和各分散的边缘云池，需要研究在省内随着"配网计算""虚拟电厂"等关键应用对电力系统管控精度和时效性的不断提升，算力需求呈指数级增加，传统的省地市数据中心建设模式和技术架构已无法适应未来需求，如何实现适应新型电力系统需求的电力算力网络融合架构，实现以数据为资源，以算力驱动模型对数据进行深度加工，并通过网络以云服务形式向电网内部及外部提供高算力资源供应，为新型电力系统下的建设提供技术支撑，正面临着较大的挑战。需要研究的业务主要体现在以下几方面。

（1）信息网络将以云化分布式数据中心（区域云 DC、省内云 DC 和地市边缘云 DC）和电力智能数据中台为服务重心，不仅对信息通信网络提出了优化组网架构和实现跨域便捷互通要求，提供广覆盖、扁平化、端到端切片拉通和确定性低时延等更高连接服务能力。

（2）电力通信网络要适应云网融合和算力网络发展，实现云和网之间重要标识通告（包括网络切片标识、算力标识、业务类型及其 SLA 重要指标要求），并在通信网络边缘实现各类标识感知并驱动快速建立快速光层、电层和 VPN 隧道等各类网络连接和性能监测保障能力。

（3）新型电力系统升级发展需要多维精准监测，带来海量数据爆发式增长，对现有数据中心的算力算效、能源利用率和供需平衡带来较大挑战，需要探索云边算力资源协同调度模式。

再次，研究按计算特征划分在整个算力网络计算特征层面在"云 – 边 – 端"侧的计算需求，表现为在云侧其计算特征主要适合复杂验算、数据分析、算法训练类的特点，在网络边侧其特征主要适合敏捷反应计算、一般数据处理和逻辑判断，在端侧适合感知交互运算、终端现场级计算和低功耗计算的需求。

但为满足电网现场级业务的计算需求，网络中的计算能力逐渐进一步下沉，目前已经出现了以移动设备和 IoT 设备为主的端侧计算。需要研究在未来计算需求持续增加的情况下，虽然"网络化"的计算有效补充了单设备无法满足的大部分算力需求，仍然有部分计算任务受不同类型网络带宽及时延限制，且不同的计算任务也需要由合适的计算单元承接的情况，未来形成"云－边－端"三级异构计算部署方案是必然趋势，即云端负责大体量复杂的计算，边缘端负责简单的计算和执行，终端负责感知交互的泛在计算模式，也必将形成一个集中和分散的统一协同泛在计算能力框架。

研究结合未来计算形态"云－边－端"泛在分布的趋势，计算与网络的融合将会更加紧密，单个节点计算能力有限的情况下，大型的计算业务需要通过计算联网来实现的技术。需要研究算力网络和计算高度协同，将计算单元和计算能力嵌入网络，实现云、网、边、端的高效协同，提高计算资源利用率。

基于上述业务层面的详细的需求，开展技术层面的需求研究，具体研究包含算网装备技术（主要有算力设备、算网操作系统、操作平台）、算网感知技术（主要有算力建模技术、资源感知技术、算力量测技术、算力接口）、网络传输技术（SRv6 技术、新型路由技术、确定性网络技术、数据中心无损网络技术、可编程网络技术、网络转发技术、数据交换技术）、计算分析决策技术（主要有算力调度技术、算力编排技术、虚拟化技术、算力管理技术）等不同层面的技术需求。其中涉及的技术较多，最终需要在不同作业场景、不同的业务中对不同的作业内容选取最佳的方案或多个技术的融合方案。技术需求的形成还需重点考虑"数字新基建"网络基建和国家新基建的发展方向，这些技术发展方向与建设任务对技术框架有着很大的影响，这些工作确定和标志着算力网络以后的技术发展研究方向。

基于以上分析，本书引入基于 SRv6 的"3+27"国网云算力网络路由。算力网络是随着 5G 时代更多的算力资源下沉到边缘的行业发展趋势而提出的一种全新解决方案，旨在将算力资源通过网络连接起来，以全网算力资源池的形态为更趋多样化的应用提供更加灵活优质的算力服务。

三　基于 SDN 的转控分离技术架构

SDN 技术最初核心思想是基于 Openflow 的转发与控制分离，随着技术不断演进，业界也在扩展 SDN 的内涵。目前，Openflow 虽然仍是转控分离的核心所在，但已不再是必备条件，因此，网络可编程能力慢慢地成为衡量 SDN 架构的重要标准之一。算力网络的最终目标是为了使算力成为像水、电一样，可"一点接入，即取即用"的社会级服务，从网络的角度来说，提供灵活、按需、实时的一体化协同编排调度能力是必不可少的。

随着算力网络的不断发展，基于多级异构算力资源的分布情况，网络需要引入网络编程的能力，来实现服务的一体化编排与调度，为用户提供一致性的云网融合服务。网络编程的概念源于计算机编程，将网络功能指令化，即将业务需求翻译成有序的指令列表，由沿途的网络节点去执行，可在任何时间重新编排任意数据包的传输路径，提高网络的灵活性，实现网络可编程。算力网络的可编程服务是基于算力服务度量、算力服务标识等算力一体化的能力，再结合算力的计算类型、服务类型、资源占用情况等因素，来实现算力服务选择、网络路由等网络层面的可编程、可控制能力，以此面向用户提供最优的业务服务。算力网络可编程服务关键在于选择哪个算力服务、如何到达该服务，以及这两者如何协同计算实现最优。

SDN 通过南向接口把网络设备中的控制平面从数据平面中分离出来，以软件的方式实现。因特网的高速发展可以归结于分层腰的 TCP/IP 架构和开放的应用层软件设计。但从网络核心来讲，由于专有的硬件设备和操作系统，网络在很大程度上是封闭的。SDN 将控制功能从传统的分布式网络设备中迁移到可控的计算设备中，使得底层的网络基础设施能够被上层的网络服务和应用程序所抽象，最终通过开放可编程的软件模式来实现网络的自动化控制功能。因此该种控制层功能与转发层功能分离的层级结构非常有利于支撑算力网络的进一步演进。在云网融合中，SDN 起到了云网信息互通、网络感知云服务和云资源的作用。

由于 SDN 实现了控制功能与数据平面的分离和网络可编程，进而为更集中化、精细化地控制算力网络奠定了基础。在推进算力网络架构快速发展方面，基于 SDN 的网络架构相对于传统网络具有以下优势。

（1）将网络协议集中处理，有利于提高复杂协议的运算效率和收敛速度。

（2）控制的集中化有利于从更宏观的角度调配传输带宽等网络资源，提高资源的利用效率。

（3）简化了运维管理的工作量，大幅节约运维费用。

（4）通过 SDN 可编程性，工程师可以在一个底层物理基础设施上加速多个虚拟网络，然后使用 SDN 控制器分别为每个网段实现 QoS（服务质量），从而扩大了传统差异化服务的程度和灵活性。

（5）业务定制的软件化有利于新业务的测试和快速部署。

（6）控制与转发分离，实施控制策略软件化，有利于网络的智能化、自动化和硬件的标准化。

总之，SDN 将网络的智能从硬件转移到软件，用户不需要更新已有的硬件设备就可以为网络增加新的功能。这样做简化和整合了控制功能，让网络硬件设备变得更可靠，还有助于降低设备购买和运营成本。控制平面和数据平面分离之后，厂商可以单独开发控制平面，并可以与 ASIC、商业芯片或者服务器技术相集成。这为算力网络的可扩展性要求提供了更良好的技术支持。

软件定义网络是一种新型的网络架构，它通过改造传统网络设备对网络功能进行重构，采用可编程式的集中网络管理实现网络设备的控制层和数据转发层的分离，相比于传统网络大大提高了网络的灵活性和网络之间的差异度。

SDN 起源于斯坦福大学学生 Casado M 和他的导师教授 Mc Keown N 的研究项目 Ethane，受该项目启发 Mc Keown N 教授等人提出了 OpenFlow 的概念，SDN 网络便在 OpenFlow 提出的控制与转发解决方案基础上被进一步提出。SDN 技术将网络设备的管理权交由 SDN 控制器，削弱了网络对底层设备的依赖，将路由器的流控功能集中并与转发功能分离，使网络资源的调度更加灵活，更有效地进行资源分配，网络功能的部署更加快速高效，网络拓扑根据流量变化可以动态进行调整。近年来 SDN 迅速发展为一种动态的网络体系结构。

SDN 网络架构如图 5.3-1 所示。由三层两接口组成，在这三层结构中，API 接口连接应用层和控制层实现两层通信，控制和数据平面接口连接控制层和基础设施层，用于控制层连接交换机。

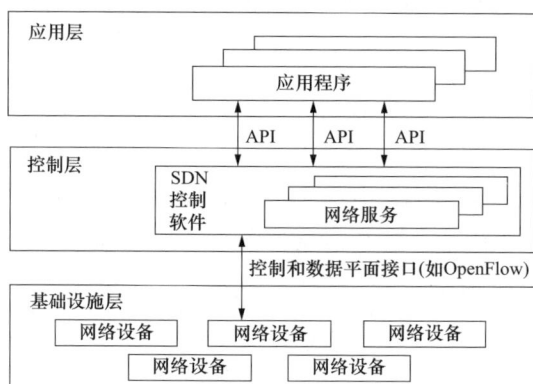

图 5.3-1　SDN 网络架构

基础设施层，这层相对其他两层功能较简单，主要根据控制层发送的指令在转发层的转发设备上实现数据的转发和处理功能。基础设施层主要实现交换机的功能，可以采用硬件和软件两种方式实现 SDN 交换机，两种方式都需要交换机根据转发决策决定数据帧的转发路径。

对于控制层和基础设施层的通信协议采用最多的是 OpenFlow 协议，该协议采用了流表（Flow Table）实现传统二三层的抽象，故 SDN 交换机基于流的概念维护流表，通过匹配流表的规则进行数据的转发，单个流表一般是由多个表项组成。为了提高交换机的处理性能，OpenFlow 协议增加了以流水线模式处理的多级流表，流水线包含了多级流表的匹配处理过程，但没有管理流表的功能，流表的建立、维护等功能由 SDN 控制器实现。在多级流表模式下，数据包匹配处理流程如图 5.3-2 所示，数据包进入交换机从第一个流表开始匹配，每次匹配根据表项优先级顺序逐一匹配选出第一个表项执行跳转或其他动作集，当表项指令不再指向下一个流表时，处理流程结束。

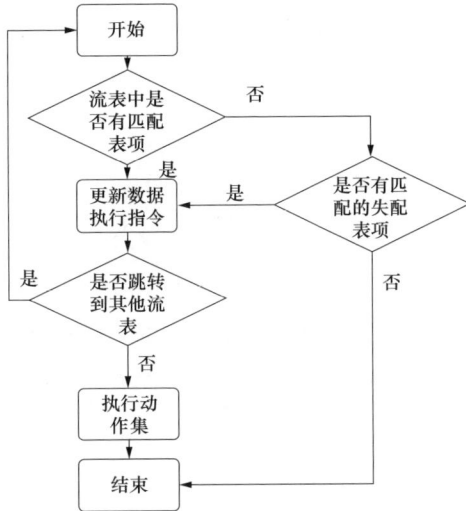

图 5.3-2　数据包匹配处理流程图

SDN 控制层由多个逻辑上集中的控制器组成，SDN 控制器基本结构如图 5.3-3 所示。SDN 控制器从上到下由北向接口层、网络功能层、信息管理层和南向接口层四层组成。北向接口向上为应用程序提供服务，一般使用 RESTAPI 实现向上通信。网络功能层用于实现网络的基本功能，例

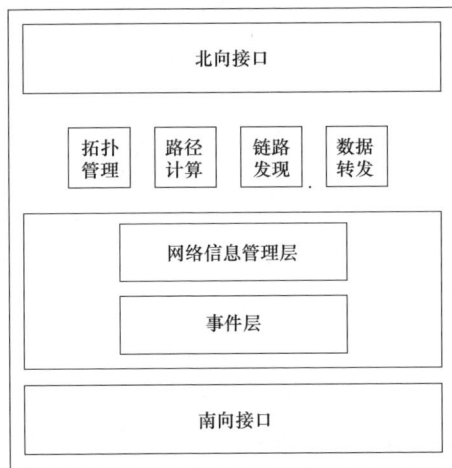

图 5.3-3　SDN 控制器基本结构

如拓扑管理、路径选择、数据转发等，应用层可以通过北向接口实现对这些功能的调用。信息管理层主要进行要下发的设备流表的管理操作，它存储了网络中链路、转发等相关信息，可以向上为决策层提供评判依据。南向接口主要负责与数据平面的转发设备通信，支持 OVSDB、NETCONF、OPENFLOW 等南向协议。控制层在 SDN 三层结构中起到了承上启下的作用，是 SDN 网络架构的核心部分。

SDN 应用层，该层通过与控制层交互通信来调用所需抽象网络资源，提取设备信息、网络拓扑结构以及流量路径等信息，通过编程方式将传统网络中的二三层控制功能转移到独立的应用软件上。应用层主要是面向用户的，大大方便和简化用户的网络配置和应用部署流程。应用层体现了 SDN 通过对网络的抽象去推动网络创新的目的。

（一）SDN 控制器平台 Open Daylight

Open Daylight 是一个高度可用、模块化、可扩展、支持多协议的控制器平台，可以作为 SDN 管理平面管理多厂商异构的 SDN 网络。它提供了一个模型驱动服务抽象层（MD-SAL），允许用户采用不同的南向协议在不同厂商的底层转发设备上部署网络应用。Open Daylight 的架构如图 5.3-4 所示，可分为南向接口层、控制器平台、北向接口层和网络应用层。南向接口层中包含了如 Open Flow、NET-CONF 和 SNMP 等多种南向协议的实现。控制平面层是 Open Daylight 的核心，包括 MD-

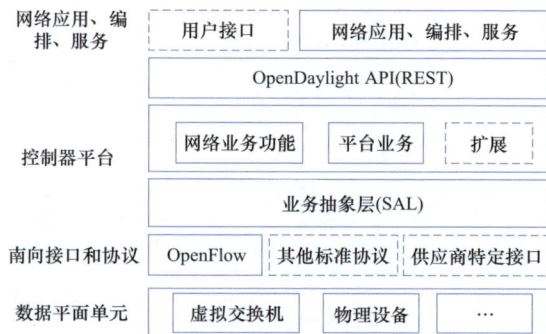

图 5.3-4　OpenDaylight 体系架构

SALI、基础的网络功能模块、网络服务和网络抽象等模块，其中 MD-SAL 是 Open Daylight 最具特色的设计，也是 Open Daylight 架构中最重要的核心模块。

无论是南向模块还是北向模块，或者其他模块，都需要在 MD-SAL 中注册才能正常工作。MD-SAL 也是逻辑上的信息容器，是 OpenDaylight 控制器的管理中心，负责数据存储、请求路由、消息的订阅和发布等内容 北向接口层包含了开放的 REST API 接口及 AAA 认证部分。应用层是基于 Open Daylight 北向接口层的接口所开发出的应用集合。

OpenDaylight 基于 Java 语言编写，采用 Maven（Maven 是一个优秀的跨平台构建工具，是 Apache 的一个项目）来构建模块项目代码。Maven 构建工程有许多好处，可以允许 Open Daylight 对某些模块进行单独编译，使得在只修改某些模块代码时快速完成编译。为了实现 Open Daylight 良好的拓展性，Open Daylight 基于 OsGi（Open Service Gateway Initiative）框架运行，所有的模块均作为 oSGi 框架的 bundle 运行。OSGi 是一个 Java 框架，其中定义了应用程序即 bundle 的生命周期模式和服务注册等规范。OsGi 的优点是支持模块动态加载、卸载、启动和停止等行为，尤其适合需要热插拔的模块化大型项目。Open Daylight 作为一个网络操作系统平台，基于 OSGi 框架开发可以实现灵活的模块加载和卸载等操作，而无须在对模块进行操作时重启整个控制器，在新版本中，其使用了 Kaf 容器来运行项目。Kaaf 是 Apache 旗下的一个开源项目，是一个基于 osGi 的运行环境，提供了一个轻量级的 oSGi 容器。基于 Open Daylight 控制器开发模块时，还需要使用 YANG 语言来建模，然后使用 YANG Tools 生成对应的 Java API，并与其他 Maven 构建的插件代码共同完成服务实现。

Open Daylight 支持丰富的特性，而且在目前版本迭代中依然不断增加特性。南向协议支持方面，Open Daylight 支持 Open Flow、NET-CONF、SNMP 和 PCEP 等多种南向协议，所以 Open Daylight 可以管理使用不同南向协议的网络。核心功能部分，Open Daylight 除了支持如拓扑发现等基础的控制器的功能以外，还支持许多新的服务，San VTN（Virtual Tenant Network）ALTO（Application Layer Traffic Optimization），DDoS 防御及 SDNi Wrapper 等服务和应用。值得一提的，SDNi 是华为开发并提交给 IETF 的 SDN 域间通信的协议草案，目的是实现 SDN 控制器实例之间的信息交互。

此外，Open Daylight 还大力开展 NFV 的研发。正如之前提到的，Open Daylight 不仅仅是一个 SDN 控制器，Open Daylight 是一个网络操作系统。除了 SDN 控制器的基础功能以外，还包括 NFV 等其他应用服务，可见其旨在打造一个通用的 SDN 操作系统。

（二）Open Daylight 组件

Open Daylight 的核心组件包括 ALTO、AAS、BGP、L2Switch、LACP、SDNi、VTN 等。

1. ALTO

在 OpenDaylight 中，ALTO（Application-Layer Traffic Optimization）是一个用于网络流量优化的模块和服务。ALTO 的作用是帮助应用程序和网络管理者实现更有效的网络资源利用和流量调度。

ALTO 模块和服务可以与 OpenDaylight 的其他功能模块和插件进行集成和协同工作。它可以与 SDN 控制器、交换机、路由器等设备进行交互，获取和更新网络状态和拓扑信息。通过 ALTO 的指导和优化，应用程序和网络管理者可以更好地利用网络资源，提升网络性能和用户体验。

2. AAS

在 OpenDaylight 中，AAS（Authentication and Authorization Service）是身份验证和授权服务，用于管理用户身份验证和授权的功能模块。AAS 的主要功能包括身份验证、授权、安全策略管理。

通过 AAS，OpenDaylight 可以实现安全的用户身份验证和授权管理。它可以确保只有授权的用户可以访问和操作 OpenDaylight 的网络资源和服务，保障网络的安全性和可靠性。同时，AAS 还提供了可扩展和灵活的身份验证和授权机制，以适应不同的用户需求和安全策略。

3. BGP

在 OpenDaylight 中，BGP（Border Gateway Protocol）是一种用于路由选择和交换路由信息的协议。BGP 在 OpenDaylight 中扮演着路由控制

的重要角色。BGP 的主要负责路由选择、跨自治系统路由和策略控制。BGP 用于选择最佳的路由路径，将数据包从源网络发送到目标网络。它使用不同的路由选择算法和度量标准，考虑因素包括路径长度、AS 路径、网络前缀的可达性等，以确定最佳的路由路径。

在 OpenDaylight 中，BGP 模块提供了 BGP 协议的实现和功能。它与其他网络组件和协议栈集成，可以与路由器、交换机等设备进行 BGP 路由交换。通过 BGP 模块，OpenDaylight 可以实现高级路由控制和策略管理，提供灵活的网络路由服务和自治系统间的互联。

4. L2Switch

L2Switch 模块是 OpenDaylight 的核心组件之一，它提供了基本的二层交换功能，帮助构建和管理局域网内的设备通信。通过 L2Switch，OpenDaylight 可以实现灵活的二层交换配置和管理，提供高效的局域网服务。L2Switch 的主要功能如下。

（1）MAC 地址学习。L2Switch 通过监听网络中的数据包，学习设备的 MAC 地址和对应的接口信息。它维护一个 MAC 地址表，记录设备的 MAC 地址和相应的端口。当收到数据包时，L2Switch 会查找 MAC 地址表，确定数据包的目标地址，并将数据包转发到相应的端口。

（2）二层转发。L2Switch 根据 MAC 地址表，决定数据包的转发路径。它将数据包从一个接口转发到另一个接口，实现设备之间的通信。L2Switch 支持基于源 MAC 地址和目标 MAC 地址的转发决策，确保数据包按照正确的路径转发。

（3）网桥功能。L2Switch 可以模拟一个二层网桥，将不同的物理或虚拟网络连接起来。它可以在不同的网络段之间转发数据包，并实现广播和组播功能。这样，L2Switch 可以将多个局域网连接在一起，形成一个逻辑上的扁平网络。

（4）VLAN 支持。L2Switch 可以支持虚拟局域网（VLAN）的功能。它可以根据 VLAN 标识，将数据包隔离到不同的 VLAN，并在 VLAN 之间进行转发。这样，L2Switch 可以实现虚拟隔离和安全性，确保不同的 VLAN 之间的流量不会相互干扰。

5. LACP

LACP 的主要功能包括链路聚合、动态链路管理、负载均衡、保证高可靠性。LACP 允许将多个物理链路聚合成一个逻辑链路。这样，多个链路可以合并为一个更高带宽的逻辑链路，提供更好的带宽利用和负载均衡。LACP 使用链路聚合组（LAG）来表示聚合链路，支持链路故障检测和自动故障转移；LACP 支持动态链路管理，可以自动检测和适应链路的状态变化。当物理链路发生故障或恢复时，LACP 可以自动进行链路状态的更新和调整，以保证链路聚合的可靠性和稳定性；LACP 可以根据流量的特性和配置策略，在多个聚合链路之间均衡地分发数据流。这样，可以实现流量的平衡分配，提高链路利用率和整体性能；LACP 提供了链路故障检测和自动故障转移的功能。当一个或多个物理链路发生故障时，LACP 可以自动切换到其他可用链路，确保通信的连续性和可靠性。这样，LACP 可以提供链路冗余和容错能力，提高网络的可靠性和稳定性。

通过 LACP 模块，OpenDaylight 可以管理和配置 LACP 的功能，实现链路聚合和负载均衡。它提供了灵活的链路管理和故障转移策略，增加了网络的可靠性和性能。

6. SDNi

在 OpenDaylight 中，SDNi（Software-Defined Networking Interworking）是一种支持 SDN 与传统网络（Non-SDN）互操作的功能。SDNi 模块提供了 SDN 控制器与传统网络之间的接口和协议，帮助 OpenDaylight 实现 SDN 与传统网络之间的互操作。它提供了接口和协议，支持 SDN 控制器与传统网络设备的互联和通信，实现对传统网络的控制和管理。这样，OpenDaylight 可以扩展 SDN 的能力，与现有的传统网络无缝集成，实现混合网络环境的统一管理和编程。

7. VTN

在 OpenDaylight 中，VTN（Virtual Tenant Network）是用于虚拟网络的功能模块，它提供了一种在 SDN 环境中创建和管理虚拟网络的方法。VTN 模块允许用户通过 SDN 控制器创建多个逻辑上隔离的虚拟网络，每个虚拟网络可具有自己的拓扑、策略和服务。VTN 的主要作用包括虚拟网络创建和管理、虚拟网络隔离、策略和服务管理、虚拟网络编程接口。通过 VTN 模块，OpenDaylight 可以实现虚拟网络的创建、隔离和管理。它提供了灵活的虚拟网络定义和编程接口，使用户能够在 SDN 环境中构建和管理多个逻辑上隔离的虚拟网络，满足不同应用和业务场景的需求。

四 国网"3+27"场景两级算力网络技术架构

算力网络的两级架构目前为"3+27"的两级国网云数据中心。"3+27"算力网络场景中的"3"为三个总部级数据中心，"27"为 27 个省级数据中心。"3+27"国网云为最高层级的数据中心之间的算力网络结构。其中 3 个总部级的数据中心分设在北京、上海和西安。按照地理位置划分，3 个总部级数据中心按区域分管 27 个省部级数据中心。其中北京总部级数据中心分管冀北、北京、天津、山西、内蒙古、河北、辽宁、吉林及黑龙江 9 个省级云数据中心，上海总部级数据中心分管上海、江苏、浙江、安徽、河南、山东、湖北及福建 8 个省级数据中心。西安总部级数据中心分管甘肃、西藏、新疆、青海、宁夏、陕西、湖南、重庆、四川、江西 10 个省级数据中心。

"3+27"国网云总拓扑结构为双星环形网络。内部 3 个总部级数据中心两两相连，形成环型数据中心总部。外部 27 个云数据中心以星形结构分别连接到对应分管总部级数据中心。其中在每个省部级数据中心都设置两个互为备份的路由器，分别以两条不相交的路由路径连向对应总部级分管路由器，以提升省级云数据中心的灾备能力。然而在路由策略方面，传统的路由决策及转发使得网络运维人员缺乏对总体网络集中控制的能力，路由器转发及控制的耦合现状导致网络运维的总体难度较大。

本书根据"3+27"的国网云现状提出基于 SDN 和 SRv6 的两级算力网络技术架构。基于 SDN 和 SRv6 的两级算力网络技术架构如图 5.3-5 所示。该模型架构分为 3 层，其中基础设施层主要由支持 SRv6 技术的路由设备组成。控制层主要包含 SDN 控制器，还有连接控制层和应用层的北向接口，以及连接控制层和基础设施层的南向接口。控制器是一个平台，

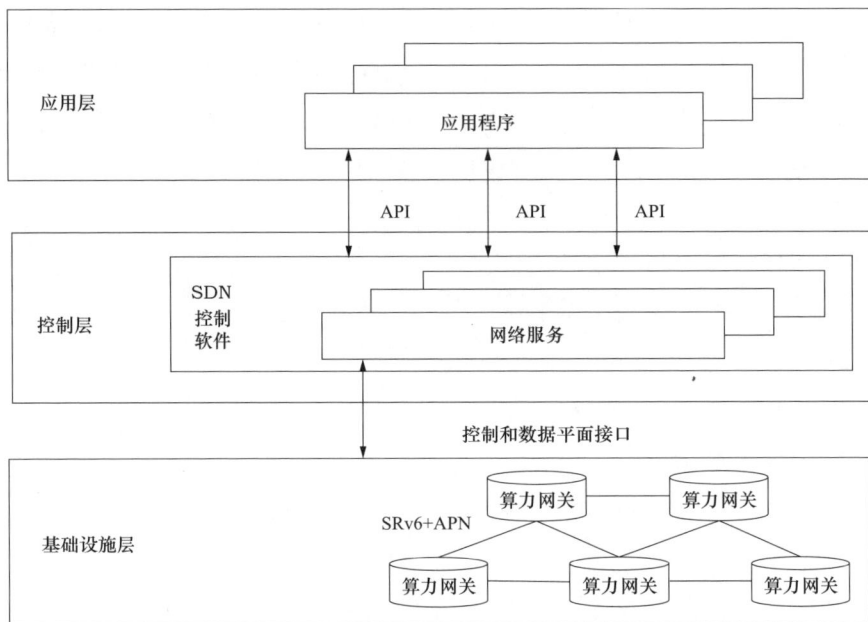

图 5.3-5　基于 SDN 和 SRv6 的两级算力网络技术架构

该平台向下可以直接与 SR 路由器进行会话；向上，为应用层软件提供开放接口，用于应用程序检测网络状态、下发控制策略。控制层主要包括控制器和网络操作系统（network operating system，NOS），控制器主要负责处理数据平面的资源，维护全局网络视图。控制器通过南向接口协议更新路由中的流表，从而实现对整个网络流量的集中控制。

应用层通过控制层提供的开放编程接口和网络视图，使得用户可以通过软件从逻辑上定义网络控制和网络服务。应用层由众多应用软件构成，这些软件能够根据控制器提供的网络信息执行特定控制算法，并将结果通过控制器转化为流量控制命令，下发到基础设施层的实际设备中。

在算力网络中，通过 SRv6 技术简化网络结构，实现灵活的编程功能，便于更快地部署新的业务，实现面向泛在计算场景的网络资源敏捷、按需、可靠调度。SRv6 通过灵活的 Segment 组合、Segment 字段、TLV 组合实现 3 层编程空间，可以更好地满足不同的网络路径需求，如网络切片、IOAM 等。SRv6 继承了 MPLS 技术的 TE、VPN 和 FRR 这 3 个重要特性，使得它能够替代 MPLS 在 IP 骨干承载网络中部署，同时 SRv6 具备类似 VxLAN 的仅依赖 IP 可达性即可工作的简单性，使得它也可进入数据中心网络。基于 IPv6 的可达性，SRv6 可直接跨越多域，简化了跨域业务的部署。

同时 SRv6 将 Overlay 的业务和 Underlay 承载统一定义为具有不同行为的 SID，通过网络编程实现业务和承载的结合，不仅避免了业务与承载分离带来的多种协议之间的互联互通问题，而且能够更加方便灵活地支持丰富的功能需求。

同时，结合应用感知网络（App-aware networking，APN）技术，可利用 IPv6 扩展头将应用信息及其需求传递给网络，通过业务的部署和资源调整来保证应用的 SLA 要求，使部署在各个位置的分散站点更好地提供业务链服务。特别是当站点部署在网络边缘（即边缘计算）时以此提供业务链服务，APN 技术有效衔接网络与应用以适应边缘服务的需求，将流量引向可以满足其要求的网络路径，从而充分释放边缘计算的优势。

在 SRv6 技术简化的基础网络架构之上，利用 SDN 将网络的智能从硬件转移到软件，用户不需要更新已有的硬件设备就可以为网络增加新的功能。这样做简化和整合了控制功能，让网络硬件设备变得更可靠，还有助于降低设备购买和运营成本。控制平面和数据平面分离之后，厂商可以单独开发控制平面，并可以与 ASIC、商业芯片或者服务器技术相集成。这为算力网络的可扩展性要求提供了更良好的技术支持。

本章节在根据"3+27"的国网云现状提出基于 SDN 的转控分离技术方案。基于 SDN 的转控分离架构，该模型分为 3 层，其中基础设施层主要由支持 SRv6 技术的路由设备组成。控制层主要包含 SDN 控制器。还有连接控制层和应用层的北向接口；以及连接控制层和基础设施层的南向接口。控制器是一个平台，该平台向下可以直接与 SR 路由器进行会话；向上，为应用层软件提供开放接口，用于应用程序检测网络状态、下发控制策略。控制层主要包括控制器和网络操作系统（network operating system，NOS），控制器主要负责处理数据平面的资源，维护全局网络视图。控制器通过南向接口协议更新路由中的流表，从而实现对整个网络流量的集中控制。应用层通过控制层提供的开放编程接口和网络视图，使得用户可以通过软件从逻辑上定义网络控制和网络服务。应用层由众多应用软件构成，这些软件能够根据控制器提供的网络信息执行特定控制算法，并将结果通过控制器转化为流量控制命令，下发到基础设施层的实际设备中。

五　国网"3+27"场景算力分布模型

（一）算力资源分布模式

从算力网络架构和算力网络路由及传输的角度讲，算力资源的分布分成 2 种场景，或者说 2 种分布模式。一种是当前以及未来可预期的 5G 时期的终端、边缘计算、云数据中心 3 级算力分布模式，这也是当前算力网络架构要着重考虑的；另一种是算力资源也部署在除端、边、云之外的网络转发和路由节点，这是一种极端的理想模式，在这种模式下，算力资源将真正"无处不在"。由于网络转发和路由节点参与计算（及存储），传统网络设备以及与此相关的通信协议、流程都将发生根本性的演变，以适应网络从"传统转发＋路由"到"转发＋路由＋计算"的模式转变，包括国际知名标准组织 IRTF 在内的众多研究机构都在对"Computing in Network（COIN）"这一议题进行较有成效的研究。

在集中式算力网络架构下，云边的算力、网络资源及节点信息由集中式编排器（Network Function Virtualization，NFVO）或 MEAO（Multi-access Edge Application Orchestrator）统一收集和分发，集中式编排器按照应用需求，结合全网算力和网络资源状态，编排最优的转发和路由路径，并下发至"3+27"国网云数据中心算力网络路由和转发节点。集中式编排器工作方式如图 5.3–6 所示。算力资源分布部署于网络基础设施上，如边缘计算节点、云数据中心等，算力资源节点通过北向接口与集中编排器（或控制器）进行南北向垂直交互。应用从边缘节点接入，集中编排器（或控制器）需要在感知应用及其算力和网络需求的基础上，进行路由策略编排，对于少数典型应用，可通过集中编排器预编排预配置，并预下发至算力网络节点，入口节点将应用与预配置的路径做映射，进行相应的应用流量路由转发。对于非典型应用，算力网络入口节点（或算力网关）需要通过信令接口通告集中编排器，由后者进行相应的策略编排和下发。

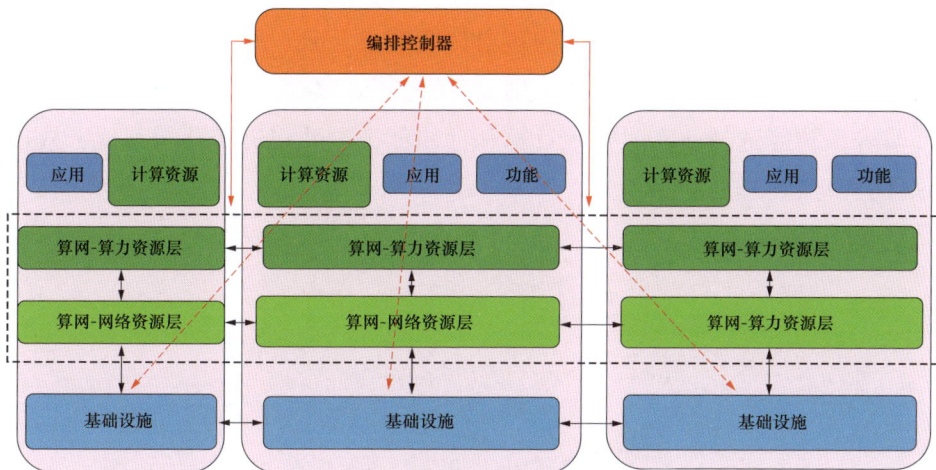

图 5.3-6　集中式编排器工作方式

本书中基于 SRv6 的算网架构如图 5.3-5 所示，该架构对外统一用户入口，提供服务目录，对内实现算网的智能化，包括资源管理、服务管理等，以支持算网服务一体化自动开通、全流程可视，并可随着网络、云、边缘技术和能力的各自持续演进，云、网、边、业的协同需要进一步加强和延伸，并需要根据业务特点、网络特征、设备能力及运行环境等，智能选择非实时复杂计算和存储任务，并将其转移至其他云或边缘计算节点处理。

云与网的深度融合、相互协同，可以提供云网一体化的综合服务。这就需要云和网的资源能够无缝对接，网络设备与云网元统一纳管，以形成统一的资源视图，从而使得网络的拓扑、带宽、流量和云的计算、存储能力等实时呈现。多云协同支撑业务融合创新，有效地控制了负载和成本，并整合多云资源，从而提升数据的可移植性和互操作性，实现精细化管理，助力企业业务创新，提升云服务的协同能力，丰富云服务生态。充分利用不同云服务提供商的能力，可以为企业提供一致的管理、运营和安全体验。

（二）国网"3+27"算力资源分布场景

国网"3+27"基于 SRv6 算力资源分布架构如图 5.3-7 所示，该架构对外统一用户入口，提供服务目录，对内实现算网的智能化，包括资源管理、服务管理等，以支持算网服务一体化自动开通、全流程可视，并可随着网络、云、边缘技术和能力的各自持续演进，云、网、边、业的协同需要进一步加强和延伸，并需要根据业务特点、网络特征、设备能力及运行环境等，智能选择非实时复杂计算和存储任务，并将其转移至其他云或边缘计算节点处理。

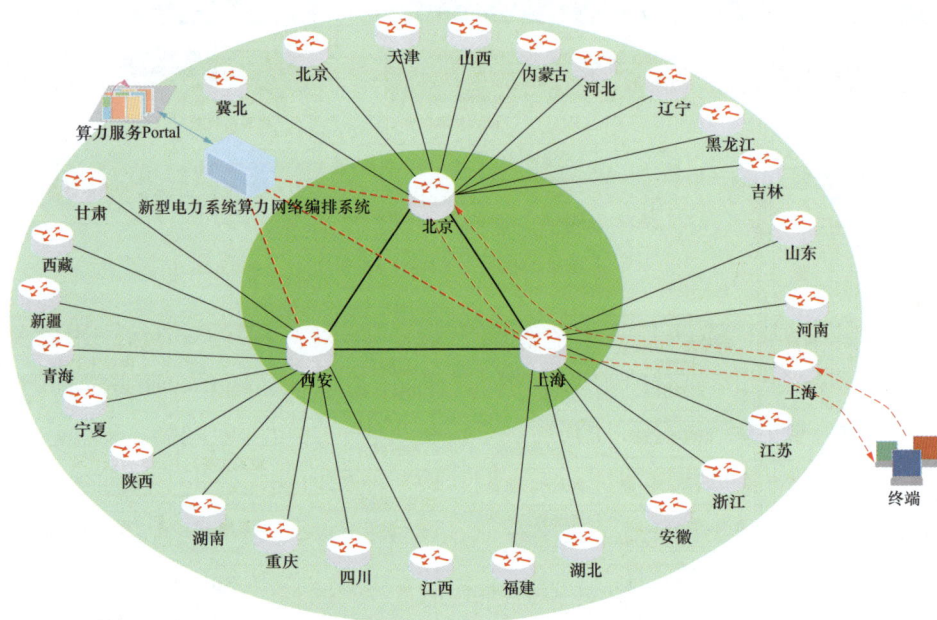

图 5.3-7　国网"3+27"基于 SRv6 算力资源分布架构

云与网的深度融合、相互协同，可以提供云网一体化的综合服务。这就需要云和网的资源能够无缝对接，网络设备与云网元统一纳管，以形成统一的资源视图，从而使得网络的拓扑、带宽、流量和云的计算、存储能力等实时呈现。多云协同支撑业务融合创新，有效地控制了负载和成本，并整合多云资源，从而提升数据的可移植性和互操作性，实现精细化管理，助力企业业务创新，提升云服务的协同能力，丰富云服务生态。充分利用不同云服务提供商的能力，可以为企业提供一致的管理、运营和安全体验。

六　算力网络架构中的几个关键技术

（一）算力抽象

从工业企业的基本关系看工业互联网落地的根本途径来看，算力抽象是算力基础设施层的关键技术之一。泛在计算基础设施层所提供的算力资源，包含多种不同类型指令集、不同体系架构异构硬件，比如 CPU、GPU、FPGA 等。算力抽象主要在异构基础设施上对算力进行抽象建模，通过在软件层面提供跨硬件、跨厂家的标准、开放的编程环境与编程接口，使得应用开发者无须了解底层硬件的具体信息，可以实现一套应用代码在任意底层硬件上执行。算力抽象能够提高算力基础设施层的通用性、易用性，实现应用基于算力而非硬件类型的部署，提升泛在算力的整体利用率，繁荣泛在计算生态。该技术可以从操作系统层面和异构硬件层面进行研究，制定相应的开发模型。

（二）算力调度和管理调度

算力调度和管理调度是算力网络的关键技术之一，为实现泛在计算的愿景，在云网边端之上需要构建多级的算力调度系统层以形成全网算力与网络的调度、匹配，成为一个"算力操作系统"，将整个社会的算力节点与网络管理纳入统一的体系。算力调度平台需要实时高效地获取云网边端各级算力节点资源信息，分析用户需求，通过自动化、智能化的调度方法及算法，提供最优化的应用部署及动态管理方案。算力调度包含算力注册、算力分解、算力调整与移动性管理、算力生命周期管理等多个能力，是泛在计算的核心技术之一。该技术需要突破的难点包括如何纳管异构基础设施设备、如何实现多级算力节点之间的网络互通、如何构建算随人选和算随人动的系统能力、如何实现算力调度系统的分级部署等。

（三）可信交易

可信交易是计费运营层是算力网络的关键技术之一，泛在计算的服务化可以考虑结合区块链来实现可信交易，促进共享经济式算力服务模式的商业模式实现。泛在计算的终端或云资源池都可以注册在链上，由泛在计算交易平台将这些算力源的使用情况记录上链，并给予算力源一定的"代币"或真实金额结算，链上的算力源都具备权限查阅自身的"代币"或交易账单，并可以使用"代币"兑换奖励。该技术需要突破算力节点评级、算力计费、算力记账等难关。

（四）算力建模和分级

算力建模和分级是算力网络的关键技术之一，算力建模和分级是对应用进行细化拆解的基础技术，是指针对业务场景分类，将业务所需算力需求按照一定分级标准划分为多个等级，为算力提供者设计业务套餐提供参考，或作为其算力调度的输入参数依据。以智能应用为例，其算力诉求主要是浮点运算能力，因此可以浮点计算能力的大小作为算力分级的依据。

针对目前应用的算力需求，超算类应用、大型渲染类业务对算力的需求是最高的，可达到高于 1 PFLOPS（每秒所执行的浮点运算次数）以上的 P 级算力需求；AI 训练类应用，根据算法的不同以及训练数据的类型和大小，其所需的算力从 G 级到 T 级不等，如一般训练模型算力需求为 300 GFLOPS（10 亿次 /s 的浮点运算次数），tensorFlow 算力需求达 12TFLOPS（1 万亿次 /s 的浮点运算次数）；AI 推理类业务对算力的需求稍弱，根据业务场景的不同，其所需算力一般在从几百 GFLOPS 到 T 级不等，如智能安防业务所需算力较高可达到几十 TFLOPS。算力建模和分级有助于精确评估不同类型业务的服务能力需求，形成通用的算力服务，为客户的业务体验提供基础保障。

七 算力和电力协同

生成式人工智能（AIGC）技术的迅猛发展推动数据中心向智算中心演进。截至 2024 年 5 月底，全国规划具有高性能计算机集群的智算中心已达十余个。智算中心的高功耗和高散热要求，推高其运营成本，智算中心绿色发展迫在眉睫。目前，绿色算力主要从使用端和供给端发力，通过先进制冷技术降低能耗、利用人工智能技术优化温控供电模式，以及使用绿色电力实现节能降碳。解决算力增长和电力消耗矛盾，推动电力和算力两网协同发展是必由路径。

关于《深入实施"东数西算"工程加快构建全国一体化算力网的实施意见》提出，到 2025 年底，算力电力双向协同机制初步形成，国家枢纽节点新建数据中心绿电占比超过 80%。

2024 年 8 月 6 日，国家发展改革委、国家能源局、国家数据局印发《加快构建新型电力系统行动方案（2024—2027 年）》，方案提出实施一批算力与电力协同项目，包括：探索新能源就地供电、提高数据中心绿电占比、加强数据中心余热资源回收利用等。

算电协同需要从资源、调度、运营到流通的全方位创新。

（一）多重挑战

2021 年以来，国家有关部门非常重视数据中心、算力网等绿电政策的顶层设计，推动数据中心的源网荷储一体化绿色供电模式创新、算力电力双向协同发展等政策陆续出台。

"东数西算"工程无疑是算电协同的标志性设计。国家数据局数字科技和基础设施建设司司长杜巍在近日举行的国新办"推动高质量发展"系列主题新闻发布会上表示，"东数西算"工程启动两年来取得积极进展。数据中心绿电占比超过全国平均水平，部分先进数据中心绿电使用率达到 80% 左右，新建数据中心 PUE（电能利用效率）最低降至 1.10。"东数西算"工程的实施带动了 IT 设备制造、信息通信、基础软件、绿色能源等产业链发展，提升了国家整体算力水平。

但目前算力电力双向协同面临资源分配、技术兼容性和成本控制等方面的挑战。鹏博士集团总工程师、鹏博士研究院负责人侯兴泽在接受《通信产业报》全媒体采访时表示，如何合理分配计算资源和电力资源，以满足不同应用场景的需求，不同硬件和软件平台之间的兼容性问题，可能影响协同效率。随着算力和电力的协同，数据和能源的安全性问题变得更加突出，算力电力协同带来成本的增加，需要考虑经济效益。

电力需要在算力巨量增加的背景下动态、适时规划稳定供给和绿色的目标，两者之间是动态平衡的，不是电力单向适配的关系。诺基亚贝尔能源行业负责人郭立行在接受《通信产业报》全媒体采访时表示，电网还需要在提供稳定的电力供应的前提下逐渐实现 100% 的绿色目标，电网公司及发电企业需要根据数据中心的布局和未来演进需要，在合理位置部署配套的绿色电源、输变电网络，目前这些设施可能还有进一步完善空间。

光伏和风电等绿色电源随机性、间歇性、波动性特征显著，严重受限于气象条件，新能源难以稳定可靠供电，极端天气可能停摆。南方电网能源发展研究院有限责任公司雷成表示，大规模新能源并网后，不同时间尺度供需平衡调控难度大幅增加，对新能源资源评估与发电预测、电力电量平衡、大范围跨时空资源配置、长周期规模化储能等技术提出更高要求。

（二）算电协同需要创新

算电协同，需要从资源、调度、运营到流通的全方位算电协同创新。

"要应对电力供给不足的严峻挑战，大力推动算力电力协同创新。"国家信息中心大数据发展部主任于施洋表示，电网给算场算网供电，算网为电网供算力，算场闲置的电力也可以反向给电网输送，在节点、市场和网络调度三个层面进行有机协同，电力网和算力网间实现电力、算力调度"两融合"，助力实现安全稳定、绿色低碳的高质量发展。

推进绿色电力与算力联合调度是其中重要一环。为充分发挥算力中心灵活调节特性，推动算力中心向新型电力系统主动支撑者转变，需加强电力与算力联合调度，使算力负荷特性与可再生能源出力特性相匹配，从而促进可再生能源消纳，保障电网运行安全。具体而言，算力中心可调负荷可通过直接参与、负荷聚合商参与等形式参加不同时间尺度的电力需求响应，从中获得价格补偿。同时，算力中心可参加绿电、绿证交易，支撑自身绿色低碳转型。

源网荷储一体化项目成为算电协同的关键抓手。源网荷储一体化项目是一种新型电力运行模式，它将电源、电网、负荷和储能作为一个整体进行规划和运作。这种模式可以在提高新能源安全、稳定供应的同时，有效提高消纳新能源发电，提升新能源利用率。

于施洋在今年数字中国峰会上提出，以"大""小"两个源网荷储为牵引，建立算力电力双向融合对接机制。

"大"源网荷储是新型电力系统的重要组成部分，通过优化整合电源侧、电网侧、负荷侧资源要素，使用储能等先进技术，实现电力生产和消费体系革新，为实现电力行业双碳目标提供基础支撑。"小"源网荷储是以算力节点为单位的源网荷储一体化体系，从算力节点的源、网、荷、储整体运行链条进行统筹规划，保证算力中心的安全、低成本用电。"大""小"源网荷储应建立双向对接机制，一方面，"大"源网荷储通过实现"源－网－荷－储"的深度融合、灵活互动，优化控制运行，维持电网的稳定性，为"小"源网荷储提供安全绿色高效的电力；另一方面，"小"源网荷储通过建立灵活可靠的柔性调节能力，对"大"源网荷储提供主动式支撑与响应，既满足电网的调节需求，帮助区域提升电力供应保障能力和新能源消纳能力，又帮助算力节点在电力市场获取响应收益，降低用能成本。

郭立行表示，电网企业需要与全国一体化算力网络的相关单位进行深入的交流与合作，其内容不仅局限于静态的电力需求信息，还需考虑如何参与到"源－网－荷－储"的有机互动中，电网侧可以更精准地实现电力供应和调度，数据中心侧也可综合利用算力分布、区域能源供给能力、峰谷电价等手段降低单位算力消耗的总成本。

此外，雷成认为，综合考虑电力输送和算力输送，在绿电资源丰富、低电价或者不能有效输送电力的地方优先布局算力中心，通过信息网络将东部沿海的算力需求转移到西部的算力中心，以输送算力的方式替代一部分电力输送，降低整体经济成本。具体而言，结合国家"东数西算"工程的实施，引导算力资源向贵州、甘肃等西部省份转移，满足一些网络延时要求较低业务的算力需求。对于网络延时要求较高业务的算力需求，可结合海上风电的开发和沿海核电的建设，在沿海地区合理布局算力中心，以满足长三角、粤港澳大湾区等数字经济发达地区低延时算力要求。

（三）向"融合共生"发展

绿色电力和算力作为经济社会全面绿色化、数字化转型的关键生产力，逐步向"融合共生"发展，通过电力带动算力绿色化升级、算力赋能电力数字化转型，形成协同发展的良性循环。电力是多元化算力发展不可或缺的基础支撑，不仅能够满足多元化算力用电需求，而且能够提供丰富的智能应用场景和海量的高质量数据。

电力在发、输、变、配、用各环节均拥有丰富的应用场景。在电力行业巨大应用需求驱动和资金支持下，算力设施部署和技术迭代将加快，实现算力产业发展升级。电力数据资源丰富、覆盖范围广、类型多样，包括发电出力、电网运行、用户用电、电力市场交易等文本、图像、语音数据。电力数据价值密度高、真实性高，能够全面反映宏观经济运行情况、各行业发展状况、居民生活消费情况等。此外，电力数据资源管理和运营相对成熟，具有相对完善的数据资产管理体系和流通运营体系，且有丰富的应用实践。能源电力大数据的使用将有利于提升算力模型分析、预测和决策的准确率和效率，激活和释放数据要素价值。

电网企业在实现需求预测、实时数据采集、潮流计算和实时电能调度时，需要大量的 AI 计算资源和通信网络支持，全国一体化算力网络可以为其提供高效支撑，通过合作实现优势互补。

而以"节点 – 市场 – 网络"融合为架构，成为算电融合发展的方向。通过构建算力节点源网荷储一体化体系，使算力节点成为新型电力系统结构下保障区域电网稳定的"压舱石"。通过算力市场与电力市场的融合，算力市场建设充分借鉴电力市场建设的成熟经验，推动算力价格与电力价格的交叉关联，形成算力与电力两个市场的横向交易。通过充分融合算力网与电力网的区域特性和调度能力，跨省、跨区开展多时空尺度的电力与算力协同调度。

第四节　算力网络功能

一　跨时空算力灵活迁移和聚合

国内数据网络流量调度具备的功能条件，国内已形成国家和省的国内云算力模型，省内也在逐步形成省核心云、地市边缘云、区域微电网以及智能终端等多层级的云边算力架构。

省内云边端算力场景下，地市边缘云、边缘代理装置的计算能力发展迅猛，但整体算力资源利用率低。以江苏为例，全省 13 家地市边缘云数据中心核心组件 vCPU 资源的平均分配率约 25.3%；全省接入 22 万台边缘物联代理，代理装置的 CPU 负载 0.05%~4.01%、内存占用 0.09%~3.86%、磁盘占用 0.07%~3.72%。因此，设计相应的算力调度方法，实现闲置算力的互联与聚合，将释放大量的潜在算力资源，促进省内算力资源的共享与开放。

数据通信网是连接各级算力节点的承载网络。目前，数据通信网已具备 SRv6 协议能力，并已投入运行相关的 SDN 控制器。

随着人工智能（AI）、大数据分析和边缘计算等新装备、新业务的接入，省内闲置算力资源的聚合运用对传输、数据网通道提出了带宽和路由灵活调整的新要求。

目前，省电力公司云数据中心、地市边缘云数据中心之间采用的通道以 OTN 及 SDH 承载为主；地市边缘云数据中心、边缘代理装置之间采用的通道有线光纤、无线公网、无线专网等多种方式，云边端算力承载网络呈明显的异构特征。在网络资源调度方面，OTN 及 SDH 技术体制下的传输通道均缺乏灵活性，难以支撑电网算力业务的发展。

在云边协同层级划分方面，应实行与业务需求相适应的层级划分方式，减少数据链路长度，提升终端服务的效率，形成国家和省的云边协同新型电力系统算网架构体系，这种多级云边协同节点建设，在横向上实现了数据跨专业共享，在纵向上实现了省、市、县（区）及所（站、班组）4级数据共享。利用云边协同跨域分层算力网络，站级边缘计算节点能够实现对用电信息、配网自动化等数据的实时接入，区域边缘节点可实现对本地数据的快速汇集和分析，省级数据中心可对接总部级相关平台及系统。

国内算力网络部署初期要实现网随算动，网络基础设施要以算力高效互联为目标完成升级演进。国内典型算力网络部署架构如图5.4-1所示，国家级8大枢纽算力节点间，通过一干传输网络打造"大容量"枢纽间直联网络，省级算力、地市算力以及边缘算力节点间，通过省内传输干线网络互联构建低时延的枢纽内超快访问能力。

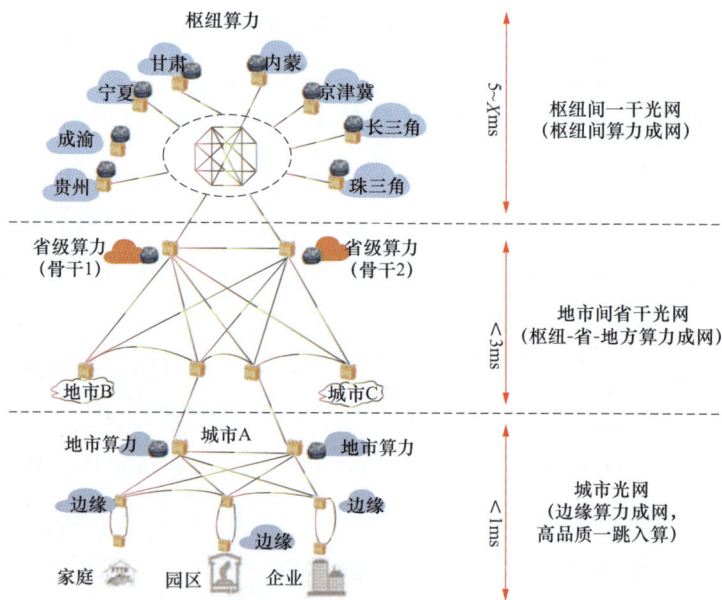

图 5.4-1　国内典型算力网络部署架构

以算为中心、网为根基、多要素融合的算力网络，基于算力（包括CPU、GPU、NPU、FPGA、存储等多样化异构算力）、网络（包括物联网、5G、专线、宽带等网络）和能力（包括视频、大数据、AI和安全等能力）的有机融合和封装开放，允许业务根据需求进行灵活组合，支持按照性能最优、成本最低或综合平衡等多种策略进行云、边、端资源调度，根据新型电力系统业务需求进行潮汐调度、自动弹性伸缩和按用时用量计费。

前面章节介绍过国家电网总部和省的国网云总拓扑结构为双星环形网络。内部三个总部级数据中心两两相连，形成环型数据中心总部。外部27个云数据中心以星形结构分别连接到对应分管总部级数据中心。其中在每个省部级数据中心都设置两个互为备份的路由器，分别以两条不相交的路由路径连向对应总部级分管路由器，这种网络拓步结构具备各个数据中心间跨时空算力灵活迁移和聚合的网络基础和条件。

二　跨区域算力时空与能耗潮汐调度

随着国内国家和省的全国分布的数据中心大量部署和云计算服务需求激增，其高运行能耗和碳污染问题日益严重。针对这种新兴的高能耗负荷，如何缓和数据中心碳足迹的有害影响，实现碳达峰、碳中和"3060"目标成为一项重要挑战。清华大学基于数据中心计算负荷的灵活可控性和全球多区域可再生能源时空分布互补性，提出"时–空"双维度任务迁移机制实现互联多数据中心碳中和。通过延时容忍型任务，在多数据中心间的空间迁移，满足计算负荷与清洁能源出力在大时间尺度上匹配，并配合任务在单体数据中心的时域迁移，实时追踪可再生能源功率波动以最大化消纳可再生能源，从而以时空优化互补的方式实现多数据中心高运行能耗所造成碳排放的时空转移，实现碳中和。

使用真实的数据中心算例验证所提出的多数据中心碳中和调控策略的性能和普遍适用性。通过实验对比，所提调控策略能够实现任务负荷与可再生能源的最优匹配，显著降低不同规模的互联多数据中心碳排放量，缓解多数据中心集群碳污染，实现全球大规模部署数据中心碳中和。结合各地数据中心实际场景分析其接入可再生能源出力特点，可以发现不同空间位置的风电和光伏出力在同一时间具有一定的互补特性。

另一方面，在空间维度上，数据中心的互通互联使得用户请求可在不同区域被处理，在时间维度上，延迟或激活计算任务可以调整数据中心短时电力需求。因此，以地理分散的互联多数据中心"耗能碳中和"为出发点，将能耗密集的计算负荷转移到可再生能源充足的地点或时段进行处理，使得原本高强度负荷导致的超额碳排放转移，而以可再生能源消纳的形式抵消这部分碳排放增长，即通过碳感知的负荷转移策略实现多数据中心集群间"碳转移–碳吸收"过程，以期达成云负载的零碳增长，即碳达峰和碳中和目标。

按新能源的广域时空分布特性，当前国家和省已经先期开展了全国部署，并出于节能环保的目的规划了光伏及风能的就近使用，如将数据中心建造在可再生能源富集地区。然而，仅对于每个单一孤立的数据中心而言，在获得可再生能源发电所带来的运行成本下降红利的同时，也饱受可再生能源的间歇性和波动性的困扰。以多晶硅光伏板组成的光伏发电系统为例，电池板的输出电压和电流，均与光照强度和环境温度有关，为时间的强相关函数，因此某地光伏发电量在一天内将呈现出明显的单峰值时变波动性。国内不同时区光伏电站出力趋如图 5.4-2 中的每单条曲线所示。

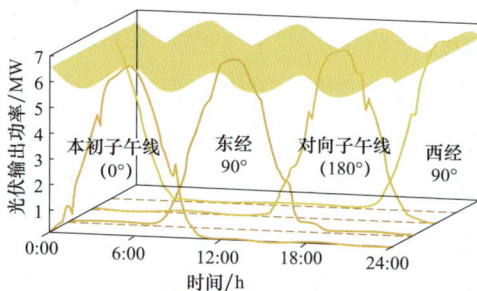

图 5.4-2　国内不同时区光伏电站出力趋势

然而，若跳出单点地理坐标的光伏全天发电趋势，而分析全国内广域空间维度上的光伏发电，则不同经度不同时区的光伏电站发电量由于其日出日落时段分布而呈现出天然的时序规律。如图 5.4-2 所示，若将国内范围内 4 个不同时区的光伏电站的出力整合为 1 个虚拟光伏场，其输出功率（曲面）呈现出平稳的小幅波动趋势。这说明经度跨度较大的光伏电站出力之间具有峰谷强互补性。分析风力发电，其发电量是风速的函数，与光伏发电相比其波动性和不确定性更强。风电出力功率对风速大小十分敏感，除有上线下阈值外，还和风速的三次方成正比，这使得即使是微小的风速变化也会导致输出功率的较大波动。

因此，在时间维度上，风力发电系统出力曲线会随风速变化呈现出峰谷差异明显的陡峭时变特性；在空间维度上，受地貌和热效应因素的非线性影响，风速的空间特征无法被准确捕捉，呈现出显著的差异性和低相关性。但若考虑多区域风电的总出力，如其他文献中提供的不同区域风电出力相关性分析的方法，尽管单一区域风电均会出现某一时段输出功率为零或者接近于零的情况，但是将多区域风电整合为一个虚拟发电站分析其出力，其功率将在适中的范围内波动，呈现出一定的平滑效果，避免了出现输出功率极低甚至为零的情况。国内不同地理位置的风电场出力趋势如图 5.4-3 所示。因此，通过灵活调配数据中心计算负荷，协同利用地域分散且时空互补的清洁能源，以支撑其巨大运行功耗，实现碳减排、碳中和目标。

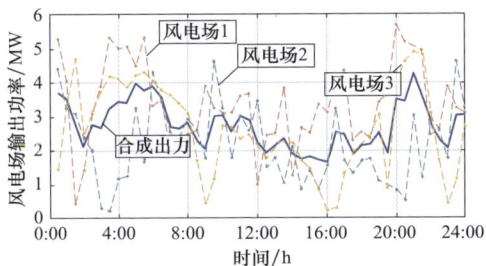

图 5.4-3　国内不同地理位置的风电场出力趋势

国家和省地理分散的互联多数据中心碳排放模型方面，与单一数据中心研究对象不同，互联的多数据中心集群包含地理分散的多个数据中心单体以及它们之间的骨干通信网络。针对数据中心高能耗及碳污染问题，国内越来越多地将清洁可再生能源纳入其供电体系，以降低运营成本及减少碳排放。新型电力系统国内数据中心算力能耗潮汐示意图，如图 5.4-4 所示。图中给出互联多数据中心碳排放和迁移场景。由分析可知，互联数据中心碳排放量为各单体数据中心碳排放量和数据中心传输网络设备耗能碳排放量之和。考虑到与火力发电相比，风电、光伏的碳排放量极小，是由于火力发电的碳排放率为 968g（kW·h）$^{-1}$，风力发电仅为 29g·（kW·h）$^{-1}$。因此，本书在计算时仅考虑由火电厂供电，则时段 t 内互联多数据中心总碳排放。

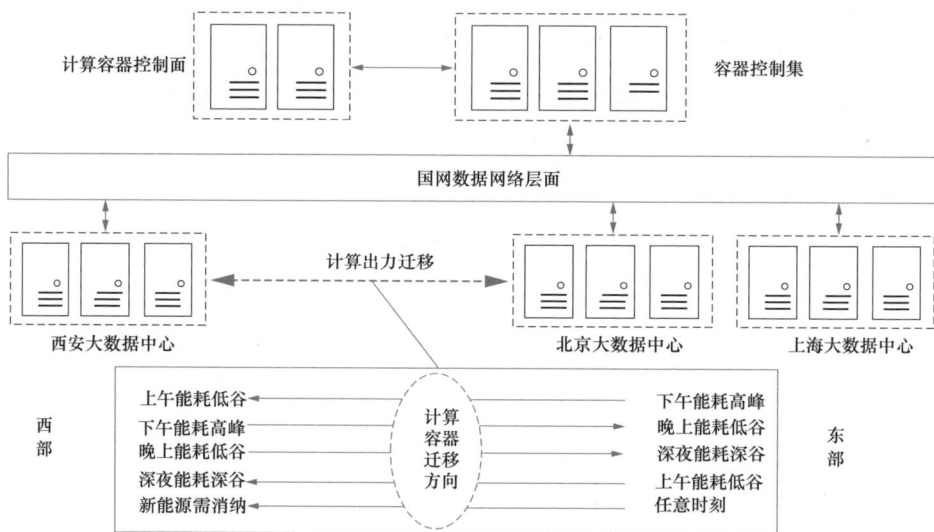

图 5.4-4　新型电力系统国内数据中心算力能耗潮汐示意图

对于单体数据中心负荷主要包含服务器功耗、制冷和照明功耗等，而供电部分主要来自于配电网以及风电、光伏等可再生能源。由此建立由供－用电功耗平衡模型：空调系统和照明系统为主的辅助设备功耗。目前，数据中心能效测量方法常使用电能利用效率（power usage effectiveness，PUE）来表述服务器功耗与数据中心总功耗的比例，可见，降低服务器功耗或更大比例使用风电、光伏等可再生能源将有效降低使用火电比例。而服务器功耗随其计算资源利用率线性增加，假设服务器同构，则单体数据中心内服务器集群的功耗模型可以表达为

$$P_{d,t}^{svr}=n\cdot\left[p_{idle} + \mu_{d}\left(p_{peak} - p_{idle}\right)\right] \tag{5-1}$$

式中：n 为单体数据中心中服务器总数；p_{peak} 和 p_{idle} 分别为单台服务器的满载功率和空载功率；μ_{d} 为数据中心 d 中服务器计算资源利用率。

进一步建立互联数据中心间骨干光网络功耗模型，多数据中心互联通信一般由骨干光网络承载，采用 SDN/OpenFlow 技术，具有高带宽、强

可靠性及灵活部署的优势，其功耗主要来自核心交换设备（如容量为百Tbit/s 级的 NE5000 型核心路由器），包括设备运行基础功耗以及与通信流量相关的动态功耗，则光网络总功耗

$$P_t^{net} = \sum_{i=1}^{V} \left(p_{dyna} l_i + p_{base} \right) \qquad (5-2)$$

式中：V 为光骨干网中的网元节点集合；l_i 为网元 i 的传输流量；p_{dyna} 为基本网元 i 传输单位流量所消耗的功耗；p_{base} 表示骨干光网络交换设备（网元）的基础功耗，在本书研究中将其设置为常量。

以此可见，新型电力系统国内数据中心算力跨区域时空能耗潮汐状况日渐突出，云计算基础设施的激增增加了巨大的电力负荷，使碳污染变得更加严重。可再生能源的使用能够降低对化石能源的依赖，有效减少碳排放。当前新型电力系统的国内云的各个数据中心存在算力跨区域时空能耗潮汐的问题，需要依据将数据中心能耗和新能源发电潮汐模型在不同数据中心之间进行算力迁移，将算力应用需求迁移到可再生能源充足的数据中心，通过算力的跨时空优化协同，从而消纳新能源，实现碳达峰和碳中和。

第六章

算力网络
编排及调度

第一节　算力网络编排架构

为应对算力与网络深度融合的趋势，算力网络作为一种创新网络架构应运而生。它依托于广泛覆盖的网络连接，实现了动态计算与存储资源的无缝互联，通过多维度资源（网络、存储、算力）的高效协同管理，确保各类应用能够即时、按需访问散布各地的计算资源，从而优化网络全局性能，并保障用户体验的一致性。

随着算力时代的到来，新型算力业务蓬勃兴起，对算力网络的编排与调度机制提出了新的挑战。相较于早期的云网融合编排系统，当前系统面临3大局限。

（1）自动化水平待提升。在云网融合初期，系统侧重于将分散的云计算节点纳入统一管理，提供标准化云服务。然而，由于网络接入的广泛性和不确定性，以及网络开放能力和统一编排标准的不足，系统难以自动、灵活地响应用户需求，实现算力资源在网络边缘、云端等多层次间的动态调配。此外，新型算力业务对算力与AI、数字孪生等技术的融合需求，也超出了现有系统的自动化处理能力。

（2）智能化程度有限。在算力时代，业务SLA要求不仅限于单一维度的资源保障，而是需要实现算力、网络传输能力、存储资源等多维资源的综合优化。然而，传统云网融合编排系统缺乏基于AI的智能调度机制，难以在全局视角下，根据业务目标动态调整云网资源组合，以达到整体最优的服务质量。

（3）数字孪生应用不全面。尽管网络数字孪生技术已在一定程度上实现了通信网络的数字化管理，但在算力时代，仅关注网络层面的孪生已不足以支撑复杂的云网融合业务。系统需向云网数字孪生进化，不仅限于网络，还要涵盖云资源，以支持更全面的业务编排仿真、态势预测、需求分析与创新服务推广，从而提升云网融合业务的整体效能。

因此，为满足算力时代对算力泛在化与服务多样化的高要求，需要构建具备高度自动化、智能化及全面数字孪生化特性的新型编排与调度系统。新型编排与调度系统应能智能地协同云、边、端资源，实现算力、存储、网络及能力的综合调度，以支撑未来算力业务的快速发展。

一　可编程算力网络

算力网络的编排与管理聚焦于网络、存储及算力资源的全面整合与协同优化，旨在构建一个全局高效的算力分配体系。用户通过算力接入点（如边缘计算设施）轻松接入网络，系统则根据实时资源状态和应用服务需求，智能地将应用调度至最合适的计算节点，以保障业务运行的流畅性和用户体验。

在调度机制方面，传统 SDN 架构的可编程性被充分应用，实现了网络控制面与用户面的明确分离。同时，基于云原生 Kubernetes 平台，构建了一个高效的服务编排与调度框架，既提升了自动化水平，又确保了服务的快速部署与弹性扩展能力。

此外，P4（Protocol-Independent Packet Processor）技术的引入，为网络可编程性带来了革命性的提升。作为一种高级编程语言，P4 为数据包处理器的编程提供了前所未有的灵活性，使网络能够根据具体业务需求进行深度定制与优化。随着网络设备的演进，网络组件也逐渐实现了容器化，并可被调度至支持 P4 功能的白盒交换机上，进一步增强了网络的灵活性和可扩展性。基于容器化的可编程网络编排架构如图 6.1-1 所示。

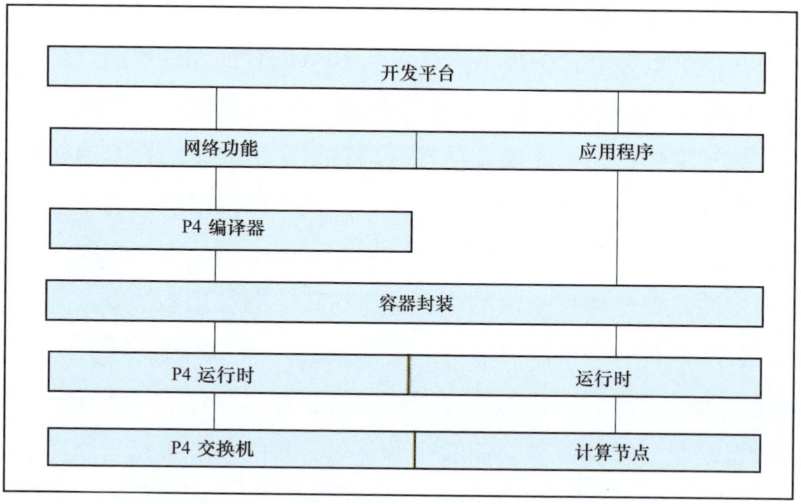

图 6.1-1　基于容器化的可编程网络算力编排架构图

基于上述可编程网络算力编排技术架构，P4交换机内嵌了专为其设计的运行时环境，该环境专为执行P4语言编写的程序而优化。同时，在通用计算节点上，这一运行时也支持运行应用程序的镜像，实现了跨平台的统一容器封装机制。此技术架构为上层网络功能与应用程序提供了标准化的容器化工具，简化了镜像的打包与部署流程。

在网络功能容器化封装流程中，P4编译器扮演了核心角色，它将用P4语言编写的网络功能程序转换为P4交换机可直接执行的目标代码，随后这些代码被封装进容器内，以便于部署与管理。与此同时，Kubernetes作为容器编排与资源调度的核心平台，负责智能地分配P4交换机与通用计算节点的算力资源，根据网络功能与应用程序的具体需求，将它们分别调度至最合适的执行环境上。

对于上层开发者而言，这一技术架构提供了一站式的开发环境、标准化的API接口、强大的网络可编程能力以及灵活的应用程序开发支持。这表明开发者能够在编写代码的过程中，将网络逻辑和应用程序逻辑进行深度整合，以满足在日益复杂的计算网络融合环境下的开发需求。此外，这种融合开发模式还促进了算力资源与网络资源之间的无缝协作，进一步提升了整体系统的性能与效率。

（一）网络编排基本体系架构

算力网络编排架构，主要包括算网基础设施层、算网运营服务层、算网接入底座和算网编排调度层（算网大脑）如图6.1-2所示。

1.算网基础设施层

算力基础设施层包括算力资源和网络资源。从设备层面来看，算力资源不仅集成了服务器与存储系统的数据中心，还覆盖了具备计算能力与网络连通性的边缘端设备，比如智能摄像头、终端感知器以及交通信号控制装置等。此外，边缘计算领域的关键设施，如移动边缘计算节点和智能家居的网关设备，也构成了算力资源层的重要部分，它们有效拓展了数据处理的地域边界。至于网络资源，其展现形式可划分为2大类别：传统网络架构，这类网络侧重于控制与转发功能的直接集成，未实现二者的解耦，保持了较为直接的网络结构；另一种网络架构方案是运用SDN（软件定义网络）技术，该技术通过分离控制层与转发层，显著增强了网络的集中化控制能力和灵活性。这一特性为网络资源的动态分配与优化管理铺设了坚实的基础，使得网络资源的调度更加灵活高效。

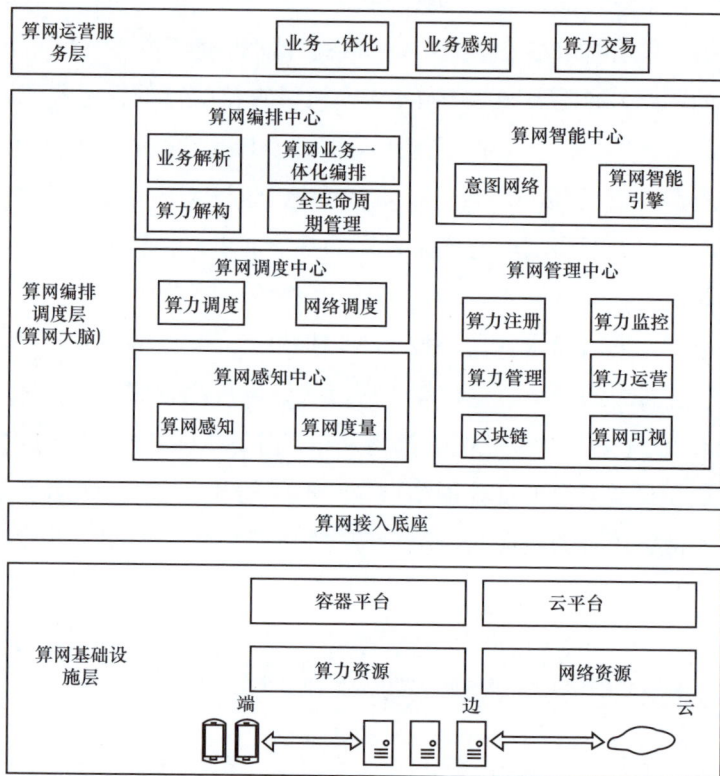

图 6.1-2　算力网络编排架构

算网基础设施层负责各种异构物理设备的整合，而对于资源的管理和调度，则需要通过编排调度层来指导。算网基础设施层依托云计算的容器化技术，构建了一个高效灵活的资源池。该资源池通过软件定义网络（SDN）技术无缝对接至算网编排引擎，实现了资源的动态编排与管理。

2.算网运营服务层

针对算力需求方，系统提供多样化接入点，并借助标准化的API接口，便捷地向周边输出算网能力服务。用户基于资源视图挑选最适宜的算力方案。随后，服务层捕捉并分析用户需求，传递给编排管理层与控制层，进行资源预留并构建稳固的连接链路，确保算力服务的高效供给。

3.算网接入底座

统一接入算网资源与应用能力，支持服务容器化部署调度。为三层算力网络提供控制，含网域控制器解决方案。其核心目标在于打造泛在算网资源管理平台，并与算网大脑建立高效对接协议，以此构建强大的对接能力，确保算网大脑能够轻松、迅速地接入并全面管理广泛分布的异构算力资源与网络，实现资源的无缝整合与高效利用。

4.算网编排调度层（算网大脑）

算网大脑作为算力网络编排架构的核心系统，负责对虚拟机、容器、网络等资源的监控、感知、度量、编排、调度、分配和全生命周期管理。算网大脑北向对接算网运营服务层，接受业务编排请求，提供一体化运营运维能力，实现面向用户的服务能力开放；南向对接算网基础设施层，实现状态监控、策略下发、配置管理，完成对算力与网络的一体化编排调度。

算网大脑具体由 5 个模块组成，包括：算网编排中心、算网控制中心、算网感知中心、算网智能中心、算网管理中心。

（1）算网编排中心。对算力网络的网、云、边、端多种要素进行融合统一编排和调度，旨在实现算网业务需求与算网各基础设施资源之间的最佳供需匹配。其功能涵盖自动匹配用户算网服务需求和算网大脑提供的适配方案。算网大脑通过算力解构，将多样化、大粒度、复杂的算力任务分解为小粒度、独立的算力任务，并综合考虑算力、网络、环境因素进行一体化编排及统一调度策略。

结合人工智能、大数据和安全等要素，算网大脑灵活组合这些要素与基础网络和算力，统一编排原子能力，利用 AI、大数据和安全能力提升算力网络资源效率和安全保障，寻求算网资源的最优匹配，提供更加丰富的算力网络产品和服务。

基于云原生的服务编排技术主要通过融合计算、存储和网络能力，实现云原生和云计算统一编排调度平台的目标。利用 OpenStack 的底层资源调度管理能力，有效整合数据中心的多样化计算、存储及网络资源。借助 Kubernetes 的容器编排技术，服务编排层实现了对算网资源的灵活开放与高效调度。

（2）算网控制中心。接收并处理网络调度请求，激活相应的网络配置，并负责全面管理算力资源、算力应用及能力服务的调度与编排。算网控制中心的核心功能包括为算力调度与编排策略提供数据支持，执行来自算网规划系统的指令，涉及云环境资源的动态调配、算力节点的整合并网、资源状态的同步更新，以及算网应用的部署实施。此外，还为用户提供云资源绑定服务，以增强资源使用的灵活性和便捷性。

算网控制中心具备跨域端到端网络管理能力，实现了网络配置的全面管理、性能监控与异常告警，并集成多域数据收集功能。它能够将全局网络性能要求细化至各独立域，确保网络性能需求精准映射至具体的网络配置调整上。在资源管理层面，该中心支持云原生技术的深入应用，能够高效管理容器化资源，灵活调度与分配云资源，同时实施云服务的动态扩展与收缩策略，以适应业务负载的变化。同时，算网控制中心还扮演着算力资源注册、识别、调度与算网应用部署的关键角色，为算力网络的生态构建与业务拓展奠定了坚实基础。

（3）算网感知中心。算网感知可以对算力网络中的设备和节点的网络性能进行实时监测和分析，获取网络拓扑结构、网络流量和网络质量等数据，从而为算力网络的资源分配和任务调度优化提供基础数据。此外，算网感知还可以监测和分析算力网络的服务质量，及时发现和解决服务故障和性能瓶颈，提高服务的可用性和可靠性。

其中，算力感知通过算力路由收集节点的算力资源信息，算力路由包括集中式和分布式2种方案。算网度量模型子模块通过该模型实现对算网资源和算网服务需求的统一度量。

（4）算网智能中心。算网智能中心是整个算力网络的智能决策中心。嵌入意图网络并结合人工智能引擎对业务进行自动化解析和受理。

将意图网络的思想引入算力网络的架构体系，在算力运营服务层获取业务后，通过各类AI算法识别用户的业务意图，并将其转译为适用于算力网络环境下的全局或局部网络策略。算网编排调度层细化策略为算力、网络、安全资源策略。编排管理层匹配服务方案与全局资源，调度层执行调度，将任务精准路由至算力节点，并基于反馈动态调整优化。

（5）算网管理中心。算网管理中心支持算力节点的注册，区分算力节点与传统网络节点。算网管理平台据此获取节点参数，制定并下发配置策略，同时通过可视化界面为用户提供操作与监控的便利。此外，区块链技术的融入进一步增强了系统的安全性与可信度。

1）算力注册。对全网的算力节点注册，实现节点的管理和业务的动态卸载。

2）算力管理。向算力管理平台通告其算力使能信息；算力管理平台获取算力节点的参数信息；算力管理平台下发配置策略。

3）算力监控。监控设备的算力性能通过多种类型的算力信息采集和上报策略配置，支持最优算力节点的实时选择，并在故障时予以修复。

4）算力信息采集。路由节点向周围算力节点周期性探测。

5）区块链。区块链技术以其安全性、透明度及去中心化优势，融入算力网络，确保用户与贡献者间信任无虞，实现算力资源管理的安全可信。

6）算网可视。算网可视化聚焦于多维度视图呈现，涵盖全局资源追踪与算力运行动态，为用户带来直观洞察。

（二）编排网络架构与传统架构对比分析

算力网络，作为一种新型网络架构的分布式解决方案，其核心在于将算力资源与网络特性紧密融合，创造出独特的算力路由机制，依托底层网络实现广泛覆盖。此机制巧妙运用基于服务 ID 的路由策略，确保用户算力需求能够精确转发至最优算力节点，实现高效对接。

然而，尽管前景广阔，当前算力网络架构仍遭遇多重挑战。首先，当应用服务数量激增、网络规模庞大时，基于算力路由的分布式转发机制可能导致每台路由器需要独立计算大量路径，从而显著增加网络维护的复杂度；其次，算力网络协议在 IGP、BGP 等协议间的交互，在跨网络自治域（AS）的交互层面，尚存诸多细节需深入探索与优化，以确保不同自治系统间的无缝协作与高效通信。此外，业务流的持续黏性保障、算力节点性能指标的有效通告机制及其准确性，目前均缺乏标准化的解决方案，这成为算力网络发展道路上的一大挑战。

相较之下，泛在计算另辟蹊径，其设计理念根植于云计算的核心理念，构建了一个层次化、集中管理的调度框架。此框架不仅集成了算力资源与网络信息的全面监控、调度与分发功能，还保持了对底层网络架构及现有应用设计的兼容性，以 Overlay 形式运作。在整合传统云边资源池的同时，泛在计算亦积极拓展至泛在终端设备的调控领域，展现了其全面的资源管理能力。

值得一提的是，泛在计算创新性地将区块链技术融入可信合作框架，旨在构建一个云、边、网、端、链深度融合的生态系统。这一举措不仅促进了多方算力提供者的信任建立与协作，还推动了泛在算力资源的可信共享与灵活交易，使算力服务更加贴近用户需求，实现了算力资源的随需而动、随人而选，向着算网融合、动态适配的未来愿景稳步迈进。

算网编排网络架构与传统架构对比分析见表 6.1-1。表中展示了三种架构的对比概览。算力网络服务功能架构如图 6.1-3 所示，立足于网络视角，创新性地引入分布式算力路由智能匹配机制，精准对接用户算力需求至最优资源节点，从而强化整体网络的服务效能。

表 6.1-1　　　　　　算网编排网络架构与传统架构对比分析

特点	算力网络编排架构	分布式云架构	泛在计算服务化架构
架构设计原理	网络	云计算	云计算
对应用的要求	FaaS 化，具备流粘性保持功能	无更改	可无更改
资源管理范围	云边	云边	云边端
管理编排形式	分布式	集中式	集中式
算网融合深度	将算力信息附着在网络协议之上，提升网络服务能力	网络作为一种云服务能力单独提供	提供算力 + 网络的一体化服务，用户无须单独购买网络服务
服务模式	运营商或云服务商的云网资源服务	单云服务商的云网资源服务	全社会算网资源可信共享交易模式

对比之下，分布式云架构则紧跟云计算发展趋势，通过云边协同与边缘间紧密合作，大幅削减服务延迟，加速算力响应速度，实现了云计算能力的边缘化部署，促进了云服务体系的全面协同与效能升级。而泛在计算服务化架构则采取了截然不同的路径，其核心在于资源的集中化管理与灵活调度策

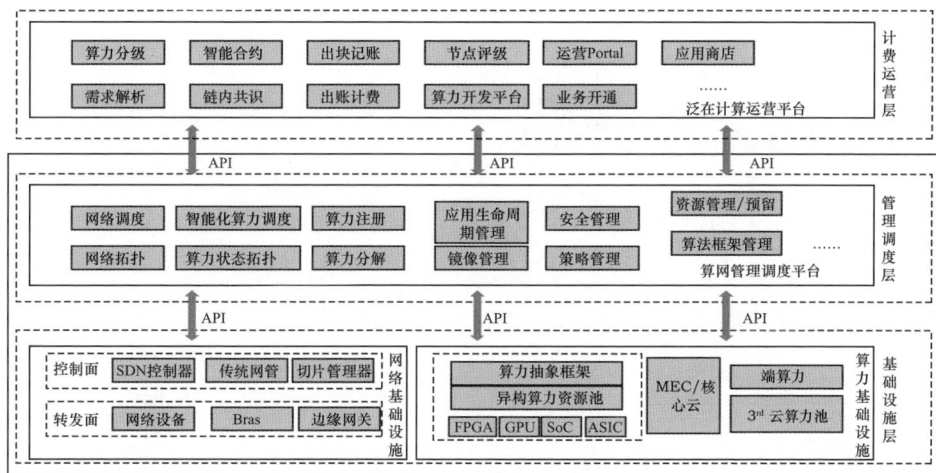

图 6.1-3　算力网络服务功能架构

略。借助叠加网络技术，该架构显著增强了对广泛分布设备的整合与管控能力，进而促进了算力资源的广泛共享与高效利用，为构建更加开放、协同的算力生态体系奠定了基础。

目前，分布式云架构的应用场景相对局限，主要集中于单一云服务提供商的内部环境，用户需先行选定服务提供商，随后在其封闭体系内执行资源调配。相比之下，泛在计算服务化架构作为分布式云发展的高级形态，其设计理念虽一脉相承，但展现出更为广阔的覆盖范围和更强的包容性。泛在计算服务化架构能够跨越不同云池界限，甚至延伸至终端设备层面，实现资源的全面整合。

同时，它还将网络性能作为关键调度因素，结合区块链技术的信任机制，构建起一个开放、可信的算力网络生态系统，极大地拓宽了计算服务的边界与灵活性。用户在此架构下，能够直接、便捷地获取并利用"算力资源"，无须深入技术底层，享受更加流畅、高效的服务体验。

泛在计算架构作为叠加网络方案，保持了底层网络与应用设计的稳定性，同时积极探索对广泛计算资源的集中管理与调度。多方算力参与者的加入，促使区块链技术成为实现云、边、网、端、链协同的关键，推动泛在算力资源的可信共享与高效利用，向着算网融合、算力随需而动的未来愿景迈进。

二 算力编排功能模型

算力编排功能模型分为6个模块：资源监控和管理模块、资源评估模块、任务调度和迁移策略模块、数据迁移模块、状态同步模块、测试验证模块，算力编排功能模型图如图6.1-4所示。

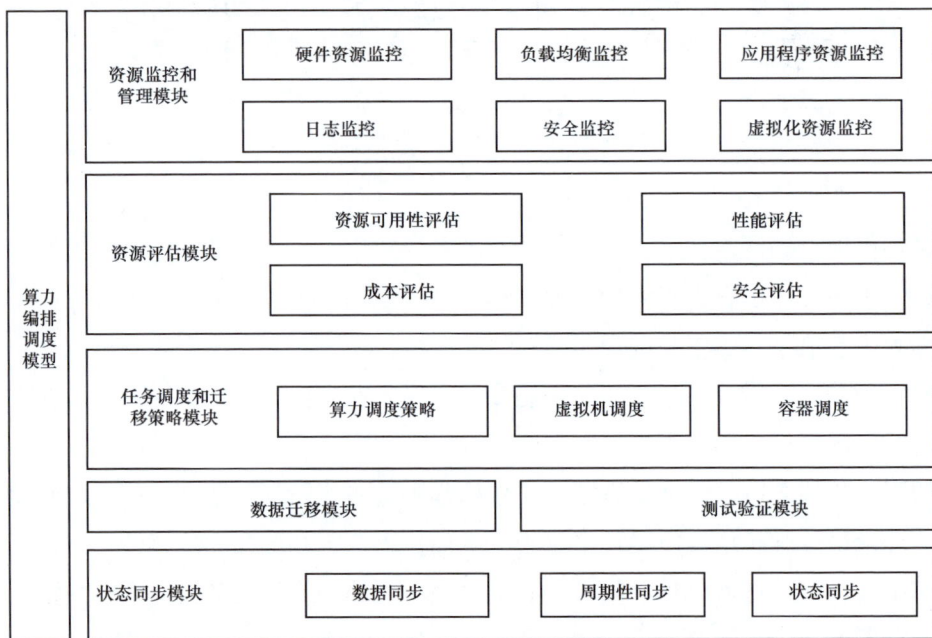

图 6.1-4 算力编排功能模型图

（一）资源监控和管理模块

负责监控和管理计算资源的使用情况，包括CPU利用率、内存利用率、网络带宽等，以便进行任务的调度和迁移。算力网络中算力资源监控的内容包括以下方面。

（1）硬件资源监控。监控物理服务器上的CPU、内存、磁盘和网络等硬件资源的使用情况，以便有效分配和管理资源。

（2）虚拟化资源监控。监控虚拟机和容器等虚拟化环境中的CPU、内存、磁盘和网络等资源的使用情况，以便优化资源利用和实现动态调度。

（3）应用程序资源监控。监控应用程序在服务器上的运行状态，包括CPU利用率、内存使用情况、磁盘IO和网络流量等，以便对应用程序进行优化和调整。

（4）负载均衡监控。监控负载均衡器的负载状况，包括连接数、响应时间和流量等指标，以便动态调整服务器资源。

（5）日志监控。监控服务器和应用程序的日志信息，以便及时发现和解决问题。

（6）安全监控。监控服务器和应用程序的安全状态，包括漏洞、入侵和攻击等，以便及时采取措施防范风险。

（7）服务级别协议（SLA）监控。监控服务级别协议的达成情况，包括响应时间、可用性和性能等指标，以便保障客户的服务质量。

常用的算力资源监控工具包括：监控系统（Prometheus），可以进行多维度度量数据的收集、存储、查询和可视化展示；数据可视化和分析工具（Grafana），可与Prometheus等监控系统结合使用，实现实时监控和数据可视化；网络监控工具（Nagios），可监控网络设备、应用程序和服务等，提供多种插件支持。数据收集守护程序（collectd），可以实时收集系统性能指标数据，并将其传递给其他监控系统。监控系统（Netdata），提供了实时性能指标数据的收集、可视化和告警功能，适合用于边缘计算等资源受限的环境。

（二）资源评估模块

负责评估虚拟机和容器的资源利用率和负载情况，以决定是否需要进行调度或迁移，资源评估通常包括以下内容。

（1）资源可用性评估。通过监测计算资源的状态、故障率和维护记录等信息，评估资源可用性，以确定其是否符合应用程序的要求。

（2）性能评估。通过对计算资源进行基准测试和负载测试等手段，评估资源的性能和扩展性，以确定其是否能够满足应用程序的需求。

（3）成本评估。通过对不同云服务或边缘设备的定价、使用费用、管理费用等进行分析，评估资源的成本效益，以确定最优的资源使用方案。

（4）安全评估。通过对云服务或边缘设备的安全策略、漏洞管理、访问控制等进行分析，评估资源的安全性，以确保数据和应用程序的安全。

资源评估可以使用各种工具和技术，例如基准测试工具、负载测试工具、成本计算工具、安全评估工具等。在算力网络中，可用的资源评估工具包括 Amazon CloudWatch、Google Cloud Monitoring、Azure Monitor 等。

（三）任务调度和迁移策略模块

负责实现任务调度和迁移策略的设计和优化，根据不同任务的需求和计算资源的使用情况，调整任务的调度和迁移策略，以达到最佳的计算资源利用和性能优化。算力网络中的任务调度涉及整体算力的统一调度策略以及部署的虚拟机和容器的调度方法，详细的编排调度方法在本章的第三节具体展示。

（四）数据迁移模块

负责将虚拟机或容器中的数据迁移到目标虚拟机或容器中，以确保数据的完整性和可用性。对于数据迁移，关键的是确保数据的完整性和安全性。在进行迁移前，需要进行数据备份和验证，以确保数据的完整性。在数据迁移期间，需要确保数据传输的安全性，例如使用加密技术和网络隧道等方法。

算力网络中的迁移涉及到多个技术和工具，例如虚拟化技术、容器化技术、自动化迁移工具、迁移管理平台等。这些技术和工具可以帮助实现数据和应用的快速、安全和可靠地迁移。有关虚拟机以及容器的迁移方法将在本章的第四节说明。

（五）状态同步模块

负责在迁移完成后，对虚拟机或容器的状态进行同步，以确保系统的稳定性和一致性。状态同步模块主要是负责将迁移后的虚拟机或容器的状态与源主机同步，确保其在新主机上恢复正常运行。

状态同步模块的实现需要解决以下问题：

（1）数据同步。包括内存数据、硬盘数据、网络数据等同步。

（2）周期性同步。需要周期性地将状态同步到新的主机上，以保持数据一致性。

（3）差异同步。在同步过程中需要尽可能地减少数据传输量，避免网络拥塞和数据传输延迟等问题。

实现状态同步的关键技术包括：

（1）快照技术。通过快照技术，可以在虚拟机或容器迁移前对其进行快照，并将快照文件传输到新的主机上，在新的主机上加载快照文件以实现状态同步。

（2）增量同步技术。在迁移后的状态同步过程中，如果新旧主机之间的网络延迟较大，可以采用增量同步技术。该技术可以将新旧主机之间发生变化的数据进行增量同步，避免重复传输数据，减少网络带宽压力。

（3）冗余技术。为了保证状态同步的可靠性，需要使用冗余技术，如备份和数据镜像等，以保证在数据传输过程中的数据安全性和一致性。

（六）测试验证模块

负责对迁移后的虚拟机或容器进行测试验证，以确保其能够正常运行，并且满足应用程序的需求。

在实现这些模块的过程中，还需要考虑容器隔离性、网络安全性和数据保密性等问题，以确保系统的安全性和可靠性。同时，为了提高虚拟机和容器的性能和可靠性，还需要使用一些调度和迁移算法，例如最小化资源冲突算法、负载均衡算法和动态迁移算法等。

在上述功能模型的基础上，算力网络编排调度需要对计算和存储等不同资源进行处理，考虑算力的多样性、云网边端协同和编排调度方法。

第二节　算力网络编排技术

2019年，中国电信股份有限公司的雷波团队深入剖析了边缘计算与算力调度的实际需求，指出当时云网融合实践尚属初级阶段，普遍依赖于复杂的超级协同编排系统横跨云网与网管层面。鉴于此，团队倡导从底层架构层面革新，构思并设计云-网-边深度融合的创新方案，旨在优化算力等关键信息资源的分配与调度机制，从而催生"算力网络"这一新兴技术路径，并初步勾勒出算力网络管理编排系统的核心架构与功能模块。

2020年，中国联通网络技术研究院的曹畅等专家，前瞻性地把握了计算与网络深度融合、"算网一体"的未来趋势，提出了兼顾集中式与分布式控制策略的算力网络编排模型，并深入剖析了各模型实现过程中的关键技术要点。研究表明，该编排方案能够紧密契合未来移动边缘计算（MEC）站点成网后的业务协同需求，无论是边边还是云边协同，均能有效提升网络对业务变化的敏感度和调度效率。而控制策略的选择，则需依据运营商通信云的具体能力和承载网的演进阶段灵活调整。

到2021年，曹畅团队进一步深化了对算力网络技术内涵的理解，指出在NFV2.0的演进背景下，除了继续强化虚拟资源的编排能力外，还需向容器及算力编排领域拓展。面对网络中异构算力资源并存的挑战，团队积极探索实现计算能力统一管理与服务提供的新途径，以期推动算力网络技术的全面升级与广泛应用。

一　算力协同编排

随着5G、MEC和GPU高性能并行计算技术在各行业的发展，云-网-边融合的新型通信网络清晰呈现，是算力网络产生的主要驱动力。许多运营商、服务提供商、设备厂商和企业都在努力以"云-网协同"为目标，为企业网络智能场景提供不同的云-网-边服务。然而，就目前而言，云-网-

边协作的编排缺乏统一的标准，因此很难扩展到市场。

算力网络需要一个算力协同编排原型软件，为云－网－边集成提供算力协同编排功能。该原型软件核心在于解决单一节点算力局限，通过智能编排、灵活调度与优化管理，有效利用闲置网络资源。面对边缘计算能力不足的挑战，它能根据服务需求动态调整，将边缘计算任务与云、网资源无缝对接，实现计算能力的跨域调度。算力协同编排原型软件应具有以下特点：

（1）协同。核心网与边缘网络计算能力资源协同。

（2）动态。根据计算能力的服务需求，动态分配算力资源池。

（3）轻量级。计算能力驱动轻量级资源调度、编排和管理。

算力协同编排旨在实现网络、存储与算力资源的全局一体化管理与智能调度，优化资源配置以确保网络连接的流畅性与算力分配的合理性。用户通过算力网关（如边缘计算枢纽）实现与网络体系的无缝衔接，各设备节点智能响应应用服务需求，实时分析网络环境与计算资源状态，动态调整应用部署至最优计算节点，确保业务流程的高效执行与用户体验的持续提升。

算力网络作为一种集成了计算、存储与传输能力的智能化新型网络架构，深度融合了云原生技术精髓，彻底解绑业务逻辑与底层资源间的依赖关系。在这一框架下，算力协同编排通过构建类似Kubernetes的服务导向型容器编排系统，赋予服务编排层算力与网络资源的高效调度能力，实现资源的灵活配置与服务的快速响应。同时，结合OpenStack等底层基础设施管理工具，算力网络能够有效整合数据中心内的多样化计算、存储与网络资源，形成统一、高效的服务支撑平台，进一步推动算力资源的高效利用与业务的创新发展。

在"3+27"国网云数据中心架构中，算力网络与计算业务实现了高度的独立配置、编排与调度机制，构建了一个开放平台，该平台不仅与应用和业务逻辑完全分离，还广泛兼容多源云池提供的算力资源与服务。这一架构的显著优势在于，它内生支持算网融合的一体化编排与调度，与市场上常见的云算力调度模式形成鲜明对比，其中算力和网络的状态管理、路由表维护均交由网络层统一负责。

构建一个整合多样化云池算力资源、统一服务状态与开放路由信息的算力网络平台，核心在于构建标准化的算力资源与服务度量与标识框架。

SRv6技术，凭借其基于IPv6的无状态转发优势，成为实现算力与网络资源一体化调度及高效路径选择的优选方案。

然而，针对"3+27"国网云数据中心的独特需求，需对SRv6的转发逻辑与控制机制进行定制化增强与扩展，以确保其能够精准应对该复杂场景下的算力网络挑战。此外，为满足不同应用场景下对算网服务等级协议（SLA）的差异化需求，"3+27"国网云数据中心算力网络需实施精细化的资源匹配与灵活的编排策略。这要求系统不仅需具备对应用算力SLA需求的深度洞察能力，还需实现资源的动态感知与智能调配，以确保资源利用的最大化与服务质量的稳定性，为用户带来更加卓越的业务体验与满意度。

二　多要素融合编排

算网多要素融合编排旨在统一和优化算力网络中的各种资源，包括网、云、数、智、安、边、端、链等多种要素，以实现最优供需匹配。在网络和算力编排调度方面，算网大脑通过算力解构，将复杂的算力任务分解为小粒度、独立的任务单元，并综合考虑计算、存储、带宽、时延等因素，以及能耗、位置等环境因素进行统一的编排和策略调度。

面向近期，主要是构建算力网络多要素编排模型，研究算力和网络的协同编排，开发泛在资源调度算法和算力解构技术。中期的目标是逐步增强人工智能、大数据等要素在编排过程中的作用，提升算网大脑的智能化和效率。远期则是实现覆盖算网各种要素的融合编排能力，包括ABCDNETS（网、云、数、智、安、边、端、链）全面的编排能力，并引入意图驱动等前沿技术来进一步提升算网大脑的智能编排能力。

三　算网一体

算力与网络在架构与协议层面实现深度交融，构筑起一体化的基础支撑体系。这一演进趋势旨在促进算力与网络的深度融合，从"网络追随算力"

的传统模式，迈向"算力网络一体化"的新阶段，最终模糊并消除两者间的基础设施界限，达成算力与网络内在融合的目标。在此过程中，网络的功能不再局限于单纯的数据连接，而是进化为能够感知、承载并优化算力的智能载体，实现算力与网络的深度融合与相互嵌入。

基于业务需求，网络能够实施智能化的算力网络编程，实现泛在算力资源的动态、灵活调度，促进全网算力与网络资源的高效协同，构建起算力路由机制。通过在网络中灵活嵌入计算能力，实现数据的就地加速处理，显著缩短应用响应时间，提升整体系统的处理效能，从而形成算力与网络相互促进、共同发展的良性循环，达到互利共赢的新生态。

在协议层面，算网一体将促进资源信息的全面共享，算力资源状态成为网络路由决策的关键因素。通过智能分发算力、存储及算法资源信息，结合网络状态与用户需求，实现资源的精准匹配与高效调度。同时，随着网络设备处理能力的增强，计算任务逐步下沉至网络边缘，利用可编程网络实现数据在传输中的即时处理，大幅降低应用时延。

云网融合作为ICT领域不可逆转的趋势，正随着云计算应用的广泛普及而不断深化。在这一进程中，云与网络之间的界限日益模糊，两者相互渗透、紧密协作，形成了"云在网内、网在云中、网随云动"的共生生态。

在构建通信云的整体架构蓝图中，边缘数据中心占据了举足轻重的地位。这些部署于电信网络末梢的定制化云资源，专为执行即时性任务而设计，将核心网络功能直接下沉至用户邻近区域。该策略巧妙地实现了数据流量的本地化处理，显著削减了数据往返核心网络与互联网所需的带宽资源及传输时延，进而为用户体验带来了质的飞跃。

边缘计算节点的独特优势在于其卓越的灵活部署能力，能够依据多变的网络环境需求，灵活选址部署，精确对接那些对延迟极为敏感或要求大带宽支撑的应用场景。这种高度的场景适配性，不仅确保了服务响应的即时性，还促进了系统整体运行效率的显著提升，为通信云服务的持续优化与扩展奠定了坚实基础。

同时，云数据中心网络通过采用VxLAN（虚拟可扩展局域网）+EVPN（以太网虚拟专用网络）等先进技术，实现了向城域范围的广泛扩展。边缘云作为公有云服务的自然延伸，将云端的强大服务能力与边缘节点的即时性优势相结合，构建了一个用户接入云，无论是中心云还是边缘云都能实现低延迟、高效率的扁平化网络架构。这种架构通过减少数据传输的跳数，有效降低了网络拥塞风险，提升了整体网络的稳定性和可靠性。

最终，中心云与边缘云之间形成了紧密的协作关系，共同实现了全网资源的优化配置与统一管控。这种云网融合的新模式不仅提升了服务的灵活性和可扩展性，还为用户带来了更加流畅、便捷的数字体验，推动了ICT行业的持续创新与发展。

为有效管理这一复杂的算网融合环境，算力网络编排管理平台应运而生。该平台集中控制全网算力与网络资源，实现资源的统一调度与匹配。通过收集并分析各类资源信息，为用户提供最优化的资源分配方案，并自动调度网络以建立高效传输通道。该平台集成了SDN控制、NFV编排等功能，实现控制与数据平面的分离，同时兼容现有网络架构与IP协议，确保平滑过渡与灵活扩展。

此集中式控制方案不仅支持传统单体业务与应用的资源调度需求，也适应于微服务架构下的细粒度调度，为算力网络的未来发展提供了坚实的支撑。

四　泛在调度

随着业务场景的日益多元化，对泛在化算力的协同调度能力提出了更为苛刻的要求。泛在调度技术应运而生，它深度融合了用户位置、数据流向、业务SLA（服务等级协议）保障等多个维度，跨越云间、云内及多层网络，灵活调度云、边、端各级算力资源，确保应用能够在云计算、边缘计算、超边缘计算及端计算之间实现无缝迁移与动态优化。

作为算力网络发展的关键驱动力，泛在调度技术需直面并攻克3大核心挑战。

（一）跨集群全域调度能力

传统以资源为中心的服务模式已难以满足算力网络对灵活性与高效性的

追求。因此，需结合分布式云原生技术，实现资源与应用层面的超细粒度感知、敏捷管理及弹性调度。这要求系统能够全局监控、统一管理并协同调度云、边多级异构算力资源，为应用提供一致性的容器服务、编排支持、DevOps工具链、服务网格及微服务管理，确保资源利用的最大化与应用部署的灵活性。

（二）算网协同调度体系

深化计算与网络的深度融合，泛在调度技术需构建实时动态感知体系，该体系全面依托实时数据流，驱动弹性调度策略的智能化演进。在此基础上，融合AI等前沿技术，强化对用户需求的精准捕捉与前瞻预测，为资源分配提供多元化、智能决策的坚实支撑。此机制旨在大幅优化资源利用效率，引领泛在调度领域迈向更高层次的自动化与智能化发展路径。

（三）泛终端算力调度解决方案

面对数量庞大、异构性强的端侧设备，泛在调度技术需开发一套轻量级、高兼容、强隔离的终端调度架构。该架构需优化资源占用，确保在各类芯片与操作系统上的广泛适用性，同时强化安全隔离能力，保障终端数据的安全性与隐私性。这一解决方案将为泛在终端算力的高效利用与灵活调度提供坚实的技术支撑。

五　异构算力协同

构建异构算力资源的统一标识体系，是深化算力资源开放共享、促进算力服务网络化的基础。此体系打破了传统数据中心内部算力资源的封闭格局，通过构建基于先进网络互联技术的分布式计算架构，实现了异构算力资源的无缝接入与整合。确立异构算力与网络标识间的映射机制，强化了网络层面的算力资源调度能力，并为算力交易的透明化、高效化奠定了技术基石。

在优化异构算力统一调度策略方面，引入了"云原生＋轻量化云原生"的双层调度框架，旨在实现"云、边、端"全方位资源的无缝集成与协同作业。同时，通过将PaaS层能力下沉至更底层，构建了涵盖算法、计算、存储、网络等多维度的异构算力能力库，极大地促进了算力服务的共享化进程，使用户能够基于这些能力库快速迭代业务逻辑，加速应用部署。

面对多样化的算力需求场景，异构算力的协同作业成为最大化发挥其效能的关键。为实现这一目标，首要任务是构建一套标准化的异构算力统一标识系统，作为推动算力资源高效管理与共享的核心。该系统促进了底层算力资源向服务化转型，并通过抽象化手段，有效隔离了上层应用与底层算力细节，让开发者能更专注于业务逻辑的创新，而无须担忧底层资源的配置与调度复杂性。

对于异构算力资源的抽象设计，追求一种高度灵活且易于扩展的顶层设计，确保新加入的算力类型能够即时融入既有体系，无缝对接上层开发环境。这种设计缩短了新算力资源从部署到应用的时间周期，提升了整个算力服务生态的响应速度与创新能力，为用户提供更加便捷、高效、全面的算力支持。

（1）规范应用接口。连接应用资源需求与系统统一调度，采用直观的用户交互界面简化异构算力调度的复杂性，实现调度器与系统的实时作业联动与反馈。

（2）弹性调度策略。调度策略需确保异构算力资源的最优分配，作业调度流程与策略设计需具备高度的模块化特性，支持灵活组合与插件式扩展，以适应多变的业务场景与资源需求。

（3）资源实时感知。实时汇聚各节点异构算力资源量，监测硬件拓扑结构与运行健康状态，并将此信息反馈给调度引擎，以精准匹配作业的资源需求，实现资源的高效利用。

六　云原生

云原生是算力网络基于异构、多样化、分布式算力提供算力服务的重要技术。云原生提供的微服务化、Serverless技术等可以让应用专注于核心业务代码本身，实现应用轻量化；云原生提供的工作流调度、批处理任务调度、多集群调度等技术可实现任务和数据跨域调度到不同算力；云原生提供的IaaS解耦、资源弹性伸缩等技术可屏蔽底层异构IaaS，满足公有云、私有云、混合云、边缘云的需求。

云原生是一个贯穿算力网络近中远期的关键技术，其演进是不断迭代的，总体可划分为4个阶段。

（1）容器云阶段。以容器服务为核心，为客户提供基础云原生能力，支持云原生化应用的开发、快速部署、维护能力。

（2）云原生技术栈阶段。进一步抽象数据服务能力，让应用无须关注PaaS能力的部署、运维、高可用等；探索多云纳管支持，让应用可以统一管理多云的资源；探索低代码、Serverless等降低应用代码复杂度的技术。

（3）分布式云原生阶段。应用可以一次部署，分发至不同的资源（含多云、本地），数据服务（数据库、数据湖等）支持全球场景，用户不感知数据存储地点，自动化数据随计算流动/计算随数据流动，数据服务、应用等均可Serverless化。

（4）算网原生阶段。应用不需要了解所需算力的大小、算力的位置、网络条件等，仅需关注业务需求，算网调度系统将智能化地对底层算网资源进行拉通，满足业务需求的同时实现用户成本的最优化。

目前，云原生发展阶段已经历了容器云阶段，发展到云原生技术栈，逐步向分布式云原生阶段过渡。面向近中期，重点推动云原生技术和产品演进，以支撑算力封装、算力感知和PaaS算力自适应等需求。面向中远期，需进一步针对网元挖掘特有PaaS能力需求，逐一探索包含业务运维管理能力、服务网格、微服务框架、"CI-CT-CD-运营运维"流水线、负载均衡器等在内的多种PaaS能力特性，规范化相关能力并明确其在现有云网系统中的引入方法。

从技术特征方面来看，云原生架构展现出3大鲜明特性。

（1）卓越的弹性伸缩能力，超越了传统虚拟机分钟级的响应速度，依托容器技术实现了秒级乃至毫秒级的即时弹性，极大地提升了资源调度的灵活性与效率。

（2）云原生架构内置了强大的服务自治与故障自愈机制。基于高度自动化的分发、调度与调优框架，系统能够自主识别并隔离故障应用，迅速重构服务实例，展现出非凡的自愈能力与容错韧性，确保了服务的连续性与稳定性。

（3）云原生架构还具备大规模可复制部署的能力，支持跨地域、跨平台乃至跨云服务提供商的无缝扩展，为算力服务的全球化布局与灵活配置提供了坚实基础。

将云原生架构融入算网融合生态，是应对当前算力服务中单体架构臃肿、部署缺乏灵活性的有效策略。云原生技术以其轻量级、模块化的服务治理理念，将底层网络、计算及存储资源封装成独立的微服务组件，并策略性地分散部署于算力节点网络，实现了对分散异构算力资源的深度整合与智能调度。

此举不仅强化了算网资源的协同管理能力，还激发了基于微服务架构的多样化算力服务创新，涵盖从传统移动通信网络功能（如核心网切片灵活编排、接入网基带处理的敏捷部署）到新兴网络内生算力服务（如AI模型训练服务的即需即供）。通过灵活编排这些服务模块，能够精确对接并高效支撑各类复杂多变的业务场景需求。

第三节　算力编排调度策略

一　云边端协同调度技术

算力网络编排架构的核心在于协同工作，强调云计算与边缘计算间的无缝协作，以应对日益复杂的计算挑战。为此，构建并实施精细化的网络调优与调度体系至关重要。该体系旨在精准匹配任务需求与资源供给，充分挖掘云、边、端计算潜力的最大化。

网络优化层面，聚焦于任务的精准投放与资源的高效配置，旨在加速数据流转，同时确保网络的稳健运行与高度信赖。调度策略则采取综合考量模式，深入分析任务特性、网络环境、设备效能、能耗经济性及特定应用场景的个性化需求，以制定出更为贴合实际的调度方案。

协同调度机制的核心在于智能决策，通过动态评估任务类型与紧急程度，智能决定将计算负载分配给云端或边缘节点，并合理规划任务执行路径与资源调配方案。此举旨在缩短任务处理周期，降低网络传输延迟，最终实现整个算力网络系统的效能飞跃。通过这一系列精细化策略的实施，算力资源得以高效整合与利用，为各类应用提供强有力的支撑。

（一）跨云边端协同计算方法

面对日益复杂的多终端、多任务处理场景，迁移决策的制定变得尤为关键。在考量任务计算量和数据传输量的同时，还需深入分析云边端各节点的实时计算能力、资源利用率、能耗状况及长期维护成本。这种全面的评估对于确保系统高效运行、资源优化配置及成本控制至关重要。

在探索跨云边端的协同计算方法时，设备异构性既是挑战也是机遇。异构性意味着不同设备在计算能力、存储能力、网络带宽等方面存在差异，但这也为任务分配和资源调度提供了更多灵活性和优化空间。因此，一种理想的方法是依据设备的具体能力和当前负载情况，动态调整任务分配策略，确保每个节点都能在其能力范围内得到充分利用，同时避免过载或闲置。

在任务分配层面，智能算法可预测和评估不同任务在云端和边缘端执行的效果与成本。这些算法基于历史数据、实时监测信息和预测模型，为每个任务选择最佳执行路径和节点。此外，任务切分与协同执行技术可将大型任务分解成多个子任务，根据子任务特性和需求分配到不同设备上执行，提升并行处理能力，降低单设备负载，增强系统整体性能和稳定性。

至于流量调度，传统集中式调度算法已难以满足云边端协同网络的需求。因此，需采用更为灵活高效的分布式调度策略。在此策略中，云边端节点共同参与流量调度过程，根据实时网络状态和流量需求动态调整流量转发路径和带宽分配方案，避免单一链路拥塞，提升网络整体吞吐率和传输效率。同时，智能流量分类和优先级调度机制可确保关键业务传输质量和实时性要求得到满足。

流量调度策略的核心在于平衡流处理时效与吞吐效能 2 大关键绩效指

标。面对流量突发导致的网络瓶颈，需谨慎处理以避免延长处理周期和削弱吞吐能力。其中存在一个平衡即单纯追求极致处理速度可能加剧网络拥塞，反制整体吞吐，而过度强调吞吐率则可能牺牲个别流的时效性，损害服务质量。为此，构建了一种云边协同的流量调度框架，该框架深度融合以下考量。

（1）为每条数据流设定明确的传输时限，通过差异化设定流量优先级，确保关键服务的质量和用户体验不受损。

（2）在确保传输时限的同时，追求并维持高效的吞吐率，以最大化利用云边端分布式网络架构下的带宽资源，提升整体网络效能。

为实现这一双重优化目标——即最小化平均流完成时间与最大化吞吐率，定义了端到端流量管理模型中的优化函数，旨在找到两者之间的最佳平衡点，从而确保网络性能与服务质量并行不悖。具体优化问题。

$$\min \overline{\tau} + \lambda \times \frac{1}{\eta} \times \frac{1}{n} \times \sum_{i=1}^{n} \omega_i \times \tau_i \qquad （6.3-1）$$

$$s.t. \frac{1}{n}\sum_{i=1}^{n}\tau_i = \overline{\tau} \qquad （6.3-2）$$

式中：$\frac{1}{\eta}$ 是所有流的总吞吐率的倒数；ω_i 是流 i 的权重；表示该流对端到端流量保障的重要程度；τ_i 是流 i 的流完成时间；λ 是用来平衡完成时间和吞吐率之间的关系的系数。

（二）端到端跨域保障机制

在云边端协同调度架构下，端到端跨域保障机制的核心在于将延迟缩减与服务质量保障紧密融合，两者相互支撑，共同驱动调度流程的高效与顺畅。延迟优化的核心策略，聚焦于削减任务执行周期与数据传输时延，这对于追求即时响应或高速处理的应用场景尤为重要。

具体措施包括：

（1）通过精细化任务分配，确保任务在最优执行节点上运行，以此减少数据迁移与处理时间。

（2）优化网络路径选择及传输协议，进一步降低网络延迟。

（3）充分利用边缘计算优势，实现计算资源的前置部署。

而服务质量保障方面，则聚焦于确保系统持续、稳定地提供满足用户期望的高品质服务。这要求从执行效率、响应速度、数据准确性等多个维度出发，制定并执行严格的服务质量标准，并遵循既定的服务等级协议。

为实现这一目标，需实施精细化的资源与任务调度策略，以优化资源配置，提升服务效率；同时，构建完善的故障容错与快速恢复机制，以应对潜在的服务中断风险，巩固延迟优化的成果，确保系统在高负载、高并发等复杂场景下仍能保持稳定、高效的运行状态。

（三）资源管理和任务调度策略

在云边端协同网络架构中，资源管理与任务调度扮演着至关重要的角色，共同致力于优化系统效能与服务品质，实现网络协同策略的最优化。资源管理的精髓在于促进资源的高效配置，这涵盖了云服务器、边缘计算节点及网络带宽等资源的精细化分配与调度。此过程需综合考虑系统整体需求与各类资源的实时状态及性能，以制定出科学合理的资源分配方案，确保在满足各类需求的前提下，实现资源的最大化利用与系统性能的显著提升。

任务调度则聚焦于计算任务的合理分配与执行规划。它深入剖析任务的本质特征，如类型、规模、优先级以及执行环境等因素，并据此构建出针对性的调度策略。这些策略旨在精准地将任务分配给适宜的云服务器或边缘计算设备，并合理安排任务的执行序列，以达成高效、有序的任务处理流程。

二 算力网络编排调度流程

（一）算网编排调度方式

1. 多目标联合优化的算网融合编排

算网融合资源优化的目标集涵盖了业务性能指标（如时延、吞吐）与多维度考量（如业务可靠性、确定性、网络能效、资源利用率及管理开销）。

基于业务需求适配，需引入面向多性能协同优化的编排技术，通过多指标综合管理与优化策略，在网络不确定环境下增强系统承载力与运行效率。

2.基于云原生的算网服务编排

通过引入云原生技术，实现业务逻辑与底层资源的解耦，建立面向服务的容器编排调度能力，支持服务编排向算力资源的开放。在云边算力资源方面，算力网络架构采用"Kubernetes + 轻量化Kubernetes"两级联动的架构，统一实现算力资源的调度和管理。Kubernetes作为中心资源调度平台，负责整体基础资源和集群管理；轻量化Kubernetes集群则专注于边缘计算集群的调度和管理。

3.算网一体智能化编排与部署

实现算力资源和网络资源的统一管控与编排，面向用户需求提出一站式的多云、多域、多类型的算网资源协同服务方案，包括算网一体化协同部署、业务开通和全生命周期运营等服务。利用机器学习和深度学习技术，对用户需求和业务历史数据进行智能分析，实现服务和应用的智能化编排，提升算网协同调度的智能性。这能够满足多云协同、云边协同、存算分离、分布式云计算等复杂业务场景下的协同编排需求。

此外，针对算力和网络设施的故障、性能和安全问题，采用智能分析和决策技术，实现智能预判、在线检测、快速定位和实时恢复。这种方法可以提升算力网络的高可靠性，满足多云和混合云场景下的效能要求。

业务服务无须关注底层基础设施资源异构，目前资源编排管理器主流技术方案如下。

（1）基于Serverless的资源编排，边缘计算应用对节点资源需求的感知（资源消耗或资源极限情况）；形成编排配置（可视化）；自动化策略制定和策略下发。

（2）基于人工智能的应用编排，基于用户需求分析、业务历史操作数据分析等，通过机器学习和智能分析，智能化地对服务、应用进行编排。

4.算网一体化标识与发现

将计算、存储、网络、智能等多维资源和服务统一纳入网络体系架构设计中，构建通算存学一体化融合架构，实现计算、存储、网络、智能一体化管控。目前主流技术方案如下。

（1）采用新型标识解析协议对内容、算力资源统一命名标识，在路由节点集成计算和存储能力（转存+计算）实现基于underlay的转算存融合。

（2）通过引入PURSUIT技术和计算资源，集中式对计算、存储、网络资源一体化管控，实现转算存融合落地方案。

（3）在现有IP网络层通过扩展路由协议，添加算力信息和内容存储信息，实现算力和内容路由，实现基于underlay的转算存融合。

（二）算力资源编排调度过程

在算力网络的整体编排中，算力资源编排调度过程主要包含以下内容。

1.异构资源度量与整合

面对算力资源的多样异构特性，首要任务是确立一套全面的度量体系，覆盖CPU、GPU、NPU等多元处理单元，构建跨计算、存储、网络等多维度的资源评估模型。此模型需融入安全、成本效益及能效考量，以适配多样化的应用场景。随后，整合区域内既有及在建的算力基础设施，形成统一资源视图。利用云计算的弹性与灵活性，实现异构资源的无缝整合，消除底层差异，向上层应用提供标准化、一致化的服务能力。

2.构建智能算力调度中枢

算力调度平台作为资源流通的核心，集成了实时感知、智能匹配、动态调度、服务运营与监控管理等关键功能。其核心在于打造"算网大脑"，运用先进的算力感知、编排与路由技术，针对业务需求进行全域算、网、数资源的实时分析，动态优化协同策略与调度路径，促进跨领域、跨区域、跨层级的算力资源高效融合与编排。

同时，引入区块链技术构建算力交易门户，作为供需双方的信任桥梁，实现算力服务的透明化交易与售卖，与算网大脑紧密协作，覆盖交易全周期，提供一体化的算力产品供给与便捷服务体验。

3.构建全面的标准与规范框架

为确保算力调度服务的有序运行，建立一套完善的标准规范体系至关重要。该体系围绕交易规则、管理流程和安全保障3大支柱展开。交易方面，明确定价机制、自动化结算流程与交易记录管理，界定参与者权责，并探索适应算力市场发展的新商业模式。管理方面，涵盖算力资源整合、收益分配、业务订单与服务进度管理，以及运维流程的标准化。安全层面，针对多节点网络环境下的潜在威胁，构建强大的信息安全防护体系，集成智能预警、风险评估与自动化响应机制，提升监测预警与应急响应能力。

此标准体系的建立需算力供需双方与产业链各方共同努力，推动算力资源管理、交易流程与安全机制的标准化进程，促进算力调度的健康可持续发展。

围绕异构资源的整合以及算力调度平台的搭建，得出算力网络编排调度流程如图6.3-1所示，算力网络编排主要步骤如下。

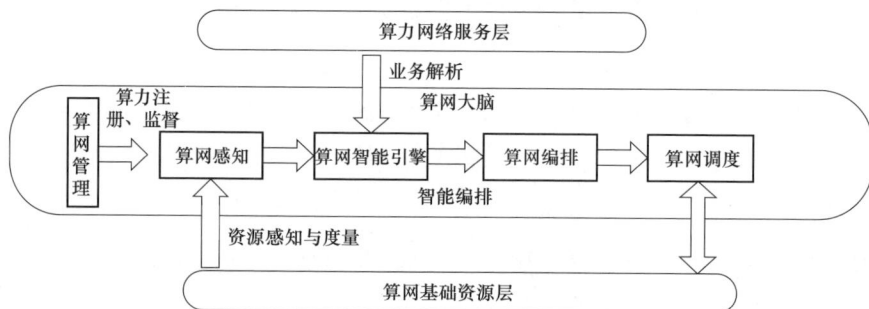

图 6.3-1　算力网络编排调度流程图

步骤1：用户发出业务请求，由服务层送达给算网大脑，通过算网智能引擎进行业务的解析，对任务类型进行感知识别，包括任务的类型、数量、优先级等，确定该业务所需要分配的资源。

步骤2：对基础资源层上的各种资源进行管理和监控，包括虚拟机、容器、存储、网络等。这些资源的状态和可用性会影响到后续的调度决策。

步骤3：基于资源管理和需求分析的结果，算网智能引擎会根据一定的算法和策略，决定将任务分配给哪些虚拟机或物理机进行处理，将任务进行递交给算网编排中心。

步骤4：由编排中心进行统一的业务、资源编排，将调度任务下发给算网调度中心。

步骤5：算网调度中心执行调度策略，与基础资源层进行交互，完成任务、资源的调度，并将调度结果返回算网编排中心。

步骤6：算网编排中心会将任务执行结果返回给算网智能平台，并由算网管理平台在调度过程中进行资源的动态平衡，借由算网感知中心的实时监控和算网智能平台的策略实现负载均衡。

在算力网络中，计算节点具有体量小、能力异构、高分散、高动态等特征。业务多样，对网络和算力需求不同。同时，业务表现出潮汐、突发、故障等多种模式，导致算力节点在时间和空间尺度上负载不均衡。因此，对业务进行感知，算力服务的部署/迁移和相应的编排，并将计算任务调度到合适的算力节点，是提高业务服务质量和算力利用效率的关键。

三 算力资源编排调度策略

（一）基本算力调度策略

算力调度策略是指在分布式计算环境下，如何合理地分配计算资源，以最大化系统的性能和效率。以下是一些常见的算力调度策略。

（1）静态分配。在系统启动时，将计算资源分配给每个节点，节点之间不进行调整。这种策略比较简单，但是可能会导致资源浪费，因为某些节点可能没有得到充分利用。

（2）动态分配。根据当前系统负载和任务需求，动态地分配计算资源。这种策略可以最大限度地利用资源，但是需要实时监控系统状态，并且需要考虑节点间数据传输等因素。

（3）任务调度算法。根据任务的特性和资源的性能，将任务分配给不同的节点。例如，可以将计算密集型的任务分配给计算能力强的节点，将存储密集型的任务分配给存储能力强的节点。

（4）负载均衡算法。在系统负载较高时，根据节点的负载情况，将任务分配给负载较低的节点。这种策略可以避免某些节点过载，从而提高系统的性能。

（5）预测性算法。根据历史数据和趋势分析，预测未来系统负载和任务需求，并相应地分配计算资源。这种策略需要较多的数据分析和计算，但可以提高系统的效率和稳定性。

算力从时间、SLA需求和算力场景3个维度分类定义，不同类型对应不同的核心调度流程和策略。

（1）队列公平调度。基于资源池和资源类型的优先级设定，自动划分多个作业请求队列，并据此对作业进行优先级排序，确保所有队列都能获得公平的资源分配机会。

（2）用户资源配额调度。在多用户共享的集群环境中，采用树状结构清晰地描述不同组织或用户的资源使用策略，根据每个用户的资源使用量，智能地调整作业调度顺序，以保障多用户之间资源使用的公平性和高效性。

（3）作业优先级调度。综合考虑用户提交作业时指定的优先级、提交时间、资源请求量以及用户当前已使用的资源量等多个维度，对作业进行精确的优先级排序。

（4）节点资源排序。根据当前集群的负载情况、资源利用率以及节能需求等多种因素，灵活选择最优的节点资源进行作业调度。例如，在负载均衡场景下，优先选择资源使用率较低的节点。

（5）算力亲和性调度。针对不同作业负载的多样化算力需求，系统能够智能识别并匹配最适合的算力资源。通过算力亲和性调度，系统能够最大化地利用算力资源，提高作业执行效率。

（6）内存容量、CPU/DPU/GPU 等 XPU 资源调度。除了支持上述异构算力资源的灵活调度外，还具备对内存容量、CPU/DPU/GPU 等多种 XPU 资源的全面管理能力。这确保了集群中的各类资源都能得到充分地利用和优化配置。

（7）资源抢占调度。在资源紧张的情况下，系统允许用户或队列之间进行资源的临时借用。同时，为了保障高优先级作业的需求得到满足，系统还具备资源抢占调度功能。

（8）资源预留调度。针对大作业和小作业混合负载的场景，系统提供资源预留调度功能。通过为大作业预留足够的资源空间，可以有效避免小作业频繁占用资源导致大作业无法按时完成的问题。

在算力网络的工作流程中，平台层首先接收并分析多个用户提交的任务，重点考查任务的属性，如优先级、类型以及作业时间等。基于这些属性，平台层将任务进行解析，明确其所需的资源量，并将这些信息转发给资源编排层。资源编排层根据任务的具体需求，智能地分配和调度最合适的算力资源，以执行数据的计算任务。算力业务流程如图6.3-2所示，确保了任务的高效处理和资源的优化配置。

（1）业务流程示例中，用户A、B、C通过直观的用户界面提交各自的任务需求。平台层随即对这些任务进行深入解析，识别出用户A的需求为紧急的实时与快速计算任务，需调配100C核心与500G高性能存储资源；用户B则专注于低延迟视频分析，指定50C与200G近源存储，并特别要求GPU加速的异构计算能力；而用户C的任务涉及敏感数据，要求数据与计算均在限定域内完成，所需资源为100C与300G存储空间。解析完成后，平台层智能地向资源编排层（即算网大脑）发起请求，精确匹配并请求相应的算力资源（流程②）。

（2）在流程③阶段，算网大脑接收到算力资源申请后，启动其内置且具备自适应调节机制的粒子群优化算法（PSO）。该算法通过模拟粒子间的协同行为，在算力网络中高效搜寻并计算出最适合各任务需求的计算节点，旨在实现资源分配的最优化与负载的均衡。这一过程中，粒子群算法不仅考虑了任务的即时需求，还通过算法自身的调节能力，动态适应算力网络中的资源变化，确保资源调度的精准与高效。

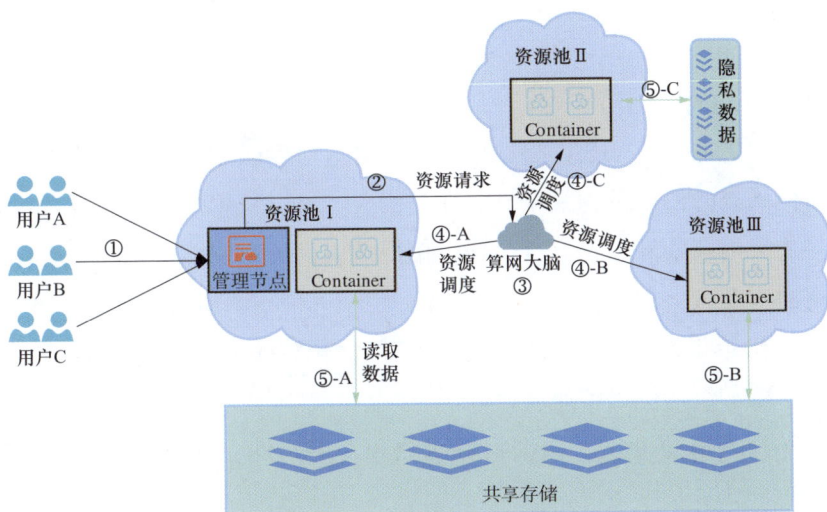

图 6.3-2　算力业务流程图

自调节的粒子群算法中的自调节环节关键是在约束处理步骤中，根据粒子的位置和适应度值，动态调整约束处理的策略或参数。可以根据粒子的位置和适应度值确定惩罚因子的大小，或者根据迭代次数调整约束处理的力度。通过自适应调节，可以更好地平衡优化目标和约束条件，并找到满足约束的最优解。自调节环节的粒子群优化算法流程图如图6.3-3所示，包含下面的基本步骤。

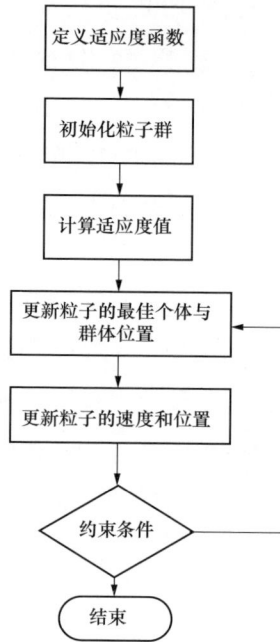

图 6.3-3　自调节环节的粒子群优化算法流程图

（1）定义适应度函数。将约束条件纳入适应度函数的定义。适应度函数考虑目标函数的值以及约束条件的违反程度。可以采用罚函数法或惩罚因子法，将违反约束条件的解进行惩罚，使得适应度函数能够量化解的质量和违反约束的程度。

（2）初始化粒子群。与传统的粒子群优化算法一样，随机生成一组粒子，每个粒子包括位置和速度属性。

（3）计算适应度值。根据目标函数和约束条件，计算每个粒子的适应度值。

（4）更新粒子的最佳个体位置和最佳群体位置。根据适应度值，更新每个粒子的历史最佳位置和全局最佳位置。

（5）更新粒子的速度和位置。与传统的粒子群优化算法一样，根据速度

和位置更新公式调整粒子的速度和位置

$$v_i = v_i + c_1 \times rand() \times (pbest_i - x_i) +$$
$$c_2 \times rand() \times (gbest_i - x_i) \qquad (6.3\text{--}3)$$
$$x_i = x_i + v_i \qquad (6.3\text{--}4)$$

式中：v_i为粒子的速度；$rand()$为介于（0,1）的随机数；x_i为粒子的当前位置；c_1和c_2为学习因子；v_i的最大值为V_{max}（大于0），如果$v_i > V_{max}$，则$v_i = V_{max}$。

（6）约束处理。在更新粒子的位置后，进行约束处理来确保解满足约束条件。可以使用修正算子或投影算子来将超出约束范围的解调整回合法范围内。

（7）检查停止条件。判断是否满足停止条件，如果满足，则算法结束，返回全局最佳位置作为最优解；否则，继续迭代。

（二）多层次多级别算力调度

多层次的算力调度可分为端侧算力网络内部和云边端协同2个方面。

在端侧算力网络内部，根据算力大小级别进行分层次组网。首先利用同层次的终端设备空闲算力资源进行调度，满足业务的算力需求。如果同级别算力不足，会考虑更高级别终端设备的空闲算力资源。

云边端协同则是将端侧算力网络与云端算力网络融合。端侧算力网络中设备数量巨大，具有普遍的异构性，且大部分是用户私有设备。云边侧的服务器规模相对较小，设备异构性较弱，且归企业所有。根据业务需求，需要大算力且安全保障的业务调度到云边算力网络，而需要小算力且有隐私需求的业务限制在用户私有设备上执行。

不同级别的端侧算力网络可以分为家庭级、工业园区级等。相同级别的端侧算力网络内部业务适配性更好，因此当一个端侧算力网络无法满足其设备所有任务的算力需求时，优先考虑同级别端侧算力网络间的任务调度方案。这样做不仅因为任务类型类似、硬件契合度更高，还因为同级别算力网络间的算力交易定价更公平易于度量。具体的任务调度由各网络内部进行自主编排。

（三）业务感知的算力调度

在算力网络架构下，计算节点展现出体量小、能力异构、广泛分布及高动态的特性。面对多样化的业务场景，这些节点需灵活匹配各异的网络及算力需求。业务的波动性，包括潮汐效应、突发性需求及潜在故障，引发了算力节点在时间与空间维度上的负载失衡现象。

为解决上述问题，关键在于对业务进行感知，结合算力服务的灵活部署、迁移与高效编排。这一过程旨在将计算任务智能地分配给最适宜的算力节点，以优化业务响应速度并提升资源利用效率。通过动态调整资源配置，确保在业务高峰期资源充足，而在低谷期则实现资源的有效整合与节约。

业务感知的算力调度流程如图6.3-4所示。区域内业务展现出显著的潮汐特性，尤其是商业与住宅区，其负载随用户日常行为周期性波动。在管理编排层面，引入AI驱动的业务预测机制，该机制利用历史数据训练模型，以精准预测如流量峰值、用户迁移模式等关键业务指标，从而指导服务的预部署与灵活迁移。

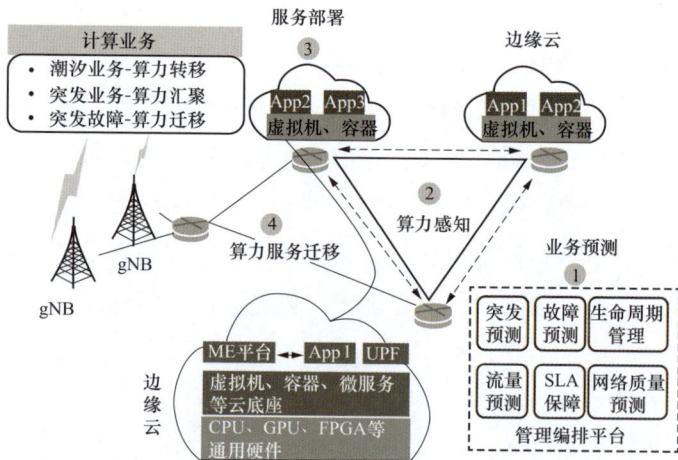

图 6.3-4　业务感知的算力调度流程图

业务预测算法，采用集中式训练模式，即数据集中上传至管理编排平台，构建全局性的预测模型。然而，鉴于区域间业务流量的差异性，单一模型在特定区域的应用精度可能受限。为解决此问题，采用局部优化策略，允许各区域算力节点基于本地数据对全局模型进行微调，以提升预测准确性。

至于算力感知，则依托先进感知方法，实时掌握算力资源的动态状态，为业务调度提供精准依据。通过上述综合策略，既能有效应对业务潮汐挑战，又能确保算力资源的高效利用与精准匹配。

算力服务迁移过程中，管理面依据预测的业务需求与算力资源信息，执行集中决策，选定适配的新算力节点并部署服务。随后，通过网络编排调整接口与路由配置，确保业务流量顺利迁移至新节点，完成服务迁移流程。算力服务迁移流程如图6.3-5所示，展现了在边缘计算网络中从节点1至节点2的迁移细节，明确了业务预测与迁移决策的功能部署，同时制定了迁移决策的标准与方案。

此算力调度机制既可采取集中式，由管理面通过控制面直接作用于算力面；亦可转为分布式运作，其控制面依据预测信息与算力状态自主决策服务部署，再将决策提交管理面审核与编排，实现灵活高效的算力调度。

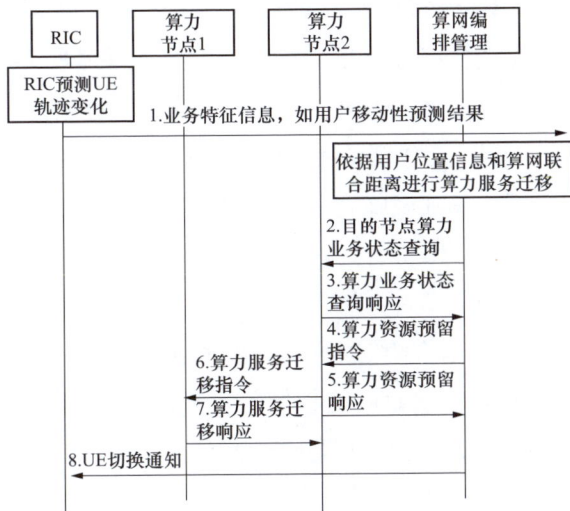

图 6.3-5　算力服务迁移流程

（四）基于 Kubernetes 的算力调度

算力节点的调度倾向于采用分布式架构，这与传统云计算或云原生环境下的调度机制有显著不同，后者主要依赖于虚拟化技术及进程共享来实现资源的高效利用。在 OpenStack 或 Kubernetes 平台上，算力资源调度策略的核心考量在于算力节点的空闲程度，通过实时监测与评估这一指标，来优化资源分配，确保算力资源得到最合理的利用。传统算力调度机制侧重于计算资源的动态平衡，却常忽视网络的服务质量（QoS）与用户体验（QoE）。SDN技术的革新，特别是可编程网络的兴起，极大地促进了网络资源的开放与可编程化，使得算力调度得以深度融合网络因素。通过算力与网络的协同优化，充分释放网络在数据传输与路由上的潜能。

Kuberenetes云原生平台作为算力调度的核心引擎，集成了网络与计算编排功能，通过Knative框架实现应用能力的标准化封装与消息队列的集成。该平台为上层应用提供了统一的API接口，不仅简化了可编程网络算力调度的复杂性，还屏蔽了底层网络与算力资源的异构性，为开发者和用户打造了一站式服务门户，降低了技术门槛。

在具体实施上，Kubernetes负责全局的算力与网络资源调度。其调度策略分为2个维度：一是针对基础设施即服务（i-PaaS）层面，通过控制平面实现对底层算力资源与网络数据面的协同调度，支持多Kubernetes集群的跨域管理；二是面向应用层PaaS（A-PaaS），专注于服务编排，包括网络配置与计算任务的协同优化，确保上层应用能够高效利用网络资源与算力资源。这一机制全面覆盖了从基础设施到应用层的服务调度需求，为上层应用提供了灵活、高效的支持。

1. 网络编排

网络编排聚焦于对底层网络服务能力的抽象化建模与资源调度，其核心在于通过服务编排机制实现对网络控制的灵活部署。在SDN（软件定义网络）驱动的宽带接入（SEBA）容器化架构中，SDN网络访问得以高效实现，该架构的核心组件各司其职。

（1）ONOS（开放网络操作系统）作为SDN网络的大脑，负责统一调度与管理网络资源，确保网络服务编排的顺畅执行。

（2）Kafka承担消息队列管理的重要角色，利用RESTful接口实现对底层硬件访问请求的集中管理与分发，增强了系统的消息处理能力。

（3）VOLTHA组件专注于底层网络设备的硬件资源抽象，使上层网络功能能够无缝接入并高效利用这些资源，促进网络接入与转发的灵活性。

（4）XOS（网络操作系统）进一步推动网络功能的虚拟化与服务化，依托SDN控制器的可编程特性，实现网络控制与功能的软件定义，增强网络的灵活性与可扩展性。

随着算力架构向云、边、端三级泛在演进的趋势，算力资源不再局限于数据中心，而是广泛分布于边缘及终端侧。这一变化要求算力节点之间必须建立紧密的网络互连，以确保算力资源能够被有效共享、灵活调度、高效使用，并促进不同算力节点之间的协同工作，共同支撑起复杂多变的业务需求。

算力网络的核心构想在于运用新型网络技术，将广泛分布的算力节点无缝联结，实现对算力资源的实时动态监测，进而实现计算任务的高效分配与调度，以及数据的顺畅传输，构建起一个全局视角的算力感知、分配与调度体系。这一体系不仅促进了算力资源的汇聚与共享，还深化了数据与应用资源的整合利用。

在算力网络的控制层面，算力路由表的构建是关键所在，它依赖于对分散的算力、存储等资源信息的全面感知。这一过程以及随后生成的路由表，共同构成了算力网络控制技术的核心。根据算力资源的管理策略不同，控制面技术可细分为集中式、分布式及混合式3种模式，旨在适应不同的网络架构与资源调度需求。

（1）算力网络集中式部署方案如图6.3-6所示，其中控制面采取集中化策略。在此方案中，终端、边缘及云端的算力、存储与网络资源，以及各节点信息，均汇聚至一个中央编排器进行统一管理与分发。该编排器依据应用的具体需求，并综合考虑整个网络的算力与资源状态，精心策划出最优的数据传输路径与路由策略，随后将这些策略精准推送至算力网络中的各个路由与转发节点，以确保资源的高效调度与利用。

算力资源广泛部署于边缘计算节点、云数据中心等网络基础设施，通过标准化的北向接口与集中编排系统实现高效的垂直通信。应用服务通常从边缘节点开始接入，此时，集中编排系统需精准感知应用的算力与网络需求，以此为基础制定最优的路由策略。

在应对广泛而多变的应用需求时，集中式编排系统展现出了其前瞻性与灵活性。对于普遍或标准化的应用场景，该系统能够预见性地设计并配置高效的路由策略，预先部署至算力网络的每一个角落。当应用流量涌入时，入

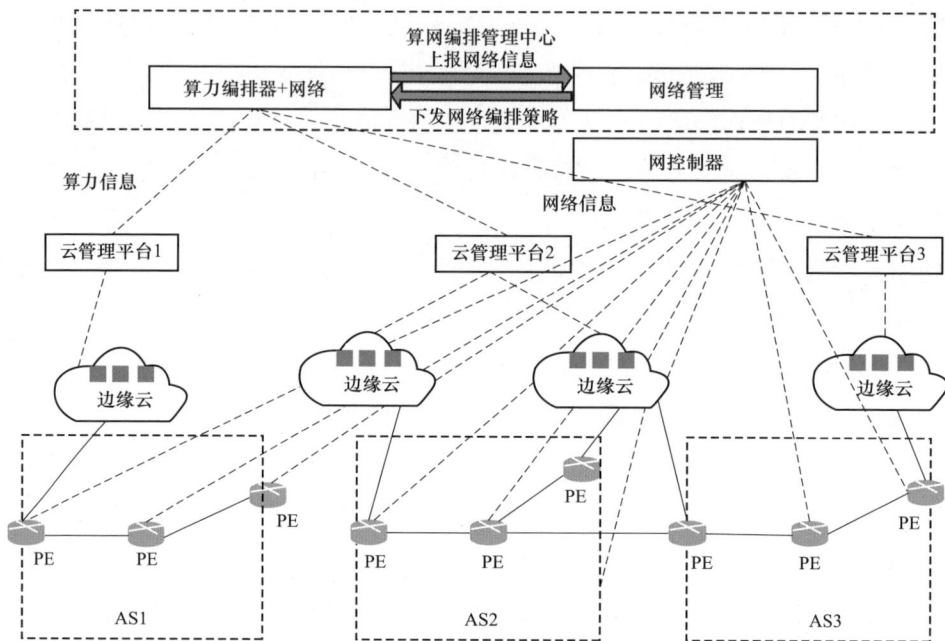

图 6.3-6　算力网络集中式部署方案

口节点凭借这些预置的映射路径，无缝引导流量的智能路由与转发，极大提升了服务的响应速度与稳定性。

面对非标准化或具有特殊需求的应用场景，算力网络的门户——入口节点或算力网关，则扮演起即时通信的桥梁角色。通过专属的信令通道与集中式编排系统紧密相连，实时传递应用的详细需求。基于这些即时信息，编排系统能够动态地、有针对性地制定出最优的路由策略，并即时推送至网络，确保每个应用都能获得量身定制的资源配置与调度方案，实现资源利用的最大化。

（2）算力网络分布式部署方案如图6.3-7所示。在算力网络的分布式布局策略中，资源节点（涵盖计算与存储能力）采取了一种主动且实时的注册方式，向邻近的网络节点宣告其资源状态及任何变化（如新增、释放等）。

这种本地化的管理机制，赋予了边缘节点在维护邻近算力资源信息方面的重要职责。它们利用先进的分布式路由协议（诸如IGP与BGP等），不仅实现了本地算力资源信息的快速同步，还促进了这些信息在全网范围内的有效传播，为资源的广泛共享与智能调度奠定了坚实的基础。路由协议通过全网通告算力资源信息，跨域（如BGP）或域内（如IGP）构建资源状态数据库，支持算力网络设备依据资源状态进行路由转发决策。

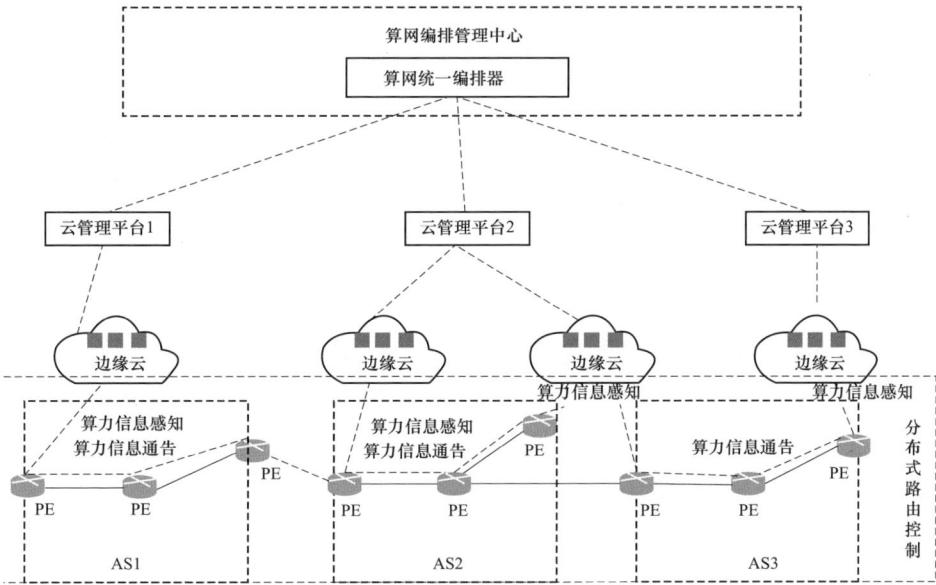

图 6.3-7　算力网络分布式部署方案

（3）算力网络混合式部署方案如图 6.3-8所示。

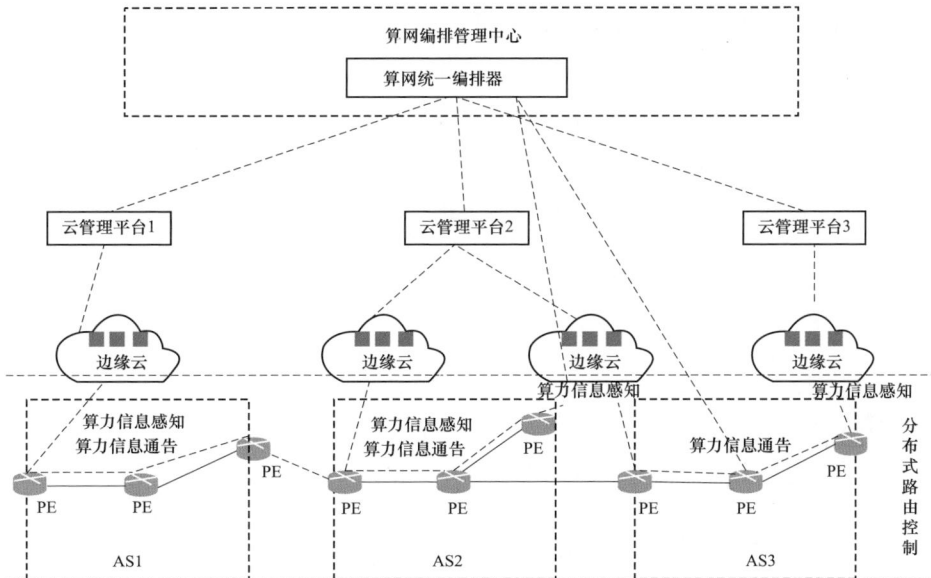

图 6.3-8　算力网络混合式部署方案

集中式算力网络控制面方案，凭借其全局资源视图的优势，在设备和协议兼容性上表现优异，但对计算节点和网络节点的频繁交互需求，导致收敛速度受限，效率不高，难以满足时延敏感的算力应用。

分布式算力网络架构则有效缓解了集中式的这些问题，但伴随而来的是对现网设备和协议的大规模调整需求，成本高昂且实施周期长。为克服上述两种架构的局限性，混合式架构应运而生，它结合了集中式和分布式交互机制的优势，既保持了全局视野，又提升了收敛速度与效率，在部署成本和性能需求之间找到了更佳的平衡点。

2. 服务编排

服务编排系统实现了对PaaS及SaaS能力的容器化灵活调度，依托云原生的服务化与微服务架构特性。针对多样化应用场景，系统构建了3大核心服务能力。

（1）计算能力集。整合云原生环境中的统一计算能力库，涵盖Spark、Hadoop、Hive、Flink等主流计算框架。

（2）数据库服务。提供一键部署的云原生数据库服务，融合传统数据库优势，如Mysql、MongoDB等，满足上层应用与业务场景需求。

（3）AI赋能。专注于人工智能领域，支持推理与训练任务，并针对硬件加速需求进行算力优化调度。

上述服务能力均通过Kubernetes进行高效编排，利用Kubernetes的扩展调度接口与内置调度器紧密协作，实现PaaS与SaaS服务的容器化灵活管理。同时，引入Knative进行服务能力的封装与打包，借助其API网关构建统一的网络与算力调度界面，通过统一门户对外开放，使开发者能便捷地利用网络与算力调度能力进行编程开发，促进底层网络与算力的深度融合与可编程调度，让用户更专注于业务逻辑与流程创新。

四 虚拟机编排调度

（一）虚拟机调度策略

在算力网络中，基础资源层中的异构资源，包含网络资源与计算资源，可以借由虚拟机和容器进行封装。因此，需要考虑虚拟机与容器技术自身的调度策略。

虚拟机调度的核心目标在于动态环境下优化任务执行效率与资源利用效率，力求实现任务完成时间最短化及资源利用最大化。这一过程依赖于高效的调度算法，这些算法负责智能地将虚拟机分配至特定时间段内的任务，同时遵循既定的约束条件，以促进资源的最优配置。在虚拟化架构中，虚拟机调度策略扮演着关键角色，旨在科学地将多个虚拟机映射至物理服务器上，旨在达成资源高效利用、能耗降低及服务质量保障等多重目标。

调度算法依据其特性可分为抢占式与非抢占式2大类别，这些算法在云环境等任务密集型场景中得到广泛应用。当前，虚拟机调度领域涵盖了多种方法，如静态调度、动态调度、启发式调度、实时调度及工作流调度等。静态调度虽有其应用场景，但常面临负载不均的挑战，同时需考虑带宽限制与能耗成本等因素。相较之下，动态调度策略，如轮询等算法，则更侧重于对动态资源需求的预测与优先级排序，以灵活应对资源消耗的变化。

在实际应用中，虚拟机调度策略可以基于不同的因素进行优化和选择。以下是一些常见的虚拟机调度策略。

1.基于负载均衡的策略

将虚拟机工作负载合理地分配到物理服务器上，以确保资源的最佳利用，避免服务器资源过载和资源浪费。在云计算和虚拟化环境中，服务器的负载情况时刻在变化，因此实时监控和动态调整是关键。常见的负载度量指标包括CPU利用率、内存使用率、网络带宽利用率等。

调度方法包括以下步骤。首先，通过监控各个物理服务器上的负载度量指标，得到当前的负载状况。其次，选择负载较低的物理服务器作为目标服务器。这可以采用最小负载优先的策略，或者通过加权平均计算来综合考虑多个负载指标。最后，将虚拟机迁移至目标服务器，确保虚拟机在整个虚拟化集群中的负载均衡。

此外，为了进一步提高负载均衡策略的效果，还可以结合预测算法。通过分析历史负载数据和趋势，可以预测未来的负载情况，并提前做出调度决策。这有助于更好地应对负载的波动和突发情况，实现更加智能的虚拟机调度。

2.基于能耗优化的策略

能耗优化是当前云计算和数据中心管理中越来越重要的方面。由于数据中心规模庞大，运行成本和能源消耗巨大，因此优化能耗对于降低运营成本、减少环境影响至关重要。基于能耗优化的虚拟机调度策略旨在尽量减少整个虚拟化环境的能源消耗，同时保持较高的性能水平。

调度方法如下：首先，根据各个物理服务器的能耗度量指标，比如CPU功耗、内存功耗和其他组件的功耗，评估当前的能源消耗状况。接着，选择能耗较低的一组物理服务器作为目标服务器集合。这可以采用最小能耗优先的策略，或者通过加权平均计算来综合考虑多个能耗指标。最后，将虚拟机尽可能地集中在目标服务器集合上，并关闭其余不必要的服务器，以降低能源消耗。

需要注意的是，能耗优化的虚拟机调度策略应当平衡能源节约与性能需求之间的关系。避免将虚拟机过度集中在少数服务器上，导致性能瓶颈，同时避免过多的服务器开启，浪费能源。

3.基于服务质量（QoS）的策略

针对托管对性能要求较高的应用程序，如实时应用和关键业务应用。这些应用对CPU、内存、网络等资源有严格的性能保障需求，因此调度策略需要确保它们得到足够的资源，并满足其服务质量要求，以免影响应用程序的性能和响应时间。

调度方法包括：首先，明确定义虚拟机的服务质量指标，比如最小的CPU分配、最小的内存分配、最大的网络带宽等。然后，在选择目标物理服务器时，优先考虑满足这些服务质量指标的服务器。这可以通过预留资源或者进行严格的资源隔离来实现。对于实时应用，可以采用硬实时调度算法，确保虚拟机的任务在预定的时间内完成。

此外，基于服务质量的调度策略还要考虑虚拟机间的资源竞争。如果多个虚拟机共享同一物理服务器，它们的资源需求可能会发生冲突。在这种情况下，调度策略需要根据优先级和权重来合理分配资源，以满足高优先级虚拟机的服务质量需求。

4.基于预测的策略

通过分析历史性能数据和趋势来预测未来的负载情况，并相应地做出调度决策。这种策略有助于更好地应对负载的波动和未知情况，以提前做好资源分配，避免出现资源不足或资源浪费的情况。

调度方法包括以下步骤：首先，收集和分析历史性能数据，了解虚拟机工作负载的周期性和趋势。通过时间序列分析、回归分析等技术，建立负载预测模型，预测未来的负载情况。然后，根据预测结果，提前做出调度决策。例如，在预测负载将增加的情况下，可以将虚拟机迁移到目标服务器上，以满足未来的资源需求。

预测准确性对于基于预测的策略成功至关重要。因此，在建立预测模型时，需要考虑多个因素，如节假日、业务活动、特殊事件等可能对负载产生影响的因素。

5. 混合策略

将多种虚拟机调度策略综合运用，根据不同的场景和需求灵活选择，以取得更好的整体效果。通过综合考虑多个因素，混合策略可以更加智能地进行虚拟机调度，适应不同的应用场景和业务需求。

调度方法包括以下方面：首先，根据当前的环境和需求，确定需要采用哪些调度策略以及它们的权重。例如，如果当前虚拟化环境的负载比较均衡，可以优先考虑能耗优化策略，尽量减少服务器的开启数量；如果某些虚拟机对性能要求较高，可以加大基于QoS的策略权重，确保这些虚拟机得到足够的资源保障。其次，根据权重分配和策略选择，对虚拟机进行动态调度。这可能涉及虚拟机的迁移、资源的重新分配等操作，以满足综合考虑后的调度目标。

混合策略的好处在于能够充分发挥多种调度策略的优势，弥补单一策略的不足。例如，在面对复杂多变的负载情况时，混合策略可以根据负载情况动态调整权重，更灵活地适应不同的负载模式。这种策略也使得虚拟机调度更具适应性和鲁棒性。

然而，混合策略的实现相对较为复杂，需要考虑各种策略的交互作用和权衡，同时需要对虚拟机调度算法进行优化和精细调整，以保证整体效果最优。

（二）虚拟机调度优化算法

1. 基于运筹学的优化方法

在虚拟机调度优化中，确定最优的虚拟机到主机映射关系常借助数学建模，运用运筹学技巧如线性规划、动态规划及随机规划等方法。这些策略实质上是将复杂的调度挑战转化为数学规划模型，利用分支定界或动态规划这类基于枚举的算法来寻求最优或接近最优的调度方案，它们属于精确求解范畴。然而，面对复杂的实际问题，这类纯数学方法常面临模型构建复杂、计算负担沉重及算法实现挑战大的难题。特别是在动态变化的生产环境中，其灵活性不足，难以迅速响应市场变动，实现高效的实时调度。

2. 基于启发式算法的优化方法

虚拟机调度问题作为多维装箱问题的一个变种，常采用基于贪婪策略的启发式算法来应对。这类算法以其直观性和效率著称，包括诸如首次适应递减（FFD, First Fit Decreasing）、最佳适应递减（BFD, Best Fit Decreasing）、最差适应递减（WFD, Worst Fit Decreasing）及轮转分配（RR, Round-Robin）等经典方法。这些方法通过不同的策略选择最合适的物理主机来部署虚拟机，旨在优化资源利用率、减少碎片或提升其他性能指标。

（1）最初适应递减算法启动时会依据特定的评估准则，将待部署的虚拟机进行降序排列，生成一个优先级列表。随后，该策略遵循此列表顺序，逐一处理虚拟机。对于每一台虚拟机，策略会遍历当前所有活跃的主机，力求将其部署在首个符合条件的主机上。若所有现有主机均不满足要求，则会自动启动新主机以接纳该虚拟机。

（2）最优适应递减策略的初步步骤与初始适应递减策略类似，同样基于评估标准对虚拟机进行降序排序。但在虚拟机部署阶段，该策略采取更为精细的决策过程，即在现有主机中挑选与目标函数最为契合的一台进行部署，旨在优化资源利用或满足特定性能指标。

（3）最差适应递减策略在虚拟机部署决策上展现出不同的逻辑。尽管其初始排序过程与上述两者相同，但在选择部署目标时，该策略却倾向于选择看似"最不合适"的主机——通常是剩余资源空间最为充裕的，当然，这也可以根据自定义的适应度函数进行调整。这种策略可能旨在平衡资源分配，避免单一主机过度拥塞。

（4）轮询算法作为一种经典的负载均衡方法，在虚拟机调度中同样扮演着重要角色。该算法以一种循环的方式，依次将虚拟机分配给不同的主机，旨在实现主机间负载的均匀分布。轮询算法以其简单高效著称，能够显著提升系统的整体稳定性和效率。

3. 基于元启发式算法的优化方法

元启发式算法作为传统启发式方法的演进，通过融合随机性与局部搜索策略，有效规避了局部最优陷阱，更接近于全局最优解的探寻。这类算法，因其模拟自然界生物群体的行为模式进行解空间探索，亦被归类为群智能算法范畴。在虚拟机调度领域，几种主流的群智能算法展现出了显著的应用潜力，包括遗传算法（GA）、差分进化算法（DE）、粒子群优化（PSO）、蚁群优化（ACO）及人工蜂群算法（ABC）等。

遗传算法与差分进化算法，分别源自 Koza 与 Storn 等人的贡献，两者均借鉴生物进化机制，将问题可能的解看作染色体，通过模拟自然选择过程来寻求更优解。遗传算法侧重于"选择""交叉"与"变异"三大操作，以迭代方式从种群中筛选出优良基因传承至后代；而差分进化算法则强调"变异""交叉"与"选择"的序列执行，以更新种群中的个体，两者均通过增强全局搜索能力，在虚拟机调度优化中展现出良好效果。

粒子群算法，由 Kennedy 等人提出，灵感源自鸟群觅食的社会行为。该算法通过粒子间的信息共享与协作，引导整个群体在问题空间中逐渐汇聚至更优解区域，实现了从无序探索到有序收敛的转变。

蚁群算法，由 Dorigo 等人提出，其核心理念是将蚂蚁觅食路径映射为优化问题的候选解，利用蚂蚁在路径上释放的信息素作为引导，促使后续蚂蚁倾向于选择更高效的路径，从而集体发现问题的更优解。这一机制在虚拟机调度策略的优化中也得到了有效应用。

五 容器编排调度

（一）容器编排框架

容器作为现代虚拟化解决方案，近年来日益流行。它们通过共享主机操作系统、快速启动时间、可移植性、可伸缩性和快速部署等优点，逐渐取代传统的虚拟机（VM）。

容器封装了应用程序的所有依赖关系（包括代码、运行时、系统工具和库），形成独立于平台的运行时环境，从而提高了工作效率和可移植性。当前广泛应用的容器技术包括 Docker、LXC 和 Kubernetes 等。云服务提供商也在虚拟机上支持容器，以增强容器隔离、提升功能并简化系统管理。

容器极大地简化了分布式应用程序的生命周期管理，与 VM 相比，它们在裸金属或虚拟服务器上的运行开销可以忽略不计，并显著减少了启动、重新启动和停止的时间。容器还支持应用程序的高度可移植性，这是传统基于 VM 的虚拟化技术未能达到的。标准容器技术如 Docker、Kubernetes 和 Cloudify 都与云可移植性框架 TOSCA 兼容。

在容器编排领域，企业可依据需求在内部集成的方案与外部管理工具间作选择。Docker Swarm 作为 Docker 的原生集群协调器，能够将多个 Docker 引擎整合为一个虚拟的统一引擎，简化管理。而 Kubernetes，作为另一大主流，专注于 Docker 容器的调度与管理，根据用户定义策略灵活调控工作负载。此外，Mesosphere Marathon 依托 Apache Mesos，为集群环境中的应用部署提供核心支持。Cloudify 则作为一个全面的云编排框架，遵循 TOSCA 标准，自动化应用程序与服务的全生命周期管理，兼容 Docker、Docker Swarm 及 Kubernetes 的部署需求。

从云服务供应视角审视，容器化应用的运行构筑了一个集群管理的抽象层，Docker Swarm 与 Google Kubernetes 作为领先平台，基于容器的基础设施自动化部署、扩展及运维任务。其集群架构包含管理节点与工作节点，前者负责集群与容器的协调与监控，后者则承载实际的工作负载。调度器作为编排系统的核心组件，负责智能分配资源，管理容器生命周期。

在调度策略层面，Docker Swarm 与 Kubernetes 均提供了多样化的选项以优化容器部署。Docker Swarm 的策略包括 Spread（均衡分布以保证高可用）、BinPack（资源密集打包以最大化利用）、Random（随机分配）、Node（指定节点部署）及 Label（基于节点标签选择）。Kubernetes 则在此基础上增添了 Affinity 与 Anti-Affinity 机制，通过定义 Pod 与节点间的亲和或排斥关系，实现更精细化地部署控制，如基于标签的匹配与不匹配策略。

（二）分布式容器批量调度技术

对于单一超算任务进行切片，批量调度大数量节点并行计算，在云原生环境下，通过容器化技术实现计算任务切片，这些进程作为互不相关的多个程序独立执行，每个节点作为单独进程具有自己独立的堆栈和代码段，并通过消息传递实现并行协同，分布式容器批量调度架构如图6.3–9所示。

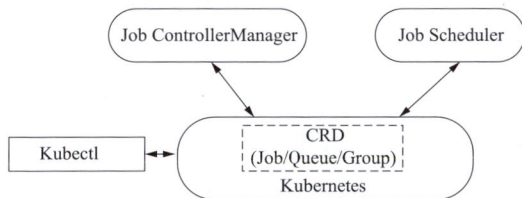

图 6.3-9 分布式容器批量调度架构

基于 Kubernets 容器编排平台，扩展容器调度、分发策略，灵活感知集群内部资源情况，对分布式计算容器进行分布式调度，将计算任务与计算资源进行精准匹配，将计算任务按批次调度到匹配的计算资源片。

针对分布式容器迁移的场景，建立任务调度队列，在兼顾作业等待时间和运行时间的基础上，确保短作业得到照顾的同时避免长作业等待过长，防止出现饥饿现象，从而优化整体调度性能。扩展联合调度、公平调度、队列调度、预定或回填式调度算法，实现批量调度能力，并抽象计算作业 CRD，提供作业生命周期管理。分布式容器批量调度的特性和优势包括下面几个方面。

（1）高度可扩展性。分布式容器批量调度技术允许在大规模集群中同时调度和管理多个容器任务。它可以根据集群规模的增长和收缩，动态调整任务调度策略，实现高度可扩展性。

（2）资源优化。这种技术可以通过智能的资源调度算法，将容器任务合理地分配到集群中的节点上，避免资源浪费和资源争用，实现资源的最优化利用。

（3）容错和高可用性。分布式容器批量调度技术通常支持容错机制，即使部分节点发生故障或任务失败，它也能够自动重试、迁移任务或重新分配任务，确保整个系统的高可用性和稳定性。

（4）灵活性。这种技术允许根据任务的优先级、依赖关系和资源需求，灵活地调整任务的调度策略，满足不同场景和业务需求。

（5）统一管理。分布式容器批量调度技术可以将多个容器任务统一管理，便于监控、日志记录、资源配额控制等。同时，它还能提供集中式的任务调度和管理接口，简化开发者的操作。

负载均衡调度算法主要分为静态和动态2类。静态调度如轮询、加权轮询和源地址哈希，它们在任务分配时采用固定规则，不随系统状态变化。而动态调度，如最小连接算法，则根据实时集群状态动态调整分配，以优化资源利用和负载均衡。

（1）轮询算法。在轮询调度策略下，调度器对集群中的工作节点采用了一种无差别的循环选择方式，即按顺序遍历所有节点，并将新任务部署至遇到的第一个可用节点。此算法实现简易，其核心在于通过简单的数学运算（$i+1$）%N来确定下一个任务的目标节点，其中N为节点总数。然而，轮询算法的一个显著局限在于它忽略了节点间的实际差异，包括硬件配置的不均等性和当前负载状态的不同。这种"一视同仁"的处理方式，往往导致资源分配的不均衡，具体表现为部分节点因承担过多任务而资源紧张，而另一些节点则相对空闲，资源未得到充分利用。这种不平衡状态不仅降低了集群的整体资源效率，还可能对系统的稳定性和响应速度产生不利影响，因为高负载节点可能成为性能瓶颈，影响用户体验和系统性能。

（2）加权轮询算法。加权轮询调度策略引入了节点权重机制，该机制旨在根据各工作节点硬件性能的差异性，为它们分配相应的优先级或"影响力"值，即权重。与简单轮询的直接轮流选择不同，加权轮询构建了一个虚拟的、按权重比例扩展的调度序列。在这个序列中，每个节点根据其权重X获得相应数量的"虚拟位置"，从而实现了在调度过程中，高性能节点相较于低性能节点拥有更高比例的被选中机会。

（3）源地址哈希算法。采用源地址哈希映射策略，系统会将每个请求源地址通过哈希函数处理后取模，以此将请求固定地导向至集群中的特定工作节点。这种机制确保了来自同一源地址的请求能够被同一节点处理，有助于维持会话一致性。然而，当集群面临用户请求分布极不均匀，特别是当请求高度集中于少数几个源地址时，该方法可能导致严重的负载不均衡问题，部分节点过载而其他节点相对空闲。

（4）最小连接算法。最小连接算法是一种直观的动态负载均衡策略，其核心在于实时追踪集群中各主机的当前连接数。在每次调度时，该算法倾向于选择连接数最少的主机作为任务部署的目标，以此来实现负载的均衡分布。然而，值得注意的是，最小连接算法并未深入考量主机间的配置差异，其决策依据仅限于连接数这一单一指标。

静态调度算法以实现简便、计算成本低廉及输出稳定性强而著称，但在应对集群负载波动和多样化请求时显得力不从心，因未将集群动态变化纳入考量，故应用场景受限。

相反，动态调度算法展现出更高的灵活性和适应性，它依据主机节点的实时状态，借助精细设计的监控机制与算法逻辑，精准应对复杂多变的调度需求。尽管动态调度在执行复杂运算时消耗较多资源，但其强大的应对能力使其成为大规模分布式调度系统的理想选择。

第四节　算力迁移方法

一　算力迁移方法

算力迁移是一种将应用程序、任务或数据从一个设备或平台迁移到另一个设备或平台的方法。在算力网络中，算力迁移可以用来实现资源调度、负载均衡、故障恢复等功能。算力迁移方法应该包括以下内容。

（1）计算迁移是指计算任务从终端设备迁移到边缘端或云端。由于边缘层服务器资源和计算能力有限，计算复杂的任务应迁移到云层进行处理。利用移动边缘计算（Mobile Edge Computing，MEC）服务器的资源可以减少终端设备自身计算负担，将终端设备的计算任务迁移到边缘层可以节省自身能耗、加快计算速度。计算迁移有3个重要部分：迁移决策、迁移的任务量以及哪些计算任务应该迁移。

（2）虚拟机迁移是一种将虚拟机从一个物理服务器迁移到另一个物理服务器的方法。虚拟机迁移可以用于实现资源调度、负载均衡、故障恢复等功能。

（3）容器迁移是一种将容器从一个主机迁移到另一个主机的方法。容器迁移与虚拟机迁移不同，它是基于操作系统级别虚拟化技术实现的。在容器迁移过程中，可以将容器的所有状态和数据进行迁移，并且迁移速度较快，迁移时间一般在数秒钟到数分钟之间。容器迁移可以提供容器级别的负载均衡和故障恢复，具有更高的资源利用率。

算力网络环境中的迁移应该严格满足2个要求：①由此产生的停机时间（如果有的话）应该非常短。②迁移过程本身对终端用户应该是透明的。

二　计算迁移

计算迁移是一种优化计算任务分配的方法，旨在将计算密集型任务转移至资源丰富的边缘计算节点处理，以加速处理过程并减轻用户设备的负担。计算迁移流程如图6.4-1所示，概括为以下6大环节。

（1）边缘节点探测。识别并筛选出可用的边缘计算节点，作为后续计算任务的潜在执行者。

（2）任务模块化。将待处理的任务精细划分为多个模块，每个模块尽量保持功能上的独立性与完整性，以便于后续的迁移与管理。

（3）迁移策略制定。基于任务特性与资源可用性，制定迁移决策，包括确定是否迁移、迁移哪些模块，以及采用何种迁移策略（静态或动态）。静态策略预先规划迁移内容，而动态策略则根据实时条件灵活调整迁移计划。

（4）模块传输。将选定迁移的任务模块安全、高效地传输至选定的边缘计算节点，确保数据完整性与传输效率。

（5）边缘执行。在边缘计算节点上，利用丰富的计算资源对接收到的任务模块进行并行或串行处理，加速计算过程。

（6）结果反馈。计算完成后，将处理结果从边缘计算节点回传至用户的移动设备或终端，实现计算结果的即时可用。

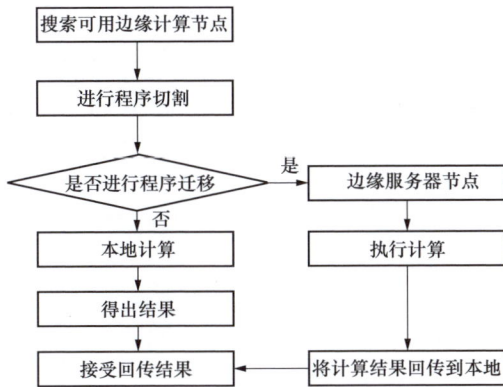

图 6.4-1　计算迁移流程

计算迁移技术聚焦于2大核心问题：迁移决策与资源优化配置。迁移决策的核心在于评估移动设备上的计算任务是否适宜迁移，以及采取何种策略来实施迁移。具体来说，迁移决策通常涵盖3种策略框架。计算迁移决策的3种方案如图6.4-2所示。

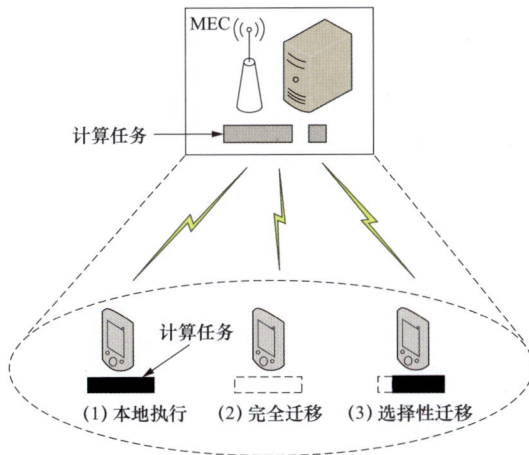

图 6.4-2　计算迁移决策的 3 种方案

（1）本地执行。在此模式下，所有计算任务均保留在移动设备本地进行处理，不依赖于外部资源，确保数据处理的即时性与隐私性。

（2）完全迁移。当移动设备处理能力受限时，选择将所有计算任务完整迁移至多接入边缘计算（MEC）节点，利用MEC的强大算力快速完成任务，提高处理效率。

（3）选择性迁移。采取一种更为灵活的策略，即根据任务特性与资源可用性，将部分计算任务保留在移动设备本地执行，而将资源密集型或时延敏感的任务迁移至MEC处理，实现资源利用与任务响应的最优平衡。

（一）计算迁移决策

当前的迁移决策框架核心聚焦于3大关键指标：延迟、能耗及系统效用优化。延迟作为直接影响用户体验的首要因素，在迁移决策中占据优先地位，确保任务处理速度符合移动应用可接受的范围，避免因响应迟缓导致的依赖应用中断，从而维护系统的整体运行效率。

能耗管理亦不容忽视，过高的能耗将加速设备电量的消耗，对设备的持续运行能力构成挑战。因此，在满足延迟约束的前提下，降低能耗成为迁移策略的另一重要目标。

针对某些应用场景，延迟与能耗之间往往存在权衡关系，需要精心设计策略以实现两者的平衡。这通常通过为延迟与能耗分配不同的权重，并将它们加权求和，力求在总成本最小化的同时，满足应用的具体需求。这种综合考量方式有助于在实际应用中找到最优的迁移决策方案。

1.最小化延迟迁移决策方法

计算任务在本地执行时，其耗时主要集中于任务执行本身。然而，当任务被卸载到移动边缘计算（MEC）平台处理时，总耗时则包含了数据上传至MEC的时间、MEC处理任务的时间以及数据从MEC返回的时间。这种额外的时延累积直接关联到用户的服务质量（QoS）。鉴于时延对QoS的显著影响，当前存在大量研究致力于通过优化算法和策略来减少时延，特别是在不同应用场景下。

这些研究的核心目标是最小化因计算迁移至MEC而产生的总体延迟，

以提升用户体验和服务效率。一维搜索算法专注于优化计算任务的完全卸载策略，适用于需即时处理计算密集型任务的场景。该算法周期性地审视任务队列、处理能力及信道质量，旨在通过智能卸载决策，最小化处理时延。动态计算卸载的在线学习分配策略，针对单终端完全卸载场景，通过定时评估卸载执行的成本（如延迟与失败风险），灵活决定卸载时机。

策略实施中，动态调整CPU资源分配与传输功率，以缩减时延，其决策基于即时系统状态，无须详尽的历史数据或复杂环境预测。

然而，现有策略在追求时延优化的同时，对移动终端能耗的考量不足。能耗瓶颈可能制约卸载策略的持续有效执行，影响用户体验的连贯性。因此，当前研究正聚焦于开发能同时兼顾时延与能耗优化的卸载决策方案，力求在保障性能的同时，提升终端的续航能力和用户体验的整体质量。

2.最小化能耗迁移决策方法

计算卸载至MEC服务器的能耗构成主要包括数据传输与接收过程中的能耗。基于此，能耗最小化策略可划分为动态在线与静态离线2大类别，并融合计算与通信资源的综合优化。

（1）离线策略预先规划。该策略将能耗最小化问题置于时延约束下，转化为约束马尔可夫决策过程。它利用历史数据（如数据包到达率、信道状态预测）来制定资源分配方案，可能结合在线学习调整预计算策略，专注于为单一移动设备量身定制，综合考虑信道波动、无线电资源分配及计算负载的联合优化。

（2）静态离线策略。此策略采取一种确定性或随机性的方式，预先设定任务完全卸载至MEC的路径。在规划过程中，它深入考量了信道的时变性、无线电资源的灵活调度以及计算负载的动态平衡，旨在通过离线优化计算，实现能耗的有效控制。

从计算与通信资源协同优化的视角出发，以下策略针对特定场景进行了深入探讨。

在单MEC节点服务多移动终端的架构下，策略聚焦于在满足应用特定平均时延要求的同时，精细调整发送功率、CPU周期分配及数据传输量，以达成能耗最小化目标。此策略揭示了发送功率与CPU周期分配间的最优平衡，并通过计算调度技术验证了系统稳定性。结合动态调度与实时状态监测（如计算队列长度、信道质量），智能决策卸载时机，确保任务在时延阈值内完成，同时实现能耗最小化。

对于多移动终端场景，分布式迭代算法（如连续凸映射法）被应用于计算卸载与资源分配问题，将问题转化为无线电与计算资源的联合优化挑战。该策略通过预编码矩阵信息的无线传输，使MEC节点能够基于任务特性优化CPU周期分配，旨在时延受限条件下最小化能耗。面对卸载过程中的时延非凸性难题，该算法通过迭代优化变量，逐步逼近局部最优解，从而有效平衡计算与通信资源的使用，提升系统整体效率与用户体验。

3.权衡时延和能耗的迁移决策方法

针对多用户MEC系统，构建了一个模型框架，该框架集成了网络、任务及计算模型，旨在最小化包括处理延迟与能耗在内的系统总成本。鉴于多用户环境中任务请求的随机性与不确定性，设计了一种创新的机器学习辅助随机任务卸载策略。

此策略的核心在于区分任务的可卸载与不可卸载部分，并借助先进的机器学习机制来定制最优卸载决策。策略的实施分为2大阶段：训练与优化阶段，利用Q-Learning强化学习算法探索并提炼出任务卸载的最优策略，这些策略随后被用作深度前馈神经网络的训练数据，以进一步精简决策模型；应用阶段，当新任务随机抵达时，训练好的神经网络能够迅速响应，基于当前任务特征与网络环境，通过前向传播预测并生成接近最优的卸载方案。

此方法巧妙融合了强化学习的探索能力与神经网络的泛化能力，有效应对了动态、不确定的多用户MEC系统环境，不仅加速了卸载决策的制定过程，还显著提升了系统性能与用户体验，展现了在复杂场景下的强大优化能力。

（二）资源分配

移动设备端一旦决定进行计算迁移，服务端（MEC服务器）便需针对MEC资源进行有效配置。这一配置过程，如同迁移决策一样，均敏感于任务的并行处理能力。对于不支持并行处理的迁移任务或应用，服务端将指定单一物理节点负责执行；相反，若任务或应用支持并行处理，则会采用多个

MEC节点协同工作的方式，以实现更高效的任务处理。

1.有云中心场景下的资源分配

当MEC节点面临计算资源瓶颈时，云中心的协同参与成为提升移动边缘计算服务质量的关键。为此，引入一种基于阈值的协同调度机制，旨在确保MEC服务器既能满足应用程序的时延要求，又能最大限度地承载运行中的应用。在移动设备完成计算迁移的初步决策后，系统会综合考虑应用程序的优先级以及MEC服务器的实时资源状况，灵活决策是将迁移任务部署于云中心以增强处理能力，还是继续在MEC执行以维持低延迟优势，从而优化资源分配，提升系统整体效能。MEC资源分配图如图6.4-3所示。

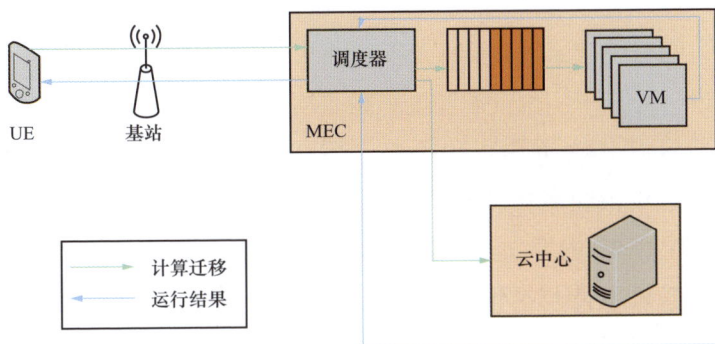

图 6.4-3　MEC 资源分配图

应用程序首先进入边缘计算环境（MEC）的本地调度流程，该流程随即评估MEC节点的计算能力状态。若MEC节点空闲资源充足，则直接分配虚拟机执行该应用；若MEC计算资源紧张，无法满足新增应用需求，调度机制则智能地将任务导向远程云数据中心，以确保应用的有效处理。

为了优化MEC内应用处理效率与满足严格的延迟需求，引入了一种基于优先级排序的协同策略。该策略为不同优先级的应用类别设定了多层次的缓冲区容量阈值。这意味着，当任一优先级的缓冲区达到预设的满载阈值时，为避免性能瓶颈，相应优先级的应用将会被智能地引导至远程云中心进行处理，从而确保MEC能够高效且灵活地管理其资源分配，最大化地处理应用数量同时保持低延迟性能。

2.无云中心场景下的资源分配

在无云架构下，MEC服务器集群成为资源分配的核心，移动设备需精准选择 MEC 节点以执行迁移任务，而集群的构建则关乎系统整体效能。节点选择不仅关乎服务响应速度，还深刻影响能耗效率。探究集群规模与网络架构（环形、树形、全网状）及传输技术（光纤、LTE）对时延与能耗的影响，发现光纤环形拓扑在节能上展现显著优势。因此，在无云环境中，强化 MEC 节点间的协同作业，优化集群布局与节点分配策略，是降低能耗、提升系统性能的有效途径。

三　虚拟机迁移

在算力网络中，云平台的底层资源借由虚拟机进行资源调度，因此需要对虚拟机进行迁移来实现资源调度、负载均衡、故障恢复。

虚拟机迁移作为资源优化策略，旨在通过跨物理机的虚拟机部署调整，均衡物理资源负载，预防过载现象。通过全面迁移虚拟机的状态（涵盖 CPU 配置、内存内容、存储数据及虚拟设备设定），显著增强了数据中心与集群的管理效能与灵活性。迁移路径灵活多样，既支持通过机架顶部（ToR）交换机实现机架内迁移，也涵盖跨越数据中心核心网络至不同机架的迁移方案。

迁移过程中，需综合考量负载均衡、SLA 合规性、虚拟机间依赖关系及迁移成本等关键因素，以确保迁移的有效性与效益。迁移的先决条件基于虚拟机对 CPU 性能、内存资源及任务分配的具体需求，而迁移操作则不受限于原始服务器，通过适应度评估实现跨服务器乃至跨数据中心的灵活调度。这一机制促进了服务器资源的整合与高效利用，同时支持停机维护等管理任务，整体提升了数据中心的运营效率。在数据迁移层面，需确保内存、存储数据的完整传输及当前运行状态的即时同步，同时维持网络连接的稳定性，以保障迁移过程的平滑过渡。

虚拟机迁移划分为动态与静态 2 大类别。动态迁移策略确保业务连续性，在迁移期间应用持续运行，用户体验无缝衔接。其关键目标涵盖电源管理、资源共享、容错、负载均衡优化、系统维护以及支持移动计算场景。

静态虚拟机迁移则采取一种更为谨慎的方式，即在虚拟机完全转移到目标物理机之前，保持其暂停状态，包括其上运行的所有应用程序服务也将暂停。这一技术聚焦于进程域的管理与Internet连接的暂停与恢复机制，旨在精确控制迁移时机，并优化迁移过程中的内存页传输，确保每页数据仅传输一次，以提高效率。

相较之下，动态虚拟机迁移技术以其独特的优势脱颖而出。它在不中断虚拟机内部服务的前提下，实现虚拟机从一台物理主机到另一台的平滑迁移。整个过程对用户而言是完全透明的，用户无须感知到虚拟机位置的变化，从而保障了业务的连续性和用户体验的流畅性。以下将深入阐述动态虚拟机迁移技术的具体实现与优势。

（一）虚拟机内存状态迁移

虚拟机内存迁移通常包含以下3个阶段：推送（Push）、停止－拷贝（Stop-and-Copy）和拉取（Pull）。

（1）推送阶段，源虚拟机主动将其内存页面通过网络发送到目标虚拟机，同时保持其运行状态。如果在此过程中某个内存页面被修改，那么这个页面就需要被重新发送。

（2）停止－拷贝阶段则采取了一种非在线的方式。在这个阶段，源虚拟机的操作系统会被暂停运行，其内存镜像会被完整地复制到目标主机上。这种方式确保了迁移过程中内存数据的一致性和完整性。一旦内存镜像成功复制到目标主机，迁移过程就进入恢复阶段，目标虚拟机开始执行。尽管这种方法会导致较长的停机时间，但由于它只需要拷贝一次内存镜像，因此通常能够比其他在线迁移方法更快地完成整个迁移过程。

（3）拉取（Pull）阶段是虚拟机内存迁移的最后一步。在这个阶段，目标虚拟机已经开始运行，但它的内存内容尚未完全加载。在这种情况下，目标虚拟机会在运行过程中主动向源虚拟机请求尚未迁移完成的内存页面。这种方式允许目标虚拟机尽早恢复操作，同时逐步完成剩余内存的加载。

预拷贝（Pre-copy）算法是目前虚拟机迁移中广泛采用的一种技术，它旨在进一步降低系统停机时间。预拷贝算法结合了推送和停止－拷贝阶段的优点，通过多次迭代来逐步减少迁移过程中需要传输的数据量。在每次迭代中，源虚拟机会继续运行，并将其内存页面推送到目标虚拟机。同时，算法会记录哪些页面在传输过程中被修改（即脏页面）。在下一次迭代中，只有这些脏页面会被重新传输。通过这种方式，预拷贝算法能够在保证数据一致性的同时，最大限度地减少停机时间。然而，预拷贝算法也面临一些挑战，例如如何平衡停机时间和总迁移时间、如何高效地处理脏页面等。

另一种虚拟机内存迁移方法是后拷贝（Post-copy）算法。与预拷贝算法相反，后拷贝算法首先只迁移源虚拟机的 CPU 状态和能够在目标主机上恢复运行所需的最小工作集。然后，在目标主机上启动源虚拟机的执行。在虚拟机运行过程中，如果它需要访问尚未被拷贝到目标主机的内存页面，就会触发缺页中断。此时，迁移控制程序会请求源主机传输这些缺页的内存页面到目标主机（即拉取过程）。后拷贝算法的优势在于它可以减少初始迁移时的数据传输量，并缩短总体迁移时间。然而，由于它需要在迁移过程中动态地拉取内存页面，因此可能会导致较长的停机时间和性能波动。

（二）虚拟机外设迁移

虚拟机迁移的全面实施中，外围设备资源的迁移扮演着至关重要的角色，它涵盖了虚拟机文件系统迁移及网络设备迁移 2 大核心环节。这一过程是解除对原宿主机依赖、确保迁移透明性及优化迁移后性能的关键技术手段。

1. 文件系统迁移

尽管虚拟机迁移不必维持应用程序的实时运行状态，但捕获并保存一个稳定的状态检查点至关重要。同时，伴随迁移的还包括对存储架构（即文件系统）的迁移操作。CMU 开发的 ISR 系统，通过分布式存储机制部署虚拟机，创新性地封装了用户操作环境，将每位用户的计算状态汇总成称为"parcel"的文件集合。这一方法使用户能够拥有多个 parcel，相当于拥有了多套配备不同操作系统或应用的虚拟机器，并集中存储于网络服务器，利用大型分布式文件系统来维护所有 parcel。任何装有 ISR 系统的客户端，都能从分布式存储中检索并恢复特定 parcel 的挂起状态，无缝衔接用户的前次工作场景。

2.网络设备迁移

针对网络I/O迁移，保持网络连接的连续性和稳定性是首要挑战。依据迁移场景的不同（如局域网与广域网之间），以及虚拟机管理器的差异，需采取针对性的策略来维护网络连接。局域网内的迁移虽相对简单，但仍需考虑不同虚拟机管理器间的兼容性和迁移效率问题。网络连接的持续性在网络环境中，尤其是涉及虚拟机迁移时，常通过特定协议如ARP（地址解析协议）来辅助实现。

然而，ARP的直接使用在虚拟机迁移场景下存在局限性，因为它依赖于广播机制来通知网络中的其他设备某IP地址的新物理位置。这种方法虽有效，但可能受到网络策略（如安全设置禁止ARP广播）的限制，因此并非普遍适用。对于预知即将发生迁移的操作系统，一种更优化的策略是直接且定向地向其ARP缓存中的特定接口发送更新信息，而非采用广播方式，以此减少潜在的安全风险和不必要的网络流量。

VMware的VMotion技术则采用了一种更为先进的机制来确保虚拟机在迁移过程中的网络连接连续性。其核心在于，VMotion机制能够随虚拟机一同迁移其虚拟网卡（VNIC），这些虚拟网卡拥有在局域网内唯一的MAC地址，且与物理网卡（NIC）灵活关联。这种设计使得虚拟机即便在物理位置变更时，也能保持其网络身份和连接状态不变，前提是迁移发生在同一子网内，以满足以太网的基本通信规则。

四 容器迁移

相较于虚拟机迁移，工业企业在云服务中倾向于采用容器，作为算力网络资源封装的首选。容器技术的轻量级特性，使其更适用于检查点/恢复机制，该机制在迁移时捕获并恢复应用程序的即时状态。CRIU（用户空间检查点/存储）是Linux下一款工具，支持在用户层面对应用进行状态快照与恢复，它深化了Linux接口功能，精细管理运行中进程。

容器迁移流程简述如下：先冻结源系统中的应用，CRIU随后介入，抓取进程内存至磁盘。待所有内存数据迁移至目标系统后，应用即被恢复至原先状态，实现无缝迁移。容器技术的出现为云应用的可移植性提供了极大的便利。与基于管理程序的虚拟化不同，容器化虚拟化在较低的系统级别运行，不需要模拟完整的硬件环境，而是依赖于操作系统内核的隔离能力。

这种方式允许多个隔离的Linux系统（即容器）在同一控制主机上运行，共享一个操作系统内核实例。每个容器都有自己独立的进程和网络，通过名称空间实现隔离。这意味着一个容器的进程在其名称空间中具有唯一的标识符，无法直接与其他名称空间中的进程交互。一个容器可以被视为一个完整的应用程序环境，具有独立的生命周期、依赖关系，并与其他容器隔离开来。

目前，容器化技术主要通过工具如LXC（Linux Containers）、Docker或OpenVZ等实现。它带来了许多企业感兴趣的好处，包括几乎无须停机维护、较小的配置和部署工作量、灵活性以及简化实现高可用性的能力。相较于传统虚拟化，容器化允许多个容器实例共享同一个主机操作系统，这包括二进制文件、库文件或驱动程序。

因此，一台服务器可以承载比传统虚拟机更多的容器实例，差异可以达到10~100倍之多。容器化的应用程序不依赖于特定操作系统版本，因此它们的体积更小，更易于迁移、下载、备份和恢复。此外，通过在容器中隔离软件包，容器技术可以提供更高的安全性，尤其适用于保护敏感应用程序。

两种不同类型的容器放置方法，即排队和并发。排队方法可以抽象为先进先出或基于优先级的方法，其中容器放置决策是在容器的基础上做出的。批处理和进程概念可用于描述并行方法，其中计算请求首先被整理，然后做出放置决策。

在基于容器的决策中，负载均衡是一个重要问题，需要重新定位运行中的服务以保持集群的平衡。在排队方法中，实现全局最优决策很困难，因为通常只对队列中的第一个容器做出立即放置决策，而不考虑后续容器的情况。预先了解传入请求的特征可以帮助设定容器放置的分派规则。

使用基于机器学习的预测模型可以实现并行方法来预测传入请求，通过批处理和处理方法实现全局最优调度。然而，如果传入请求是间歇性的，批处理时间会增加放置延迟，因为需要等待一定时间来整理多个任务。针对连续传入请求流可以使用并发方法，而对间歇请求可以采用逐个容器的方法。

容器放置还包括容器迁移，即将已运行的服务重新定位到另一个边缘节点。

容器迁移是一项复杂的任务，需要考虑多个因素，如容器的状态和数据、边缘设备的资源限制、网络带宽和延迟等。

（一）容器静态迁移

容器的静态迁移机制，作为一种服务迁移策略，其核心在于先将容器服务暂停运作，随后将容器实例及其必要元素从原宿主机迁移至目标服务器。这一过程本质上融合了容器的快照捕捉与在新环境中的重建，实现了跨服务器的服务迁移。根据迁移过程中是否保留容器的状态信息，静态迁移可细化为无状态与有状态2种模式。

在无状态迁移场景下，迁移过程侧重于容器镜像的快速迁移，而忽略了对容器运行时数据的迁移。这意味着，迁移操作主要集中于复制容器的基础镜像文件至新环境，而不涉及运行时的数据存储或配置。这种方式简化了迁移流程，但牺牲了容器状态的连续性。

相反，有状态迁移则更为复杂，它要求对容器当前状态进行全面捕获，通常通过创建包含容器当前状态的快照或备份来实现。这一备份随后被封装成新的镜像或归档文件，再传输至目标服务器。在目标端，通过恢复这个备份来重建容器及其状态，确保迁移后的容器能够无缝地继续之前的工作。

静态迁移因其操作简便，在多数现代容器化平台（诸如Docker）中得到了原生支持，用户可通过执行简单的命令行指令来执行迁移操作。然而，值得注意的是，静态迁移的本质决定了它需要在迁移期间暂停服务，这在一定程度上牺牲了服务的连续性和用户体验。因此，在追求高可用性和低服务中断的云环境中，静态迁移可能不是最佳选择。其替代方案可能包括动态迁移或热迁移技术，这些技术能够在不影响服务的情况下实现容器的无缝迁移。

（二）容器动态迁移

动态容器迁移技术作为一种前沿且高效的服务迁移策略，其核心目标在于最小化用户感受到的服务中断，并优化迁移过程中的资源利用效率。此迁移机制深入到进程层面，精确迁移容器的用户空间内存、文件系统映射及其运行状态数据，力求实现无缝迁移体验。

动态迁移技术的应用场景极具广泛性，尤为显著地体现在硬件维护与优化以及动态负载均衡两大领域。面对企业级的容器化基础设施升级或云服务提供商的切换需求，传统的静态迁移方法因其导致的服务中断而显得力不从心。静态迁移不仅要求精确规划低负载时段，还伴随着复杂的资源调度与手动干预，即便是自动化脚本的辅助，也难以彻底避免时间与人力资源的过度消耗。因此，动态迁移以其不停机迁移的特性，成为这些场景下的优选方案。

而在负载均衡领域，动态迁移的需求则更为迫切与精细。由于负载均衡系统对服务响应速度的高标准要求，静态迁移的延迟与中断完全不可接受。动态迁移技术通过实时监控集群负载状况，智能触发容器的即时迁移，确保系统资源始终处于最优分配状态。这一过程不仅考验着迁移技术的实时性与精准度，也促进了相关领域的研究与创新，成为当前技术发展的热点与前沿。

动态迁移研究集中在2大方面：一是优化容器调度策略，精准选择迁移容器以减少冗余，并合理匹配目标服务器以提升迁移效率与资源利用。二是深化迁移算法优化，探索高效、平滑的迁移过程，确保从源到目标服务器的无缝迁移，提升用户体验。此外，由于CRIU可以实现对进程的冻结和恢复功能，使得应用程序和容器的实时迁移、快照和远程调试等功能成为可能，CRIU示意图如图6.4-4所示。

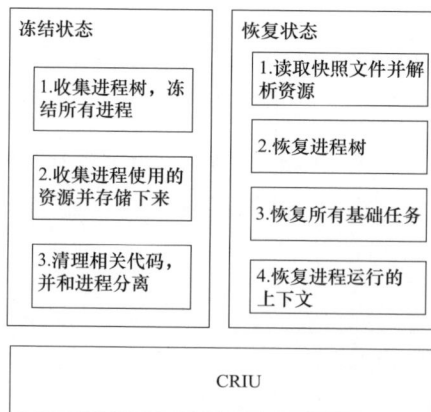

图 6.4-4　CRIU 示意图

CRIU对进程的操作包括：状态捕获（dump）与状态复原（restore），它在用户空间层面工作，能够无缝地将运行中进程的状态快照存储至磁盘，随后在任意主机上重现这些进程的状态。这一特性为容器技术的动态迁移铺平了道路，因为它允许在不影响容器内部应用执行的情况下，将其完整状态捕捉并迁移至另一环境，实现了近乎即时的迁移能力。

基于CRIU的容器迁移技术，特别适用于要求高可用性和最小化服务中断的场景。其成功实施高度依赖于CRIU配置的正确性以及底层系统内核对必要功能的支持。为确保迁移的顺利进行，精确的配置与兼容性验证至关重要。

进一步地将CRIU集成到如Kubernetes等现代容器编排系统中，可以极大地自动化和优化容器迁移流程，从而降低操作复杂度，提升整体运维效率。这种集成不仅简化了迁移操作的执行，还增强了容器部署的灵活性和可扩展性，为云原生应用的部署和管理提供了强有力的支持。

第七章
算力网络
感知与仿真

第一节　算力度量

在探讨算力服务的前提时，算力度量扮演着至关重要的角色。构建统一的算力度量体系，开展详尽的建模工作，并确立标准的算力模型，这些是搭建算力网络不可或缺的基石。当前的算力度量方法已构建了一个全面的框架，该框架基于统一原则，对多样化的计算类型进行了高度抽象与描述，从而生成了算力能力模板。这些模板不仅为算力路由的精准导航提供了参考，还促进了设备管理的优化与计费规则的标准化，共同推动着算力服务的规范化与高效化进程。

一　算力度量的意义

随着计算机技术的发展，算力网络中的算力提供方将不再局限于单一的数据中心或计算集群，而是扩展至包括云、边缘端在内的泛在算力资源。这些泛在算力通过网络连接实现高效共享。准确感知异构芯片的算力特性、适配的业务类型及其网络位置，并实施有效的管理和监控，是算力度量与建模研究的核心任务。

对于时间敏感和计算密集型的计算任务，需要算力节点及时处理任务，以减少传输和处理延迟。通过测量任务所需的算力，精确匹配相应的算力节点。由于节点的算力是动态的，在选择节点时需要对节点的计算资源进行估算，以保证节点能够满足任务要求。通过对算力的测量和估计，可以为计算任务调度和节点选择提供准确的参考，保证任务的确定性传递和计算。

二　算力分类

（一）算力业务分类

依据业务需求，算力资源可分为多类，为设计业务套餐和平台选型提供依据。算力资源包括但不限于通用服务器架构下的 CPU、处理图形图像的 GPU、加速神经网络的 NPU/TPU、嵌入式设备 CPU 以及半定制化处理器 FPGA 等。《算力网络中面向业务体验的算力建模》中将算力资源分为以下几类。

1. 逻辑运算能力

这种通用基础运算能力的硬件是 CPU。CPU 包括运算器、控制单元、寄存器、高速缓存、通信总线等。CPU 在大规模并行计算中存在局限性，但在逻辑控制方面表现较好。

度量单位：算力通常以 TOPS（每秒万亿次运算）来衡量。在某些情况下，TOPS/W（每瓦操作数）也用作性能度量。

2. 并行计算能力

并行计算能力是为高效计算图形和图像等统一数据类型而设计的。此类计算适用于处理大量同类型数据，在图像处理、科学计算等方面有着不错的表现。代表硬件是英伟达的 GPU，具有众多计算单元和长流水线。

度量单位：常用浮点运算能力（FLOPS）衡量，例如 TFLOPS/s（每秒万亿次浮点运算），也有 MFLOPS（百万次浮点运算）、GFLOPS（十亿次浮点运算）和 PFLOPS（千万亿次浮点运算）。

3. 神经网络能力

神经网络算力主要用于加速 AI 神经网络和机器学习密集型业务。近年来发布的 AI 芯片有华为的 NPU 和 Google 的 TPU。

度量单位：AI 芯片制造商通常使用自己的基准，处理能力通常与自己的算法配对。浮点算力（FLOPS）是一种常用的度量单位，因为具有高浮点算力的设备能够更好地处理高度并发的任务。

（二）算力规模分级

随着 AI 和 5G 的发展，各类智能业务不断涌现，需求呈现多样化。不同业务对算力的类型和规模需求各异。例如，非实时的 AI 训练业务，因数据量大且神经网络算法复杂，需要高计算和存储能力的设备。实时推理业务对网络延迟要求低，对算力要求低。

大型应用对算力的需求主要体现在浮点运算能力上，如AI和图形处理中的每秒浮点运算次数（FLOPS）。

现有业务中，超算应用和大型渲染业务的算力需求最高，达到P级；AI训练应用根据算法和数据不同，需求从T级到P级不等。AI推理服务大多部署在终端边缘，需求在数百G到T级之间。

根据算力的大小，将算力分为4个级别，以满足不同的算力需求，见表7.1-1。

表 7.1-1 算力分级

算力等级	浮点能力	典型场景
超大型算力	大于1PFLOPS，P级算力	大型模型训练
大型算力	10TFLOPS~1PFLOPS	机器学习训练
中型算力	500GFLOPS~10TFLOPS	安防识别等
小型算力	小于500GFLOPS	语言检测

（三）其他分类方法

浮点算力：用于AI和图形处理的每秒浮点运算次数（FLOPS）。

泛在算力：旨在通过复杂的模型函数机制，将广泛存在的、类型各异的算力资源巧妙地映射至一个统一、标准化的量纲维度之中。这一过程使得原本散乱无序的算力资源变得井然有序，构建了一个易于业务层理解与应用的算力资源池。

异构算力：异构算力是由不同类型计算资源（如CPU、GPU、NPU、FPGA等）提供的多样化计算能力，根据架构、指令集、优化方向的不同进行分类。

三 算力度量方法

算力度量体系包括对异构硬件芯片计算能力、算力节点综合能力和算力网络业务需求指标的度量。通过衡量计算设备在单位时间内处理数据量的指标，量化浮点计算、稠密矩阵计算、向量计算、并行计算。数据处理过程受到硬件、算法和数据提供方式等因素的影响。

（一）算力度量流程

算力度量可按照逻辑运算能力、并行计算能力和神经计算能力进行分类。此外，还可以依据应用场景、固定比例系数或指定计量单位进行度量。

1. 场景测算

对不同场景进行分析，分类计算不同规格的计算单元的算力值，以匹配实际算效。

2. 固定比例系数测算

使用固定比例系数来反映成本。

3. 特定计量单位

使用内核、虚拟机数、容器等作为计量单位。

最后，不同业务对算力资源需求不同，计算综合指标时需调整子指标权重。例如，AI算法对图像或视频的学习分析业务通常对并行计算资源要求较高，因此可增加并行计算能力指标的权重，减少通信、内存、存储能力指标的权重。

（二）基于 TBPU 的算力度量方法

根据《面向算力网络的算力建模与度量技术研究》中提出的基于TBPU（Task Basic Processing Unit）的算力度量方法，设某个算力区域内有 M 个节点，节点上有 N 个TBPU，某个TBPU执行时间是 $Runtime(n)$，TBPU的内存占用是 $Mem\_Size(n)$，内存访问速率是 $Mem\_Spd(n)$，外存占用是 $Stor\_Size(n)$，外存访问速率为 $Stor\_Spd(n)$，外存IO访问频次为 $Stor\_Iops(n)$，TBPU访问占用带宽为 $Com\_Spd(n)$，可以计算该区域所有节点对应的算力度量值。

内存容量占用为

$$MSize = \sum_{m=1}^{M} Node(m) \sum_{n=1}^{N} TBPU\_Mem\_Size(n) \qquad (7.1-1)$$

内存平均访问速率为

$$MSpd = \frac{1}{M} \sum_{m=1}^{M} Node(m) \frac{1}{N} \sum_{n=1}^{N} TBPU\_Men\_Spd(n) \qquad (7.1-2)$$

外存容量占用为

$$SSize = \sum_{m-1}^{M} Node(m) \sum_{n=1}^{N} TBPU\_Stor\_Size(n) \qquad (7.1-3)$$

外存平均访问速率为

$$SSpd = \frac{1}{M} \sum_{m-1}^{M} Node(m) \frac{1}{N} \sum_{n=1}^{N} TBPU\_Stor\_Spd(n) \qquad (7.1-4)$$

外存平均IO访问频次为

$$SIops = \frac{1}{M} \sum_{m-1}^{M} Node(m) \frac{1}{N} \sum_{n=1}^{N} TBPU\_Stor\_Iops(n) \qquad (7.1-5)$$

任务平均占用通信带宽为

$$CSpd = \frac{1}{M} \sum_{m-1}^{M} Node(m) \frac{1}{N} \sum_{n=1}^{N} TBPU\_Com\_Spd(n) \qquad (7.1-6)$$

任务平均执行时间为

$$T = 1000000 \frac{1}{M} \sum_{m-1}^{M} Node(m) \frac{1}{N} \sum_{n=1}^{N} Runtime(n) \qquad (7.1-7)$$

四 算力标识与网络标识

在算力网络中，算力标识扮演着全球统一且可验证的关键角色，它全面覆盖算力资源、函数、功能及应用等多个维度。用户凭借算力标识即可明确指示所需服务，而网络则通过解析这些标识，精准获取目标算力服务及其需求信息，为高效的算力调度奠定坚实基础。

为构建这一体系，首要任务是统一算力和网络的标识标准。鉴于算力标识的广泛适用性和重要性，系统节点普遍采用算力标识作为统一标识。在标识冲突场景中，算力标识享有最高优先级，确保它能顺利通过系统内部的各项验证环节，进而实现算力资源的灵活调用与交易。

五　算力度量服务系统

（一）服务架构

《面向算力网络的算力建模与度量技术研究》提出了一种算力度量服务架构，算力服务系统采用基于最小任务单元的算力方法，对算力区域内所有计算节点的TBPU信息进行监控和采集，对内存、外部存储、通信带宽、执行时间等关键指标进行综合评估，准确计量算力资源，支持算力的评估和交易。算力度量架构如图7.1-1所示。

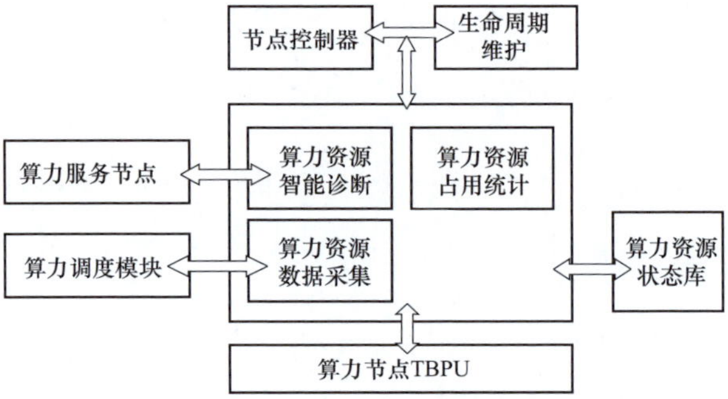

图 7.1-1　算力度量架构

1. 算力采集

统计区域内各算力节点的TBPU算力资源（计算、内存、外部存储、通信），并参考控制器上报节点的CPU、内存、外部存储、通信带宽资源和占用率，更新各节点的算力资源占用情况，对节点进行布尔（可用或不可用）标记。

2. 算力状态

内存数据库用于按节点统计区域内算力资源的状态。

3. 算力诊断

实时处理算力节点和调度模块的异常报表，定期查询节点的维护状态，更新算力资源状态库，并通知调度模块。根据诊断结果刷新算力资源状态并进行标记。

4. 算力调度

调度模块维护算力资源访问列表。当调度失败时，会阻塞并上报对应的算力节点，直到算力感知服务重新启用该节点。

5. 算力统计

监控区域内所有计算节点的 TBPU，统计综合业务占用的内存、外部存储、通信带宽和执行时间，获得算力资源指标，支持算力评估和交易。

（二）软件框架

算力度量服务系统软件框架如图 7.1-2 所示，主要模块包括算力调度监控模块、算力资源度量模块和算力供给模块。算力资源度量模块由算力资源智能诊断与更新、算力资源统计度量、节点数据库、算力资源数据采集等部分构成。

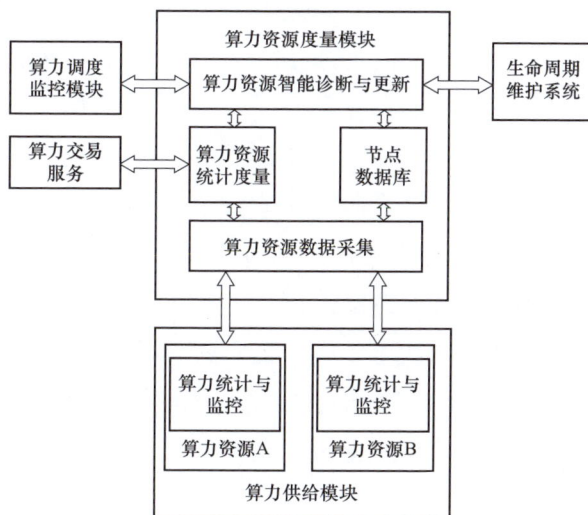

图 7.1-2　算力度量服务系统软件框架

1. 算力调度监控模块

该服务运行在算力调度系统中，负责上报算力节点在调度过程中的异常情况。

2. 算力资源度量模块

包含各种区域算力资源管理软件，实现区域内算力资源的管理和计量。内部组件包括：

（1）算力资源数据采集组件。

（2）算力资源统计度量组件。

（3）节点数据库。

（4）算力资源的智能诊断与更新组件。

3. 算力供给模块

该服务运行在算力供给端的主机系统上，主要功能包括：

（1）报告所有TBPU资源占用情况和算力节点个别异常情况。

（2）带外监控系统用于报告节点算力资源的健康信息，包括CPU、内存、物理和虚拟硬盘、网卡、RAID卡、电源、风扇、系统资源阈值和超限告警、整机功耗、CPU和内存占用等信息查询。

第二节　算力网络建模

算力资源的建模与统一度量是实现算力高效调度的关键基础。通过设计模型函数，不同类型算力资源被映射至统一维度，形成业务层易理解和使用的算力资源池，支持资源匹配和调度。

针对算力量化建模的挑战和算力网络协同服务的难题，研究通过优化计算、网络和存储指标，增强算力和网络基础设施建设的合理性。建立统一的模型描述语言，实现异构计算资源的标准化建模，并结合节点资源性能和算法算力需求，构建多维服务能力模型。

在建模过程中，主要解决了2大问题：一是采用统一度量单位归一化异构算力资源；二是在度量和建模时，需全面考虑计算设备的静态和剩余算力，同时评估存储对计算能力的影响及网络传输过程中的算力消耗。

一　建模方法

在算力建模的综合性过程中，首要任务是对异构物理资源进行系统化建模，这一步骤旨在将FPGA、GPU、CPU等多样化的物理资源整合到一个统一且标准化的资源描述模型中。紧接着，建模工作深入到计算、通信、存储等核心领域，针对这些领域的资源性能进行详细分析与建模，进而形成一套全面且连贯的资源性能指标体系。最后，通过构建资源性能指标与服务能力之间的映射关系，实现对服务能力的全面建模。这一过程不仅确保了服务能力的精准量化，还促进了算力资源的高效配置与灵活调度，最终为外部用户提供统一、标准化的算力服务能力模型，极大地提升了算力服务的可用性与用户体验。

（一）异构资源建模

对资源进行建模，屏蔽底层物理资源的异构性。建模过程需要考虑CPU、GPU、FPGA、ASIC等多维异构资源。

统一描述语言可以提供标准化资源描述，主要包括以下内容：

（1）名称：提供属性名称。

（2）符号：提供属性缩写，采用驼峰命名方式。

（3）类型：提供对应属性的类型。

（4）描述：提供针对属性的简要说明。

通过这样的标准化描述，能够有效地对异构资源进行统一建模，简化对外提供服务时的复杂性。

（二）资源性能建模

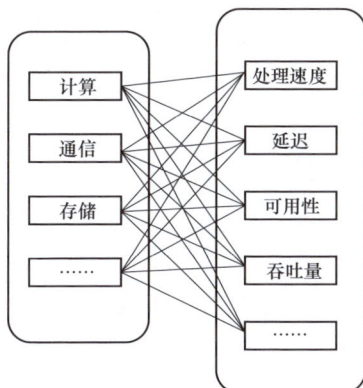

图 7.2-1　资源性能建模

资源性能建模如图 7.2-1 所示，从计算、通信、存储等方面对资源建模，构建统一的资源性能指标体系，从而统一标识不同算力设备在各个方面的性能。

二 建模过程

（一）计算能力建模

主流计算芯片的计算类型主要包括整数计算、浮点计算和哈希计算，因此从这 3 个方面对计算能力进行建模。

1. 整数计算率

（1）定义。整数计算率是指在 CPU 上运行整数数据运算基准的速率。

（2）应用场景。离散时间处理、数据压缩、搜索、排序算法、加密算法、解密算法等。

（3）建模指标。CPU 主频、核心数量、指令集架构等。

2. 浮点计算速率

（1）定义。浮点计算速率表示在 CPU 上运行浮点型数据运算基准程序的速率。

（2）基准测试。使用不同的基准测试程序反映节点的浮点计算性能。

（3）建模指标。FLOPS（每秒浮点运算次数）、支持的浮点运算标准（如 IEEE 754）等。

3. 哈希计算率

（1）定义。哈希计算率代表使用哈希函数的计算机在执行密集计算和密码学相关操作时的输出速度。

（2）应用场景。数据加密、数据完整性验证、密码学等。

（3）建模指标。每秒哈希计算次数（H/s）、支持的哈希算法种类（如 SHA-256、MD5）等。

在算力网络资源建模过程中，使用统一语言描述多维异构计算资源（如 CPU、GPU、FPGA），实现对异构资源的建模和度量。定义和描述每种计算资源的不同指标，如CPU的主频、核心数、内存大小等。

（二）通信能力建模

通信能力建模主要基于网络带宽。

1. 网络带宽
单位时间内发送和接收的最大数据量，代表节点的理论最大传输速度。

2. 建模指标
单位时间内的最大传输数据量（如Gbit/s）、节点间延迟、数据包丢失率等。

（三）内存能力建模

内存能力建模从内存容量和内存带宽2个方面进行。

1. 内存容量
（1）定义。节点随机存储器的总容量。

（2）建模指标。总内存容量（GB）、可用内存容量等。

2. 内存带宽
（1）定义。内存的数据读取和存储速度，决定了CPU和内存之间的数据交换速率。

（2）建模指标。持续内存带宽（MB/s或GB/s），反映系统中内存子系统的性能。

（四）存储容量建模

存储容量的建模从存储容量、存储带宽、每秒读写次数和响应时间4个方面进行。

1. 存储容量
存储容量指存储器二进制信息储存量。其单位通常为字节（Byte）、千字节（kB）、兆字节（MB）、吉字节（GB）等。

2. 存储带宽

存储带宽是度量存储设备数据传输速率的技术指标，决定了以存储设备为中心获取信息的传输速度。

3. 每秒读写次数

IOPS是每秒进行读写操作的次数，是算力节点单位时间内处理的最大I/O数量，即单位时间内能完成的随机小I/O个数。常用指标包括：

（1）随机读IOPS。在100%随机负载情况下，通过读取大量随机分布在存储器不同区域的文件，算力节点本地存储和并行存储随机读的IOPS。

（2）随机写IOPS。在100%随机写负载情况下，通过将大量文件写入存储器的不同区域，测量节点本地存储或系统并行存储随机写的IOPS。

（3）顺序读IOPS。在100%顺序读负载情况下，通过在存储器的连续区域读取大文件，测试节点本地存储或系统并行存储顺序读的IOPS。

（4）顺序写IOPS。在100%顺序写负载情况下，通过在存储器的连续区域写入大文件，测试节点本地存储或系统并行存储顺序写的IOPS。

（5）随机读写IOPS。在100%随机负载情况下，通过在存储器的不同区域同时执行文件的随机读取和写入操作，测试节点本地存储或系统并行存储随机读写速率。

4. 响应时间

响应时间是指从发出I/O请求到完成I/O操作所需的时间。可以测量在不同负载情况下的响应时间，包括轻量级负载（通常不超过10%负载）的最小响应时间和重量级负载（90%以上负载）下的响应时间。

平均响应时间：所有I/O操作的响应时间之和除以I/O操作的总数。

通过这些指标，可以全面地对存储能力进行建模，从而更好地评估和优化系统性能。

三　算力映射

在边缘云应用中，各类算力业务存在不同的需求，业务需要满足所有条件才能形成一个完整的算力需求集合。集合中的每个元素代表一项具体的算力需求。各个边缘云节点具备丰富的计算资源、通信资源、内存资源和存储资源。通过聚集边缘云节点的全部资源，形成一个资源集合，集合中的每个元素代表一项节点资源。

算力映射的目的是利用算网融合中的特定节点资源来支持算力业务的实现，需要在算力需求集合和资源集合的元素之间建立对应关系。《多样化业务需求与全维网络能力的映射》一文中提出了一种算力映射方法，具体内容如下：

（一）算力映射三要素

（1）原象（Domain）：算力业务的需求元素。

（2）象（Codomain）：边缘云节点的资源元素。

（3）映射法则（Mapping Rule）：原象和象之间关系的生成原则。

映射法则的产生包括映射形式和映射机制2个部分，映射过程中原象与象的数目包括一对一、多对一、一对多、多对多4种映射形式。映射机制解决如何将原象和象所代表的算力需求元素与资源元素进行合理的对应，即特定的算力需求与哪些节点资源相对应。

（二）算力需求与资源的映射步骤

基于算力映射三要素，算力需求与资源的映射包括原象的生成、象的生成和映射法则的生成。

1. 原象的生成

基于业务场景，分析需求，将复杂的业务需求拆分为具有不同子功能的原子服务，并使用该集合正式标识算力需求。

2. 象的生成

边缘云节点的资源随着算力业务执行的变化而变化，计算资源处于不断变化中。通过定制化节点资源，提供实时算力资源状态，通过算力综合评估等方式，获得边缘云动态节点资源，并利用集合标识这些资源。

3. 映射法则的生成

算力需求与资源的映射法则是构建二者之间的关联关系，保证节点资源支持算力业务实现，满足算力需求。在获得算力需求和边缘云节点资源的基础上，映射法则生成过程如下。

（1）分析算力需求。将节点资源集合中选择合适的资源支持算力需求，形成相应的资源组合。

（2）计算需求指标。针对多种能够满足算力需求的网络能力集合，分别计算当前网络状态下采用每种资源集合可以获得的对应算力需求指标，例如时延、能耗、优先级等。

（3）计算匹配度。利用算力需求指标计算算力需求与节点资源的匹配度，即获得的算力需求指标与要求的算力需求指标之间的差距。

（4）选择最佳资源集合。对比多个网络能力集合的匹配度，选择匹配度最高的资源集合来完成资源分配，按需提供网络服务并进行服务部署。

通过上述过程，算力需求与资源的映射可以高效完成，确保边缘云应用中的各类算力业务得到最佳支持。这种映射方法既可以满足算力业务的特定需求，也可以充分利用边缘云节点的资源，提高系统整体的效率和灵活性。

四 服务建模技术

《面向算力网络的算力建模与度量技术研究》中提出了一种双面四层算力服务建模技术，该体系能够准确描述算力网络的节点服务能力。双方包括业务方和控制方。业务端保障各种业务的算力服务需求，控制端侧重于算力资源的管理和调整。

这四层包括算力设施层模型、算力服务层模型、算力抽象层和算力业务层模型。算力设施层模型综合衡量硬件设施、基础软件系统和基础算力的性能，涵盖算力、通信容量、内存和存储容量等多个维度。算力服务层模型从网络操作系统、算力抽象支持层和业务运行环境层3个层面为算力服务的提供和创新提供支持。算力业务层模型通过业务拆分和任务的基本处理单元管理，满足复杂业务的计算需求。两面四层算力服务模型如图7.2-2所示。

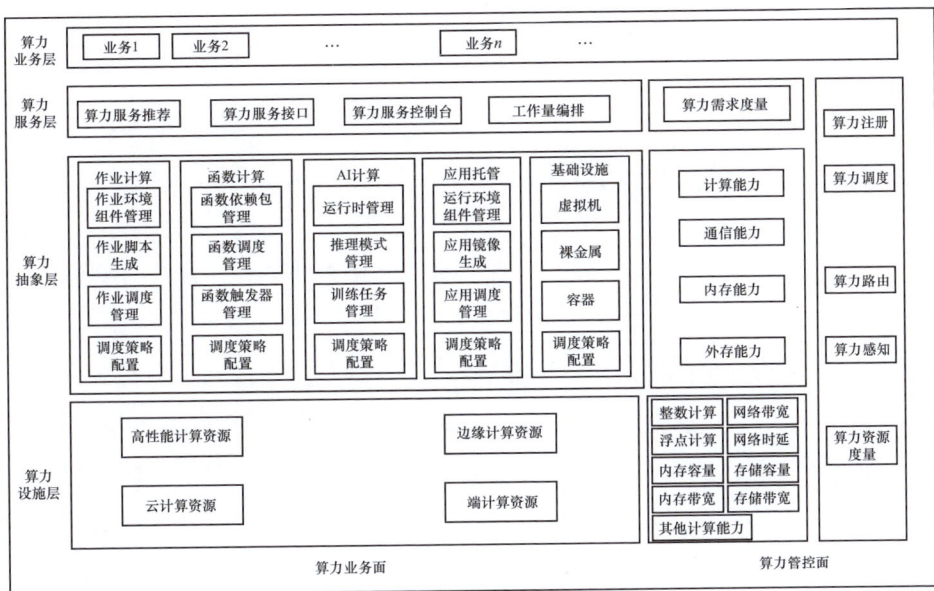

图 7.2-2　两面四层算力服务模型

算力业务层：业务1　业务2　…　业务n　…

算力服务层：算力服务推荐　算力服务接口　算力服务控制台　工作量编排　算力需求度量　算力注册

算力抽象层：

作业计算：作业环境组件管理　作业脚本生成　作业调度管理　调度策略配置

函数计算：函数依赖包管理　函数调度管理　函数触发器管理　调度策略配置

AI计算：运行时管理　推理模式管理　训练任务管理　调度策略配置

应用托管：运行环境组件管理　应用镜像生成　应用调度管理　调度策略配置

基础设施：虚拟机　裸金属　容器　调度策略配置

计算能力　通信能力　内存能力　外存能力

算力调度　算力路由　算力感知

算力设施层：

高性能计算资源　边缘计算资源　云计算资源　端计算资源

整数计算　网络带宽　浮点计算　网络时延　内存容量　存储容量　内存带宽　存储带宽　其他计算能力

算力资源度量

算力业务面　　算力管控面

（一）算力设施层模型

算力设施层模型包括硬件设施、基本软件系统以及它们所支持的基本算力。该模型从多个维度对设施层的性能进行度量和建模，以确保整个算力系统的性能能够得到准确地评估和优化。

在算力建模方面，该模型综合考虑了通用算力、机器学习和神经网络算力、并行推理和训练能力、区块链和矿机的哈希计算能力。同时，也注重对音频、视频、图像编解码器等个性化算力的测量。这些指标共同用于综合评估节点或计算集群的算力。

通信能力建模的重点是网络带宽、延迟和协议支持。网络带宽决定了节点间数据传输的速度，而时延反映了网络中数据传输的效率。协议支持根据不同应用场景的需求提供相应的通信协议支持，保证高效的数据传输和处理。

内存和存储容量建模是算力设施层模型的重要组成部分。存储能力从存储容量和存储带宽2个方面进行建模，以反映系统中存储子系统的性能。存储能力从存储容量、存储带宽和IOPS 3个方面进行建模，综合评估存储设备的性能和数据传输能力。

（二）算力服务层模型

算力服务层主要由网络操作系统、算力抽象支持层和业务运行环境支持层组成。

（1）网络操作系统是分布式网络应用的基本操作平台。

（2）算力服务支持层包括分布式存储、分布式计算、容器、虚拟机等。

（3）业务运行时环境支持层是连接到网络的算力服务提供商提供的运行时支持软件环境，如BaaS平台、FaaS平台或其他技术演进产生的创新平台。

（三）算力抽象层模型

算力抽象层负责对底层算力资源（如计算设备、存储设备、网络设备等）进行抽象和封装，为上层应用和业务提供统一、灵活的算力服务。

（四）算力业务层模型

算力业务层负责承载各种综合的算力服务。通过采用基于最小业务单元的建模方法，将业务逐步划分为更细粒度的计算任务，并映射到不同的计算节点上执行。

例如，综合服务k划分为L个子服务，子服务又划分为m个技术领域任务。根据计算特点，将技术领域任务划分为n个计算任务，根据节点的算力资源，将计算任务划分为w个TBPU。TBPU是最小的任务处理单元，由资源配置和代码包2部分组成。它具有内存、外部存储、通信带宽和完成时间等需求配置。它以软件模块的形式独立运行，支持重复调用和资源释放。

TBPU可在多种操作环境下工作，具有自统计和执行能力，为实现算力交易和服务提供基础支撑。通过分步业务拆分和TBPU管理，可以有效提高算力资源利用效率，满足复杂业务的分布式计算需求。

任务基本处理单元配置和度量方式见表7.2-1。

表7.2-1　　　　　　　　任务基本处理单元配置和度量方式

TBPU 配置	度量单位
Name	
Runtime	ms/Long
Mem	MB
	MB/s
Stor	MB
	MB/s
Com	MB/s
Func	
Handle	
init	
init_timeout	

五　典型场景

在算力网络建模场景中，主要归类为3种类型，涵盖了异构资源建模、资源性能建模和服务能力建模。这些模型和框架有助于理解和优化算力系统的各个方面，从而提供统一的算力服务能力。

（一）异构资源建模

对现有的FPGA、GPU、CPU等计算模块进行建模是为了有效地利用它们的异构计算资源，并在服务提供时屏蔽其底层物理资源的异构性。这种建模过程需要考虑到各种不同类型计算设备的特性和能力，包括 CPU、GPU、FPGA、ASIC 等多维异构资源。

（二）资源性能建模

对资源性能进行建模是为了统一标识不同算力设备在计算、通信、存储等方面的性能特征，从而提供可度量的资源性能指标。

（三）服务能力建模

算力服务能力建模实现对外提供统一的算力服务能力模型，通过建立服务能力指标与资源性能之间的映射机制来实现。

算力定义范式：算力 = 指令复杂度 × 并行度 × 处理器数 × 利用率

算力指数框架按算力规模划分，从保障资源利用率的角度，可分为基础算力、智能算力、超算算力。

标准化算力度量模型可通过不同的方法来评估和比较各种算力资源的能力，这些方法包括按照场景方式测算、按照固定比例系数测算和使用特定的计量单位测算。每种方法都有其适用的场景和优缺点。

1. 按照场景方式测算

（1）方法描述。场景方式测算通过对不同使用场景中所需的计算资源进行具体分析和测算。每种场景可能需要不同规格的计算单元，因此需要对每种计算单元进行算力分析和评估。这种方法确保了计算单元的算力值与实际应用场景的算效最为匹配。

（2）优点。

1）客观性和准确性。能够针对具体的使用场景进行精确的算力评估，反映实际需求。

2）精细化的匹配。确保计算单元的性能与实际应用需求相符，提高了算力资源利用的精度。

（3）缺点。

1）复杂度。每种场景需要单独进行算力拆解和评估，增加了计算和管理的复杂度。

2）成本。需要大量的数据和时间来分析和建模各种不同的使用场景，成本较高。

2. 按照固定比例系数测算

（1）方法描述。固定比例系数测算是根据一定的尺度系数估计不同计算能力之间的关系。固定比例系数通常根据建设成本或其他经济指标来定义，以快速估计计算资源的能力。

（2）优点。

1）简单。无须详细的计算单元拆解，简化了算力资源的路由和交易过程。

2）效率。快速获取算力能力，适用于快速决策和资源分配。

（3）缺点。

1）场景倾向性。比例系数设置不合理，导致准确性下降。

2）误差增大。由于不考虑具体场景的差异，可能导致算力值与实际应用效果之间的误差增大。

3. 选择特定计量单位测算

（1）方法描述。特定计量单位测算选择简单的计量单位来描述和评估算力资源，如内核数、虚拟机数或容器数等。这种方法直接将资源的数量作为评估标准，忽略了具体的性能细节。

（2）优点。

1）简单直观。计算和理解简单，便于快速对比和决策。

2）适用性广泛。可以应用于不同类型的计算资源，通用性强。

（3）缺点。

1）精度较低。由于计量单位较为粗略，算力值的精确性和实际算效之间的差距可能较大。

2）适用性局限。不适合需要精细度评估的场景，可能无法满足特定需求的精确性要求。

第三节 算力网络资源感知

一 算力网络感知诞生的背景

（一）传统网络面临的困境

随着社会数智化转型不断深入，算力规模出现爆发式的增长，算力供给方式向集群生态转变，促进了算力和网络的深度融合发展。

在信息技术的发展过程中，传统网络面临以下困境。

1.数据总量高速增长

随着全球数据总量的持续增长，预计到2025年，数据总量将达到163ZB，并以年复合增长率约20%继续增长。这种数据增长来自全球各地，特别是亚太、美洲和欧洲地区。这种大规模数据的增长对算力网络提出了巨大的挑战，要求网络能够处理和传输这些海量数据，同时保证数据安全和隐私。

2.计算资源不断增加

全球数据中心和智能终端的计算资源都在快速增长。预计到2025年，全球物联网设备数量将超过400亿台，产生的数据量接近80ZB。全球算力规模将超过50%的速度增长，到2025年预计将达到3300EFlops。特别是人工智能和边缘计算等新型算力需求的增加，使得传统的数据中心和终端设备的增长模式面临着挑战。

3.摩尔定律达到极限

摩尔定律逐渐达到物理极限使得单芯片的性能提升面临困难，这对传统数据中心和智能终端的集约化算力增长提出了限制。随着芯片制造技术进步放缓，算力增长将更多地依赖于算法优化和系统架构的创新。

4.中心化云计算无法满足服务需求

传统的中心化云计算模式已经不能满足某些应用场景，例如智慧安防和自动驾驶等对低时延、大带宽、低传输成本的需求。这些场景要求算力能够更加靠近数据产生地，从而实现更高效的数据处理和响应速度。

（二）现有网络架构存在的问题

从网络角度来看，边缘计算场景中，单个算力节点资源有限，计算节点之间缺乏感知，无法共同工作。这种情况下，难以为计算任务设计最佳的调度方案，无法充分发挥边缘计算的服务能力。

从业务需求角度来看，现有业务的应用层和网络层分离，应用层无法及时准确地获取网络的实时状态。以应用层为主导的调度方案通常不是最优的，导致网络负载不均衡，业务无法优化地分配到最适合的边缘节点，影响业务的实际体验质量。

此外，现有网络架构主要以应用层为中心，利用DNS技术进行寻址，没有考虑网络状态和目标节点计算能力的变化。目标节点负载过高时，用户体验明显下降。

（三）算力网络发展趋势

1. 业务需求感知

算力网络面向计算类业务的发展趋势，根据业务需求和网络状态，灵活匹配和动态调度计算资源，优化计算需求，提升用户体验。这种需求驱使网络连接从传统的私有网络向能够感知用户业务需求、建立按需连接的开放网络发展。这也是未来云网技术的重要演进方向。

2. 实时状态获取

算力网络通过实时获取网络中计算节点的运行状态和节点间的通信情况，提升了对业务的理解、编排、调度和预测能力。因此，感知能力成为算力网络实现智能编排调度、实时数据处理和故障快速转移的重要基础。

3. 云边端三层架构

为了满足现场级业务的计算需求，算力网络的计算能力将进一步下沉，实现以物联网设备为主的计算架构。未来发展"云边端"三重异构计算部署方案是一种趋势，云端负责复杂计算，边端负责简单计算，终端感知交互，在普适计算框架中形成统一协调。

相关研究成果显示，将计算任务部署在边缘后端可以显著节省计算、存储和网络成本，预计节省率30%以上。随着5G网络建设，边缘处理能力将会在未来几年迅速增长。5G网络的高带宽和低时延推动算力从终端和云向边缘扩展。

目前，三大运营商和网络设备供应商都提出了各自的算力网络感知解决方案。例如，华为提出了一种基于分布式系统的新架构——算力感知网络（CAN），旨在实现用户体验最优化、资源利用率最大化以及网络效率的优化。

二 算力状态感知机制

（一）现有算力状态感知方案

1. 算力感知网络

《算力感知网络的状态管理机制研究与实现》中提出了一种算力状态感知机制，该机制涵盖了算力状态信息的注册更新、获取和通告3个主要方面。

在算力网络中，通过将网络状态与算力状态信息相结合，实现对算力路由节点和计算服务节点的统一管控，以便实现灵活的算力调度，满足不同业务需求的差异化要求。算力感知网络与传统网络的主要区别在于，算力路由节点能够通过网络通告计算服务节点的算力状态信息，并结合网络状态信息，为客户端提供个性化的资源分配策略，从而优化全网资源利用率，提高服务效率。

2.基于分布式的算力网络

为了适应新兴应用场景对网络的需求，业界提出了基于分布式的算力网络架构。分布式算力感知网络具有感知算力和网络状态，并在全网范围内扩散状态信息的能力。在这种架构中，当算力节点向就近的网络节点通告其算力状态后，各网络节点将这些信息扩散至相邻网络节点，最终形成能够反映全网中所有算力节点分布情况和状态信息的算力拓扑。

（二）架构方案

1. 集中式方案与分布式方案

在架构选择方面，集中式方案通过控制平面与数据平面的分离，实现全局算力网络资源视图，并利用软件定义网络（SDN）技术来进行全局统一算力编排和调度。这种方案通过中心化管理系统进行状态同步，同步成本相对较低，适用于大规模网络。

相比之下，分布式架构方案通过相邻路由节点之间的交互实现算力状态信息的同步，在路由层面完成计算任务的转发。这种方案由于依赖分布式路由协议，因此对现有网络设备的升级要求较高，但具有高实时性和快速数据面调度转发的优点，特别适用于时延敏感的业务场景。

2. Overlay 方案和 Underlay 方案

算力网络技术方案可分为 Overlay 方案和 Underlay 方案 2 类。Overlay 方案不需要修改底层网络协议，在应用层实现算力状态采集和目标节点选择，通过现有网络进行计算任务的传输。相比之下，Underlay 方案需要在网络层进行协议修改，增加算力状态信息在网络层进行算力网络状态的扩散和管理。

选择合适的技术方案取决于具体的业务需求和现有网络基础设施的特点。Overlay 方案简单易部署，适用于快速试点和小规模应用，但在大规模和高效率要求下可能面临性能瓶颈。而 Underlay 方案能够更深度地集成算力和网络，提供更高的性能和效率，但需要更多的网络基础设施支持和升级投入。

（三）研究现状

目前，中国电信在算力路由技术方向的前期研究主要集中在集中式方案上，并正在推动分布式方案的研究，同时计划在集中式和分布式方案成熟后探索混合式方案。在算力网络落地试点阶段，建议采用集中式方案进行可行性验证。实验室验证和小规模试点可以考虑采用分布式方案，以便在实际环境中评估其性能和可靠性。在商用部署阶段，可以考虑采用混合式方案，结合集中式和分布式技术优势，以满足不同规模和业务需求的需求。

（四）算力网络感知接口

现有的算力网络感知架构中，算力网络资源感知与发布的实现主要在算力网络控制层。算力网络控制层主要功能如图7.3-1所示。

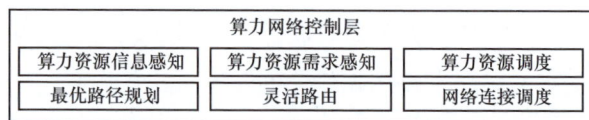

图 7.3-1　算力网络控制层主要功能

算力网络的控制层和各个模块之间通过不同接口实现感知信息的传递和管理，以实现对算力资源和用户业务需求的综合调度和管理。

1. 算力网络服务层与算力网络控制层接口

（1）用途。用于感知和处理用户的业务需求和算力交易。

（2）功能。接收和处理用户发起的业务请求，将业务需求传递给算力网络控制层，进行算力资源的调度和分配，确保业务按需执行和完成。

2. 算力网络资源层与算力网络控制层接口

（1）用途。用于算力资源的感知、传输控制和状态管理。

（2）功能。传递和管理算力节点的资源信息，包括计算资源、存储资源和网络资源的当前状态和可用性。算力网络控制层通过这些接口获取实时的资源信息，用于动态调整和优化算力资源的分配和利用。

3. 算力网络控制层与算力网络编排管理层接口

（1）用途。用于算力资源的编排、管理和优化。

（2）功能。通过接口与算力网络编排管理层交互，实现对算力资源的动态编排和管理。这包括将算力资源信息与服务或功能的映射关系进行对应，确保服务或功能得到足够的算力、存储和网络资源支持。同时，通过接口传递服务或功能对算力、存储和网络资源的具体需求信息，帮助编排管理层进行资源的有效分配和调度。

通过以上接口的有效设计和使用，算力网络能够实现对用户业务需求和算力资源的综合感知与管理，从而达到灵活、高效地调度计算任务到合适的算力节点，同时将计算结果有效地发布到算力网络服务层，提升整体的服务质量和效率。

（五）算力感知网络主要功能

1. 算力描述

在算力描述方面，算力指的是设备在处理信息数据量时的能力。以个人计算机为例，不同配置的设备会导致用户体验的显著差异，这主要取决于中央处理器（CPU）、内存等硬件组件的性能差异。高配置的个人计算机拥有更强大的算力，能够支持更加消耗内存的3D图形和影音类软件。相反，低配置的计算机由于算力不足，在运行高配置软件时通常会出现体验效果差和卡顿现象。

2. 算力状态注册与更新

算力状态信息指计算服务节点的CPU使用率和内存使用率，通过对计算服务节点的算力的建模以及测量，可以得到计算服务节点的算力信息。算力状态注册与更新如图7.3-2所示。

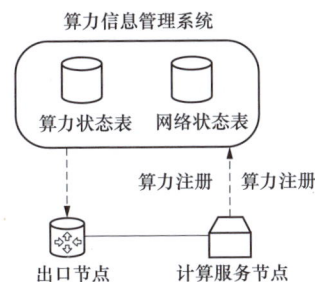

图 7.3-2　算力状态注册与更新

3. 算力状态信息获取

《算力感知网络的状态管理机制研究与实现》还提出了一种算力状态获

取方法。文中提出，算力状态信息的获取可以采用RESTful风格实现，这种接口设计风格基于客户/服务器架构，确保客户端与服务端的分离，通过统一接口进行连接。RESTful架构遵循统一接口原则，通过相同接口定义对不同的资源进行访问。因为RESTful接口使用标准的HTTP方法，如GET、POST等，每种方法都有其特定的语义，确保操作的一致性和可预测性。RESTful接口方法见表7.3-1。RESTful接口具备安全性和幂等性的特性。幂等性表示对资源的多次操作产生的效果是相同的，即使操作被重复执行，结果也是一致的，例如GET和PUT。安全性表示不会对服务器状态做出改变，不会修改资源，例如GET和HEAD请求都是安全的。

表 7.3-1   RESTful 接口方法

方法	作用
GET	获取资源
POST	更新资源
PUT	更新资源
DELETF	删除资源

基于客户端/服务器（C/S）模式，算力信息获取模块与边缘算力管理系统建立TCP连接。算力信息获取模块通过GET方法向边缘算力管理系统发送Request消息，系统收到后进行解析处理，并向算力信息获取模块发送相应的Response消息。算力信息获取模块解析收到的Response消息后获得Egress对应的计算服务节点算力状态数据信息。算力状态信息获取模块使用GET请求指定EgressIP的URI访问算力管理系统，以获取指定EgressIP对应的计算服务节点算力状态信息，包括SID、CPU使用率及内存使用状态。接口采用REST API，算力状态感知模块通过GET命令获取与EgressIP对应的所有计算服务节点的算力状态信息，获取到的算力状态信息格式为JSON。

将获取的算力状态信息进行处理，得到算力状态信息表。算力状态信息表见表7.3-2。算力状态表给出某一时刻各个计算服务节点的CPU使用率、内存使用率以及通告序列号等信息。

表 7.3-2 算力状态信息表

Service ID	Egress IP	CPU（%）	MEM（%）	Preference
10.10.10.1	8.8.8.8	50	10	65535
10.10.10.1	9.9.9.9	50	10	65534
10.10.10.2	10.10.10.10	0.00	0.00	65533

4.算力状态的通告

算力管理系统下发服务注册信息给算力路由节点，更新计算负载信息，再由该节点对其他节点进行算力状态的通告，最终使每个算力路由节点都包含算力状态信息。

算力路由节点之间建立对等体关系。一旦与计算服务节点相连的算力路由出口节点获取到算力状态信息，它会将这些信息向对等体节点扩散和通告。网络中的其他算力路由节点接收到这些算力状态信息后，会继续向它们直接相连的算力路由节点进行进一步的通告，以确保网络中所有路由器都能获取到计算服务节点的最新算力状态信息。在这个过程中，算力路由出口节点会定时检测计算服务节点的当前状态，并实时更新本地的算力状态信息表。

三　网络状态感知机制

网络状态感知需要通过网络测量来获得实时的网络状态。网络状态指算力路由入口节点到算力路由出口节点路径上的网络延迟、抖动、丢包率等信息，网络状态探测由算力感知网络的控制平面负责。算力路由入口节点维护自己到各个算力路由出口节点路径上的 ICMP 数据包。ICMP 数据包中包含网络状态信息，包括入口节点 IP 地址、出口节点 IP 地址、时延、抖动、丢包率。Ingress 定时向其他 Egress 发送 ICMP 回送请求报文，并将最新探测到的 ICMP 数据包的时延、丢包信息更新到网络状态表中。

《算力感知网络的状态管理机制研究与实现》中提出了网络性能的计算方法。设 S_k 到 S_{k+N-1} 为某一对算力路由入口节点与算力路由出口节点维护的

最新的 N 个ICMP数据包信息，d_i 是第 i 个ICMP数据包的延迟，J_i 是 d_{i+1} 减 d_i 得到的时延差值，m 是ICMP数据包丢包的数量。网络性能指标计算方法为：

平均时延 $Delay$

$$Delay = \frac{1}{N} \sum_{i=k}^{k+N-1} (d_i) \qquad (7.3-1)$$

时延差值 J_k

$$J_k = d_{k+1} - d_k \qquad (7.3-2)$$

平均时延差值 $\overline{J}$

$$\overline{J} = \frac{1}{N-1} \sum_{i=k}^{k+N-2} (d_{i+1} - d_i) \qquad (7.3-3)$$

时延抖动 $Jitter$

$$Jitter = \sqrt[2]{\frac{1}{N} \sum_{i=k}^{k+N-2} \left(J_i - \overline{J}\right)^2} \qquad (7.3-4)$$

丢包率 $Loss$

$$Loss = \frac{m}{N} \times 100\% \qquad (7.3-5)$$

四 应用状态感知机制

　　传统算力网络关注计算任务所需的CPU、内存和网络等资源，但新兴服务对网络的要求日益提高，现有部署难以满足这些需求。例如，传统的集中式部署模式难以满足对低延迟要求的应用程序。为了解决这一问题，计算和存储资源被分散部署在各地，以提供服务，尤其是在网络边缘更好地处理附近用户的需求，增强了提供差异化网络和计算服务的可能性。为了充分发挥算力网络的价值，网络需要了解应用程序的要求，以将流量引导到能够满足这些需求的网络路径。

　　为了解决网络无法感知应用所带来的运营痛点，如低网络利用率和缺乏精细化运营服务的问题，应用感知网络（Application-aware IPv6 Networking，APN6）应运而生。应用感知网络（APN6）能够桥接应用程序和网络，适应边缘服务需求，从而充分释放边缘算力的优势。

应用感知技术将应用标识和对网络性能的需求带入IPv6/SRv6报文的可编程空间，使网络能够感知应用需求，提供服务质量保证。利用IPv6封装，实现应用和网络的无缝融合，提供丰富的应用信息。

APN6体系结构（应用于IPv6/SRv6数据平面的APN）通过使用IPv6报文头和扩展报文头传递应用感知的信息到网络，网络根据这些信息执行服务供应、流量控制和SLA保障。IETF文档"APN6 Framework"定义了APN6的网络框架。

APN6网络架构如图7.3-3所示，架构包括应用程序、网络边缘设备、应用感知处理头节点、应用感知处理中间节点、应用感知处理尾节点。

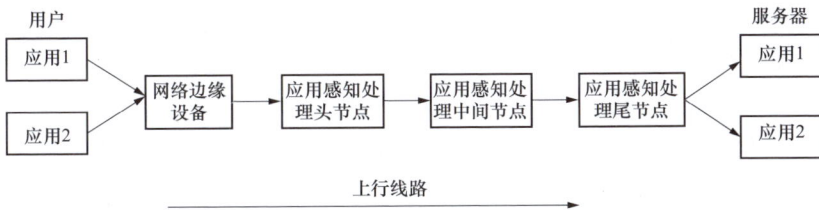

图 7.3-3　APN6 网络架构

应用程序通过网络边缘设备向网络发送算力请求。网络边缘设备利用IPv6扩展头将业务类型信息和业务需求传递给网络。这些信息经过应用感知处理头节点和中间节点进一步处理，最终由应用感知处理尾节点传递给应用服务器。应用服务器根据业务的部署和资源调度来满足业务的需求。

总体来看，APN6技术有效地连接了算力资源和网络，使得网络能够将流量导向能够满足业务要求的路径，从而充分发挥边缘计算的优势。

五　算力信息路由机制

算力路由层通过协同网络状态和算力状态信息，实现业务灵活按需调度到不同的计算服务节点。客户端节点通过应用接口向服务节点发出服务请求，其中业务类型使用任播地址标识。算力路由节点根据各个服务节点的资源接口获取网络和算力状态信息，进行服务的调度和路由寻址。请求经过多个节点的路由最终到达目标服务节点，通过目标服务节点的服务接口完成具体的计算服务。算力路由架构图如图7.3-4所示。

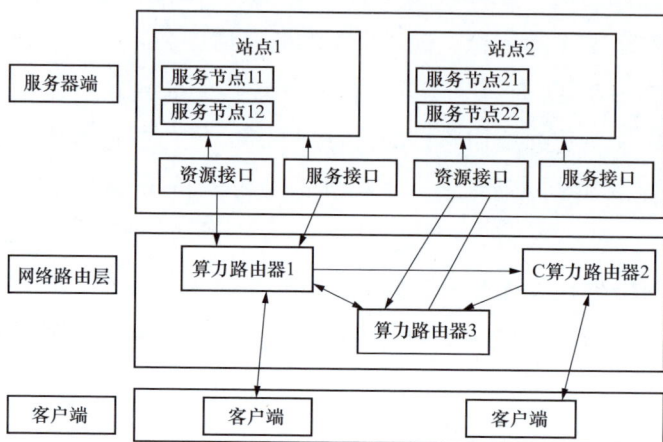

图 7.3-4　算力路由架构图

（一）算力网络节点种类

依据不同角色与功能，将节点分为以下3种。

1. 客户端节点

客户端节点作为服务请求的发起者，可以利用任播地址（ANYCAST）标识多个网络边缘上提供特定服务的服务节点，即服务ID（SID）。客户端节点使用SID发起计算服务请求。在边缘计算场景中，计算服务在注册时根据服务类型分配唯一的SID，算力管理系统负责计算服务注册信息的分发与更新。

2. 算力路由节点

算力路由节点是算力感知网络的基础内部网元，主要功能包括算力状态和网络状态信息的通告、算力路由寻址与转发等。网络中的算力路由节点包括算力路由入口节点（Ingress Node）和算力路由出口节点（Egress Node）。算力路由入口节点连接客户端节点，负责服务的调度与路由寻址；算力路由出口节点连接计算服务节点，负责查询服务状态。

3. 计算服务节点

计算服务节点处于网络边缘，负责提供具体的计算服务。算力路由入口节点根据算力通告信息生成路由信息表，包括计算服务的位置信息和服务状态信息。当收到客户端发来的计算请求首包时，入口节点基于算力路由表确定目标路由节点，并建立转发表，最终将请求转发到目标计算服务节点提供服务。

（二）算力信息路由架构方案

根据不同的网络基础设施与架构，算力路由技术可分为集中式控制方案和分布式控制方案。

1.集中式架构方案

算力网络的集中式架构方案使用集中式控制器来管理全网算力资源、网络资源。算力节点将算力节点信息汇报给集中式控制中心。控制中心获取到全网算力节点的位置、资源和服务等信息后，使用特定的算法生成全网的算力拓扑图。同时，用户向集中式控制单元发送业务需求，控制单元进行资源选择和分配。

集中式架构如图7.3-5所示，包括控制平面和数据平面，其中控制平面主要完成以下3项工作。

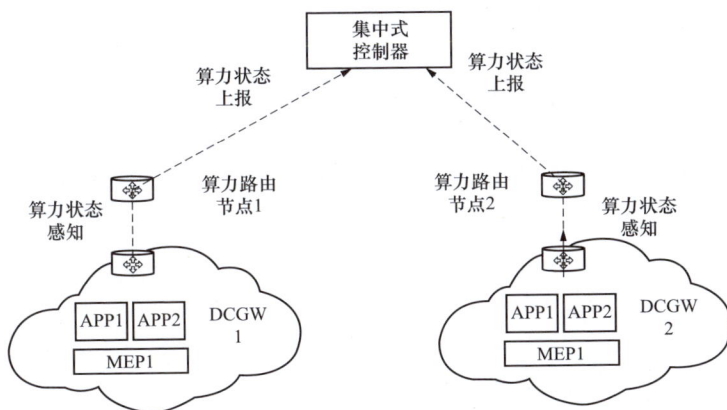

图 7.3-5 集中式架构

（1）算力发布。计算服务节点将其算力资源上传到SDN控制器，控制器据此建立和维护算力状态表，而所有路由器则向控制器发送包含RIB的报文，控制器据此建立和维护网络状态表。

（2）算力更新。计算服务节点的算力状态更新时，直接向控制器发送更新报文，控制器更新算力状态表；网络状态发生变化时，相关路由器向控制器发送更新报文，控制器更新网络状态表。

（3）路由决策。客户端节点发起服务调用请求后，向控制器发送请求报文，其中包含服务属性。控制器综合考虑算力状态、网络状态和服务属性，使用路由算法生成路由项并下发。集中式控制方案的数据平面主要负责数据转发工作，路由器根据下发的路由项进行匹配和转发。

集中式控制方案的数据平面实现数据转发的工作，相关路由器根据下发的路由项完成匹配与转发。

2.分布式架构方案

为了满足新兴应用场景对网络的需求，出现了基于分布式的算力感知网络。分布式算力感知网络具有感知算力状态和网络状态的特性。具体来说，算力节点将算力信息通告给就近的网络节点，然后各网络节点将连接的算力信息传播给邻近的网络节点，从而实现全网扩散。最终，各网络节点生成能够反映网络中所有算力节点分布和状态信息的算力拓扑。

分布式架构如图7.3-6所示。

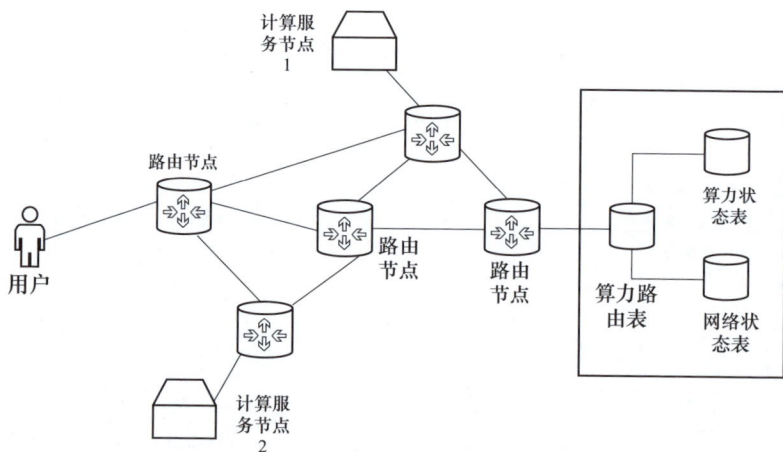

图 7.3-6　分布式架构

基于分布式控制方案的整体架构，包括控制平面和数据平面。控制平面的主要功能如下。

（1）算力发现。计算服务节点将自身的量化算力资源发送给最近的路由器，路由器将这些算力状态通告出去。每个路由器在接收到算力信息后，建立并维护算力状态表。

（2）算力更新。当计算服务节点的算力分布发生变化时，接入核心网的边缘路由器会通告算力更新报文，以更新算力状态表。

（3）路由决策。当客户端节点发出服务调度请求时，边缘路由器测量网络状态并查阅算力状态表。综合考虑服务属性（如服务优先级、服务类型、流黏性需求等），控制平面根据路由算法生成路由信息项并下发转发表。

分布式控制方案的数据平面主要负责实现数据转发工作，相关路由器通过匹配转发表中的表项完成应用数据流量的转发。

（三）算力信息路由工作流程

1.算力信息路由控制平面

算力感知网络的控制平面主要感知和通告计算服务节点的状态信息，维护包含算力性能和网络性能数据的服务状态信息表。

控制平面流程图如图7.3-7所示，展示了算力感知网络控制平面算力发现和更新流程。边缘算力管理系统向算力路由节点下发服务注册信息，更新计算负载信息并通告算力状态。算力路由节点将这些信息传播到其他节点，从而使每个算力路由节点都能包含网络中其他节点的状态信息。

在服务分派过程中，算力路由节点通过综合考虑计算性能和网络性能选择合适的边缘节点（即算力路由出口节点）。出口节点需要了解请求的服务ID（SID）绑定的IP地址（BIP），BIP是特定服务节点的单播地址，用于访问该服务。

算力路由节点之间需要互相通告相关计算节点的网络状态信息和支持的服务信息，每个算力路由节点根据获取的计算资源信息，通过自定义的路由策略算法，在本地生成服务状态信息表，以控制后续业务报文的转发。

随着各个计算节点的算力性能变化，算力路由节点需要向算力感知网络发布新的算力状态通告，以实现动态的服务调度，帮助用户获取最佳的计算资源。

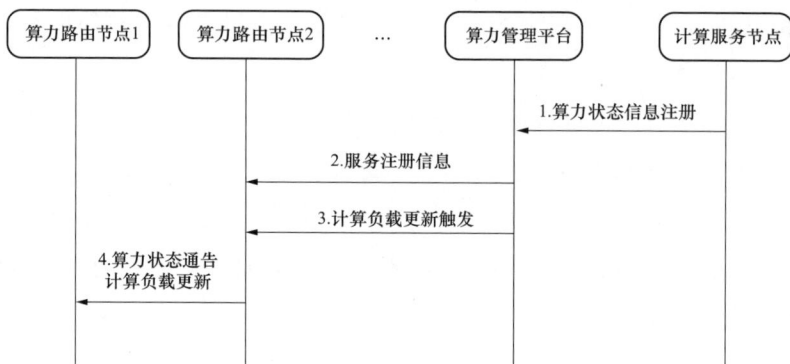

图 7.3-7　控制平面流程图

　　状态信息获取模块从边缘算力管理系统获取服务节点算力状态信息，生成或更新本地算力状态信息表。算力状态信息获取流程图如图 7.3-8 所示。

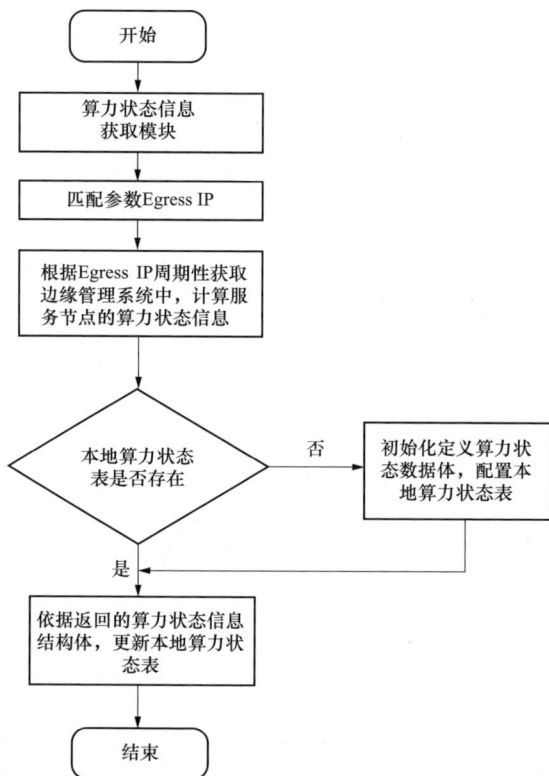

图 7.3-8　算力状态信息获取流程图

　　控制平面网络状态更新流程图如图 7.3-9 所示，描述了算力感知网络控制平面网络状态更新流程。

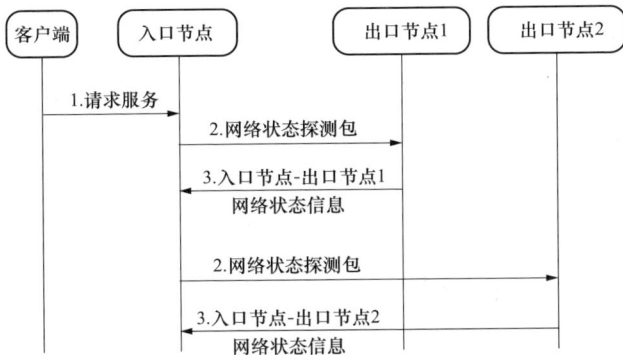

图 7.3-9　控制平面网络状态更新流程图

网络状态信息获取流程图如图7.3-10所示。

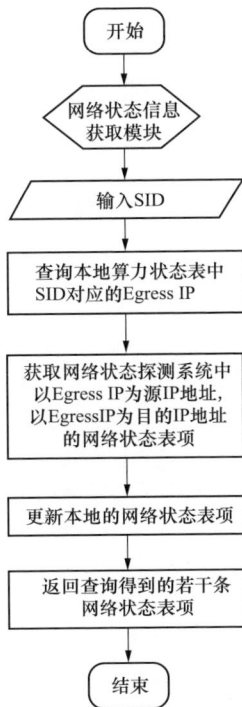

图 7.3-10　网络状态信息获取流程图

2.算力信息路由数据平面

数据平面工作流程图如图7.3-11所示，数据平面将计算任务分配给不同的计算服务节点进行处理。

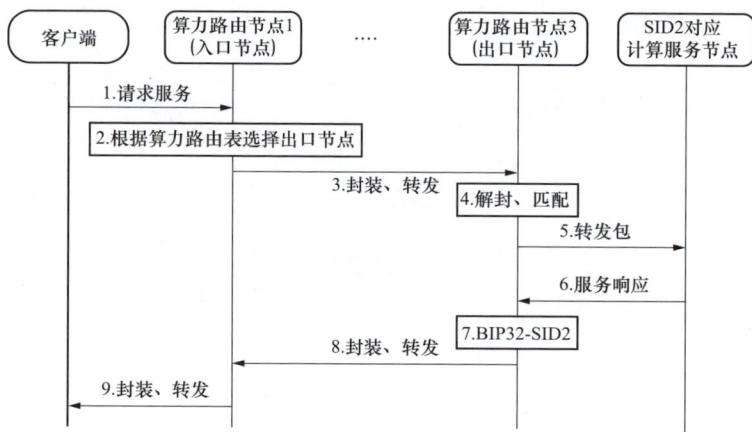

图 7.3-11　数据平面工作流程图

算力节点通告各自信息至邻近网络节点后，各网络节点将其连接的算力节点信息依次通告至邻近网络节点，最终各网络节点生成能够反映全网算力节点分布、运行状态信息的全局算力拓扑图。算力网络分布式方案基于分布式路由协议实现算力路由控制和转发，该分布式路由协议包含计算信息、网络信息等多个维度的信息。计算优先网络（Compute First Network，CFN）是算力网络分布式方案的一种具体实践。

六　其他关键技术

（一）动态业务任播（Dyncast）

动态业务任播是基于动态的计算状态和网络状态将业务请求路由到等效的服务实例，服务FIB生成流程如图7.3-12所示。动态任播使用五元组表示，服务FIB示例：二元组、五元组见表7.3-3。

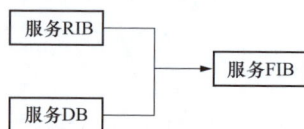

图 7.3-12　服务 FIB 生成流程图

表 7.3-3　　　　　　服务 FIB 示例：二元组、五元组

二元组			
SEC_IP	SERV_ID	Egress	Age
10.10.10.1	65535	R2	xx

五元组						
SRC_IP	SRC_PORT	SERV_ID	SERV_PORT	PROTOCAL	Egress	Age
10.10.10.2	2093	65535	8080	TCP	R1	xx

　　CFN 在接收到首个服务报文后，采用随路查询来提高实时性。入口节点收到用户发送的首个报文后，复制原始报文并发送 OAM 报文给多个出口节点。出口节点收到后根据本地信息应答入口节点，并继续转发原始报文到服务节点。入口节点根据出口节点返回的信息确定目标节点，建立转发流表，并使用目标路由节点的算力资源为用户提供服务。

（二）流粘性保持

　　如果业务量需要保持在同一服务节点，则需要保证流粘性，否则会出现断流、丢包和流量混乱问题。服务首先向 CFN 提交流粘性需求，生成并写入数据表并在 CFN 网络内传播。新流到达时，根据其访问的服务 IP 和端口等信息查询流粘性数据表，生成转发表条目。计算优先网络根据服务属性建立路径信息表，记录会话路径信息，确保同一条会话的报文流向同一服务节点。边缘设备的大规模接入增加了对计算节点建立大量会话流表的需求，导致成本激增。可以让客户端记录基于服务 ID 的转发流表，并在后续报文中同时携带服务 ID 和服务节点 IP。

（三）确定性算力网络

　　根据《确定性算力网络研究》一文，确定性算力网络通过实现确定的通信服务质量来保证实时数据传输。核心技术包括时钟同步、频率同步、调度整形、资源预留等，以实现确定性时延；优先级划分、抖动消减、缓冲吸收

等方法，以实现确定性抖动和分组丢失率；网络切片、边缘计算等技术，以实现确定性带宽；多路复用、包复制与消除、冗余备份等技术，以提供高可靠性。

确定性网络技术包括TSN和DetNet等。TSN用于数据链路层，通过业务优先级划分和时钟同步等机制，为具有确定性需求的流量提供实时传输保证。DetNet在第二层桥接和第三层路由段上实现确定的传输路径，以提供确定性时延上界。

算力任务调度需要考虑算力和网络状态，通过加权计算，实现算力调度策略。如果网络状况不好，但计算节点算力充足，会选择次优算力节点，增加传输和处理时延。因此需要提供低时延和高可靠性的任务传输，对目标算力节点的处理时延提供保障。

确定性算力网络管控平面如图7.3-13所示，确定性算力网络感知模块位于管控平面，主要实现算力服务感知、算力资源感知、网络资源感知，构建算力网络状态信息库。

算力服务感知	算力资源感知	算力资源预留	算力任务调度
网络资源感知	网络路径规划	网络时延控制	网络资源预留

图 7.3-13　确定性算力网络管控平面

第四节　算力网络服务

算力网络作为万物互联的基础，将会对传统网络进行颠覆性变革。

对于个人客户，算力网络应提供高质量的服务，不仅提供渲染和存储服务，还保证用户端到云的极佳网络体验。

对于行业用户，算力网络提供实时处理，实现闭环应用，满足金融市场、车联网、智能安防等领域对低时延的网络要求。

对于联网服务提供商，算力网络提供完成选址、租用机架、优化用户体验等服务。用户通过购买算力网络服务，实现云手机、云计算机等多种形式的云终端配置。

算力网络服务是一个综合性的服务体系，它不仅包括建立算力服务合约和生成计费管理策略，还涉及由统一的算力计费管理中心进行全面的管理。这一服务涵盖了满足算力需求者的资源供给，同时也为算力提供者提供了一个发布和分享其闲置算力资源的平台。类似于金融中介的角色，算力网络有效地解决了网络中算力资源供需无法灵活匹配的问题。

为了提升交易的实时性和可靠性，算力网络引入了区块链账本和可信计算等先进技术。这些技术的应用确保了交易的透明度和安全性，使得算力资源的交易更加高效和可信。

此外，通过可拓展的区块链技术和容器化编排技术，算力网络能够整合零散的算力贡献者资源，将这些资源有效地整合起来，为算力使用者和其他参与方提供经济高效、去中心化、实时便捷的算力服务。这一整合过程不仅优化了算力资源的分配和利用，还降低了算力使用的成本，提高了整体的服务质量。

《算力网络一体化支撑方案及应用场景探索》《夯实云网融合，迈向算网一体》等文献中均提出了算网服务解决方案。

一　算力网络服务层

算力网络服务层作为算力网络的核心组成部分，负责将算力提供方的各类算力资源按需分配给算力消费方。这一服务层涵盖了算力提供方的资源接入功能，能够对算力消费方的资源需求以及各类业务和应用场景需求进行深入解析。通过这一解析过程，算力网络服务层能够为算力使用方精准匹配最佳的资源，确保算力资源的高效利用和业务的顺畅运行。

算力网络服务层如图7.4-1所示。

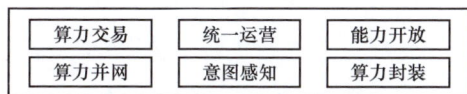

算力交易	统一运营	能力开放
算力并网	意图感知	算力封装

图 7.4-1　算力网络服务层

算力网络服务层实现了以下功能。

（1）服务运营门户。提供产品和交易服务。

（2）合作伙伴管理门户。提供对合作伙伴的管理。

（3）可信算力交易平台。通过区块链技术，实现对异构算力设备的整合。这些设备包括各类服务器集群、企业服务器以及个人闲置PC等。平台为算力使用者提供经济高效的算力服务。

（4）算力服务合约。服务提供商和用户双方就算力服务质量达成协议。这些合约通常被保存在用户签约数据库，如HSS/AAA/UDM等模块中。

（5）算力计费管理。需要具备多维度、多量纲的算力服务计费功能，比如按照API调用次数的计费，按照资源使用情况计费，或者根据用户等级计费等。同时算力计费管理中心可以与现有的网络计费中心合设，通过扩展和增强现有的计费相关接口和协议支持算力计费功能，提供算力网络一体的新型算力系统。

针对未来网络计算融合的发展趋势，算力感知网络能够实现资源的最优调度，需要这种算网融合的新型计费方案，不仅是对网络资源的要求，也包含计算、存储等多种需求。同时可以基于服务等级协议（SLA）进行算网融合精细化计费，满足未来行业用户多样化的网络和计算资源的需求。

二 算力网络服务参与方

算力网络服务主要参与主体有以下几类。

（1）算力提供方。提供算力资源的单位或个人，算力资源包括小型终端、大型云节点和超算中心等。提供方包括电信运营商、云服务商、企业和个人。

（2）网络运营方。提供连接服务的运营商。其利用网络资源将用户和算力资源连接在一起，并且可以根据用户的需求提供不同等级的连接服务。

（3）算力消费方。消费算力资源、网络资源的单位或个人根据各自业务情况，在成本、性能及安全性等方面提出不同的要求。

（4）算力网络交易平台。让算力提供方和算力消费方进行交易的平台。交易可以是公开的，消费方知道是谁提供的算力资源，也可以是匿名的，消费方不知道提供方身份，由平台负责交易可靠性和计算安全性。此外，平台不仅进行算力资源的交易，还根据位置和业务需求同时完成网络资源的交易。

（5）算力网络控制方。算力网络控制方收集算力信息和网络信息，并将信息提供给算力网络交易平台，帮助算力消费方选择合适的算力资源，分配算力节点和网络路径。

（6）算力应用类商店、AI赋能平台等。既可以为算力消费方提供基础的算力应用，也可以为算力提供方提供基于AI的辅助运营等功能。

根据《CPN：一种计算/网络资源联合优化方案探讨》，算力资源交易的基本流程如下。

（1）算力消费方提出业务诉求。算力消费方提出具体的业务需求，包括站点位置、算力资源要求、连接服务要求等。

（2）管理面受理需求。管理面处理用户的需求，生成业务模型，如网络带宽、算力种类、算力规模等需求，进行业务感知。

（3）算力路由控制面收集信息。算力路由控制面采集算力节点的状态信息，并通知管理面，完成算力感知。

（4）生成算力网络资源视图。交易平台根据消费者的需要，生成资源视图。

（5）选择套餐服务。消费者根据算力网络资源视图选择服务，签署交易合约。

（6）调度算力资源。算力网络交易平台根据合约，调度算力资源，部署算力服务，建立网络连接。

（7）跟踪资源占用情况。算力网络交易平台持续跟踪，确保服务按照合约约定进行。

（8）释放资源。服务结束后，算力网络交易平台释放资源。

算力交易流程如图7.4-2所示。

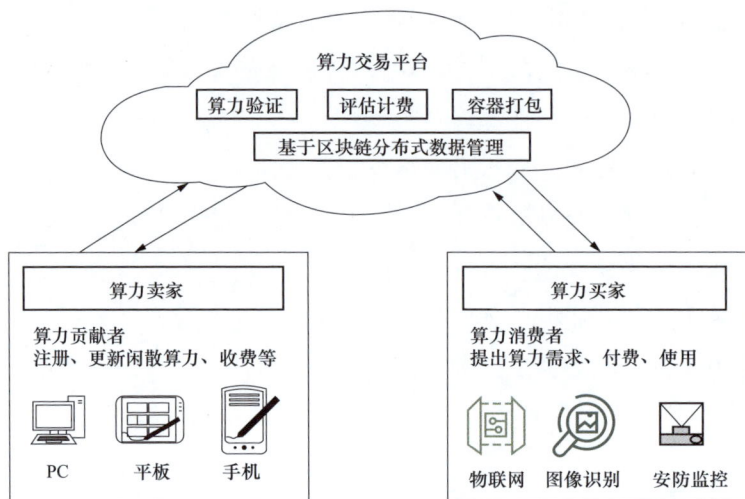

图 7.4-2　算力交易流程图

四　算力网络交易平台

（一）诞生背景

　　算力资源的普及与浪费问题已成为当前社会关注的焦点。随着芯片技术的不断进步，算力资源已经渗透到生活的方方面面，从小型设备如手机和便携式计算机，到大型设施如超级计算机和数据中心，无所不在。然而，尽管算力资源日益丰富，但利用率却普遍较低，大量算力终端长时间处于闲置状态，这不仅对家庭和企业构成经济损失，也浪费了宝贵的社会资源。

　　为了应对这一挑战，建立一种新型的算力网络交易平台显得尤为迫切。这样的平台能够汇聚各方闲置的算力资源，使其能够在网络上进行高效交易，从而减少资源浪费，提升经济效益。无论是传统的云计算平台、新兴的边缘计算平台，还是企业闲置的服务器和个人计算机，都有可能成为算力提供方，为消费方提供多样化的选择。

　　算力资源的度量并非单一维度，而是涉及计算速度、能耗等多个方面。因此，算力资源呈现多维分布的特点，且当前的算力基础设施建设往往是多方共建的结果。为了解决这些复杂问题，算力网络需要借鉴电力交易平台的模式，建立类似的算力交易平台，作为供给方和消费方之间的桥梁。这样的平台将为消费方提供一站式服务，简化算力资源和网络资源的获取过程。

在算力交易过程中，需要平衡供给方、消费方和运营方的需求。供给方关注如何变现闲置算力，消费方则关注如何按需获取所需算力，而运营方则关注如何聚合更多算力以满足市场需求。针对这些问题构建的算力交易平台应能够高效满足供需双方的需求，促进算力生态的健康发展。

具体而言，算力交易平台应包括可信的算力交易平台、算力供需适配平台和算力分发平台。这些平台将利用去中心化的分布式和可信的区块链技术，为供求双方提供公开、透明的算力数据和服务，促进区域间算力供需的适配和数据市场的形成，并通过聚合大量算力资源形成可持续扩展的算力资源池。

对于企业用户和科研机构来说，算力交易平台将提供高质量的算力服务，降低进入大规模计算行业的门槛，并优化资源配置，缩短研发周期。对于各地区来说，算力交易平台可以通过资源整合和传输实现全国范围内的算力调度和创新生态网络的形成。

"东数西算"工程的全面启动为我国新型算力网络体系的构建提供了坚实基础。为推动算力交易平台的发展，行业主管部门需要确定算力资源度量的标准和体系，规范算力资源的交互并实施监管。地方政府部门可以根据度量标准按需购买或出售算力资源。算力资源提供方需要明确划分各合作单位的算力资源占比。而各行业应用者则可以通过出售或租借闲置算力资源来充分利用其效能。

综上所述，多方共同合作打造算力交易平台、构建算力系统生态网络、提高算力基础设施的利用率并实现全国范围内的算力可调度和可交换是满足各方需求的关键。在商业模式上，结合区块链等技术构建交易平台并形成多对多匿名交易模式将是未来的发展方向。

（二）系统架构

算力网络交易平台架构如图7.4-3所示。

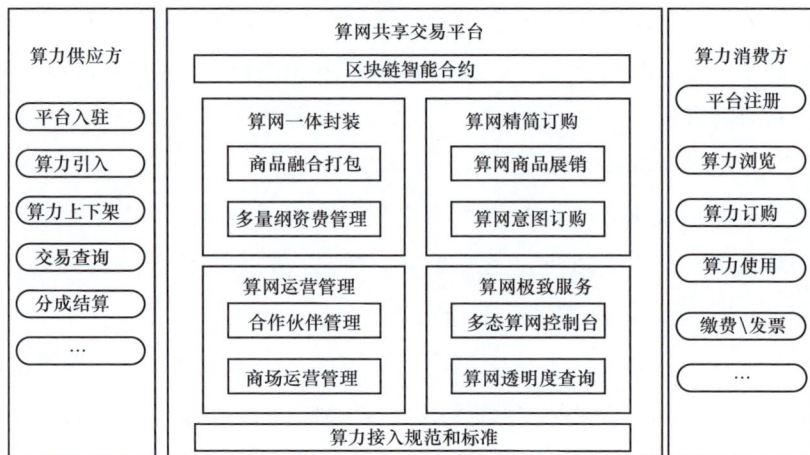

图 7.4-3　算力网络交易平台架构图

算力网络交易平台的主要模块功能如下。

（1）算力网络一体封装模块。提供算力网络相关产品及商品的设计能力，支持多量纲资费设计。

（2）算力网络订购模块。展示算力网络产品页面，供用户浏览和选购产品。

（3）算力网络运营管理模块。管理合作伙伴，包括准入、企业信息管理、安全验证等，以及商城的运营管理。

（4）算力网络服务模块。提供算力网络服务的工作台，支持用户进行业务追加订购、退订等自主操作。

（三）主要功能

算力交易平台负责资源信息的整合报价、算力网络交易和提供消费账单，其功能分为3类。

第一类是资源信息整合。交易平台从控制面获得算力信息、网络信息，并根据资源成本制定合理定价。算力交易平台需要建立算力交易的消费方账号、供应商账号、管理员账号等账户信息，提供应用市场、资源视图、需求分析、业务指令、交易流程管理、交易视图、交易监控等功能。

第二类是费用账单输出。包括 2 方面：一是根据算力消费方占用的算力资源、网络资源等信息，给出算力消费方所需支付的账单；二是根据资源占用情况，为算力提供方和网络运营方分别输出资源出租收入明细。

算力交易平台需要支持多种计费方式。

（1）多维度、多量纲的算力服务计费功能。例如，按照 API 调用次数、资源使用情况或用户等级进行计费。

（2）算力和网络融合的计费方式，网络节点从算节点获取算力计费信息后，向计费节点发送计费请求（可采用 Radius 协议报文等方式），该请求中包含算力和网络计费信息，用于指示计费节点进行计费。例如，可在 Radius 报文属性字段携带算力计费信息，包含使用初始值和结束值、算力资源使用量或计费信息。算力资源需包含服务等级协议指标、用户信息、业务信息等。

（3）基于服务等级协议的算力网络融合精细化计费方式，SLA 业务信息包括用户设备标识、服务标识、SLA 等级和使用标记、增值功能信息等。认证计费节点获取用户的 SLA 业务信息并确定 SLA 业务策略，发送至服务节点并接收认证请求，该请求中携带 SLA 业务信息。

第三类是执行算力网络交易流程。

（四）交易模式

1. 可信算力交易平台

算力网络的服务依托于区块链技术。在传统交易模式中，算力消费方和提供方的信息不透明，算力未来有望作为一种公开和透明的服务能力提供给用户。在算力交易过程中，算力消费方和提供方是分离的，通过可拓展的区块链结算和容器化编排技术，可以整合算力卖家的零散算力，为算力提供方和其他参与方提供经济、高效、"去中心化"、实时便捷的算力服务。然而，目前区块链与算力交易的结合技术仍在探索阶段，面向个人客户、企业客户、政府客户等应用场景的服务模式还不清晰，需要更多的思考和验证。

2. 多元化平台交易模式

对于电信运营商而言，算力时代的通信网络正经历着从端、边、云等向一体化网络的深刻演进，这一趋势对网络运营管理提出了更高的要求，同时也预示着现有的算力服务和商业模式将面临重大变革，产业价值链也将迎来重构和升级的新机遇。算力网络作为电信运营商对外提供服务的新型网络技术设施，其核心在于基于自有及第三方的算力资源，通过高效的算力网络交易平台来满足多方客户的多样化需求。

然而，电信运营商在算力整合方面仍面临诸多考验，云网融合向算网融合的逐步递进也任重道远。为实现算力资源的高效整合和优化配置，电信运营商需要积极探索和创新，加强与其他产业伙伴的合作与协同，共同推动算力网络的发展和应用，以更好地适应市场变化和客户需求，为产业价值链的重构和升级贡献重要力量。

3. 算力供需对接平台

搭建东西部算力供需对接平台，对于优化我国东中西部算力资源的协同发展具有重要意义。这一平台有助于形成一个自由流通、按需配置、有效共享的数据要素市场，推动我国算力基础设施的高效利用和持续发展。

以中国信息通信研究院的"算力大平台"为例，该平台具备多维度信息采集、监测和供需对接能力，有效指引低碳高质算力基础设施的发展，并为"东数西算"工程及全国算力调度提供精确有效的网络测量体系支撑。同时，平台还具备数据中心网络需求协同对接能力，使得算力供需双方能够更加便捷地进行对接和交流，实现算力资源的按需配置和有效共享，为算力产业的持续发展和创新升级提供有力支持。

4. 算力互联网

算力互联网是计算中心之间串联形成的计算网络，它以网络为载体，接入并聚合全国计算中心的海量物理核心资源，形成一个持续扩展的算力池。这一创新模式能够实现海量算力资源的统一调度和按需配比，满足各行业的需求。同时，算力互联网涉及计算体系的各个环节，对于打造系统创新生态网络、推动各节点联动以及促进计算产业自身发展都具有重要价值。

五 算力网络服务支撑技术

（一）微服务技术

算力网络服务层需承载各类计算服务及应用，微服务架构是实现服务分解和调度的有效方式。大型应用程序可分解为多个微服务，每个微服务可能使用不同的技术栈，因此需将这些环境整合为一个复杂的体系结构进行管理。微服务架构依赖于容器技术，该技术能将操作系统资源划分到孤立的组中，以平衡资源使用需求。通过业务和功能拆分，服务可被分解成多个细粒度的微服务，各服务之间相互解耦，便于使用容器技术进行管理和部署。

除了微服务架构，Serverless架构也逐渐受到开发人员的青睐。Serverless是一种按需提供后端服务的方法，允许用户编写和部署代码，无须关心底层基础结构。公司根据计算费用从Serverless供应商处获得后端服务，无须保留和支付固定数量的带宽或服务器。Serverless被认为是FaaS与BaaS的结合，其中BaaS提供各种后端云服务，如云数据库、对象存储、消息队列等。当后端云服务组件来自不同提供商时，采用算力感知路由技术选择最佳提供者，可有效减少服务响应时间，提高用户体验。

（二）任播技术

传统集中式算力服务平台需收集所有算力节点状态信息与服务请求者算力需求信息，资源消耗较大。分布式的算力请求任播技术在一定程度上解决了这个问题。根据《确定性算力网络研究》，基于路由协议的任播技术的基本工作流程大致如下。

（1）算力面向算力路由同步其算力服务状态，包括可用性、负载等信息。

（2）控制面收集上述信息，并向相邻路由通告该信息，更新相应路由表项；当算力服务或算力节点信息改变时，管理面进行算力网络联合编排，更新路由表和算力服务部署。

（3）用户发出算力服务请求，目的地址为SID，源地址为用户IP地址；入口算力路由收到用户算力服务请求，源IP地址修改为该算力路由IP地址，目的IP地址修改为出口算力路由，并通过查找路由表转发至下一跳。

（4）出口算力路由通过查找本地SID与BIP绑定信息，确认最终算力服务节点，并执行相应计算任务。对于需流粘性保持的数据流，入口算力路由借助SRv6技术将后续数据包发送至绑定的出口算力路由。

六 服务场景

（一）智能驾驶场景

在智能驾驶场景中，单车智能存在感知范围受限、制造成本高昂、时空同步困难、环境突变或恶劣天气情况下感知稳健性差等问题。为了解决这些问题，智能驾驶未来将更多采用基于蜂窝车联网的智能驾驶方案，依靠车路协同技术，确保实时精准感知、高可靠传输、低时延处理。在车路协同场景下，智能驾驶对时延和算力均有较高要求。

《确定性算力网络研究》中提出，确定性算力网络作为智能驾驶的底层技术，基于统一的确定性算力网络感知、规划调度、编排管理机制，将车辆、路侧感知的数据以及车辆的运行轨迹实时传回最优边缘计算节点，进行实时高效的计算处理、分析决策，然后将计算结果低时延、高可靠地传回智能驾驶车辆，实现车辆智能控制。

确定性算力网络为智能驾驶提供了低时延、高可靠的网络传输和实时计算，满足智能驾驶场景的实时性、确定性和高可靠的技术要求，未来在智能驾驶领域会得到进一步发展。

（二）智能制造场景

随着制造业向智能化改造和数字化转型的推进，企业生产系统正逐渐呈现出现场少人化、无人化的趋势。与此同时，工业控制系统也逐步向集中式云化部署的方向发展，这使得远程控制处理生产现场的工序操作成为可能，进一步保障了生产安全。智能制造的集中式云化部署还让大型企业能够在更大范围内实现总部与多基地之间的生产要素调配和优化，从而达到降本增效的目的。

根据《确定性算力网络研究》，针对工业控制系统向广域化、云化发展的趋势，确定性算力网络发挥着关键作用。它能够为下一代工业控制系统提供实时的算力和传输保障。例如，通过将工厂控制系统以云服务的形式部署在云端，并将感知设备采集的信息以超低时延、超高可靠性的方式传输至边缘算力节点，进行快速识别和决策，然后将控制指令迅速反馈给终端设备以执行相应的动作行为。

（三）新媒体场景

在新媒体场景中，业务主要面向个人用户，涵盖互联网移动端创新应用、超高清视频、视频直播等多种形式。这些业务普遍面临网络时延敏感、带宽要求较高以及内容热度高的挑战。

为了快速支撑新媒体的场景需求，可以利用算网大脑的算网感知、雷达搜索、编排调度能力，对云边端算力资源以及第三方能力进行分配、调度和开通。具体实践上，通过在边缘云部署形象渲染服务，并结合5G带宽低时延的特性，终端设备能够在边缘云端完成虚拟3D形象的渲染。这一方案不仅降低了终端设备的计算开销和手机硬件配置门槛，还缩短了传输时延，满足了主播业务对虚拟形象实时预览的需求。

（四）云游戏场景

云游戏作为一种基于云计算的游戏方式，所有游戏主体均在服务器端运行。服务器负责渲染游戏画面，并将其压缩后通过网络传送给用户。在手机移动端，用户的游戏设备无须高端处理器和显卡，只需具备基本的视频解压能力即可。

《算力网络一体化支撑方案及应用场景探索》中提出，针对云游戏算网场景，算网大脑可以发挥关键作用。它利用算力封装、业务意图匹配、算力解耦、算力调度、自动开通以及一体化运维的能力，为游戏公司提供售前、售中、售后的一站式服务。这有助于游戏公司实现云游戏的快速部署和试用，进而使游戏行业能够高效、低成本地获得云游戏能力。

（五）工业视觉检测场景

针对企业生产过程中人的不安全行为、物的不安全状态和环境的不安全因素，企业需要一套视频采集、实时监测、综合分析、超前预警的一体化安全工业视觉检测解决方案来提升企业生产本质安全水平和安全监管效率。

具体场景实施中，具备以下几方面。

（1）工业园区的生产子区部署安全生产监控高清摄像头，采集生产过程中的高清视频，并通过5G园区切片回传到园区视频库。

（2）工业园区的控制区通过5G专线每天定期将园区视频库的海量视频传输汇总至集团算力池。

（3）集团算力池利用AI算力快速生成安全生产识别算法；地市算力池通过SPN专线获取集团算力池生成的安全生产识别算法，形成实时视频的行为判断能力。

（4）实时海量视频由本地算力识别判断是否有非安全行为发生。

工业视觉检测场景利用算网大脑的算力封装、算网感知、算力解耦、算力调度、自动开通的能力，实现工业视觉检测的算力资源调度开通，满足企业安全生产的需求。

七　服务安全

算力网络具备全局智能调度和优化算力资源的能力，可以促进算力流动，满足业务随需使用算力的需求。在该网络中，计算业务被分解到不同节点，而算力交易则需汇聚这些节点的计算信息。《算力网络安全架构与数据安全治理技术》提出，为了保障交易安全，需要建立有效的安全运营机制，这主要包括安全监控、安全交易与审计两个方面。安全监控负责对业务交易及相关过程进行实时监控，而安全交易与审计则负责对交易进行归档和事后审计。

考虑到算力网络中节点分散部署的特点，可以利用区块链的去中心化技术来监控和审计分布的算力资源和算力交易，从而实现分布式算力的安全统一运营。借助区块链的智能合约和多方共识技术，算力网络能够实现交易的审计溯源。

此外，算力网络中的多节点协作机制可以同步算力交易各环节的信息，确保算力交易数据可信且不可篡改。这有助于提升跨区域算力交易数据的可信水平，并形成"多方共治一体化"的运行模式。该模式能够协助运营者进行算力交易的监控与审计，进一步保障算力网络的安全稳定运行。

第五节　算力网络仿真工具

网络仿真演算技术通过对网络配置、资源和转发层面进行建模，构建出与现网行为高度接近的虚拟网络。在虚拟网络上，它使用形式化数学方法快速验证网络是否能提供承诺的SLA，这包括连通性、隔离性、必经路径、转发黑洞、策略一致性、时延和丢包等多个方面。

网络仿真的核心价值在于验证，它涵盖在线配置仿真验证、离线配置仿真验证和事后验收等多个环节。验证过程以现网配置、拓扑和资源信息为输入，通过网络建模和形式化验证算法，对剩余网络资源、连通性关系、用户意图执行效果进行仿真评估，从而验证预期效果，分析变更对原有业务的影响，并持续验证业务意图的满足情况，以保障客户网络的可靠性。

SDN控制器从NOX到企业级控制器经历了多个发展阶段，功能逐渐完善。其发展路线主要分为开源路线和商业控制器路线，其中开源路线的代表有ODL、ONOS，商业控制器路线的代表有Orion。NOX是首款OpenFlow控制器，采用OpenFlow协议进行管控，由Nicira Networks公司研发并于2008年开源发布。然而，由于其使用C++语言编写，SDN应用开发成本较高，逐渐在竞争中失去优势。其后续版本POX改为Python开发，但在架构和性能上存在缺陷，最终被新兴控制器取代。

随着设备厂商加入SDN控制器市场竞争，对SDN控制器提出了更高要求。在此背景下，由多家设备厂商联合主导的开源SDN控制器OpenDaylight（ODL）应运而生。ODL支持多种南向协议，如OpenFlow、Netconf、OVSDB等，这标志着SDN进入了一个新时期。控制器实现了从仅支持单一协议向支持多种南向协议的演进，部署形式也由单体应用转化为分布式平台。

经过几年的发展，SDN控制器市场的竞争日趋激烈。ODL社区凭借设备厂商的支持，成为了开源控制器的领导者。而ONOS则凭借其优秀的性能在运营商市场取得了一定的份额。同时，闭源框架也在竞争中不断发展，如2013年Google推出的ONIX控制器就将宽带利用率提升到了接近100%。

随着更多业务上云，尤其是大规模数据中心的发展，对控制器的要求越来越高。SDN控制器开始与云管平台整合运行，并结合AI技术、意图网络等内容向智能化和便利性方向发展。ODL、ONOS等开源平台逐渐聚焦智能化运维，而Google的新一代控制器Orion则全面应用了微服务架构和调和理念，采用大规模分布式部署方案，实现了大规模生产网络的控制与管理。

目前，开源社区中活跃的控制器包括OpenDayLight、ONOS、Ryu、POX等，而闭源控制器的代表则有Orion、HP的VAN、Cisco的DNA Center等。

一　算力网络仿真工具

（一）Mininet

Mininet是一种能在普通电脑上快速建立大规模SDN原型系统的网络仿真工具。它由虚拟的终端节点、OpenFlow交换机和控制器组成。目前，Mininet已被用作各版本OpenFlow协议的官方演示和测试平台。

1. 技术特点

Mininet基于Linux Container的内核虚拟化技术开发。Network namespace机制允许每个namespace拥有独立的网络设备、网络协议栈和端口等功能。Mininet通过这种机制在一台电脑上创建多台虚拟主机。

Mininet建立的网络拓扑中，交换节点可以是Open vSwitch、Linux Bridge等软件交换机，节点之间的链路通过Linux的veth pair（虚拟以太网对）机制实现。Mininet能够定制SDN网络拓扑，为用户提供可靠的实验环境。

2. 运行架构

Mininet架构根据datapath的运行权限分为kernel datapath和userspace datapath两种。kernel datapath将分组转发逻辑编译进Linux内核，效率较高；userspace datapath将分组转发逻辑实现为一个应用程序ofdatapath，较为灵活。

在Mininet的kernel datapath架构中，控制器和交换机的网络接口位于root命名空间中，每个主机位于独立的命名空间中。

Mininet不仅支持kernel datapath和userspace datapath架构，还支持OVS交换机。

（二）OMNET++

OMNET++是一个开源的、基于组件、模块化的开放网络仿真平台。OMNET++具有强大的图形界面和嵌入式仿真内核，提供方便的编程、调试和跟踪支持。

（三）NS-3

1. 简介

NS-3是一个离散事件模拟器，由C++编写。NS-3主要用来模拟计算机网络。NS-3工作流程如图7.5-1所示。

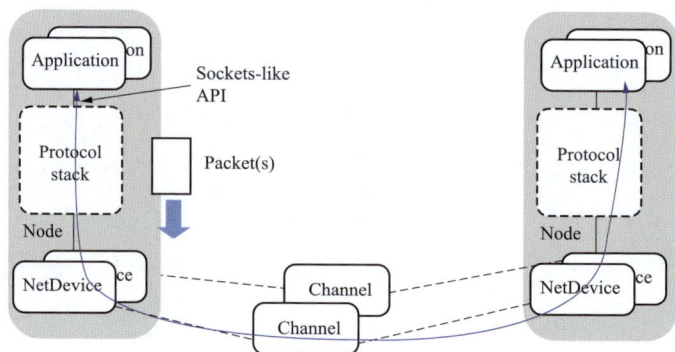

图 7.5-1　NS-3 工作流程图

2. 主要功能

NS-3 除了基本的网络模拟功能，还有 trace 生成功能，用户可以通过第三方软件对 NS-3 产生的数据进行数据分析。

（四）主流算力网络仿真工具对比

除了 Mininet、OMNET++、NS-3，还有众多开源算力网络仿真工具，它们在编程语言、跨平台、是否开源等方面存在差距，主流算力网络仿真工具对比见表 7.5-1。使用者根据自己的实际情况选择合适的仿真软件。

表 7.5-1　　　　　　　　　　主流算力网络仿真工具对比

仿真工具	编程语言	跨平台	开源
NS-2	C++，Otcl	跨平台	开源
NS-3	C++	跨平台	开源
GlomoSim	Parsec	Linux	开源
QualNet	Parsec	跨平台	不开源
OMNeT++	C++	跨平台	开源
OPNET	C++	跨平台	不开源
J-SIM	Java	跨平台	开源
JiST/SWANS	Java	跨平台	开源
GTNetS	C++	Linux	开源
SSFNet	Java	跨平台	开源
Mininet	Python	Linux	开源
EstiNet	–	Linux	不开源

二 算力网络控制器

（一）Ryu

Ryu是一种基于Python语言的软件定义网络（SDN）控制器，它提供了开放的应用程序接口用于管理和控制网络流量。Ryu使用OpenFlow协议与网络交换机进行通信。Ryu由日本NTT实验室开发和维护，并被广泛应用于SDN应用程序的开发和部署。Ryu架构示意图如图7.5-2所示。

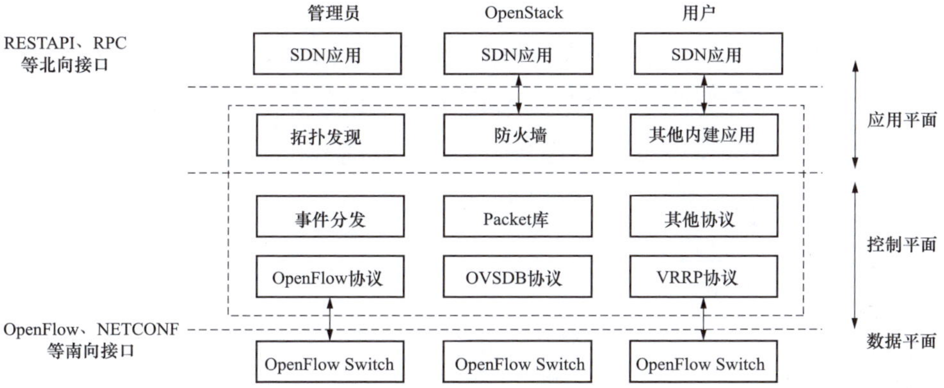

图 7.5-2　Ryu 架构示意图

1. 特点

（1）简单易用。Ryu采用Python语言编写，易于学习和使用。

（2）高度可扩展。Ryu提供了一个基于插件的架构，可以方便地扩展应用程序的功能。

（3）高性能。Ryu采用异步I/O模型和事件驱动的设计，提供高性能的网络流量控制能力。

2. 主要功能

（1）网络拓扑发现和管理。Ryu可以发现和管理SDN网络中的拓扑结构。

（2）网络流量控制和管理。Ryu支持流表、QoS、ACL等功能，实现网络流量的精确控制和管理。

（3）网络安全和监控。Ryu能够识别和处理恶意流量和攻击行为。

（4）网络服务质量（QoS）保障。Ryu实现了带宽限制、拥塞控制、流量分类等功能。

（5）网络编程和应用开发。Ryu支持Python编程语言，可以方便地开发和部署SDN应用程序。

（二）ODL 控制器

OpenDayLight（ODL）控制器是由Linux基金会管理和维护的开源SDN控制器，主要贡献者为各大设备厂商，如华为、中兴等。

1. 系统架构

ODL架构设计示意图如图7.5-3所示。ODL采用OSGi框架进行开发，通过MD-SAL模型架构对南向协议进行抽象化建模以及管理。控制器核心插件提供了数据存储、配置管理、网络流量管理、服务质量管理、网络监控和调试等功能，并通过RESTful API等北向协议对接三方应用，为第三方业务提供数据支持。

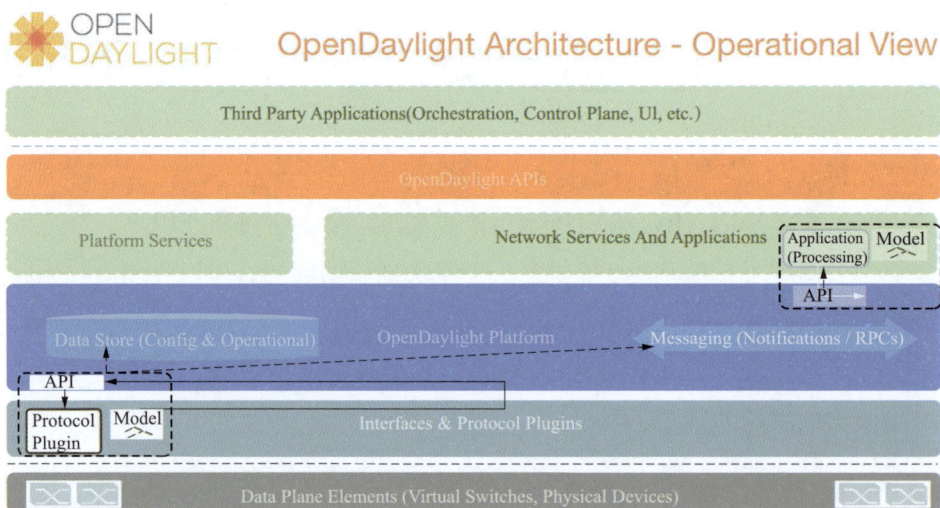

图 7.5-3　ODL 架构设计示意图

2. 核心理念

（1）模型驱动。ODL的模型驱动指将网络设备的配置和状态信息表示为YANG数据模型，统一描述网络设备的属性、配置和状态信息，并基于YANG模型定义一组标准的RESTful API，用于控制器和设备之间的通信。ODL通过YANG模型实现了多协议支持、插件化和可编程化等功能。

（2）OSGi。ODL基于OSGi框架进行功能开发，支持模块化的设计，使用户能够轻松地实现功能的添加和删除。同时Karaf框架提供了良好的运行底座，能够轻松实现业务的高可用，减少了开发难度。

（3）Yang。Yang是一种轻量化的数据建模语言。YANG模型定义了数据的层次化结构。ODL采用YANG来定义网络配置，能够轻松区分配置和状态，具有很强的扩展性。随着标准化的推行，YANG正逐渐成为业界主流的数据描述规范，标准组织、厂商、运营商、OTT纷纷定义各自的YANG模型。

3. 关键模块

（1）AAA。AAA全称为Authentication，Authorization and Accountin，主要为控制器提供了鉴权、认证和计费的功能。该模块用于控制系统对资源的访问，强制执行使用资源的策略，审核统计资源的使用状况，为控制器提供了有效的网络管理和基本的安全架构。

（2）BGPCEP。该模块主要由BGP插件以及PCEP插件构成。BGP插件为用户提供BGP协议的实现以及基于BGP协议的业务实现。PCEP为路径计算通信协议，用于在MPLS和GMPLS标签交换路径的上下文中，在PCC和PCE之间进行通信。PCEP插件提供构建基于PCE的控制器所需的所有基本服务单元。此外，它还为Active Stateful PCE提供LSP管理功能，这是大多数支持PCE的SDN解决方案的基石。

（3）Controller。该模块是基于Java的模型驱动控制器，使用YANG作为系统和应用程序各个方面的建模语言，为其他OpenDaylight应用程序的提供基础平台。其依赖于MD-SAL、Netconf、RestConf等模块。

（4）MD-SAL。模型驱动服务适配层（MD-SAL）是受消息总线启发的可扩展中间件组件，它根据应用程序开发人员定义的数据和接口模型（即用户定义的模型）提供消息传递和数据存储功能。该模块定义了公共层、概念、数据模型构建块和消息传递模式，并为应用程序和应用程序间通信提供基础设施/框架。

（5）NETCONF模块。NETCONF本身是一种基于XML的传输协议，用于配置和监控网络中的设备。ODL中的NETCONF模块支持使用NETCONF协议作为北向服务器和南向插件，同时提供了一组用于模拟NETCONF设备和客户端测试的工具。

（三）ONOS 控制器

ONOS是首款开源的SDN网络操作系统，主要面向服务提供商和企业骨干网。ONOS社区聚集了知名的服务提供商（如AT&T、NTT通信）、高标准的网络供应商（如Ciena、Ericsson、Fujitsu、Huawei、Intel、NEC）、网络运营商（如Internet2、CNIT、CREATE-NET），以及其他合作伙伴（如SRI、Infoblox），并且获得ONF的大力支持。

1. 架构设计

ONOS控制器是一个典型的分布式架构系统，自上而下可分为APP层、北向接口API、分布式核心层、南向接口层。其中，分布式核心平台保证了控制器能够以高可靠、易扩展以及高稳定性进行运行。北向接口抽象为图像化界面以及更友好的管控配置服务提供了重要支撑。可插拔式的南向接口抽象层，使ONOS控制器能够支持OpenFlow设备和传统设备。南向接口的抽象屏蔽了底层设备和协议的差异性，能够同时支持多种设备的管控。ONOS控制器架构示意图如图7.5-4所示。

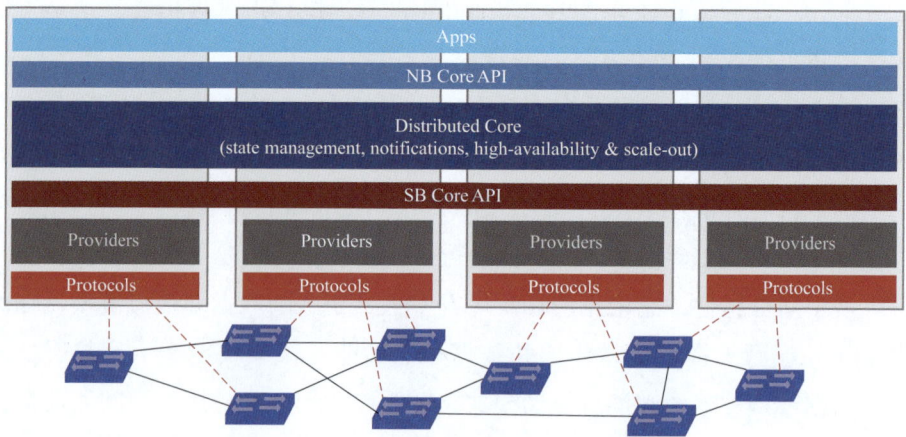

图 7.5-4　ONOS 控制器架构示意图

2. 核心理念

（1）软件模块化。ONOS可以像软件操作系统一样，为开发者以及服务提供商更快、更便捷地开发、调试、维护和升级服务。ONOS本身是由一系列功能模块组成，每个功能模块由一个或者多个组件组成，对外提供一种特定服务，这种基于SOA的框架同时支持对组件的全生命周期管理，支持动态加载、卸载组件。

（2）统一的网络模型。ONOS抽象出了统一的网络资源和网元模型，奠定了与第三方SDN应用程序互通的基础，使得运营商可以做灵活的业务协同和低成本业务创新。

3. 关键组件

（1）REST API。提供开放的北向抽象接口，方便运营商以及用户基于ONOS开发应用以及插件。

（2）功能组件。ONOS提供统一的网络资源和网元模型，更有利于运营商进行业务开发。

（3）Cluster。ONOS集群间通信支持Gossip以及Raft两种算法。Cluster提供了较好的分区容错性以及弹性扩展机制。Cluster能够保障节点失效对业务无影响。当ONOS节点宕机时，其他节点会接管该节点对网元的控制权，当节点恢复后，通过loadbalance命令恢复节点对网元的控制并使整体的控制达到负载均衡。ONOS屏蔽了负责的分布式机制，只对外暴露业务接口，使应用开发更加简单。

（四）Orion 分布式控制器

Orion控制器是Google独立开发的第二代控制器。Google于2021年NSDI会议上发表Orion相关论文，论文详细阐述了Orion的设计原则、整体架构以及在网络中的应用情况。论文发布时，Orion已经在现网中稳定运行了4年。相比Google第一代控制器Onix，Orion具有以下特征。

（1）完全独立开发。

（2）微服务架构，分布式程序，具有更高的稳定性。

（3）基于敏捷的开发，更快的迭代速度。

1. 典型架构

Orion 是一个典型的微服务应用。其本身的工作模式是基于协调（reconciliation）的模式。从设计的根本原理上看，Orion 和 Kubernetes 的原理几乎一致。Orion 架构示意图如图7.5-5所示。

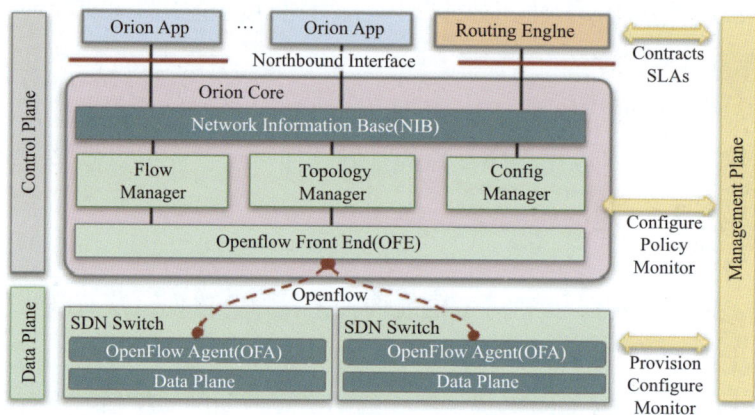

图 7.5-5　Orion 架构示意图

从架构上看，最上层是各种具体的网络应用，如负责域内算路的 Routing Engine。

中间的核心层实现了控制器的通用功能，包括了 NIB 数据库，配置模块，拓扑模块以及流管理模块。中间层的每个模块都是微服务应用。

下层则是 OpenFlow 协议栈，Orion 控制的所有路由器均只有 OpenFlow 协议栈，没有传统协议栈，传统协议都是在控制器上完成，可以说是彻底实现了 SDN 化。

2. 核心概念

（1）意图驱动。Orion 面向大规模生产网络，在大规模生产网络中，宏观的意图远比细琐的过程更稳定，更不容易出错，因而意图驱动（intent-based）成为了必然选择。Orion 本身就被设计成一个翻译和细化意图的控制器。而控制器最终会将管理人员的意图转化为设备可识别的 Openflow 原语。

（2）分布式控制器。传统控制器多为集中式控制器，控制器单元由一个中心、多个分中心的方式进行管理，而 Orion 采用的是逻辑上的集中。控制器为逻辑集中控制器，为了实现高性能，控制器需要具有基于内存的状态表示，以及在松散协调的微服务 SDN 应用程序之间使用适当的一致性级别。

（3）典型设计。

1）微服务框架。Orion彻底摆脱了传统控制器的集中式管控制约，采用和K8S类似的架构进行设计，将网络业务抽象为独立的服务，方便了业务的开发、部署以及维护。在万物上云时代，基于微服务架构的设计思路更贴合业务的实现与部署方案。

微服务框架是未来SDN控制器中重要的发展方向。中国移动智慧家庭运营中心自研的SDN控制器就是基于微服务架构对网络业务进行划分，采用协调机制实现高效的业务配置与调度。

2）Intent和Ground Truth的链式反应。Intent有多种来源，通过控制器一级一级地协调，最终将配置转化为机器原语。在意图网络中，最终还是要从人的意图出发。

（五）总结

主流算力网络SDN控制器对比见表7.5-2。

表7.5-2　　　　　　　　　　主流算力网络 SDN 控制器对比

名称	编程语言	特点
Mul	C	由 Kulcloud 公司开发，内核是一个基于 C 语言的多线程基础架构，用于托管应用的多层级北向接口
Trema	Ruby/C	NEC 开发，具有模块化的框架
NOX	C++	由 Nicira 开发，业界第一款 OpenFlow 控制器，是众多 SDN 研发项目的基础
POX	Python	由 Nicira 开发，是 NOX 的纯 Python 实现版本，支持控制器原型功能的快速开发
Ryu	Python	由 NTT 开发，能够与 OpenStack 平台整合，具有丰富的控制器 API，支持网络管控应用的创建
Beacon	Java	由 Stanford 大学开发，采用跨平台的模块化设计，支持基于事件和线程化的操作
Floodlight	Java	由 BigSwitchNetworks 开发，是企业级的 OpenFlow 控制器，基于 Beacon
OpenDay Light	Java	ODL 主要由设备厂商驱动，如 Cisco、IBM、HP、NEC 等
ONOS	Java	由开放网络实验室 ON.LAB 推出

其中，Ryu等主要用于科研及实验目的，实时精度较差，OpenDayLight、NOX被云服务商用于实际生产环境中。

三　分布式云计算仿真工具

（一）CloudSim

CloudSim诞生于云计算在北美广泛应用的时期，云服务商迫切需要对云环境下的资源分配与服务调度进行性能评测和优化。然而，现有的分布式模拟器（如GridSim、SimGrid、GangSim）对虚拟化、应用管理及云计算的即用即付经济驱动的建模支持不足，实际构建云平台成本高、效率低，且公开测试平台（如Yahoo、Amazon）不易申请，规模小，环境难以控制，结果难以重现。

因此，相关企业需要一个可重复、可控制、成本低廉的仿真环境。为简化云平台的建设与测试过程，澳大利亚墨尔本大学云计算与分布式系统实验室于2009年开发了CloudSim。CloudSim平台有助于加快云计算算法、方法和规范的发展，其组件工具均为开源，使用Java语言编写。

CloudSim体系架构图如图7.5-6所示。从结构上看，CloudSim的软件结构框架和体系结构组件包括SimJava、GridSim、CloudSim、UserCode 4个层次。CloudSim在GridSim模型基础上发展，提供了云计算的特性，支持资源管理和调度模拟。云计算与网格计算的显著区别在于云计算采用成熟的虚拟化技术，将数据中心资源虚拟化为资源池，打包对外提供服务。

CloudSim体现了这一特点，扩展部分实现了一系列接口，提供基于数据中心的虚拟化技术、虚拟化云的建模和仿真功能。数据中心的一台主机资源可以根据用户需求映射到多台虚拟机上，虚拟机之间存在资源竞争关系。CloudSim提供资源监测和主机到虚拟机的映射功能。CloudSim的CIS（Cloud Information Service）和DataCenterBroker实现资源发现和信息交互，是模拟调度的核心。用户自行开发的调度算法可在DataCenterBroker的方法中实现，从而实现调度算法的模拟。

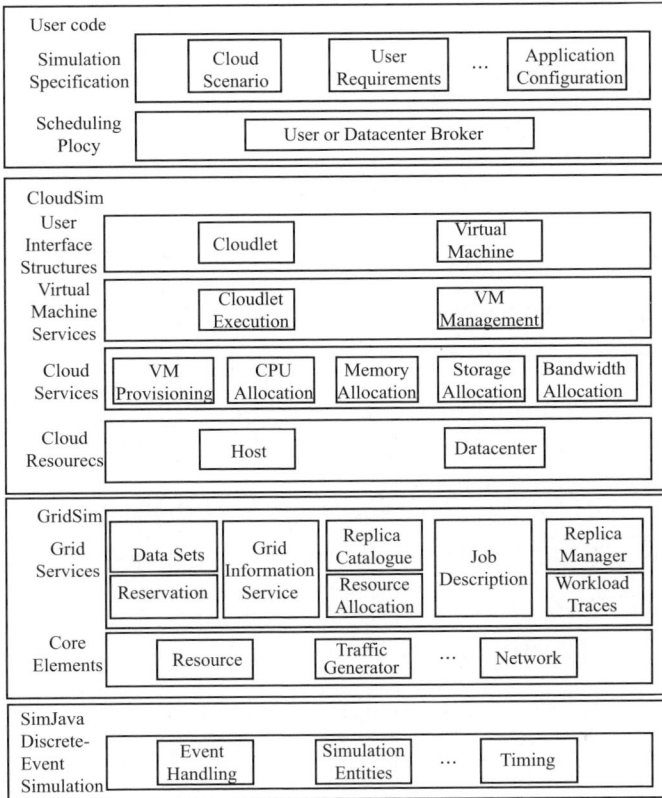

图 7.5-6　CloudSim 体系架构图

CloudSim 继承了 GridSim 的编程模型，支持云计算的研究和开发，并提供了以下新特点。

（1）支持大规模云计算环境的模拟与仿真，包括数据中心和单一物理计算节点。

（2）为模拟云、服务代理、供应和分配策略提供独立平台。

（3）支持在模拟系统元素间仿真网络连接。

（4）提供虚拟化引擎，帮助在数据中心节点上建立和管理多重、独立、协同的虚拟化服务。

（5）虚拟化服务分配处理核心时能够在时间共享和空间共享之间灵活切换。

（6）具备在联合云环境下仿真的功能，支持私有和公共领域的混合网络资源，对 Cloud-Bursts 和自动应用伸缩的关键功能进行研究。

（二）CloudAnalyst

CloudAnalyst是一种基于GUI的模拟器，源自CloudSim，具有一些扩展特性和功能。

CloudAnalyst是由澳大利亚墨尔本大学计算机科学与软件工程系CLOUDS实验室的Bhathiya Wickremasinghe和Rajkumar Buyya提出的。该模拟器支持根据用户和数据中心的地理分布评估社交网络工具，可用于确定云中大型Internet应用程序的行为，其建模器能够进行循环模拟并进行一系列参数略有变化的模拟。

CloudAnalyst被认为是一个强大的实时数据中心部署和负载均衡监控、云集群监控和数据中心数据流实时仿真框架。它允许用户将模拟配置保存为XML文件并以PDF格式导出实时结果。

CloudAnalyst的主要功能如下。

（1）图形用户界面。CloudAnalyst拥有易于使用的GUI，用于设置和查看各种云计算实验的结果。

（2）支持高度自由地配置和灵活地进行模拟定义。CloudAnalyst配备了建模器，可以对数据中心、虚拟机、内存、存储和带宽等实体进行建模来高度控制实验。

（3）实验循环。CloudAnalyst可以保存模拟场景并通过模拟变体重复循环，并将结果保存为XML文件或PDF文件。

（4）高效输出。CloudAnalyst除了提供大量的统计数据外，还以表格和图表的形式将模拟结果图形化输出。

（三）GreenCloud

GreenCloud为能源感知型云计算数据中心提供了一个模拟环境，被认为是目前最复杂的用于能源感知云计算数据中心的数据包级模拟器。它能够对数据中心IT设备（如计算服务器、网络交换机和通信链路）的能源消耗进行细粒度建模。GreenCloud由卢森堡大学科学、技术与通信学院研究员 Dzmitry Kliazovich 和其他团队成员共同开发，用于开发监控、资源分配、工作负载调度、通信协议、优化和网络基础设施方面的解决方案。

GreenCloud 作为 NS-2 数据包级网络模拟器的扩展开发，区分出 3 种能源消耗组件：计算能源、通信能源和与数据中心物理基础设施相关的能源组件。

GreenCloud 模拟器具有如下特点。

（1）GreenCloud 模拟器主要关注云网络，特别是云计算技术中的能耗监控。

（2）GreenCloud 模拟器支持对 CPU、内存、存储和网络资源的模拟。

（3）GreenCloud 模拟器支持研究人员通过改进电源管理以及动态管理和配置系统设备的电源感知功能来最大限度地减少电力消耗。

（4）具有用户友好的 GUI 并且是开源的。

（四）iCanCloud

iCanCloud 是一个基于 SIMCAN 的云计算仿真平台，支持大型存储网络仿真。该模拟框架由 A. Nunez 和 J.L. Vazquez-Poletti 开发，旨在预测特定硬件上执行给定应用程序的成本和性能权衡。iCanCloud 具有灵活、准确、高性能和可扩展等特性，已成为设计、测试和分析各种现有及未来云架构的强大模拟器。iCanCloud 在 OMNeT++ 平台上开发，可以安装在 Ubuntu 和 MAC 平台上。

iCanCloud 具有以下特点。

（1）对现有和未来云计算架构进行建模和模拟。

（2）灵活的云管理程序模块提供简单的方法来集成和测试新的和现有的云代理策略。

（3）可定制的虚拟机可用于快速模拟单核/多核系统。

（4）为存储系统提供广泛的配置，包括本地存储系统、NFS 等远程存储系统和并行存储系统（如并行文件系统和 RAID 系统）的模型。

（5）提供用户友好的 GUI，可以轻松生成和自定义大型分布式模型。该 GUI 管理预配置 VM 存储库、预配置云系统存储库和预配置实验存储库，用户可从GUI启动实验并生成图形报告。

（6）提供基于POSIX的API用于建模和模拟应用程序，并支持使用真实应用程序踪迹、状态图以及直接在仿真平台中编写新应用程序等多种应用程序建模方法。

（7）用户可以向iCanCloud的存储库添加新组件以扩展其功能。

（五）各仿真模拟器功能对比

仿真模拟器功能对比见表7.5–3。

表7.5–3　　　　　　　　　　　仿真模拟器功能对比

仿真器	功能特点
CloudSim	可扩展的云模拟工具包能够对云系统和应用程序进行建模和模拟。它提供了对云计算组件（如虚拟机、数据中心和用户）的系统和行为建模的支持，并能在云计算环境中评估资源调配策略
CloudAnalyst	支持应用程序工作负载描述，包括用户数量、数据中心和云资源以及用户和数据中心的位置。用于确定可用云数据中心之间资源的最佳战略分配。根据应用程序工作量和可用预算选择数据中心。基于CloudSim扩展，提供了一个图形界面
GreenCloud	在NS2模拟器的基础上开发的数据包级模拟器。GreenCloud专门设计用于研究电源管理方案，以实现节能数据中心，包括电压和频率，以及网络和计算组件的动态关闭。可以捕获数据中心计算和网络组件能耗的详细信息。考虑了网络组件之间的分组级通信模式
iCanCloud	旨在预测在云数据中心执行的一组应用程序的成本和性能之间的权衡。可供基本云用户和分布式应用程序开发人员使用。基于SIMCAN，提供了一个图形用户界面，方便用户实验。对机器之间的网络通信进行建模，支持并行仿真，可以跨多台机器执行

除以上介绍的分布式仿真模拟器，常见的分布式云计算仿真模拟器还有MDCSim、GDCSim、SPECI、GroudSim、DCSim、GloudSim、TeachCloud、CDOSim、NetworkCloudSim、PureEdgeSim等。

第八章

算力管理
与安全

第一节 算力管理模式

一 典型的算力管理模式

典型的算力管理模式如图8.1-1所示，包含算力注册、算力监控、算力运维、算力运营等，通过对算力上线、运行到废弃的全过程管理，提供算力服务并达成算力交易。

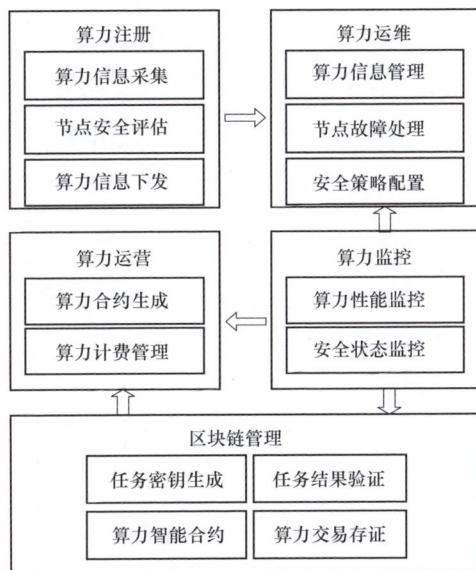

图 8.1-1 典型的算力管理模式

在算力网络中，算力注册主要负责全面收集各算力节点的详细信息，包括但不限于设备类型、芯片类型、存储资源等关键参数。这一过程不仅实现了对算力节点的有效管理，还涉及了对节点安全性的综合评估，确保网络环境安全。

注册完成后，相关信息将被下发至网络中的各个关键节点，为后续的算力调度与分配提供支持。算力监控作为网络运维的核心组成部分，其职责在于不间断地监测各算力节点的性能表现与安全状态。一旦发现节点存在性能瓶颈、故障隐患或安全漏洞等不利因素，监控系统将迅速响应，通过智能调度机制重新配置算力资源，以确保服务的高可用性和业务的连续性。

同时，针对问题节点，监控系统会及时介入处理，有效排除故障，修复安全漏洞，从而维护整个网络的稳定运行。算力运维是负责管理算力节点全生命周期信息的重要环节。它不仅负责接收并存储算力注册模块传递的节点信息，还承担着周期性采集、更新节点状态信息以及清理废弃节点数据的任务。此外，算力运维还致力于构建可信资源池，根据节点的安全标识为它们配置相应的安全防护策略，确保资源的安全可控。

在节点问题处理方面，运维团队会迅速响应监控系统的警报，对故障节点进行排查修复，对安全漏洞进行封堵加固，确保网络环境的持续安全。算力运营则是基于算力感知层所提供的详细算力能力模板，灵活生成各类算力合约，以满足不同用户的个性化需求。同时，它还承担着计费管理的职责，确保用户能够按照公平、合理的原则支付算力使用费用。这一环节的顺畅运行，为算力网络的商业化运营提供了有力支撑。

区块链管理主要职责在于应用密钥的生成与管理、结果的可信验证以及网络各环节信息的存证与审计。通过区块链的去中心化、不可篡改等特性，能够确保网络中的数据真实可靠、交易透明可追溯，为算力网络的安全稳定运行提供了坚实的技术保障。

（一）算力注册

在算力网络中，存在着多样化的算力资源。为了高效地管理这些节点并实现业务的灵活调度与卸载，网络系统需对全网的算力节点实施注册流程。这一过程的核心在于算力管理平台，它负责收集并整合各节点的关键参数信息，如设备类型、芯片配置及存储容量等。完成注册后，其算力资源便会被算力运维模块所管理，包括对这些资源的存储与实时监控。运维模块能够接收来自节点的实时算力更新信息，确保资源的动态性与准确性。

随后，这些信息会被传递给路由器，路由器则负责存储节点列表，并根据这些信息配置相应的路由通告策略，以确保网络中的算力资源能够高效、有序地流通。此外，算力网络还高度重视接入节点的安全性。网络会对所有接入的算力节点进行安全等级评估，并将评估结果即节点的安全能力信息传递给算力运维模块，构建一个既高效又安全的算力网络环境，为各类业务提供坚实的支撑。

（二）算力监控

针对算力节点的性能与安全性实施严密的监控机制，即时发现并应对性能瓶颈、故障事件及安全威胁，确保服务连续性与业务顺畅。在性能监控方面，采取主动策略，由路由节点定期向网络内的算力节点发送探测信号（包括但不限于 ICMP 协议等手段），或灵活部署算力探针，按需捕获节点状态，实时汇聚算力效能数据。一旦发现节点性能下降或故障迹象，立即触发信息流转至算力网络调度系统，以迅速调整算力资源分配，维护业务稳定性。

对于安全状态的监控，则通过在节点上部署安全监测代理等先进手段，实现对节点安全态势的动态、实时跟踪。一旦发现安全漏洞或潜在风险，立即启动应急响应流程，包括重新指派算力节点以规避风险，并即时通知算力运维团队介入，对受影响的节点进行深度排查与修复，确保网络环境的整体安全。此外，监控模块还注重信息的全面性与时效性，确保监控数据能够准确反映算力节点的实际状况，为后续的调度决策与运维管理提供坚实的数据支撑。

（三）算力运维

算力运维管理算力节点的信息及其资源的运行维护，确保基础设施的安全性。具体而言，算力信息管理模块负责接收来自算力注册系统的节点信息，并进行存储。随后，该模块会定期采集并更新这些节点的信息，同时清理不再使用的废弃节点信息，以保持数据的准确性和时效性。

在安全策略配置方面，依据算力节点的安全标识来构建可信资源池。这些安全标识综合考虑了节点的防护等级、安全能力的部署状况等因素，为其他节点提供定制化的安全防护策略。

算力监控系统一旦检测到问题节点的信息，会迅速响应，对故障进行排查修复，对安全漏洞进行及时修补，并清理废弃节点的信息，确保算力网络的稳定运行。

此外，算力运营会根据算力节点及其周边节点的实时状态，将闲置的节点进行休眠处理，以减少不必要的能耗。这种动态管理策略不仅有助于降低运营成本，还有助于实现绿色、可持续的算力发展。

（四）算力运营

算力运营模块依据算力感知机制构建的算力能力模板，自动生成算力服务合约。此合约是服务提供商与用户间就算力服务质量标准达成一致的协议，旨在明确服务内容、优先级及双方责任等条款。该合约可安全存储于用户签约系统如HSS、AAA或UDM等模块内。

在算力计费管理方面，系统支持多样化的计费策略，涵盖API调用频次、资源消耗情况及用户等级等多个维度与量纲，实现灵活计费。此外，算力计费管理模块可与现有网络计费中心整合，通过扩展和升级计费接口与协议，无缝融入现有计费体系，共同构建集算力与网络计费于一体的创新系统，为用户提供更加高效、便捷的算力服务体验。

（五）区块链管理

在任务启动前，系统会预先生成密钥并分发给用户及算力应用，同时利用该密钥对数据及算力资源标识执行签名操作。任务完成后，系统会验证由算力应用密钥生成的数字签名，以确保所有计算结果均严格基于既定任务数据和计算方法，从而维护算力交易结果的真实性与可信度。此外，系统还会详细记录算力业务过程中的各类服务请求（如安全、算力、网络、算法需求等）以及编排管理结果（包括计算节点分配、数据安全与计算方法等），并作为存证供算力用户进行服务审计。

同时，系统会将交易信息（服务对象、算力需求、消耗、服务时长、计费详情及支付信息等）全面记录并上链保存，以增强计费流程的透明性与可追溯性，便于后续审计。为了进一步提升交易安全性与信任度，区块链模块能够与算力运维系统紧密集成，借助智能合约技术自动生成算力合约与计费信息，确保交易过程的自动化、智能化及高可信度。

二　华为算力管理模式

在华为算力网络架构下，算力平台层扮演着核心角色，负责算力资源的全面感知、精确度量及高效的OAM（运维、管理和保障）管理，确保网络资源对算力具备高度的可视性、可评估性、可管理性和可调控性。针对多样化的计算资源，平台层首要任务是进行算力建模，这一过程将复杂的算力资源抽象化、标准化，形成统一的算力能力模板，并有效传达至网络中的各个节点。

此外，为了维持算力服务的稳定性和可靠性，平台层还需实施严密的性能监控策略，实时监测算力资源的运行状态、性能指标及潜在故障，确保信息的实时性与准确性，并将这些关键数据及时通报给网络中的相关节点，以便于迅速响应与处理，优化整体算力网络的运行效率与用户体验。

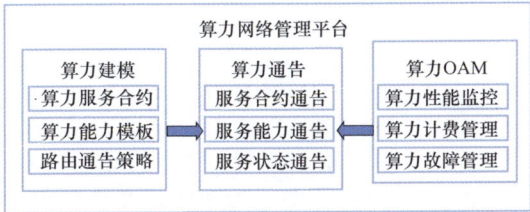

图 8.1-2　华为算力网络管理平台

华为算力网络管理平台如图8.1-2所示，算力平台层包括：

（1）算力建模模块。针对异构计算资源，首要任务是确立度量维度与标准体系。此组件依据通用算法或行业惯例，构建出具体的算力能力模板。多个模板可组合成算力合约，灵活匹配业务需求。

（2）算力运维管理（OAM）模块。专注于算力资源的性能监测、费用管理以及故障处理，确保资源高效稳定运行。

（3）算力信息通告模块。负责将经过模板抽象化的实际算力资源及其服务合约信息，精准传达给网络节点。具体功能细分为服务合约通告（基于SLA需求生成服务需求并通知节点）、算力能力通告（传递抽象后的算力资源信息）以及算力状态通告（实时更新资源状态至网络节点）。

三　移动算力管理模式

算力感知网络新型管理面包含算力设备的算力注册、算力OAM、算力运营等，通过统一的管理面对网络和算力进行管理和监测，并可生成算力服务合约以及计费策略对算力进行统一运营。移动算力感知网络管理面如图8.1-3所示。

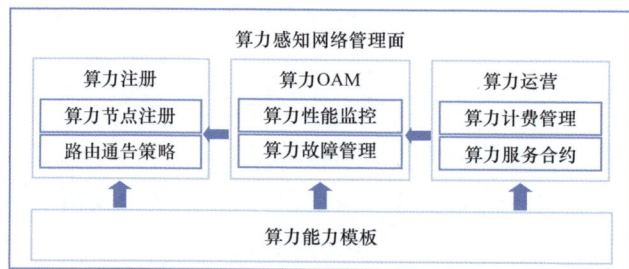

图 8.1-3　移动算力感知网络管理面

（一）算力注册

算力感知网络中遍布不同的算力，为了实现节点的管理以及业务的动态卸载，算力感知网络需要对全网的算力节点进行注册。算力管理层作为核心，负责接收并部署各节点的配置指令，涵盖算力信息的公告机制以及业务在节点间的智能分配与调度策略。具体而言，管理层需要区分携带算力的智能节点与常规网络节点，确保资源精准定位。新上线的算力节点需即时向管理平台报告其可用的算力详情。

管理平台在收集节点参数方面，广泛涵盖设备规格、芯片种类、存储容量等关键信息，并以此为基础制定配置策略，如分配唯一的节点标识符。注册完成后，管理平台承担起算力数据存储的角色，同时订阅并接收算力状态的实时变动，确保信息的最新性。随后，这些信息将被精准推送给路由器，由其维护节点列表并优化路由通告策略，以支持高效的算力资源访问与利用。

（二）算力 OAM

算力 OAM 负责实时监控设备的计算能力，通过灵活配置多样化的算力信息收集与上报策略，确保能够实时挑选出最优算力节点，并在检测到故障时迅速进行修复。这一过程包括路由节点定期主动向算力节点发送探测信号，或根据需求部署算力探针来实时捕获节点状态及算力数据。若某节点的链路或算力性能无法满足当前业务需求，系统将自动切换链路或重新选定节点，以保障服务质量。

边界路由节点负责监控所有算力节点的实时状态及链路状况。面对链路或节点故障，它能迅速启动切换机制，无缝转移至备用链路或节点，以维持低延迟等高标准用户体验。路由通告机制将当前的计算能力、网络状态及业务请求等关键信息作为 OAM 数据嵌入到传输路径中，这些信息随数据报文在网络中流转，最终到达各计算节点并被存储在 OAM 信息表中，实现最优的计算资源调度，最终实现最优的用户体验和网络利用率。

（三）算力运营

算力运营负责服务合约的设立与计费策略的制定，由算力计费管理中心统筹执行。该体系内的服务合约详细规定了服务提供商与用户间就算力服务质量标准达成的共识，确保双方权益。在计费管理方面，系统支持多维度、多层次的计费模式，如依据 API 调用频次、资源实际使用量或用户级别等灵活计费。此外，系统还能根据服务等级协议（SLA）实施精细化的算网融合计费策略，旨在精准匹配并满足未来行业用户对网络及计算资源日益增长的多样化需求。

（四）算力能力模板

基于统一的算力度量体系，对不同计算类型进行统一的抽象描述，形成算力能力模板。算力能力模板可以为算力设备管理、合约和计费以及OAM提供标准的算力度量规则。

四 联通算力管理模式

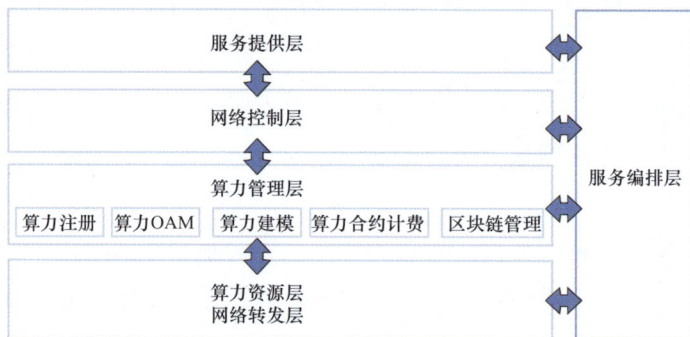

图 8.1-4　联通算力网络架构

联通算力网络架构图如图8.1-4所示，主要包含服务提供层、服务编排层、网络控制层、算力管理层和算力资源层/网络转发层等若干功能模块，其中算力管理层解决异构算力资源的建模、纳管与交易等问题。网络控制层与算力管理层之间，网络控制层将算力调度策略传递至算力管理层。

算力管理层上报算力能力信息、资源信息以及管理信息至网络控制层；算力管理层与算力资源层之间，算力管理层完成设备注册、资源上报、性能监控、故障管理、计费管理等运营管理功能，实现算力管理层对算力资源层感知、管理和配置；算力管理层与服务编排层之间，网络的算力信息作为IaaS与I-PaaS层虚拟资源组织的方式；针对云原生等服务提供形式，服务编排层与算力资源层之间直接通信，将相关的算力管理信息输出给算力管理层。

对于异构算力资源，算力网络架构采用基于"K8S+轻量化K8S"的两级联动的架构来实现统一的算力资源调度纳管。K8S采用中心的资源调度统一平台对于整体的基础资源进行统一管理和集群管理，而轻量化K8S集群主要是作为边缘侧的资源调度平台对于边缘计算集群进行调度和管理。

第二节　算力管理平台

算力管理平台通常需要规模化软硬件管理、虚拟计算管理、分布式文件系统、业务资源调度、安全防护管理等几大功能，参考云网管理的经验，算力管理平台发挥的作用主要有：第一，能将海量算力和网络硬件设备纳入管理并驱动；第二，为算力用户和提供商提供统一标准的接口；第三，管理调度海量的计算任务和资源。

从功能和作用上看，算力管理平台可以借助现有已经成熟的云操作系统来构建和拓展，常用的云操作系统很多，其中 OpenStack 受到的关注更多，应用也更广泛，下面将重点介绍开源的 OpenStack 平台。

一　OpenStack 简介

OpenStack 由美国国家航空航天局（NASA）和 Rackspace 合作开发的，是 Apache 许可证授权的自由软件和开源的云计算项目。OpenStack 支持大部分类型的云环境，其目标是构建实施简单、扩展性强、统一标准的云计算管理平台。

OpenStack 通过各种服务协同提供 Iaas 解决方案，每个服务均提供 API 方便集成。OpenStack 旨在为公开云及私有云的建设与运营提供管理软件，其首要任务是简化云计算系统的部署过程并为云计算系统带来良好的可扩展性，帮助云服务提供商和企业内部实现类似于 Amazon EC2 和 S3 的云基础架构服务。

OpenStack 除了获得 Rackspace 和 NASA 的大力支持，还得到了包括 Dell、Citrix、Cisco、Canonical 等公司的支持。OpenStack 的社区群体也非常庞大，国内用户包括新浪、百度、京东、阿里、华为等，发展速度非常快。

OpenStack 本质上是一套开源软件项目的综合。OpenStack 中最主要的两个项目是 Nova 和 Swift。Nova 是 NASA 开发的虚拟服务器部署和业务计算模块；Swift 是 Rackspace 开发的分布式云存储模块，二者的使用较灵活，支持单独或者组合使用。

OpenStack 的主要目标是管理云数据中心的资源，包括计算资源、网络资源及存储资源等，算力网络的目标和其目标是一脉相承的。OpenStack 可以实现弹性计算服务、按需分配、智能 DNS、大数据支持、软件定义网络、统一基础平台、流程化的管理与安装环境等。

OpenStack 作为目前使用最广泛的开源云计算平台管理项目，很多企业机构使用 OpenStack 来支持其新产品的快速部署、降低成本，以及升级内部系统；而云服务提供商则利用 OpenStack 为用户提供可靠、方便的云基础设施资源。

二 OpenStack 的体系架构

OpenStack 的体系架构如图 8.2-1 所示。

Nova 作为云管理平台的核心组件，承担着计算服务的核心职责，在云实例的整个生命周期内，它处理并支持着各类关键活动。Nova 不仅统筹管理云计算平台的计算资源分配、网络架构、访问权限控制，还负责性能监控与评估。它利用标准化接口与宿主机通信，并通过 Web 服务对外提供一套易用的处理接口，以促进服务的灵活接入与操作。

Neutron 是云计算平台中负责虚拟网络构建的关键角色。它增强了 OpenStack 平台在物理网络划分上的灵活性，特别是在多租户场景下，Neutron 通过提供丰富的 API 接口，使得每个用户都能独立构建并管理自己的虚拟网络环境。在 Neutron 的支持下，用户可以轻松创建和配置个性化的网络对象，以满足多样化的应用需求。

Swift 是一种分布式、可扩展的虚拟对象存储解决方案，专为虚拟机镜像的存储而设计，作为 Glance 的后端存储系统。它利用低成本通用硬件构建，强调数据持久性与系统扩展性，通过一致性散列技术实现软件层面的数据冗余、高可用性和弹性扩展。Swift 支持多租户架构，提供容器和对象的灵活读写操作，特别适用于非结构化数据的存储需求。

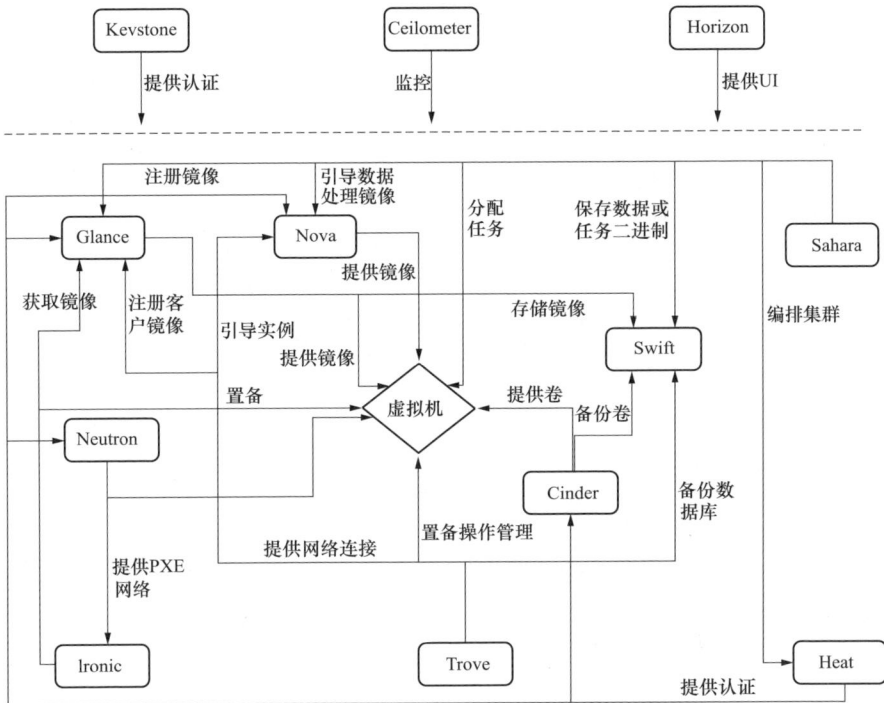

图 8.2-1 OpenStack 的体系架构

Cinder 是云环境中负责数据块存储的关键服务，它全面管理卷的生命周期，从创建到删除，确保云实例运行的数据稳定性与可靠性。

Glance 是镜像管理的核心，支持多样化的存储方式（如文件系统、Swift、Ceph 等），允许用户通过 RESTful API 轻松查询镜像元数据，获取镜像内容，并支持实例快照和镜像创建等功能。

Keystone 作为 OpenStack 的身份认证与授权中心，管理身份验证机制、服务规则和服务令牌，确保所有资源访问和服务操作均经过严格的权限验证。

Horizon 是一个基于 Web 的管理门户，专为 OpenStack 管理员设计，通过直观的 Web 界面简化管理操作，让管理员能够轻松监控 OpenStack 各组件状态并查看操作结果。

三 OpenStack 的核心组件

OpenStack 的核心组件包括计算服务 Nova、网络服务 Neutron、对象存储服务 Swift、块存储服务 Cinder、认证服务 Keystone、镜像服务 Glance、控制面板服务 Horizon 等。

（一）Nova

Nova 在 OpenStack 中扮演着至关重要的虚拟化管理角色，它涵盖了虚拟机的创建、删除、重启等核心操作。Nova 之所以被视为 OpenStack 架构的基石，是因为它驱动着虚拟机的部署，进而构建起整个云计算平台的基础。该组件不仅管理虚拟实例的生命周期，还负责优化计算资源的分配、网络配置与权限控制。Nova 的兼容性广泛，支持通过 REST API 进行交互，实现异步通信，并兼容多种虚拟化技术平台，如 Xen、KVM、VMware vSphere、Hyper-V 等，确保了云计算环境的灵活性与多样性。

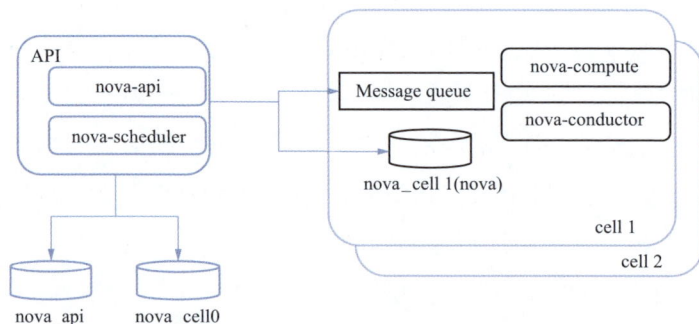

图 8.2-2　Nova 组件架构

Nova 组件架构如图 8.2-2 所示，包含 API 服务器（Nova-API Server）、消息队列（Message queue）、运算工作站（Nova-Compute）、卷工作站和调度器（Nova-Scheduler）等主要部分。

（1）API 服务器。API 服务器提供标准化的接口促进内外交互，是用户管理云资源的唯一途径。它利用Web服务机制，允许用户通过调用EC2或OpenStack原生的API，来触发对云内设施的操作请求。这些请求通过消息队列机制传递至目标设施，实现处理与响应。同时，API服务器支持与其他OpenStack逻辑组件的无缝通信，增强了云平台的整体协同能力。用户可根据需要，灵活选择使用EC2 API或OpenStack本地API进行交互。

（2）消息队列。OpenStack内部采用AMQP（Advanced Message Queuing Protocol）协议，通过消息队列实现高效通信，RabbitMQ作为关键中间件，支持远程过程调用（RPC），确保Nova等组件能异步处理请求，即时触发回调，提升用户体验与系统效率。异步通信机制让用户操作无须长时间等待，如启动实例、上传镜像等耗时任务，可即时释放资源继续其他操作。

RabbitMQ作为一种消息处理架构，不仅验证、转换和路由消息，还促进了应用间的松耦合通信，减少了系统组件间的依赖。它适应于拓扑灵活、可扩展的大型系统环境，保障信息流通的时效性。同时，RabbitMQ提供高安全性与可用性保障，支持集群部署与系统级备份，确保节点故障时消息不丢失，通过队列状态与数据恢复机制，迅速恢复通信，维持系统稳定运行。

（3）运算工作站。运算工作站承担虚拟机实例全生命周期管理职责，接收来自消息队列的请求后，执行创建、销毁、迁移及伸缩等操作。在OpenStack部署中，可灵活配置多个运算工作站，并依赖智能调度算法，将虚拟机实例智能分配至任意空闲工作站，以优化资源利用与提升系统效率。

（4）卷工作站。卷工作站全面支持实例的卷管理操作，涵盖创建、删除及挂载/卸载卷等。利用LVM（Linux逻辑卷管理），卷工作站实现了对磁盘资源的灵活配置与动态调整，确保在不丢失数据的前提下优化存储布局。此外，通过精细的卷管理策略，即便实例终止，重要数据也能得以保留，通过重新挂载至原实例或新实例中，实现数据的持久访问与再利用。这一机制对于数据密集型服务实例而言，是确保数据安全与连续性的关键技术。

（5）调度器。调度器采用灵活的可插拔架构设计，通过Nova-API接收请求并导向目标。它以Nova-Scheduler守护进程形式运行，基于预设的调度策略从资源池中智能筛选最佳服务节点。这一过程中，会综合考虑负载状况、内存容量、地理位置、CPU架构等多重因素。当前，调度器支持多种调度方案，如基于成本效益与权重评分的优化选择、随机分配以及优先选取负载较低的节点等，以满足不同场景下的资源调度需求。

（二）Neutron

　　Neutron可以在 OpenStack 中为项目创建一个或多个网络，这些网络在逻辑上与其他用户的网络隔离，不同的私有网络即便在一个共享网络中也是相互隔离的。在Neutron中，常用的网络模式包括：

　　（1）Flat模式。Flat模式的联网模式较为简单，它不使用VLAN，仅支持一个网络，并且需要手动在各节点上创建桥接设备，在这种模式下，每一个实例有一个固定IP。

　　（2）FlatDHCP模式。在该模式下，由动态主机配置协议（Dynamic Host Configuration Protocol，DHCP）服务器为虚拟机分配IP地址，此外其他部分基本与 Flat 模式相同。

　　（3）VLAN模式。每一个实例在VLAN模式下都拥有专属的VLAN、Linux网桥、DHCP服务器，所有的虚拟机都属于同一VLAN并连接到同一网桥上。实例拥有专属的 VLAN可以避免将包泄露到整个网络的所有设备上。VLAN模式将一个大的广播域隔离成多个小的广播域，广播域之间在默认情况下不能直接通信，要经过3层路由转发实现广播域之间互通。

（三）Swift

　　Swift作为OpenStack的分布式对象存储解决方案，与AWS的S3服务在功能上相似，专为大规模数据存储需求而生。它内置了强大的冗余和备份机制，能够高效处理归档文件与流媒体数据，尤其适用于大数据环境。虽然对于一般用户而言，Swift可能不是首选，但在面对海量非结构化数据存储挑战时，Swift的优势尤为显著，成为系统扩展与数据管理的理想选择。

　　Swift可伸缩性良好，负责为虚拟机和云应用提供数据容器。Swift存储架构如图8.2-3所示，支持海量对象存储、大文件存储、大数据处理、流媒体处理、数据冗余管理、存储安全保障、数据备份与归档。

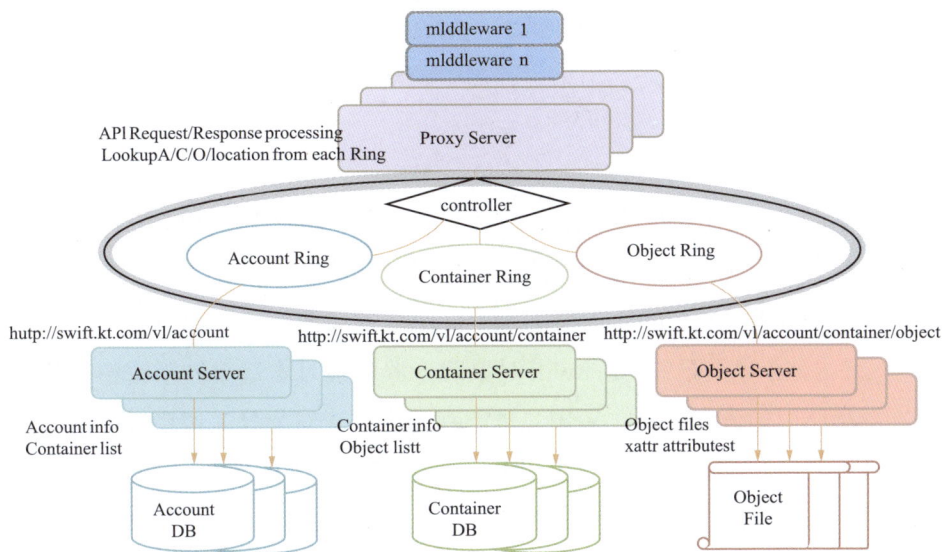

图 8.2-3　Swift 存储架构

与可扩展性不足的 NAS 和不容易安全共享数据的 SAN 这类传统块存储相比，对象存储克服二者缺点的同时还综合了二者的优点。Swift 同时具有 SAN 的高速直接存取和 NAS 的数据共享等优点，存储架构拥有高性能、高可靠性、跨平台及安全数据共享的优势。Swift 不使用传统意义上的文件操作命令，而是使用 REST API。Swift 不支持文件锁定，没有文件目录。它也不能作为块设备提供给虚拟机。Swift 并不属于数据库系统，它使用 Account-Container-Object 格式存储对象，并且可以列出指定容器中的对象。

相较于传统块存储方式如 NAS（网络附加存储）的扩展性局限与 SAN（存储区域网络）在数据安全共享上的挑战，Swift 在克服这些缺陷的同时，集成了两者的核心优势，不仅继承了 SAN 的高速直接访问特性，还实现了 NAS 所擅长的数据共享功能，其存储架构以高性能、高可靠性、跨平台兼容性和安全的数据共享能力而著称。

Swift 摒弃了传统的文件操作命令体系，转而采用 RESTful API 作为与用户交互的接口，使得数据操作更加灵活和高效。此外，Swift 不支持文件锁定机制，也不具备传统意义上的文件目录结构，这虽然限制了其在某些特定场景下的应用，但也减少了系统的复杂性。

Swift 专注于对象级别的存储服务，不属于传统意义上的数据库系统，而是采用Account-Container-Object的三层结构来组织和管理存储对象，用户可以通过API轻松查询并列出指定容器中的对象列表，实现数据的灵活管理和访问。

Swift中的主要组件包括。

（1）Swift代理服务器。Swift代理服务器负责接收外界请求，检测合法的实体位置并转发请求。此外Swift代理服务器还负责实体失效、故障切换时的处理。Swift-API负责实现用户和Swift代理服务器之间的交互。

（2）Swift对象服务器。Swift对象服务器负责对本地存储系统中对象数据进行存储、检索和删除，采用二进制存储方式。对象是文件系统中的二进制文件，具有扩展文件属性的元数据，支持Linux中的EXT、XFS、Btrfs、IFS和ReiserFS等文件系统。

（3）Swift容器服务器。Swift容器服务器能够列出一个容器中的所有对象，在默认情况下对象列表被存储为SQLite文件，也可以被修改为MySQL文件。Swift容器服务器会统计容器中的对象数量，以及容器存储空间的情况。

（4）Swift账户服务器。Swift账户服务器与容器服务器类似，列出容器中的对象，可以进行的操作包括GET、PUT、DELTE、POST、HEAD。比如通过GET操作可以获得某个账户所对应的容器列表。

（5）Swift Ring索引环。Ring容器记录着Swift中物理存储对象的位置信息，是真实物理存储位置的实体在虚拟层面的映射。这里的实体包括账户、容器、对象，它们都拥有属于专属的Rings。

（四）Cinder

Cinder作为OpenStack框架内的关键组件，负责提供块存储服务。它旨在向虚拟机环境供应持久的存储卷，支持用户执行从创建块设备到在虚拟机内部进行挂载与卸载的完整操作流程。Cinder的架构设计深受Nova启发，并在此基础上进行了扩展，特别是通过演进Nova-Volume功能，来增强虚拟机的存储能力。如今，Cinder已从Nova中独立出来，形成了一个专门的、自包含的块存储服务模块。

（五）Keystone

Keystone在OpenStack中为组件提供认证和访问策略服务，它依赖自身REST（基于Identity API）系统进行工作，主要通过鉴定动作消息来源者请求的合法性认证与授权Swift、Glance、Nova等的各种行为操作。

Keystone的授权方式有2种，一种基于用户名/密码，另一种基于令牌（Token）。除此之外，Keystone提供以下3种服务：

（1）令牌服务。含有授权用户的授权信息。

（2）目录服务。含有用户合法操作的可用服务列表。

（3）策略服务。具体指定用户或群组某些访问权限。

Keystone提供的认证服务组件包括：

（1）服务入口。一个指定的端口和专属的URL。

（2）区位。在某个数据中心具体指定了一处物理位置。

（3）用户。Keystone授权使用者。OpenStack以用户的形式来授权服务给它们。用户拥有证书，且可以分配给一个或多个租户。经过验证后，会为每个租户都提供证书。

（4）服务。通过Keystone进行连接或管理的组件。

（5）角色。角色是应用于租户的使用权限集合，以允许某个指定用户访问数据或进行特定的操作。角色是使用权限的逻辑分组，它使得通用的权限可以简单地分组并绑定到与某个指定租户相关的用户。为了安全稳定，该用户关联的角色是非常重要的。

（6）租间。具有全部服务入口并配有特定成员角色的一个项目，一个租间可以有多个容器。根据安装方式的不同，一个租间可以表示一个客户、账号、组织或项目。

（六）Glance

Glance，作为OpenStack生态系统中的镜像管理服务，其核心职责涵盖了虚拟机镜像的搜索、注册与检索流程。Glance由2大核心组件构成：

Glance控制器与Glance注册器，二者协同工作以高效管理镜像资源。

在存储方面，Glance提供了灵活的选项，不仅支持将镜像保存在本地文件系统（作为默认配置），还兼容OpenStack对象存储系统，以及通过直接连接或作为中间桥接的方式与S3对象存储服务交互。此外，Glance还允许用户从HTTP源（仅限于读取操作）访问镜像，进一步拓宽了镜像资源的获取渠道。

（七）Horizon

Horizon是一个提供给管理者进行管理、控制OpenStack服务的Web控制面板，它可以创建密匙对、操作Swift容器、对实例添加卷、对实例和镜像进行管理等。除此之外，用户还可以在控制面板中使用终端或VNC直接访问实例。Horizon具有如下一些特点。

（1）实例管理。创建、终止实例，查看终端日志，VNC连接，添加卷等。

（2）访问与安全管理。创建安全群组，管理密匙对，设置浮动IP等。

（3）偏好设定。可以根据不同偏好对虚拟硬件模板进行设定。

（4）镜像管理。编辑或删除镜像。

（5）查看可用服务目录。

（6）管理用户、配额及项目用途。

（7）用户管理。创建、删除用户等。

（8）卷管理。创建卷和快照。

（9）对象存储处理。创建、删除容器和对象。

（10）为项目下载环境变量。

第三节　算力业务安全

一　算力业务安全问题

算力网络实现了分布式计算节点的无缝互联与统一调度，依托网络架构与协议的优化，为用户高效配置最优资源。然而，这一过程中，泛在计算能力与网络资源的整合也增加了网络、应用及数据的暴露风险，使得算力业务面临的安全环境趋于复杂化。由于资源间安全防护措施难以完全标准化，从而加大了整体安全防护的难度与挑战。

算力业务安全挑战如图8.3-1所示，主要涉及算力用户、运营服务、编排管理、数据安全和基础设备。

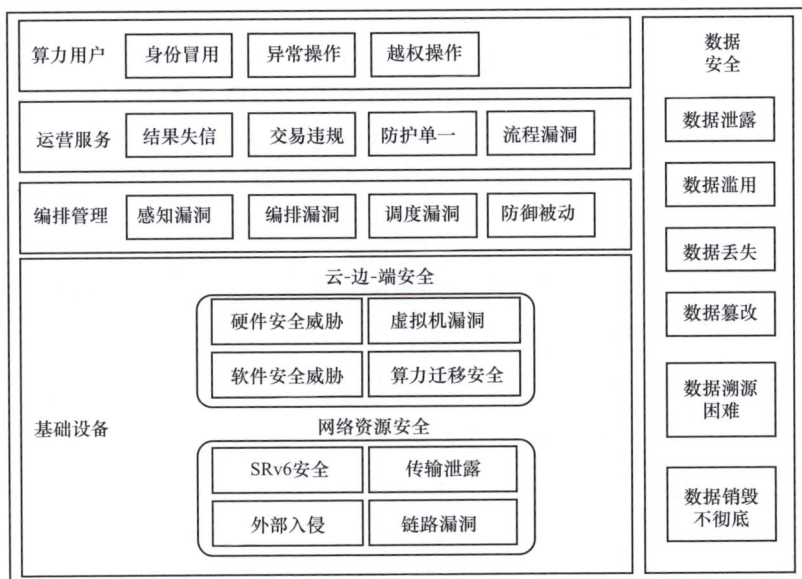

图 8.3-1　算力业务安全挑战

（一）算力用户

算力网络的用户遍布全网，数量庞大。这些用户既包含大型公司，也包括个人用户，身份复杂，用户设备接入网络的终端种类繁多。用户的算力需求多种多样，包括人工智能训练、视频渲染、安防监控等。算力网络用户情况的复杂多样使得算力网络的安全环境受到挑战。

算力网络的用户数量庞大身份复杂，算力网络攻击者可以冒用合法用户身份进入算力网络，窃取用户的账户数据和数字财产。也可能有用户创建大量计算任务，同时申请和占用大量的算力资源，影响正常用户业务进行，编排调度成本增大。另一方面，编排调度的算力节点数量骤增，算力网络的暴露面扩大，造成编排调度困难，导致不安全节点进入调度中心并引发安全漏洞，威胁算力网络平台稳定和安全。算力用户还可能进入算力网络进行越权操作，窃取用户信息、任务数据、算力节点分布信息、算力路由信息、算力网络架构等关键数据，进一步影响到算力网络平台的安全。

（二）运营服务

运营服务面临的安全隐患涵盖了多个层面，如计算结果的可靠性存疑、算力交易过程中的信任缺失、防护策略缺乏多样性以及业务流程中的潜在漏洞。具体而言，关于计算结果的可信度，挑战在于难以确保执行任务的算力节点返回的结果准确无误。

这包括3个方面的不确定性：一是结果是否基于用户提供的原始数据；二是计算过程是否遵循了用户指定的算法或方法；三是算力节点是否存在故意提供错误或虚假结果的行为。在算力交易方面，信任问题同样突出。算力网络环境中，存在算力供应方可能通过夸大计算成本来不当收费，以及算力需求方逃避支付费用的违约风险，这些行为都损害了交易的公平性和诚信度。

算力服务中应用场景复杂多样，其中包括自动驾驶、远程医疗以及数字化政府等安全需求较高的应用场景。不同场景的安全需求也不尽相同，如果防护策略单一不够灵活多样，就不能满足多样化场景的安全需求，使得算网服务的安全防护出现漏洞。此外，算力服务从用户接入算力网络到获取资源再到释放资源，流程较长操作也很多，这导致安全故障随时随地都可能出现。

（三）编排管理

编排管理层实现了对算力用户、计算任务、网络资源及算力资源的全面感知与协同整合，确保各要素间的有效协调与高效运作。然而，在此过程中，算力节点的安全性能参差不齐，编排管理层虽能集中收集算力资源和网络资源的关键性能信息，如计算能力和传输速度，但可能难以全面捕捉资源的异常行为，使得问题追溯变得复杂。

编排调度中心若不慎利用不可信算力资源提供服务，将敏感数据分配至这些节点处理，则存在显著风险。这些节点因安全能力薄弱，易成为攻击目标，且算力网络对它们的直接控制力有限。由此，敏感任务数据面临被非法获取、篡改的风险，从而引发算力业务的安全隐患。

另一方面，编排管理层需要收集处理大量算力网络敏感数据并且调度大量算力网络资源，访问和调度的集中增加了安全风险。攻击者一旦进入编排调度中心，大量的敏感数据会受到威胁，编排调度的安全性也变得不可信。

除此之外，人工智能业界也已经出现了误导混乱人工智能决策的攻击方式，包括污染数据集，干扰人工智能训练等方式，最终目的都是诱导人工智能在编排调度中做出不安全的决策。随着算力网络领域人工智能的运用不断受到重视，编排管理层的行为安全成为新的安全挑战。

算力网络中编排管理业务吞吐量非常庞大，业务异常问题发生频率相应的也非常高。如果只在业务异常发生后进行被动防御，大量的故障处理和任务迁移会妨碍算力业务的正常开展，加重算力网络编排调度负担。

（四）数据安全

算力网络中算力提供商和消费者众多，算力网络编排调度算力资源提供算力服务，数据量庞大，数据种类多样，包含用户账号信息、任务数据、编排调度信息、算力节点拓扑信息等。算力网络在存储这些信息时，数据可能会被窃取、篡改甚至会丢失。同时，算力网络中数据需要分散到多个算力节点进行计算，数据传输频繁暴露面大，有数据泄露、数据篡改、数据销毁不彻底等风险。

数据泄露后还可能被滥用，其中的敏感数据被随意泄露和使用导致用户个人隐私受到重大侵害，甚至威胁用户生命财产安全。在检测到数据状况异常后，由于参与方众多、数据量庞大、暴露面广泛等原因，算力网络数据溯源的难度也很大。

（五）基础设施

算力网络整合接入海量算力资源和网络资源，算网资源体现出泛在化的特点。算力网络中主要的算力资源包括云计算、边缘计算以及终端计算。目前云计算发展相对成熟，形成了系统的业务服务和解决方案。边缘计算迅速发展，边缘算力逐渐丰富。终端算力规模随着社会发展日渐庞大，各类电子设备性能突飞猛进，比如手机、计算机。算力结构逐渐形成云计算、边缘计算、终端计算的金字塔型三层架构。

算力资源安全主要包括云计算安全、边缘计算安全和端计算安全。

云计算作为汇聚超算能力的核心基础设施，构成了算力网络中不可或缺的算力资源之一。云原生技术的兴起，作为云计算演进的前沿趋势，极大地促进了云环境构建的速度与灵活性，打造了具备高度弹性、强健性和适应性的算力架构。然而，随着云原生及其相关技术的深入应用，一系列新的安全挑战也随之浮现，主要包括外部侵袭、虚拟化环境的安全隐患以及信任机制的构建难题。

云计算的开放共享本质，虽促进了资源的广泛利用，但也为攻击者提供了可乘之机。他们可能利用云计算的共享特性，如物理机共用引发的旁路攻击或子网共驻下的拒绝服务攻击，来实施破坏。此外，虚拟化技术，作为云计算支撑资源动态调整和高效利用的核心，虽能实现虚拟环境间的有效隔离，但仍难以完全抵御虚拟机逃逸、流量窥探等高级攻击手段，从而威胁到数据的安全。用户任务的数据与代码在共享环境中面临被非法访问、篡改或窃取的风险，而恶意代码混入正常任务流中，更可能对其他用户和系统构成潜在威胁，影响整个计算环境的信任度和安全性。

作为云计算在算力分布上的重要补充，边缘计算以其超分布的特性，被部署于更接近用户业务和数据源头的位置。它通过提供近距离的计算服务，有效满足了用户对低延迟、高带宽以及强化安全与隐私保护等方面的业务需求。

随着边缘计算从理论概念逐步走向实际应用部署，边缘算力资源日益丰富，但同时也伴随着一系列新的安全挑战。由于边缘节点分布广泛且安全防护措施相对薄弱，它们成为了攻击者的潜在目标。攻击手段可能包括物理层面的破解尝试和网络层面的入侵渗透。此外，边缘节点之间的互联互通也为攻击者提供了可乘之机，一旦某个边缘节点被攻破，攻击者便可能利用该节点作为跳板，对上层系统、相邻节点乃至整个算力网络发起攻击。这种横向或纵向的攻击路径，不仅可能窃取用户任务的数据和代码，还可能注入恶意代码，对整个算力网络的安全性和稳定性构成严重威胁。

基于云计算与边缘计算的强大算力基础，算力网络整合了网络中分散的闲置算力资源。鉴于终端算力设备（多为个人持有的算力设备）的广泛分布，算力网络对其直接管理与安全保障存在局限性。这些终端算力设备常面临多重安全挑战，包括无线通信链路的安全威胁、数据被非法读取或访问的风险、恶意软件的侵扰、无线接口的安全漏洞，以及物理层面的安全威胁。

二　算力业务防护体系

针对上述算力网络面临的安全挑战，持续强化算网安全防护能力，建立健全的算力网络安全保障体系显得尤为重要。算力业务安全防护如图8.3-2所示。本文将从上述的5个部分出发，依次阐述对应层级的内容和相应的安全建设策略。

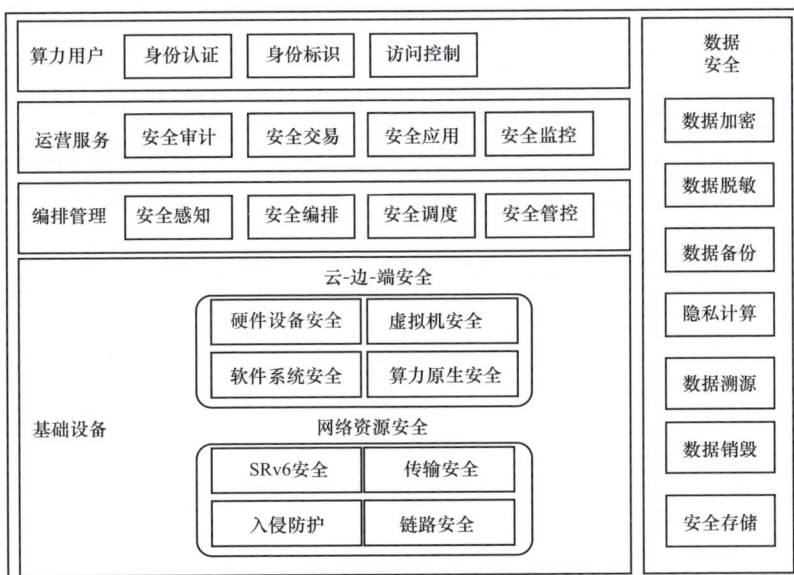

图 8.3-2　算力业务安全防护

（一）算力用户

为增强算力用户的安全性，需强化用户安全防护机制，涵盖身份认证、身份标识和访问控制3大环节。在用户接入算力网络时，实施多元化身份验证策略，确保用户身份的真实性与操作的自主性。身份认证技术融合秘密信息、信任物体与生物特征3种方式，灵活采用单一或组合策略以验证用户身份。此外，构建身份管理系统时，可采纳如安全断言标记语言、开放授权协议、OpenID等多种标准及协议，以适应算力网络的特定需求。

对用户身份进行标识，主要包括个人或者企业用户以及用户的信用等级等，针对不同类型的用户设置相应的算力额度，提供相对应的算力业务服务。检测到异常的算力请求和资源占用时，根据情况将该用户的信用等级降低，相应的限制该用户的算力额度。控制用户的访问权限，加强安全防护设计，确保系统的任何信息和服务只在必要时才对用户开放，防止用户越权获取关键信息和服务。

访问控制机制旨在防范非法用户侵入受保护的算力网络资源与信息领域，同时确保合法用户能够顺畅访问所需资源，并有效遏制越权访问行为。实施访问授权时，可依托访问控制模型与加密机制两大支柱。访问控制模型通过设定访问策略，明确用户身份与权限对应关系，在用户发起访问请求时验证其身份，以判断其是否具备访问特定资源的资格。而加密机制则通过数据加密与密钥分配，进一步保障数据安全性，使未获授权的用户无法解密并访问加密数据。

（二）运营服务

算力网络的运营服务将算网资源抽象为服务直接对接用户和应用开放，运营服务的安全建设可分为安全交易、安全审计、安全应用以及安全监控4大模块。

（1）安全交易。算力交易平台可分为中心化平台和去中心化（分布式）平台两种模式。中心化平台依赖第三方机构，集中处理交易信息与流程，安全策略统一由平台方制定。而分布式平台则利用区块链技术，在多个链节点上展示信息和执行交易，各节点信息保持同步，要求多方共同参与，确保分布式算力在安全前提下的统一高效运营。区块链的核心技术特征包括分布式账本机制、共识算法、智能合约应用以及基于密码学的安全保障。

（2）安全审计。安全审计旨在全面识别、详尽记录并有序归档算力交易过程中的各个环节，同时强调对关键记录的备份存储，以便在需要时能够迅速追溯与核查，确保交易流程的透明性与可追溯性。

（3）安全应用。算力网络服务广泛覆盖多个领域，如自动驾驶、远程医疗及数字化政府等，这些场景对安全性的要求尤为严苛。为了保障这些高安全需求场景的安全运行，可将安全能力细化为可独立部署的原子化单元，根据具体场景需求灵活配置相应安全策略，实现安全防护的精细化和定制化，从而有效满足不同应用场景的独特安全需求。

（4）安全监控。安全监控机制贯穿于算力交易的整个生命周期，从用户获取算力资源直至资源释放的每一环节都实施严密监控。该机制能够即时预警潜在的安全故障，确保交易过程中数据与信息的安全。

（三）编排管理

编排管理作为算力网络的核心控制机制，位于复杂的算力资源环境与多样化的算力需求之间，其核心功能聚焦于算网环境的全面感知、资源的协同编排及灵活的调度分配，共同构筑起一个高效整合的算力网络管理中枢。

在进行算力资源的编排与调度时，系统不仅需确保满足时延、能耗及算力阈值等基本需求，还需深度融合任务的安全考量，旨在为用户提供既满足性能又确保安全的算力资源。编排调度层的工作机制体现在两方面：一是精准解析用户任务的安全需求，据此智能调配符合安全标准的算力节点；二是依据任务安全需求，在选定的算力节点上定制化配置安全策略，进一步强化节点的安全防御能力，全方位保障算力任务的安全执行。

编排管理的安全建设可从安全感知、安全编排、安全调度以及安全管控4个方面考虑。

（1）安全感知。在算网感知环节，通过统一标识算网身份，实现异常情况的迅速识别与应对。对于算力用户，其安全标识综合考量了使用限额、信用状况等因素；计算任务则依据任务特性、资源需求及安全标准设定安全标识。编排调度层深入分析业务安全需求，利用安全标识对任务需求进行精细化分类与分级，为资源分配的安全性与效率提供支撑。

算力任务的安全保障聚焦于数据保密与结果精确性等方面，这些要求由用户期望、任务特性及数据类型共同塑造。系统基于任务类型与算力限额进行安全评估，对超限任务实施用量限制或请求拒绝，并动态调整用户信用评价，有效遏制算力资源的非法滥用及潜在安全威胁，如暴力破解等。

（2）安全编排。相较于传统网络编排，算力网络中编排调度过程的行为需受到授权和监控，防止越权调度算力网络资源造成安全问题。借助区块链技术将编排调度的结果上链存证，以供后续操作审计。在编排管理环节中，关键数据如算力用户信息、任务数据、网络架构详情及资源分布等均需得到妥善保护与监控，确保编排调度层的数据访问与调度行为均基于合法授权，有效防范数据泄露、篡改及恶意利用的风险。

（3）安全调度。算力网络的核心运作在于算力资源的有效调度。为确保调度过程的安全性，可依据既定标准，对用户信息、算力任务及资源实施安全等级划分，确保任务按需分配至符合安全标准的资源节点。在调度实践中，加密技术被用于保护用户信息与任务数据在传输过程中的安全，同时，动态监测与节点验证等机制也被引入，以进一步提升整体安全水平。另外，随着人工智能在调度中的应用，算网智能调度受到越来越多的关注，算网智能调度的算法和数据集需要得到保护，防止病毒木马侵入修改算法、污染数据集、迷惑人工智能，造成故障甚至产生安全漏洞。

（4）安全管控。安全管控机制专注于业务行为的安全监督，旨在满足算力服务对可管理安全性的需求。它迅速响应并有效处理算力网络中出现的算力滥用、异常冲突、安全攻击及隐私泄露等安全问题。为提升算力网络的安全防护水平，安全管控策略正逐步从被动防御模式转向自主检测与主动防御相结合的先进模式。

当前，编排管理安全领域正加速标准化步伐，如《安全访问服务边缘（SASE）功能编排管理系统架构》的研制工作已启动。鉴于算力网络对安全性的高度需求，包括安全路由策略、节点信任机制及安全资源智能调度等方面，研究者们提出了一种创新的协同编排调度方案，该方案深度融合SASE理念，实现了算力任务与安全资源的无缝对接与高效分配。

SASE作为一种集网络与安全功能于一体的新兴服务模式，不仅强化了身份认证机制，还支持边缘计算环境下的灵活接入，依托云原生架构，为用户带来高效、灵活且统一的网络安全防护。其内部集成了SD-WAN（软件定义广域网）、ZTNA（零信任网络访问）、FWaaS（防火墙即服务）及CASB（云访问安全代理）等前沿技术，彰显了身份驱动、集中管控、分布式互联及边缘服务接入等显著优势。SASE框架所秉持的"零信任"核心理念，与算力网络追求的安全目标高度契合。这一原则摒弃了对任何内外部实体的预设信任，转而采取严格的接入前验证措施，从而构建起坚不可摧的安全防线。

（四）数据安全

数据安全贯穿算力网络业务流程，是算力网络业务安全的基础，数据安全防护策略可从数据全生命周期展开。在数据收集环节，须完善用户、终端及接口的认证与授权流程，确保采集过程的安全性。同时，建立跨系统统一的数据传输标识符与预授权机制，以便对数据进行明确标记，并跟踪记录数据传输节点、操作行为及流向等关键信息，从而强化数据的安全性与可追溯性。

数据存储阶段，算网实施用户数据的加密分级存储策略，以契合不同的算力业务需求。加密措施旨在确保数据在算力网络中的机密性，采用的方法涵盖TEA（微小加密算法）、数据伪装技术及椭圆曲线加密等。TEA作为一种高效的对称分组加密算法，通过位移与异或操作实现快速加密，其优势在于处理速度快、效率高且具备强大的抗差分分析能力。数据伪装则通过一系列函数变换，改变数据的外在形态，使得非授权者在无正确解密参数的情况下难以恢复原始数据，增强了数据保护的安全性。椭圆曲线加密技术利用椭圆曲线上的数学运算特性，将加密过程与离散对数问题相结合，构建了一种高效的密码体系。该加密方式能够以较短的密钥长度实现较高的安全水平，有效缩减了存储空间需求，同时提升了加密效率与安全性。

数据传输阶段，根据算力网络的具体业务需求及服务节点的安全评级，灵活部署相应的安全防护策略。为确保数据在传输过程中的安全无虞，引入诸如TLS（传输层安全协议）和IPSec等高级安全传输协议。TLS协议，作为TCP协议之上的安全层，专为应用层提供加密服务，确保所有传输信息均处于加密状态，有效抵御第三方窥探。同时，TLS内置的MAC校验机制能即时侦测数据篡改，并通过双方持有的证书验证机制，严防身份伪造。另一方面，IPSec协议则通过AH（认证头）或ESP（封装安全载荷）协议，为数据传输提供加密与验证双重保障。加密机制确保了数据的机密性，有效防止数据泄露；而验证机制则保障了数据的完整性与真实性，避免数据在传输过程中被篡改或伪造。

在数据计算阶段，严格遵循最小必要原则，确保数据使用者仅能获得执行任务所必需的数据量。同时，采用隐私计算技术来保障数据的可用而不可见性，该技术涵盖密码学、可信执行环境、数据脱敏及分布式计算4大方向，各自适应于不同的应用场景。密码学中的安全多方计算技术，实现了多算力节点间的协同计算，各节点在保密输入的同时共享计算结果，有效控制了数据的使用范围与量度，体现了数据最小化原则。可信执行环境则通过构建软硬件隔离的安全区域，为程序与数据的机密性与完整性提供了强有力的保障。

数据脱敏方面，匿名化技术包括泛化、微聚集与分解等方法，旨在降低个体被识别的风险，保护用户隐私。差分隐私则根据应用环境的不同，分为中心化与本地化两种模式，前者依赖可信第三方处理隐私数据，后者则将隐私处理权下放至用户端，增强了数据管理的灵活性与安全性。分布式计算技术，特别是联邦学习，在人工智能领域得到了广泛应用。该技术常与同态加密和差分隐私相结合，实现了在保护数据隐私的同时进行高效的模型训练与预测。

数据销毁阶段，建立详尽的规范、策略与机制，彻底清除废弃或过期的数据，防止其被非法获取。数据销毁技术可划分为硬销毁与软销毁两大类。硬销毁策略通常应用于对保密性要求极高的业务环境，它采用物理或化学手段直接摧毁存储介质，从根本上消除其中存储的数据，确保数据无法被恢复。相比之下，软销毁方法则适用于保密需求相对较低的场景。它依赖于软件技术，如数据覆盖，来实现数据的无害化处理。具体而言，软销毁通过一系列无序的01序列覆盖原始数据，使这些数据变得无效且难以恢复，从而达成销毁目的。

（五）基础设施

基础设施安全分为计算资源安全和网络资源安全2部分。

（1）计算资源安全从硬件架构入手，强化硬件设备自身安全。虚拟化技术的引入，尽管极大地促进了硬件资源的高效利用，跨越了物理设备与操作系统的界限，却也伴随着系统安全风险的增加。因此，加强虚拟化环境与操作系统的安全防护策略，成为抵御恶意软件侵袭的关键。

云原生作为算力服务的重要基石，依托容器、微服务架构及DevOps等先进技术构建而成。云原生安全策略则聚焦于平台内置的安全资源，紧密围绕云原生应用从创建到部署的整个生命周期，构建全方位的安全防护体系。这一策略强调在开发初期即加大安全投入，确保供应链与镜像的纯净无虞；在容器编排与管理的每一环节，从操作系统核心至运行时环境，均实施严密的保护措施；同时，对业务应用实施不间断的监控、深入分析，并快速响应潜在威胁，以保障云原生环境的持续安全。

（2）网络资源安全架构的核心要点涵盖SRv6安全保障、严密的访问控制策略以及强效的入侵防御机制。SRv6技术，作为IPv6与源路由技术的创新融合，不仅赋能了端到端的服务连通性与网络编程的灵活性，也面临着数据窃听与传输篡改等安全挑战。对此，实施访问控制列表（ACL）配置及采用基于哈希的消息认证码（HMAC）技术成为有效的防护策略。

在构建安全屏障时，身份验证与访问控制作为首道防线至关重要。对于算力网络的接入实体，无论是终端设备还是用户，均需经过严格的身份验证流程。零信任模型作为此领域的优选方案，其核心在于"永不信任，始终验证"，即每次访问均需重新验证身份并授权，同时遵循最小权限原则，动态调整访问权限，依据访问者身份及资源状态上下文制定策略。

第九章

算力网络的问题与发展

第一节　算力网络发展中的问题

算力网络的发展是在计算能力不断泛在化发展的基础上,通过网络手段将计算、存储等基础资源在云、边、端之间进行有效调配的过程,以此提升业务服务质量和用户的服务体验。算力网络自2019年诞生至今已有五年,在产业界的共同努力下,算力网络技术研究在国际和国内都取得了显著的进展。国际上,互联网工程任务组(Internet Engineering Task Force,IETF)已经开展了计算优先网络框架(Computing First Network Framework)系列研究;欧洲电信标准组织(European Telecommunication Standards Institute,ETSI)和宽带论坛(Broad Band Forum,BBF)分别启动了NFV-EVE020和SD-466相关技术研究;国际电信联盟电信标准化部门(International Telecommunication Union Telecommunication Standardization Sector,ITU-T)也发布了Y.2501(computing power network-framework and architecture)的技术标准。在国内,三大运营商与中国通信标准化协会(China Communications Standards Association,CCSA)同期开展了包括算力网络需求与架构、算力路由协议技术、算力网络标识解析技术、算力网络控制器技术、算力网络交易平台技术、算力网络管理与编排技术、算力度量与算力建模技术等全方位的标准技术研究工作,有力地推动了算力网络的发展。

2021年,算力网络借助"东数西算"的国家战略迎来蓬勃发展的一年,中国联通提出基于第三代面向云的无处不在的宽带弹性网络(cloud-oriented ubiquitous broadband elastic network 3.0,CUBE-Net3.0)打造新一代数字基础设施建设,通过"联接+计算"的算网一体理念,以云网为基、数智为核,实现算网联动;中国电信提出了"网是基础、云为核心、网随云动、云网一体"的思路,以云为核心大力发展云网融合;中国移动则提出了算力立体泛在、算网融合共生、算网一体服务的新理念。虽然三大运营商对于算力网络的立足点有所不同,但是核心思想趋于统一,都是希望未来云、网、算等资源能够融为一体,使用户能够像用电、用水一样,随时随地地使用算力。为实现此愿景，产业界先后提出了如下主要技术思想和存在问题。

（1）需要抽象出算力的计量粒度，解决算力资源的度量能够在一定程度上统一的问题。

算力优先网络的实现，使得网络中的路由计算不再只依靠传统的链路度量值，而能够将算力信息作为权重参与路径选择。

（2）需要通过网络在云侧、边侧、端侧的高效分布和连接保证，解决"多云协同""云–边协同""端–云协同"的实现问题。

算力网络管控系统的统一管理和编排完成算力、网络、云的统一调度，实现"一网联多云""一键网调云"。

虽然算力网络当前已经初步具备了应用落地的条件，但是产业界也应清楚认识到目前尚未突破的一些核心技术难点，即算力网络持续健康发展面临的若干关键技术问题，笔者从发展的角度将呈现这些问题。

一 算力度量与算力建模问题

算力度量和算力建模是算力网络底层的技术基石，如何在网络中有效地对算力进行标识和度量是算网融合发展的第一步。不同于传统的硬件计算资源度量，算网融合过程中算力的度量不仅依赖中央处理器（Central Processing Unit，CPU）、图形处理器（Graphics Processing Unit，GPU）等处理单元以及内存、硬件等存储资源，还与业务类型、节点的通信能力等息息相关，可以说作为算网融合发展的基础，如何构建统一的算力资源模型及算力需求模型、实现算力的一致化表达是算力度量与算力建模的关键问题。

目前，算力资源的度量和建模方面的研究进展相比算力网络其他研究方向稍显缓慢，经过分析，主要原因包括以下几点。

（1）衡量计算能力的 CPU、GPU、神经网络处理器（Neural Network Processor unit，NPU）等异构处理单元很难进行标准化的统一，目前仅有中国联通和中国移动在 CCSA 的标准研究报告中提出根据整数运算速率、浮点数运算速率等不同运算类型的维度衡量处理单元计算能力的方案，但是在此方案中，很难直接比较不同的运算类型。

（2）算力资源除了计算单元，还包括内存、存储、通信能力等其他资源，如何将所有不同类型的资源进行标准化统一建模，并供上层资源消费者使用，目前还没有学术界和产业界都比较认可的标准。

（3）上层应用对算力资源的类型和需求量往往差异很大，一般只能通过经验数据来描述某一特定场景下的算力资源需求，这也是导致异构算力资源完成统一及标准化的一个难点所在。目前，产业界提出了算力交易平台的初步解决方案：构建算力资源池度量模型。例如，一个算力资源池中包括8核 vCPU、8 GB 内存、100 GB 硬盘，调用此算力资源池的通信带宽为100 MB 等，用户在算力交易平台中以已建模的算力资源池为使用单位来对算力资源进行使用。

综上所述，"底层算力资源度量的标准化统一"以及"上层应用对底层算力资源需求的标准化统一"是算力度量与算力建模需要解决的两大问题。国内运营商在其研究报告中提到了三级算力度量指标体系：异构硬件算力度量、节点服务能力度量、业务的支撑能力度量。这个3级指标体系初步提出了将某种业务需求与节点服务能力映射的思想，再通过节点服务能力与算力资源的映射关系，最终形成业务的算力需求与算力资源映射的关系。这种算力度量指标体系为算力度量和算力建模的目的提供了明确的方向。

未来的算力网络业务需求与底层的算力资源自动匹配，要能够将业务需求尽可能精细化地拆分为原子业务需求，拆分的颗粒度为一个原子业务需求能够尽可能精确地与一个或者一组可以明确量化的算力资源相匹配。例如，假设定义"在1ms内完成1 MB 视频图像的3D渲染处理"为一个原子业务，那么恰好能够完成该原子业务处理的算力资源为本地的1个vGPU和10MB内存，这就能够将原子业务与其需要的算力资源相匹配，从而整体的业务需求就能够相应地与其总体算力资源需求相匹配。更复杂的是，算力资源的需求还可能与网络资源的带宽以及用户和算力资源的距离有关，这就需要设计更复杂的算力度量和算力建模模型，与上层的业务需求进行匹配。

二　基于算力信息的路由决策问题

在算力网络中，将用户业务流量调度到合适的算力资源池中进行处理，需要网络具备精确的路由决策能力，能够基于算力信息进行路由计算。传统路由计算是基于链路的基础度量值进行选路的，其在网络发展的初期具有简单易度量的优点，适合早期互联网业务应用类型不多情况下的网络发展，但是，随着互联网业务类型的飞速增加，传统的路由计算方式对于特定的业务需求已经无法保证最优的路径调度。基于传统路由计算方式的选路机制在虚拟现实（Virtual Reality，VR）场景中，在传统网络的路由决策指导下，用户选择了链路距离最近的多接入边缘计算（Multi-access Edge Computing，MEC）云中的某个服务器，但是显而易见，对于新型的 VR 视频业务处理，GPU 是更好的选择，所以如果在网络中还是采用基于传统链路度量值的选路策略，资源无法得到最好的利用。

为解决上述的问题，产业界提出了计算优先网络（Computing First Network，CFN）机制，CFN 在链路开销的基础上增加了多种算力和网络信息的度量方式，如 CPU、GPU、现场可编程门阵列（Field Programmable Gate Array，FPGA）和带宽、时延等。同时，CFN 结合任播技术还能够以"边-边协同"的方式实现算力资源的智能管控，完成应用部署的负载分担。这里仍旧以 VR 视频业务为例，在此场景中，VR 视频信息需要发送到 MEC 上进行处理，各个 MEC 上都具备视频信息处理的能力。由于各 MEC 都具备视频处理能力，所以通过任播地址，理论上可以将视频数据流发送到任何一个 MEC 进行处理。MEC1 和 MEC3 不具备 GPU 处理能力，基于算力资源的 CFN 选路机制，视频信息数据流没有选择 MEC1 和 MEC3，而对于具备 GPU 处理能力的 MEC2、MEC4 和 MEC5，在具备相同处理能力的前提下，Router1 到 MEC4 的网络时延最低，所以 MEC4 是最优的选择。再者，为了视频信息并行处理的效率，Router1 选择将视频数据流同时发往 MEC2、MEC4 和 MEC5，实现了视频业务处理的负载分担。基于 CFN 的路由决策机制在传统路由决策的基础上考虑了算力信息的权重，在算力资源多样性的网络中，能够精确地完成流量调度，打破了传统路由决策机制的局限性，使得业务调度能够根据自身的特点选择合适的处理设备，并能够做到资源的充分利用，但是在实际的应用中，由于算力资源的多样性和网络的复杂性，CFN 还存在以下尚未完全解决的问题。

（1）算力信息及网络信息指标多样化，目前的算法还无法精确包含所有影响路由决策的信息，只能在特定的场景中针对特定的需求进行路由算法的定制化设计。

（2）随着网络规模的扩大，网络中链路故障、设备端口震荡、网络拥塞等问题时刻在出现，这些故障会导致算力信息和网络信息指标权重的变化。算力资源的指标权重比传统单一的链路开销权重个数要多得多，所以网络变化对基于算力资源的路由计算影响就会非常严重。针对此类网络变化导致的影响问题，可以给路由计算设置抑制时间或者触发路由计算的门限值，以降低频繁的路由变化给业务处理带来的不利影响。例如，在1min之内，如果资源信息变化非常频繁，则只进行一次路由计算；或者当资源信息的变化在1%以内，则不触发路由计算。

（3）CFN机制需要通过在传统的路由协议上进行扩展用以携带算力信息和网络信息，而传统的内部网关协议（Interior Gateway Protocol，IGP）和外部网关协议（Border Gateway Protocol，BGP）路由协议设计无法实现端到端信息的传递，这导致跨域的路径选择还不能做到非常精确，这对广域网上算力路由决策的准确性提出了很大的挑战。

针对上述3个问题，基于产业界目前对算力网络的研究进展，本书给出如下解决思路。

（1）算力资源的指标多样化使得路由计算算法的复杂化问题难以解决，这就需要通过算力度量和算力建模技术将算力资源的指标尽可能归一化，通过减少指标参数的方法降低算法的复杂度。

（2）网络的变化带来的算力信息权重的频繁变化是路由计算无法接受的，但是为了路径选择的准确性，路由计算又需要实时对网络环境作出响应，那么在算力网络的路由决策机制设计中，就必须在降低网络变化频繁性的影响和提高路径选择的准确性之间进行折中，或者采取全新的路由决策方案及提高网络的容错能力。

（3）要实现广域网中大规模算力网络的运行，还必须解决算力信息和网络信息的跨域传递问题，打破传统路由协议的限制，目前比较流行的IPv6分段路由（IPv6 Segment Routing Version 6，SRv6）协议能够在一定程度上实现端到端的信息打通。

云－边－端的算力协同随着全球数据总量的快速增长，数据处理对算力

第九章 算力网络的问题与发展

的需求陡增，而由于工艺的约束，单芯片的算力在5nm之后也将接近顶峰，传统集约化的数据中心算力和智能终端的算力可增长空间也面临极大挑战，这决定了未来算力的发展不能仅仅依靠于单点计算能力的提升，更需要对分散算力进行集中使用。算力网络的愿景之一就是将全网中的云-边-端算力进行统一纳管、按需调度，实现云-边-端的算力协同。中国联通研究院最早在2019年10月发布的《算力网络白皮书》提出了云-边-端的三级算力架构，并指出算力网络是实现云-边-端算力高效利用的有效手段。发展至今，算力网络也通过其精准的调度、灵活的连接、充分的协同，一定程度上实现了专业、弹性、协作的高效云-边-端算力整合，但是基于当前算力的分散性和动态性的特点，云-边-端的算力协同还存在一些尚未完全解决的问题，如下为对其中一些问题的分析，并提出了相应的解决思路。

（1）云-边-端算力的海量接入问题。云-边-端的算力，尤其是端侧的算力，在网络中分散的范围非常之广，如何建立一个如此庞大、能够"海纳百川"的统一算力管理系统，首先需要解决的问题是在海量的算力接入情况下，如何保证系统能够保持足够的稳定性，并能够及时完成算力的整理和归类，以供业务应用进行使用。在目前的解决方案中，层级化的架构体系是一个较好选择，通过划分区域范围，使算力管理系统在保证自身处理性能的前提下尽可能多的容纳算力节点，下级系统接入上级系统，上级系统负责下级系统的统一管理。

（2）算力的动态使用问题。每一个接入算力管理系统的云-边-端算力节点，可能需要同时满足本地算力使用和远端算力使用，那么就会出现本地可用算力和网络可用算力一直处于动态变化中的情况，如何确保业务应用使用远端算力的准确性，是算力管理系统需要考虑的问题。例如，对于变化不太频繁的算力节点，可以通过资源独占锁定的方式防止其他应用的调用，而对于变化过于频繁的算力节点，可以设定一个是否将节点纳入统一管理的门限或者从该算力节点中单独划分出一部分资源专门供系统统一管理。

（3）算力的调用粒度问题。在目前的算力网络系统中，能够实现以一个业务应用为单位、将报文调度到某个资源池中进行处理，或者通过编排系统实现负载分担。但是，在系统调度功能中，即使实现了负载分担功能，也是将同一个业务应用的不同会话调度到不同的资源池中进行处理，还没有真正实现细分到任务或者进程颗粒度的算力协同。例如，不同资源池能够为同一个业务应用提供不同类型的算力，或者系统能够将业务应用拆分为不同的服务或者进程分发到不同的资源池中进行处理。为了能够达到上述的服务调用粒度，一方面，系统需要具备将业务应用拆分到足够颗粒度的子服务的能力，使子服务的处理资源需求能够恰好匹配资源池中的算力资源；另一方面，系统还应具备将业务应用根据所需要的算力资源类型进行子服务拆分的能力，使得特定的子服务被特定的算力资源处理，从而提高处理效率。例如，算力网络的子服务拆分调度解决方案，服务 App1 能够被拆分为 3 个子服务（App1.1、App1.2 和 App1.3），并根据子服务自身的资源需求，通过算力网络调度到相应的算力资源中进行处理。

在未来的互联网中，基于服务的云网融合，用户只需要通过终端接入网络，提出业务需求，算力网络就会根据用户的需求自动在网络中搜寻服务提供节点，用户根本无须关注服务提供节点的真实物理位置，所有合理匹配算力资源的工作都由算力网络完成，真正实现了基于服务的云网融合。但是，在当前的商用互联网中，网络和云的独立性大于融合性，由于近 10 年信息技术（information technology，IT）的发展领先于通信技术（communication technology，CT），网络已经逐步沦为云间的通信管道，作为网络通道提供者的运营商们为了使网络能够发挥更加智能的作用，精确地为用户提供服务等级协定（service level agreement，SLA）服务，正在逐步思考网络如何更好地发挥主导作用，以网络为中心，根据用户的需求智能化地调度云内服务。

算力网络可以看作云网融合发展的高级阶段，它为用户呈现的是一个完整的大规模资源池，用户只需要接入这个资源池，而不需要关注提供服务的资源池所在的物理位置。在这个大规模资源池中，云作为服务承载的节点，网作为服务间信息交互的纽带，如何让服务节点随着网络的延伸形成一个全连接的关系且尽可能地靠近用户以降低时延，并且网络路径能够随着承载服务的云的改变而动态变化，是云网融合需要解决的核心问题。笔者结合目前云网融合的研究进展，提出以下 3 个思考方向。

（1）云网融合需要一个位于网络管控和云管控之上的总体编排管控系统（以下简称"编排系统"）来建立网和云之间的联系。当用户选择服务时，编排系统先要根据云资源是否可用，对服务及服务所处于的云进行选择，并在此基础上完成业务路径的编排，然后将编排后的业务路径下发给网络控制器，由网络控制器根据业务路径进行路由决策后下发路由表项指导网络设备进行数据报文的转发。

（2）云网融合的场景，可能涉及多次入云的情况（如业务链场景），传统的路由决策方式在复杂场景下逐渐显现出其弊端。例如，策略路由（policy based routing，PBR）的实现方式，虽然现有绝大多数网络设备都能够支持，不需要对设备本身的功能进行修改，但是配置复杂、可扩展性差，无法适应未来云网深层次融合的网络。虽然网络服务报文头（network service header，NSH）的实现方案已经非常成熟，但是它需要进行数据面的修改以支持 NSH 的转发，并且在入云的服务功能转发器（service function forwarder，SFF）上需要维护每个业务链的转发状态，在业务部署时需要在多个网络节点上进行配置，控制平面复杂程度相对较高。基于 SRv6 的业务链，只需要在头节点显示指定报文的转发路径，实现方式灵活，不需要在网络的中间节点维护逐流的转发状态，部署也相对简单，此实现方式目前的瓶颈主要在于非感知（unaware）模式的云网互联配置复杂度和感知（aware）模式的服务支持能力（非感知模式和感知模式的区别在于云内服务是否支持 SRv6 协议），这可以通过产品落地推动。

（3）网络管辖权问题。云网融合场景涉及的入云问题，在网络路径中不仅包含接入网及承载网络上的路径问题，还包含"最后一公里"的云网互联及云内网络问题，这些问题主要体现在网络设备的管辖权上。从网络路径规划的角度上看，网络节点被一个控制器统一管理的效率最高，但是在现网实际应用中，网络控制器只能对云外的网络设备进行管理，而且在云外网络中不同的管理域也需要不同的网络控制器分别进行管理，而对于云内的网络，其管理权一般属于数据中心内的网络控制器和云管控系统。为了在算力网络中创建一个云网深度融合的系统，目前业界正在尝试通过上层的编排系统进行统一的协同调度，或者通过算网融合设备的创新方式减轻这种复杂的网络管理问题。

另一重要方面，算力网络信息安全。整个算力网络自下而上包括物理设施、软件系统、网络架构、系统平台及应用服务等功能组件，为确保整个算力网络体系的安全可靠，需要在物理安全防护、系统安全加固、网络访问控制、应用安全防护以及安全管理等方面进行安全保障。一方面，在算力网络体系中，需要解决软、硬件系统加入算力网络的可信任问题以及算力网络使用者的权限管理问题等，这可以通过传统的鉴权管理系统方案解决，鉴权管理系统对算力网络的管理权限和算力资源的使用权限进行合理的安全管理，以确保算力网络的安全运行以及算力资源的合法使用；另一方面，从网络架构的角度考虑，网络虚拟化、网络切片以及异构接入均带来新的潜在安全问题。随着 NFV 的引入，弹性、虚拟化的网络使安全边界变得模糊，安全策略难以随网络调整而实时、动态迁移，虚拟机容易受到归属于同一主机的其他虚拟机的攻击，而传统的基于物理安全边界的防护机制在云计算的环境中难以得到有效的应用。要对如此大规模且边界模糊的网络采取针对性的安全方案，给安全系统提出了巨大的挑战，针对此情况，建议使网络中的软/硬件系统既作为安全方案的受益者，也作为方案样本的提供者参与整个安全体系的建设，这可以通过云安全平台的方案共享实现。云安全平台通过构建分布式平台的方式同步算力网络的安全解决方案，其核心思想是构建一个分布式管理和学习平台，以大规模用户协同的方式计算防护网络中的病毒及木马，云安全平台解决方案的云安全平台体现了一种网格思想，每个加入系统的设备或应用既是服务的对象，也是完成分布式管理功能的一个信息点。

综上所述，标准化的算力度量与建模是完成算力路由决策的前提，是实现算力网络进一步发展的基础。通过算力网络对算力的精确调度，整合全网的算力，从而实现"云-边-端"算力的协同，并在算力服务化的基础上，完成基于服务的云网融合，同时，在网络信息安全技术的保障下，实现算力网络系统的健康运行。

当前，算力网络的发展目前已经从理论分析阶段逐步发展到试点实践阶段，在取得成绩的同时也隐含了诸多亟待解决的技术问题。本文从算力度量与算力建模、基于算力信息的路由决策、"云-边-端"算力协同、基于服务的云网融合及算力网络信息安全5个方面，分析了算力网络建设中可能会遇到的一些实际问题，并提出了初步的解决方案，希望抛砖引玉和业界同仁一起逐步完善算力网络系统建设，共同促进算力网络的持续健康发展。

第二节　算力网络发展挑战与建议

一　算力资源的感知与度量

算力网络在工程实际应用中首先面临的是算力的感知与度量，进而才能实现对算力的编排并合理快速匹配业务需求。目前，如何感知算力、通过有效建模形成统一度量的算力资源，并能够合理编排以满足业务需求，是算力网络研究的重点和难点。

随着 5G、人工智能等技术的发展，算力网络中的算力提供方不再是专有的某个数据中心或计算集群，而是"云-边-端"这种泛在化的算力，并通过网络连接在一起，实现算力资源的高效共享。因此，算力网络中的算力资源将是泛在化的、异构化的。目前，市面上不同厂家的计算芯片类型形式各异，如 GPU、ASIC，以及近年出现的 NPU、TPU 等，这些芯片的功能和适用场景各有侧重，如何准确感知这些异构的泛在芯片的算力大小、不同芯片所适合的业务类型及其在网络中的位置，并且对其进行有效纳管、监督是目前的主要挑战。

针对上述挑战，建议结合算力需求量化与建模研究，积极推动相关国际国内标准化工作，通过标准化的模型函数将不同类型的算力资源映射到统一的量纲维度，形成业务层可理解、可阅读的零散算力资源池。另外，对于业务运行，不光要有足够的算力，也需要配套的存储能力、网络能力，甚至还可能需要编解码能力、吞吐能力等来联合保障用户的业务体验。建议从微服务的角度来衡量算力，对相应的资源调度分配原则进行标准化，降低算力网络中业务和应用部署的复杂度，简化业务管理流程和机制。

二　集中与分布的协同控制

算力网络控制方案的实现有集中式和分布式两种。集中式方案是在基于数据中心 SDN 集中调度方案的基础上，由云数据中心向城域网扩展，与边缘云相连接，通过集中式的 SDN 控制器和网络功能虚拟化编排器管理和协调功能（ NFVO MANO）实现中心云及边缘云间的算力网络的统一管理和协同调度。分布式控制方案即基于电信运营商承载网分布式控制能力，结合承载网网元自身控制协议扩展，复用现有 IP 网络控制平面的方式实现算力信息的分发与基于算力寻址的路由，同时综合考虑实时的网络和计算资源状况，将不同的应用调度到合适的计算节点进行处理，实现连接和算力在网络的全局优化。

对比集中式控制与分布式控制 2 种方案，前者能够做到算力节点的路由可达，配置通过集中式的 SDN 控制器可快速实现，但该方案的问题是计算节点无法快速与网络属性联动，也较难与运营商基础网络联动；后者能够充分调动承载网中 IP 路由器节点的控制能力，应用可以感知路径中沿途的所有节点的服务质量，但需要网络根据具体的业务需求选择边界网关协议（ Border Gateway Protocol，BGP）扩展的种类和形式，实现比较复杂，也尚未标准化。

针对上述挑战，建议大力推进算力感知与端管云协同的技术研发，例如"IPv6+"系列技术研发。"IPv6+"拉通端管云以实现统一的网络配置，可以满足云网融合的灵活组网、业务快速开通、确定性传输、优化用户体验按需服务等需求，通过 IPv6 协议与扩展，可以使多方、异构的资源整合在一起，解决云和网的灵活对接、云网资源的统一管控和资源利用的整体最优化。同时，建议在"IPv6+"协议基本功能具备之后，研究云服务应用感知、算力资源及时调用与网络能力开放之间的协调机制，以便更好地推进云网融合，促进算力的"云 - 边 - 端"的管控。

三　计算和网络的联合布局优化

从过去来看，计算和网络两大产业虽互有融合和促进，但总体上还处于分别发展、独自规划的阶段。5G 时代的到来，对计算和网络的联合布局优化提出了必然的要求。其一，单芯片、单设备的计算能力遇到了制造工艺、多核集成数量等方面的瓶颈，这就要求多芯片、多算力设施的联合服务。其二，5G核心网的云化部署使得边缘计算成为了可能，边缘计算要求计算的单元贴近用户，网络的服务质量成为评价边缘计算基础能力的重要标准。其三，随着AI识别、大视频、科学计算等新业务的发展，算力类型在CPU通用计算的基础上，不断向GPU、ASIC等专用类型扩展，需结合用户快速接入计算服务的要求，计算节点在网络中的布局也需要结合网络情况和业务需求综合考虑。

针对上述挑战，建议加强顶层设计，通过"以算联网，以网促算"的方式进行计算和网络的联合布局优化，并通过计算成网弥补我国计算芯片单体的自主可控短板。具体来说，需要加强计算处理单元和网络控制系统双方的开放性，以便更加快速、便捷地响应对方的需求。同时，建议运营商在5G核心网、承载网部署过程中，一方面做强边缘计算，形成云—边—端多级算力有效协同和分担的局面；另一方面提升网络承载能力，综合建网成本和算力传递质量需求进行骨干和城域承载网的设计和建设。

数字经济成为"十四五"的重要创新增长引擎，国家把"网络强国、数字中国"作为"十四五"新发展阶段的重要战略进行了系列部署。信息通信行业身处"网络强国、数字中国"建设的宏观战略基点，立足数字产业化、产业数字化的时代风口，应全力围绕数字经济"新需求"创造"新供给"，积极探索构建算力网络、提供算力服务的方式与途径，打造高品质网络优势，携手产业伙伴与广大用户，共创数字经济的美好未来。

第三节　算力的综合能源问题

得益于多能流耦合、多系统融合、多区域联合的广泛互联形态和多环节、多主体、多时间尺度的深度互动机制，综合能源系统通过"源网荷储"有效互动以及"多能互补"梯级利用等技术，能够有效促进清洁能源消纳、提升能源利用效率、降低碳排放水平，为前述算力网与电力网、热力网三网互动数据中心供能模式创新提供了新思路。同时，同主体，甚至多主体数据中心之间算力与算力时间和空间上的深度互动，在支撑算力与电力和热力互动的同时，给算力网、电力网、热力网的三网互动创造了条件。

一　算力综合能源的内涵与理念

算力综合能源是指通过利用综合能源系统的理念、技术和模式，在满足算力服务的基本业务上，打通数据中心上、中、下游的算力、电力、热力资源的烟囱式规划、建设和运维，以提升数据中心等算力基础设施的资源利用效率与使用效益、促进本址内外可再生能源消纳、推动数据中心及其园区能源绿色低碳转型为目标，以实现数据中心算力基础设施本址算力与其对应的电力与热力的一体化服务。算力综合能源的理念包括以下内容：

（1）能的梯级利用。是指按照能的品位对口原则安排算力综合能源能量流逐级分配，典型技术包括但不限于冷热电联供、余热回收、总能系统、综合能源系统等。

（2）能的多能互补。是指采用数据中心算力本址内外异质能源的时间和空间的互补特性，达到多种能源系统的集成与优化，典型技术包括但不限于多能互补、集成优化。

（3）能的源荷互动是指通过数据中心数据流与能源流之间以及能源流在源、网、荷之间的双向互动实现能源系统的灵活运行，典型技术包括但不限于虚拟电厂、需求侧响应、需求侧管理、算力转移、源网荷储一体化等。

（4）能的互联互济。指集中式与分布式算力综合能源或跨行业系统之间的协同互济，达到不同能源系统的开放共赢，典型技术包括但不限于能源互联网、新能源微电网。

二　算力综合能源的架构

按照能源与算力在网络联网、能源联网方式上的分布，可将算力综合能源划分为供给侧基地型算力综合能源和用户侧分布式算力综合能源。算力综合能源架构图如图9.3-1所示。

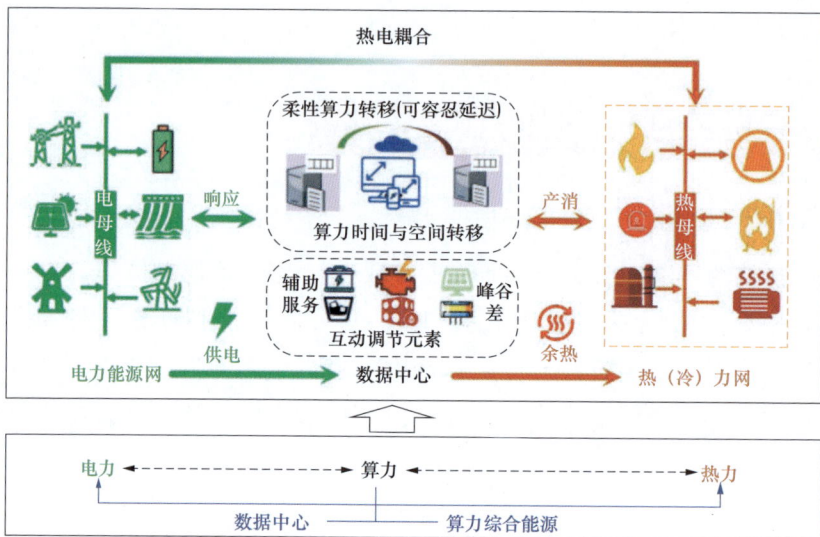

图 9.3-1　算力综合能源架构图

（1）供给侧基地型算力综合能源。主要是指大型数据中心与风能、光伏基地形成互补优势的算力综合能源。一是供给侧"风、光基地"可实现基地型数据中心产业的清洁能源大规模替代，打造绿色数据中心，发展零碳数据中心产业，推动数据中心绿色高速发展。如在西北"风、光基地"周边布局大型或超大型数据中心集群及产业园区，可有效缓解"风、光基地"电力消纳压力，形成适应清洁能源发展和满足数据中心用能需求的消纳和交易模式，并用低成本电力降低数据中心集群用电成本；二是供给侧基地型算力综合能源以输电网、算力网为骨架，可利用数据中心功率可调特性和数据流大范围含区域能源站和多种供能网络，通过完善算力资源和风、光资源协同调度机制，某种程度上可利用数据中心内部大量的柴发、UPS 等储能资源，实现风光配储、算力资源调节能力与风光资源开发利用规模化、集约化、一体化协同。

（2）用户侧分布式算力综合能源。用户侧分布式算力综合能源多指靠近用户侧，远离风、光大基地的算力综合能源。数据中心本址内除 IT 等算力设备外，包含分布式供能、用能和储能设备，可视作产消一体的分布式微能源网。也可围绕空间转移特性，促进局域新能源消纳、缓解能量传输阻塞、提供调频等辅助服务，可通过数据中心能量管理间接扩大能源设备可运行域，提升能量利用效率和资源利用效率。一是用户侧分布式算力综合能源通过就近源网荷储一体化设计，利用热泵、吸收式制冷、蓄冷蓄热等技术，可实现数据中心余热的再利用，与热网互动，充分满足多源负荷需求；二是利用数据中心用能时空可调特性实现多能负荷时间维度横向搬移和空间维度纵向转移，实现电源、电网、储能、数据中心各类市场主体联动，共同实现清洁能源高效消纳，并实现综合能效的提升。

三　算力综合能源的互动方式

算力综合能源的互动方式一般可分为算力与电力的互动、算力与热力的互动，以及三者之间的互动。算力综合能源的"三网互动"示意图如图9.3-2所示。

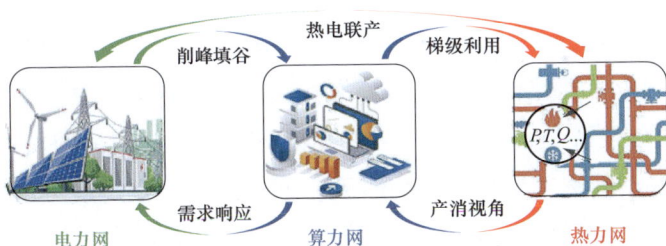

图 9.3-2　算力综合能源的"三网互动"示意图

（1）算力与电力的灵活互动。传统能源系统的供应架构下，数据中心通常具备稳定的电力供应，但在以新能源为主体的新型能源体系下，数据中心电力供应可能会受到可再生能源的波动影响，因此需要更灵活的能源电力互动方式。例如，在现货电价的场景下，数据中心可以在电价低廉时增加或者转移IT设备算力或负载率，同时在电力供应昂贵时则降低或者转移其算力或负载率，可在数据中心的业务稳定运行下有效参与电力系统的需求管理，并实现一定的经济效益。数据中心还可以积极参与电力市场，数据中心可以将其柴油发电机、UPS储能系统、分布式光伏、新型电源、建筑热惯性等积极纳入电力市场，为领域的电力系统提供灵活性的资源。

（2）算力与热力的灵活互动。数据中心通常会产生大量的热能，在传统能源系统中这些热能被浪费掉，且需要利用高品质的电能用于排出这些热能。然而，在能源综合服务的技术和模式下，数据中心可以将这些巨量的中低品位废热重新利用，实现时间和空间上的深度耦合，实现综合能源的收益。如通过余热回收系统捕获并用于周边建筑供暖或其他用途，这不仅可减少能源浪费，还降低了数据中心的能源成本。此外，随着液冷技术在IT设备上的应用推广，还可以通过这些低品位热能，直接或间接驱动吸收式制冷、吸附式制冷等设备为数据中心提供冷量，进一步提升数据中心的系统能效。另外，也可利用数据中心邻域的一些工业余热资源、中低温热能等驱动吸收式制冷，或利用LNG冷凝、工业工艺副产的冷能等实现与数据中心的耦合互动。

四　构建算力综合能源的必要性

党的十八大以来，中国以年均3%的能源消费增速支撑了年均6.5%的经济增长，是全球能耗强度降低最快的国家之一。从国家总体部署看，数据中心绿色集约化发展与布局要求业已明确，多个国家政策提出"引导数据中心走向高效、清洁、集约、循环的绿色发展道路""鼓励使用风能、太阳能等可再生能源提升数据中心绿色电能使用水平，促进可再生能源就近消纳""构建算力+能源的业务赋能模式"等，要求实现数据中心节能减碳的同时，鼓励与新型能源系统的建设进行有效协同。

综合能源系统作为新型能源系统下的重要组成部分，强调不同类型的能源资源之间的协同作用及能量梯级利用，以提高可再生能源的消费比例、能源系统的能效和系统运行的安全可靠性能。在双碳新型能源系统的背景下，数据中心作为数字经济中不可或缺的基础设施之一，其可持续发展也备受关注，绿色算力的发展给算力综合能源的构建也提供了无限潜力。一是以FPGA、NPU、TPU、DPU、IPU等异构芯片为代表的异构计算不断演进，有望成为绿色算力落地的关键技术；二是从中国视角，面向算力需求提供调度能力，盘活闲散资源，进一步提升算力需求并发处理能力，通过缩短计算时长降低能源消耗，推动绿色算力的实现成为趋势；三是AI技术与算力中心深度融合，实现基础设施智能管理。AI技术与绿色算力深度融合，实现性能更优、功耗更低的大模型训练，加快算法基础设施普及，加速智能应用创新；四是预计五年后，人工智能所消耗的算力，将占到算力消耗总量的80%以上，意味着将有大量的泛在可容忍转移的冷数据的出现，算力与电力的互动将呈现巨大空间；五是数据中心内部作为备用的UPS储能、柴发以及可能的蓄冷设备、虚拟储能的资源调度潜力在新型电力系统下有了新的价值创造，并不单单作为备用的低利用率设备资源。可见，在传统的数据中心能源系统中，上游供电、中游算力设备、下游冷却系统缺乏集成优化，这种分块而治的现状，是导致源头供电排放高、下游余热排放浪费等问题的原因之一。

因此，在新型能源系统趋势下，需要从系统化的视角出发，即系统中的各个部分需被视为一个整体，而不是孤立的单元，通过"梯级利用""多能互补""源荷互动"及"互联互济"，将冷、热、电等多方面能源需求有机地结合在一起，即围绕数据中心构建算力综合能源，将成为新型能源视角下数据中心发展的新趋势。进而，数据中心算力"数据流"和电力能源系统"能量流"以及热力消费"热力流"的相互融合、互相影响的能质转换及能级匹配关系，以及如何实现三者的协同耦合以及多目标下的最优化运行就成为了数据中心节能减排与提质增效的关键。

参考文献

［1］ 世纪互联研究院.超互联新算力网络白皮书（2022）.

［2］ 中国电信集团公司.云网融合2030技术白皮书（2022）.

［3］ 中国移动通信集团终端有限公司、北京邮电大学、中国信息通信研究院、中国通信学会.端侧算力网络白皮书（2022）.

［4］ 中国联通研究院.算力网络架构与技术体系白皮书（2020）.

［5］ 中国移动研究院.算力感知网络（CAN）技术白皮书（2021）.

［6］ 中国移动.2021算力网络白皮书（2021）.

［7］ 中国移动.算网大脑白皮书（2022）.

［8］ 算网融合产业及标准推进委员会.算网融合技术与产业白皮书（2021）.

［9］ 中国移动研究院.算网一体网络架构及技术体系展望白皮书（2022）.

［10］ 中国联通.中国联通算力网络白皮书（2019）.

［11］ 中国联合网络通信有限公司研究院.云网融合向算网一体技术演进白皮书（2021）.

［12］ 北京理工大学.算力电力协同-数据中心综合能源技术发展白皮书（2023）［R］.2023.

［13］ 贾庆民，胡玉姣，张华宇，等.确定性算力网络研究［J］.通信学报，2022，43（10）：55-64.

［14］ 董思岐，李海龙，屈毓锛，等.移动边缘计算中的计算卸载策略研究综述［J］.计算机科学，2019，46（11）：32-40.

［15］ 吕洁娜，张家波，张祖凡，等.移动边缘计算卸载策略综述［J］.小型微型计算机系统，2020，41（09）：1866-1877.

［16］ 谢人超，廉晓飞，贾庆民，等.移动边缘计算卸载技术综述［J］.通信学报，2018，39（11）：138-155.

［17］ 张开元，桂小林，任德旺，等.移动边缘网络中计算迁移与内容缓存

研究综述［J］.软件学报，2019，30（08）：2491-2516.

［18］张依琳，梁玉珠，尹沐君，等.移动边缘计算中计算卸载方案研究综述［J］.计算机学报，2021，44（12）：2406-2430.

［19］乔楚.算力度量与算网资源调度思路分析［J］.通信技术，2022，55（09）：1165-1170.

［20］王丽莉.算力网络部署方案分析［J］.电信科学，2022，38（06）：172-180.

［21］薛强，庄飙，邓玲，等.IPv6+和算力网络的探索与实践［J］.邮电设计技术，2022（04）：35-42.

［22］于美泽，谢丽娜，江畅.算力调度关键问题和实施路径研究［J］.信息通信技术与政策，2023，49（05）：9-14.

［23］周旭，李琢.面向算力网络的云边端协同调度技术［J］.中兴通讯技术，2023，29（04）：32-37.

［24］曹畅，张帅，刘莹，等.基于通信云和承载网协同的算力网络编排技术［J］.电信科学，2020，36（07）：55-62.

［25］曹云飞，霍龙社，何涛.基于SRv6的可编排计算优先网络实现方法［J］.邮电设计技术，2022（04）：4-9.

［26］崔占伟.算力网络调度的集中式方案研究与实践［J］.广东通信技术，2022，42（12）：44-49.

［27］段晓东，姚惠娟，付月霞，等.面向算网一体化演进的算力网络技术［J］.电信科学，2021，37（10）：76-85.

［28］郭凤仙，孙耀华，彭木根.6G算力网络：体系架构与关键技术［J］.无线电通信技术，2023，49（01）：21-30.

［29］何涛，曹畅，唐雄燕，等.面向6G需求的算力网络技术［J］.移动通信，2020，44（06）：131-135.

［30］何涛，杨振东，曹畅，等.算力网络发展中的若干关键技术问题分析［J］.电信科学，2022，38（06）：62-70.

［31］黄光平，罗鉴，周建锋.算力网络架构与场景分析［J］.信息通信技术，2020，14（04）：16-22.

［32］贾庆民，丁瑞，刘辉，等.算力网络研究进展综述［J］.网络与信息安

参考文献

全学报，2021，7（05）：1-12.

［33］贾庆民，郭凯，周晓茂，等.新型算力网络架构设计与探讨［J］.信息通信技术与政策，2022（11）：18-23.

［34］李铭轩，曹畅，唐雄燕，等.面向算力网络的边缘资源调度解决方案研究［J］.数据与计算发展前沿，2020，2（04）：80-91.

［35］李铭轩，曹畅，杨建军.基于可编程网络的算力调度机制研究［J］.中兴通讯技术，2021，27（03）：18-22+61.

［36］梁雪梅.算力网络的概念与体系架构探讨［J］.通信与信息技术，2022（05）：32-35.

［37］孙杰，马国华，朱多智，等.新型云网融合编排与调度系统架构与分析［J］.信息通信技术与政策，2022（11）：59-68.

［38］罗婷婷.基于群体智能算法的云计算任务调度策略研究［D］.华东师范大学，2023.

［39］金天骄，栗蔚.基于算力网络的大数据计算资源智能调度分配方法［J］.数据与计算发展前沿，2022，4（06）：29-37.

［40］林德平，彭涛，刘春平.6G愿景需求、网络架构和关键技术展望［J］.信息通信技术与政策，2021，47（1）：82-89.

［41］爱立信.爱立信移动市场报告［R］，2020.

［42］中国联合网络通信集团有限公司.中国联通算力网络白皮书［R］，2019.

［43］程强，刘姿杉.电信网络智能化发展现状与未来展望［J］.信息通信技术与政策，2020，46（9）：16-22.

［44］李勇坚.全球"新基建"热潮的理论解析［J］.信息通信技术与政策，2020，46（9）：8-15.

［45］中国联合网络通信集团有限公司.算力网络架构与技术体系白皮书［R］，2020.

［46］中国通信学会.算力网络前沿报告［R］，2020.

［47］网络5.0产业和技术创新联盟.网络5.0技术白皮书［R］，2019.

［48］全球移动通信系统协会（GSMA）.5G时代的边缘计算：中国的技术和市场发展［R］，2020.

［49］ 边缘计算网络产业联盟（ ECNI）. 运营商边缘计算网络技术白皮书
　　　［R］, 2019.

［50］ 数据中心行业咨询机构 DCMap. 2020中国IDC市场发展现状及趋势
　　　研究报告［R/OL］.（2020-09-16）［2021-02-09］. https：//mp.weixin.
　　　qq.com /s/3M1yxt3EBrYZ9u2zbzc9Iw.

［51］ 云计算开源产业联盟，中国信息通信研究院，中国移动通信集团有限
　　　公司研究院，等 . 泛在计算服务白皮书［R］, 2020.

［52］ 中国移动通信研究院，华为技术有限公司 . 算力感知网络技术白皮书
　　　［R］, 2019.

［53］ ITU-T.ITU-T Y.3508，Cloud computing-overview and high-level
　　　requirements of distributed cloud［S］, 2019.

［54］ 李建飞，曹畅，李奥，等 . 算力网络中面向业务体验的算力建模［J］.
　　　中兴通讯技术，2020，26（5）：34-38+52.

［55］ 王施霈，张岩，李传宝，等 . 面向算力网络的算力建模与度量技术研
　　　究［J］.邮电设计技术，2024，（06）：1-6.

［56］ 范琼珊，周旭，任勇毛 . 多样化业务需求与全维网络能力的映射［J］.
　　　中兴通讯技术，2022，28（01）：34-40.

［57］ 顿昊 . 面向算力感知网络的路由系统仿真设计与实现［D］.北京邮电
　　　大学，2022.

［58］ 杨冬，张宏科，宋飞，等 . 网络分层优先映射理论［J］.中国科学：信
　　　息科学，2010，40（05）：653-667.

［59］ 孙慧悦 . 面向算力网络的业务调度方法的研究与实现［D］.北京邮电
　　　大学，2022.

［60］ 狄筝，曹一凡，仇超，等 . 新型算力网络架构及其应用案例分析［J］.
　　　计算机应用，2022，42（06）：1656-1661.

［61］ 高爽 . 算力感知网络的状态管理机制研究与实现［D］.北京邮电大学，
　　　2022.

［62］ 沈寓实 . 论科技创新趋势与元宇宙新基建［J］.中国科技产业，2023，
　　　（01）：54-56.

［63］ 姚惠娟，陆璐，段晓东 . 算力感知网络架构与关键技术［J］.中兴通讯

技术，2021，27（03）：7-11.

［64］叶沁丹，范贵生，黄衡阳.算力网络一体化支撑方案及应用场景探索
［J］.数据与计算发展前沿，2022，4（06）：55-66.

［65］唐雄燕，张帅，曹畅.夯实云网融合，迈向算网一体［J］.中兴通讯技
术，2021，27（03）：42-46.

［66］雷波，赵倩颖.CPN：一种计算/网络资源联合优化方案探讨［J］.数
据与计算发展前沿，2020，2（04）：55-64.

［67］纪若愚，张恒升，刘美慧，等.卫星确定性网络关键技术和挑战［J］.
天地一体化信息网络，2023，4（03）：99-106.

［68］张维.数据库异地双活在确定性网络上的验证性测试［J］.江苏通信，
2023，39（02）：53-56+67.

［69］赛迪顾问.奋楫逐浪：算力赋能产业智能化升级［N］.中国计算机报，
2022-08-29（013）.

［70］邱勤，徐天妮，于乐，等.算力网络安全架构与数据安全治理技术
［J］.信息安全研究，2022，8（04）：340-350.

［71］黄家玮，李淑平，计玮，等.基于SDN架构的网络空间安全实验教学
设计［J］.实验科学与技术，2018，16（05）：43-46.

［72］刘汝霞.基于SDN的广域网QoS路由优化技术研究［D］.国防科技大
学，2019.

［73］陈祺.SDN网络控制逻辑一致性问题研究［D］.北京邮电大学，2017.

［74］朱文阅，董江帆，李玉华，等.算力网络安全与数据安全治理技术研
究［J］.电信工程技术与标准化，2024，37（01）：12-17.

［75］由彬.基于SDN负载均衡系统的研究［D］.东华大学，2018.

［76］李彬先.基于Openflow的虚拟交换技术的研究［D］.山东大学，2015.

［77］黄晶晶.基于覆盖的软件定义信息中心网络系统设计与实现［D］.华
中科技大学，2018.

［78］付辰.软件定义卫星网络控制器研究［D］.北京邮电大学，2020.

［79］谷宇驰.基于SDN的IPv6自动初始化机制研究［D］.北京工业大学，
2017.

［80］郝英川.基于OMNeT++的航母编队网络仿真研究［J］.无线电工程，

2014, 44（04）: 4-6+19.

［81］程硕.面向 IaaS 云平台的资源在线调度技术研究［D］.南京大学，2018.

［82］易星宇.面向云计算中心效能优化的负载平衡方法［D］.上海交通大学，2012.

［83］王金海，戴少为，史永强.一种基于能量感知的云计算环境下虚拟机部署策略［J］.新疆职业大学学报，2014，22（01）: 73-76.

［84］白鑫.云环境下基于风险和角色的动态访问控制模型研究［D］.北京工业大学，2017.

［85］李文婵，彭志平.基于强化学习的虚拟机资源自动配置［J］.电子设计工程，2014，22（05）: 38-40.

［86］王霞俊.CloudSim 云计算仿真工具研究及应用［J］.微型电脑应用，2013，29（08）: 59-61.

［87］刘之家，张体荣，谢雄程.基于云计算的"用户期待"任务调度算法的研究［J］.大众科技，2011，（04）: 75-77.

［88］骆剑平，李霞，陈泯融.云计算环境中基于混合蛙跳算法的资源调度［J］.计算机工程与应用，2012，48（29）: 67-72.

［89］李俊涛.云计算数据中心虚拟机资源分配策略的研究［D］.杭州电子科技大学，2015.

［90］张克帅.车联网系统边缘云平台的微服务资源调度研究［D］.大连理工大学，2020.

［91］彭冲.云计算环境下电力系统架构及调度方法的研究［D］.东南大学，2017.

［92］王新新.分布式统计系统的任务调度遗传算法［D］.武汉大学，2017.

［93］袁正午，桑新广.企业扩展云中的资源调度策略［J］.华中科技大学学报（自然科学版），2012，40（S1）: 146-149.

［94］黄超，胡德敏，余星.多目标遗传算法在云计算任务调度中的应用［J］.信息技术，2014，（05）: 130-134.

［95］吴嘉轩.基于智能手机的老年人室内日常生活活动识别方法研究［D］.东北大学，2019.